Mehrspindelautomaten

Mehrspindel-Automaten

Von

Dr.-Ing. Hans H. Finkelnburg VDI

Zweite verbesserte Auflage

Mit 432 Abbildungen

Springer-Verlag

Berlin/Göttingen/Heidelberg

1960

ISBN-13: 978-3-642-48057-7   e-ISBN-13: 978-3-642-48056-0
DOI: 10.1007/978-3-642-48056-0

Vorwort zur zweiten Auflage

Seit dem Erscheinen der ersten Auflage dieses Buches ist eine wesentliche Weiterentwicklung der Mehrspindelautomaten zu verzeichnen. Größere Spindelzahlen und Arbeitsbereiche erhöhen zusammen mit vielen Sonderwerkzeugen den Aufgabenbereich, der von den Maschinen wahrgenommen werden kann. Hinzu kommt eine Vielzahl neuer Hersteller, die neue Konstruktionsmerkmale brachten. So mußte die zweite Auflage neu überarbeitet und in wesentlichen Abschnitten ganz neu gestaltet werden. Es wurde dabei versucht, neben dem prinzipiellen Aufbau auch eine Übersicht über die am Markt befindlichen Automatentypen zu vermitteln, wobei viele ausländische Maschinen mitbehandelt werden konnten.

Frankfurt 1959   H. Finkelnburg

Vorwort zur ersten Auflage

Die Anforderungen der deutschen Industrie an leistungsfähige Werkzeugmaschinen zur selbsttätigen Herstellung von Drehteilen in großen Mengen hat in den letzten Jahren mit dem Aufschwung der Wirtschaft ständig zugenommen und der Kreis der Verbraucher ist schnell gestiegen. Dies gilt in ganz besonderem Maße für die Mehrspindelautomaten, die aus vielen Fertigungsstätten nicht mehr weggedacht werden können. Volle Ausnutzung dieser Maschinen setzt die Auswahl der bestgeeigneten Bauart sowie eine günstige Werkzeugausrüstung und sorgfältige Arbeitsvorbereitung voraus. Für die richtige Auswahl der Maschine ist genaueste Kenntnis der einzelnen Bauelemente erforderlich, da diese jede einzelne Maschine besonders geeignet für bestimmte Werkstückgruppen machen. Bei der Arbeitsvorbereitung und Werkzeuggestaltung aber müssen Betriebserfahrungen verwertet werden, wenn man vor Rückschlägen und Enttäuschungen sicher sein will. Die Besonderheiten der Mehrspindelautomaten machen eine gemeinsame Behandlung dieser Maschinen zusammen mit anderen unmöglich, und so fehlte in der Fachliteratur ein Werk, welches dem Ingenieur in Büro oder Betrieb ein Ratgeber in Fragen der Maschinenauswahl oder des Betriebes war. Mit dem vorliegenden Werk habe ich den Versuch gewagt, diesem Mangel abzuhelfen. Bei der

Behandlung der Maschinen habe ich mich vorwiegend auf solche Einzelheiten beschränkt, die nur an Mehrspindelautomaten vorkommen oder für diese von besonderer Bedeutung sind. Dagegen habe ich alle Bauteile übergangen, die auch bei anderen Werkzeugmaschinen vorkommen und als bekannt vorausgesetzt wurden. Wegen des großen Einflusses, den die Getriebegestaltung auf den Maschinenbetrieb und die erzielbaren Leistungen hat, habe ich diesen Abschnitt besonders eingehend behandelt, denn nach meinen Erfahrungen sind manche Schwierigkeiten an Mehrspindelautomaten auf das Versagen einzelner Getriebe zurückzuführen. In den Abschnitten über Bearbeitung, Arbeitspläne und Werkzeuge habe ich auf Beispiele aus der Praxis zurückgegriffen und bewährte Anordnungen und Einrichtungen beschrieben, damit in Anlehnung an diese Beispiele die Auslegung neuer Pläne erleichtert ist. Ich hoffe, daß jeder Ingenieur im Konstruktionsbüro, in der Kalkulation, in der Arbeitsvorbereitung oder im Betrieb in diesem Buch Anregungen für richtige Behandlung und erhöhte Ausnutzung der Mehrspindelautomaten findet.

Magdeburg, August 1938   **H. Finkelnburg**

Inhaltsverzeichnis

Bildquellen-Nachweis

The New Britain Machine Comp., New Britain: Abb. 37, 46, 50, 112, 130, 144, 208, 209, 331, 336.

B.S.A. Tools Limited, Birmingham: Abb. 34, 38, 158, 164, 200, 238, 241, 291, 292, 293.

Cone Automatic Machine Company, Inc., Windsor: Abb. 15, 16, 32, 33, 40, 184, 185, 203, 233, 295.

Davenport Machine Tool Co., Inc., Rochester: Abb. 201.

Paul Forkardt Kommanditgesellschaft, Düsseldorf: Abb. 287, 288, 289.

Gildemeister & Comp. Akt. Ges., Bielefeld: Abb. 4, 5, 6, 7, 10, 11, 24, 25, 26, 45, 49, 51, 81, 88, 103, 104, 106. 111, 113, 115, 116, 150, 151, 166, 168, 173, 174, 181, 189, 190, 191, 195, 210, 217, 231, 266, 267, 272, 273, 301, 302, 303, 311, 312, 313, 314, 315, 316, 318, 319, 320, 321, 322, 323, 324, 325, 326, 327, 328, 332, 333, 334, 335, 337, 338, 339, 340, 341, 342, 343, 344, 346, 347, 355, 356, 357, 359, 361, 370, 371, 372, 373, 374, 375, 376, 377, 378, 380, 381, 382, 383, 384, 385, 387, 390, 392, 393, 398, 399, 400, 404, 405, 406, 410, 411, 412, 414, 415, 416, 417, 418, 419, 420, 421, 422, 423, 424.

Greenlee Bros. & Co., Rockford: Abb. 29, 102, 118, 219, 220, 270. 294, 300, 305.

Hasse & Wrede GmbH, Berlin: Abb. 2, 3.

Hoern & Dilts, Saginaw: Abb. 47, 48, 131, 132.

Index Werke K.G., Eßlingen: Abb. 281, 282, 283.

Kelle, Die Automaten. Berlin, Springer 1927. Abb. 1.

Kelle, Werkzeuge und Einrichtungen selbsttätiger Drehbänke. Berlin, Springer 1929: Abb. 391.

Fritz Kopp, Neu-Ulm: Abb. 280.

Lipe Rollway Corp., Syracuse: Abb. 286.

Nassovia Machinenfabrik, Langen bei Frankfurt: Abb. 27, 28, 52, 53, 117, 317, 329, 330, 345, 425, 426.

Pittler Werkzeugmaschinenfabrik A.G., Langen bei Frankfurt: Abb. 19, 39, 43, 109, 129, 216, 233, 265, 299.

Thomas Ryder & Son Ltd., Bolton: Abb. 110, 114, 162, 167, 171, 172, 193, 239.

Schaumjan, Automaten. 2. Aufl. Berlin, VEB-Verlag Technik 1956: Abb. 30.

Alfred H. Schütte, Köln-Deutz: Abb. 8, 9, 12, 36, 63, 64, 66, 67, 68, 74, 75, 76, 77, 83, 92, 93, 100, 101, 105, 122, 123, 124, 125, 134, 135, 137, 138, 148, 149, 165, 175, 176, 177, 182, 183, 192, 194, 196, 197, 198, 199 205, 206, 222, 223, 224, 225, 230, 234, 275, 279, 285, 290, 296, 297, 298, 306, 307, 308, 309, 310, 348, 352, 353, 360, 369, 386, 388, 389, 394, 395, 396, 397, 401, 402, 408.

Tavannes Machines Co. S.A., Tavannes: Abb. 31, 41, 42, 83, 108, 133, 155, 169, 170, 202, 207, 211, 212, 213, 214, 226, 235, 242, 243, 304.

British Timken Limited, Northampton: Abb. 167.

The Warner & Swasey Co., Cleveland: Abb. 35, 44, 99, 128, 154, 204, 215, 276.

Wickman Limited, Coventry: Abb. 18, 136, 139, 159, 179, 180, 218, 227, 240, 277, 278, 409.

Allen Firmen sei für die Bereitstellung von Abbildungen und Textstellen herzlichst gedankt.

1 Mehrspindelautomaten und ihre Entwicklung

1.1 Begriffsabgrenzung

Ein Automat ist eine sich selbst steuernde Arbeitsmaschine, mit deren Hilfe die Gestalt eines zur Bearbeitung kommenden Werkstückes verändert wird. Dabei führt die Arbeitsmaschine alle Bewegungen selbsttätig aus, Arbeitsbewegungen ebenso wie Rück- und Leerbewegungen. Eine eigentliche Bedienung der Maschine ist also nicht erforderlich, lediglich eine Kontrolle des ordnungsgemäßen Folgeablaufes und der richtigen Wirkung der Werkzeuge.

Hat ein solcher Automat, der Dreharbeit ausführt, mehrere Spindeln, so daß eine Reihe von aufeinanderfolgenden Arbeitsgängen durchgeführt werden können, so kann man von einem Mehrspindelautomaten sprechen.

Die Entwicklung seit Ende des letzten Krieges hat einen sehr wesentlichen Schritt der Automatisierung einzelner Arbeitsmaschinen sowie deren Zusammenfassung zu Arbeitsstraßen gebracht. Solche Transferstraßen, in denen gleichartige Werkzeugmaschinen für mehrere aufeinanderfolgende ähnliche Arbeitsgänge oder auch unterschiedliche Werkzeugmaschinen zur weitgehenden Bearbeitung eines Werkstückes beispielsweise durch Drehen, Fräsen, Bohren, Schleifen und Honen zusammengefaßt sind, enthalten zweifellos auch mehrere Spindeln. Ebenso ist es bei automatischen Farbspritzmaschinen, Verpackmaschinen, Zündholz- und Flaschenautomaten, Verkaufsautomaten, Montageautomaten etwa für Glühlampen und vielen anderen Maschinenarten.

Alle diese inzwischen mehr oder weniger automatisierten Arbeitsmaschinen fallen aber nicht unter den ursprünglichen Begriff der Automaten, genauer gesagt der Drehautomaten, und damit auch bei mehrspindeliger Gestaltung nicht unter den Begriff der Mehrspindelautomaten, die in diesem Buch behandelt werden sollen.

Für die Einordnung in die Gruppe der Mehrspindelautomaten soll eine recht spezielle und eingeengte Definition Gültigkeit haben:

Mehrspindelautomaten sind Drehmaschinen mit kreisender Hauptbewegung für die vorwiegend spanende Bearbeitung von Drehkörpern, bei denen mehrere Werkstücke gleichzeitig an mehreren Drehspindeln bearbeitet werden. Die Werkstücke werden stufenweise fertiggestellt und dafür von Werkzeuggruppe zu Werkzeuggruppe weitergeschaltet, so daß bei jedem Arbeitsspiel ein Werkstück fertiggestellt wird und ein neues in Bearbeitung geht.

Derartige Mehrspindelautomaten, mit denen sich dieses Buch befaßt, werden auch selbsttätige mehrspindelige Drehbänke genannt und weisen mit dieser Bezeichnung auf ihre Entwicklung von der Drehbank hin.

Für die Einordnung einer Werkzeugmaschine in die Gruppe der Mehrspindelautomaten ist es unerheblich, ob die kreisende Hauptbewegung wie bei der Drehbank von den Werkstücken oder wie beim Bohrwerk von den Werkzeugen ausgeführt wird. Beide Bauformen sind bekannt und verbreitet.

Es stört die Einordnung einer Werkzeugmaschine als Mehrspindelautomaten auch nicht, wenn neben Dreh- und Bohrarbeiten spanlos verformende Arbeiten wie Glattwalzen, Gewindewalzen, Bördeln und ähnliche durchgeführt werden, oder wenn Arbeitsgänge wie Fräsen oder Viellochbohren eingeschoben sind, bei denen keine relative Drehbewegung zwischen Werkzeug und Werkstück stattfinden darf, so daß die Drehbewegung der betreffenden Drehspindel ausgeschaltet wird. Als entscheidendes Merkmal muß immer gelten, daß *vorwiegend* Dreharbeiten ausgeführt werden oder mindestens ausgeführt werden können.

Ein typisches Merkmal der Mehrspindelautomaten ist die stufenweise Fertigstellung der Werkstücke und dafür die stufenweise Weiterschaltung der in Arbeit befindlichen Werkstücke von Werkzeuggruppe zu Werkzeuggruppe. Dabei ist es nicht erforderlich, daß die Werkstücke alle Spindelstellungen bzw. so viele Werkzeuggruppen durchlaufen, wie Spindeln vorhanden sind. Es könnte auch so gearbeitet werden, daß ein Werkstück nur jede zweite Werkzeuggruppe erreicht, wenn beispielsweise ein Sechsspindelautomat als doppelter Dreispindler eingesetzt wird. Es werden dann stets 2 Werkstücke gleichzeitig bearbeitet, und entsprechend auch stets 2 Werkstücke fertig. Das sind Sonderformen der Mehrspindelautomaten, durch die aber die Grundgestalt der Maschine bzw. ihr Charakter als Mehrspindelautomat nicht berührt wird.

Verfolgt man den Gedanken weiter, so ist der gleiche Mehrspindelautomat auch als dreifacher Zweispindelautomat einsetzbar, bei dem stets 3 Werkstücke gleichzeitig fertig werden, für die aber dann zur Bearbeitung je 2 Werkzeuggruppen ausreichen müssen. In letzter Konsequenz kann die Maschine dann noch als sechsfacher Einspindelautomat eingesetzt werden, ohne ihren Charakter als Mehrspindelautomat zu verlieren. Dabei würde sich ein Weiterschalten zwischen Werkstücken und Werkzeuggruppen erübrigen, da stets nur eine Werkzeuggruppe zum Einsatz kommt.

Diese zuletzt besprochene Form ergibt einen Sechsspindelautomaten als Zusammenfassung von sechs einfachen Einspindelautomaten in einem Gehäuse. Da ein Weiterschalten entfällt, ist es nicht einmal mehr erforderlich, daß die Drehspindeln auf einem Kreis angeordnet sind, was für den kontinuierlichen Arbeitsgang mit Schaltbewegung notwendig ist. Mehrspindelautomaten, bei denen die Werkstücke an einer einzigen Spindelstellung fertiggestellt werden können, werden daher auch in Reihenanordnung der Spindeln, diese übereinanderliegend, gebaut. Im Abschnitt 2.23.1 wird diese Bauform behandelt.

Sieht man von dieser Ausnahme — Bauform der Mehrspindelautomaten ab, so kennt man nur Maschinen mit auf einem Kreis angeordneten Drehspindeln. Diese können die Werkstücke oder die Werkzeuge tragen. In jedem Fall führen die Werkstücke die Schaltbewegung von Spindelstellung zu Spindelstellung aus, unabhängig davon, ob die Werkstücke sich drehen oder stillstehen und ob sie die Vorschubbewegung ausführen oder ob diese von den Werkzeugen übernommen wird.

1.2 Der Weg von der Drehbank zum Mehrspindelautomaten

Mehrspindelautomaten, ihrer Bauart und ihrem Verwendungszweck nach zur Gruppe der Drehbänke gehörend, leiten ihre Entwicklung von diesen Maschinen ab.

Drehbänke sind schon in den frühesten Kulturepochen in der Form der Töpferdrehscheibe oder der Holzdrehbank bekannt, wobei die Bewegung der Drehscheibe in primitiver Form von Hand oder später mit dem Fuß erreicht wird, während das Werkzeug von Hand, höchstens mit Hilfe einer Unterstützung oder Auflage, geführt wurde. Die weitere Entwicklung führt dann zu Metalldrehbänken, die schnell eine hohe Stufe erreichten und auch die Herstellung von Gewinden mit Hilfe von Leitpatronen möglich machten. Erinnert sei hier nur an die Patronendrehbank von LEONARDO DA VINCI etwa um 1500.

Der Werdegang der Drehbank selbst soll nicht weiterverfolgt werden. Mit fortschreitender Industrialisierung traten besondere Bearbeitungsaufgaben hervor. Die Menge der zu fertigenden gleichartigen Werkstücke machte Abwandlungen der Drehbank notwendig, die dann zu selbständigen Maschinentypen wurden. So entstand in der zweiten Hälfte des vergangenen Jahrhunderts von Amerika kommend die Revolverdrehbank, die 1876 erstmalig nach Europa eingeführt wurde. Es handelt sich dabei um eine Drehbank für Massenfertigung, die mit einem Revolverkopf ausgerüstet ist und die Ausführung mehrerer Arbeitsgänge hintereinander in der gleichen Werkstückaufspannung ermöglichte.

Mit dem Revolverkopf war ein wesentliches Merkmal geschaffen und der erste Schritt zum Automaten getan. Der Revolverkopf ist mit seinen verschiedenen Bohrungen in der Lage, zahlreiche Werkzeuge zur Bearbeitung eines Werkstückes aufzunehmen und in Arbeitsbereitschaft zu halten. Das Werkstück wird mit diesen Werkzeugen der Reihe nach bearbeitet und erst nach Fertigstellung ausgespannt. Beim Arbeiten von der langen Werkstoffstange wird nach dem Abstechen des fertig gewordenen Werkstückes die Stange bis gegen einen Anschlag vorgeschoben und erneut festgespannt.

Kennzeichnend für eine Revolverdrehbank ist es, daß sowohl das Bereitstellen und Ansetzen der Werkzeuggruppen als auch das Versorgen mit neuem Werkstoff von Hand durch den Bedienungsmann vorgenommen wird.

Bemerkenswert für die Epoche schneller industrieller Entwicklung ist es, daß fast gleichzeitig mit der Erfindung der Revolverdrehbank

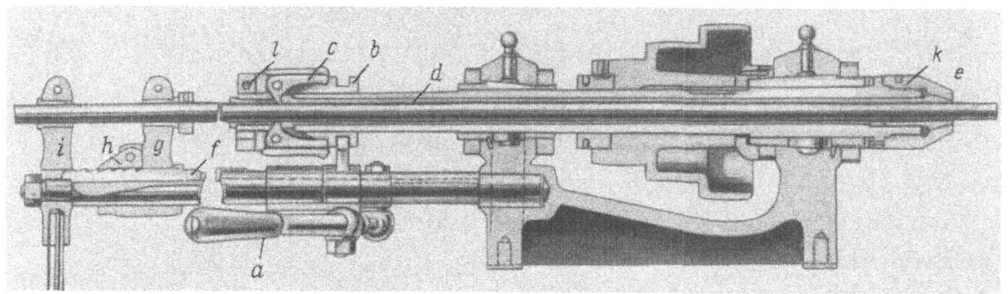

Abb. 1. Ursprüngliche Konstruktion für Spannung und Vorschub von Stangenmaterial
a Spannhebel; b Spannkonus; c Spannfinger; d Spannrohr; e Spannpatrone; f bis i Materialstangenvorschub; k Spindelkopf

auch die ersten Versuche zur Schaffung von Einspindelautomaten und nur wenig später von Mehrspindelautomaten festzustellen sind, und daß sich von nun an Drehbank, Revolverdrehbank, Einspindelautomat und Mehrspindelautomat nebeneinander entwickeln und sich dabei gegenseitig vielfach beeinflussen, so daß die eine Maschinenart ohne die andere kaum denkbar ist.

Entscheidend für den Übergang von der Revolverdrehbank zur selbsttätigen Revolverdrehbank, dem Einspindelautomaten, ist die Erfindung des Amerikaners PARKHURST, dem im Jahre 1871 bereits das US Patent 118481 auf eine Einrichtung zum Spannen und Vorschieben von Stangenmaterial an Drehbänken erteilt wurde. Diese Einrichtung (Abb. 1) stellt die heute noch benutzte Patronenspanneinrichtung dar und ebnete den Weg zur Schaffung der selbsttätigen Maschinen, bei denen die bisher von Hand ausgeführten Bewegungen der Schaltung des Revolverkopfes und des Vorschiebens und Spannens des Werkstoffes von einer Steuereinrichtung eingeleitet werden. Damit ist der Einspindelautomat geschaffen.

Beim Einspindelautomaten ist im Gegensatz zur Revolverdrehbank dem Arbeiter die Bedienung der Maschine abgenommen und einer Steuerwelle übertragen. Zwar bleibt die Geschwindigkeit dieser Steuerwelle zunächst noch gleichförmig und abhängig von der Arbeitszeit, so daß bei langen Stückzeiten notgedrungen auch lange Nebenzeiten anfielen. Erst später ging man dazu über, eine Zweiteilung der Steuerwellendrehung so vorzunehmen, daß während der Werkstückbearbeitung mit langsamerer, regelbarer Steuerwellendrehung, während der Nebenzeit aber mit konstanter, schneller Drehbewegung gearbeitet wird. Auch wurden Steuerungen mit schnell umlaufenden Hilfssteuerwellen geschaffen.

Für die großen Stückzahlen der amerikanischen Industrie genügten bald auch die Leistungen der Einspindelautomaten nicht. So wurde die Erfindung eines schwedischen Ingenieurs, die dieser aber in der Industrie nicht hatte einführen können, aufgegriffen und ein Mehrspindelautomat geschaffen, der dem amerikanischen Erfinder CARVE in Worcester 1877 durch ein Patent geschützt wurde. Diese Möglichkeit griff die National Acme Co. in Cleveland auf und entwickelte sie zur Gebrauchsfähigkeit. In den 90er Jahren konnte dann der Verkauf von Mehrspindelautomaten einsetzen.

Dabei handelte es sich vorwiegend um Stangenautomaten mit umlaufenden Werkstücken, die von langen Werkstoffstangen abgearbeitet wurden. Durchweg einfache Werkstücke und nicht zu hohe Arbeitsgenauigkeit machte die Aufteilung der Bearbeitung auf wenige Werkzeuggruppen möglich. Daraus ergab sich Betonung der Maschinen mit 4 oder 5 Drehspindeln, nachdem man den anfänglich gebauten Dreispindler wieder verlassen hatte.

Vier- und Fünfspindelautomaten waren lange Jahre hindurch die typischen Vertreter der Mehrspindelautomaten.

Fast gleichzeitig mit diesen Stangenautomaten wurden auch Halbautomaten zur Bearbeitung gegossener, geschmiedeter oder sonstwie vorgearbeiteter Werkstücke gebraucht und entwickelt. Da es sich bei diesen Werkstücken vielfach um sperrige Teile (Abb. 25) handelt, wie die zahlreichen Armaturenteile verdeutlichen, wählte man in Anlehnung an die Horizontalbohrwerke eine Maschinenbauart mit mehreren Werkzeugspindeln mit umlaufenden Werkzeugen und feststehenden, aber eine Schaltbewegung ausführenden Werkstücken. Es dürften Potter & Jonstone gewesen sein, die diese Maschine als erste auf den Markt brachten, zeitlich zusammenfallend mit dem Erscheinen der Stangenautomaten.

Der Bau von Mehrspindelautomaten setzte in Europa erst Anfang dieses Jahrhunderts ein, da vorher ein industrieller Bedarf für Maschinen reiner Massenfertigung nicht vorlag. Bei der Entwicklung wurde demzufolge auch besonders darauf geachtet, universal verwendbare Maschinen und keine Einzweckmaschinen zu schaffen, um dem europäischen Markt besser gerecht werden zu können.

Es sollte eine Werkzeugmaschine herausgebracht werden, auf der sich verschiedenartigste Werkstücke fertigen ließen, wenn sie in ausreichender Stückzahl benötigt wurden. Dabei wurde in enger Anlehnung

Abb. 2. Vierspindliger Halbautomat für Futterarbeiten aus dem Jahr 1901

an das amerikanische Vorbild konstruiert, und die ersten marktfähigen deutschen Halbautomaten unterschieden sich daher auch nicht wesentlich von den amerikanischen Vorbildern. Trotzdem hat es nicht an Versuchen gefehlt, eigene Ideen bei der Gestaltung zu verwirklichen. So konnte 1901 eine deutsche Werkzeugmaschinenfabrik erstmalig einen Vierspindelhalbautomaten (Abb. 2) auf den Markt bringen, der für doppelseitige Bearbeitung von Armaturenteilen entwickelt war. 4 Werkstücke wurden dabei in einem rundschaltenden Spannkopf aufgenommen (Abbildung 3) und von beiden

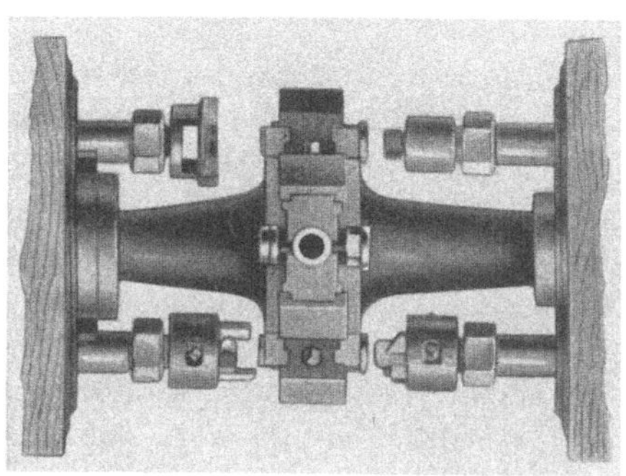

Abb. 3. Anordnung der Spannfutter und Werkzeuge bei den Halbautomaten nach Abb. 2

Seiten mit je 2 Werkzeugspindeln bearbeitet. Diese Werkzeugspindeln führen die drehende Hauptbewegung und die Längsvorschubbewegung gegen das Werkstück aus.

Eine ähnliche Maschine aus der gleichen Zeit aber für einseitige Bearbeitung zeigt Abb. 4. Hier führen die Werkzeuge auch die drehende

Hauptbewegung aus, nicht aber die Längsvorschubbewegung, die von den Werkstücken übernommen ist. In der weiteren Entwicklung

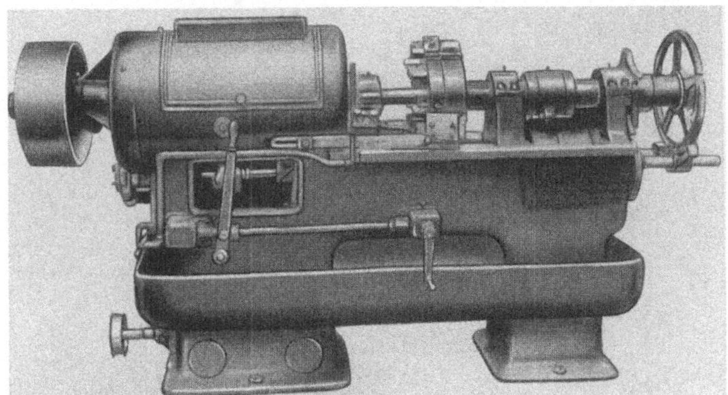

Abb. 4. Bauart eines Mehrspindelautomaten zu Beginn dieses Jahrhunderts

wurde der zunächst recht kurz geführte Schlitten für den Werkstückrevolverkopf und die Längsbewegung auf dem Bett lang geführt

Abb. 5. Mehrspindel-Halbautomat mit langer Schlittenführung

(Abb. 5) oder auch an dem oberen Verbindungsbalken zwischen Antriebskasten und Spindelstock abgestützt (Abb. 6) oder an diesem Verbindungsbalken aufgehängt (Abb. 7), da damit auf das Bett verzichtet und freier Spänefall und bessere Zulänglichkeit erreicht werden konnte.

Abb. 6. Mehrspindel-Halbautomat mit oberer Abstützung des Schlittens

Abb. 7. Mehrspindel-Halbautomat mit hängendem Schlitten

Mehrspindelstangenautomaten und die ihnen gleichgestellten Mehrspindelhalbautomaten mit umlaufenden Werkstücken nahmen während des ersten Weltkrieges eine schnelle Entwicklung in Deutschland, da

die Einfuhr aus Amerika unmöglich geworden war und der Maschinen-
bedarf schnell stieg. Einen ersten 1915 von Alfred H. Schütte gebauten Vierspindelautomaten zeigt Abb. 8. Auch andere deutsche Firmen kamen zu der Zeit in schneller Folge mit derartigen Automaten
heraus.

Sonderentwicklungen von Mehrspindelautomaten sind in Amerika
zu verzeichnen, wo die Fertigungsbedürfnisse bestimmter Industrie-
zweige mit höchsten Stückzahlen dies rechtfertigen. Hier finden wir

Abb. 8. Vierspindel-Stangenautomat aus dem Jahre 1915

einen Mehrspindelautomaten mit mehreren, senkrecht übereinander
angeordneten Drehspindeln (Abb. 33), deren Werkstücke von einem
gegenüberliegenden Längsschlitten und je zwei seitlichen Querschlitten
bearbeitet werden. Hier liegt eine mehrspindlige Anordnung von Einspindelautomaten vor, die sich für einfache Werkstücke zweifellos sehr
eignet und einfachste Steuerung aller Werkzeugträger erlaubt. Die
Bauweise ist auch in der russischen Mehrspindelautomatenfertigung
bekannt, nicht aber in Europa, da hier der Markt zu klein wäre.

Eine andere bemerkenswerte amerikanische Sonderbauweise eines
Mehrspindelautomaten wurde 1955 in Chicago gezeigt. Es handelt
sich um einen Neunspindelautomaten speziell für die Fertigung von
Holzbohrern. An 5 Spindeln wird bei stillstehender Spindel mit umlaufenden Werkzeugen, teilweise mit Fräsern, gearbeitet, an den restlichen 4 Spindeln aber mit umlaufenden Werkstücken eine Art Dreh-

bearbeitung durchgeführt. Zwar tritt die eigentliche Drehbearbeitung in den Hintergrund, Aufbau und Arbeitsweise dieser Maschine erfordern aber ihre Einordnung bei den hier zu behandelnden Mehrspindelautomaten.

Einen Überblick über die Entwicklung von der Drehbank zu den Mehrspindelautomaten vermittelt Tab. 1.

Tabelle 1. Entwicklung der Mehrspindelautomaten

Drehbänke

Revolverdrehbänke

Stangenautomaten—	—Einspindelautomaten mit Revolverkopf	—Form- und Schraubenautomaten ohne Revolverkopf
Magazinautomaten—		—Vielstahlautomaten ohne Revolverkopf
Halbautomaten———	Mehrspindelautomaten	—Sonderformen der Mehrspindelautomaten

1.3 Aus der Entwicklung der Mehrspindelautomaten

Verfolgt man die Entwicklung von den ersten amerikanischen Mehrspindelautomaten und den ersten deutschen Maschinen bis in die Gegenwart, so hat man den Eindruck, daß nur wenige grundsätzliche Änderungen bzw. Weiterentwicklungen vorgenommen wurden. Erst beim Eindringen in die Einzelheiten und Würdigung ihrer technologischen Bedeutung erkennt man die immense Arbeit, die geleistet werden mußte, um zu den heutigen Maschinen zu kommen.

Dabei erkennt man, daß viele sehr wesentliche Neuerungen im Laufe der Verbesserungen der Maschinen auf deutschen Ursprung zurückzuführen sind, ja daß sie teilweise von den amerikanischen Mehrspindelautomaten noch nicht übernommen wurden. Hier dürfte sich das unterschiedliche Bedürfnis des Käuferkreises auswirken. Der deutsche Hersteller von Mehrspindelautomaten muß seinen Maschinen eine Einsatzmöglichkeit auch bei nicht sehr großen Werkstückzahlen des Kunden sichern, um ein breites Absatzgebiet zu behalten. Das aber setzt besondere Gestaltung hinsichtlich Werkzeuganordnung, schneller Umstellbarkeit, leichter Handhabung voraus.

Die geringsten Änderungen finden wir bei den Steuerungen der Mehrspindelautomaten. Auch im Zeitalter hydraulisch oder elektronisch hochentwickelter Steuerungen finden wir bei Mehrspindelautomaten nach wie vor die Steuerwelle mit Kurventrommeln und Kurvenscheiben, wobei eine volle Umdrehung der Steuerwelle ein Arbeitsspiel ergibt, also die Fertigstellung eines Werkstückes und die Weiterschaltung der Werkstücktrommel von einer Werkzeuggruppe zur nächsten. Eine Variation der rein mechanischen Steuerung aller Bewegungen liegt in der Zwischenschaltung von Kulissen, die eine stufenlose Wegänderung in bestimmten, teilweise recht beträchtlichen Grenzen zulassen, so daß nicht bereits kleine Wegänderungen ein Nacharbeiten oder Auswechseln der betreffenden Kurven notwendig machen. Teilweise konnte diese Kulisseneinstellung bis zur „Einheitskurve" entwickelt werden, bei der mit einer einzigen Kurve alle Bewegungsgrößen erfaßt werden.

Es sind zahlreiche Versuche bekannt, die Steuerung der Automaten zu verändern, und ein Studium allein der erteilten Patente vermittelt einen Eindruck von der Richtung, in der diese Gedanken liefen. Gemeinsam ist allen diesen Versuchen, daß der Mehrspindelautomat zur Erreichung größerer Leistungsfähigkeit in seinem Aufbau und seiner Steuerung praktisch komplizierter wird. Wo eine Bestlösung zwischen verwickeltem Aufbau mit höherer Schaltgeschwindigkeit und leichterer Einstellbarkeit auf der einen Seite und mit größerer Einfachheit bei längeren Zeiten aber auch geringeren Preisen und geringerer Störanfälligkeit auf der anderen Seite liegt, kann nicht allgemeingültig beantwortet werden. Die gegenwärtige Entwicklung tendiert aber offensichtlich zu der einfacheren Maschine, und überspitzte, an sich mögliche Steuerungen konnten sich bisher nicht durchsetzen.

In anderen Punkten ist dagegen eine beachtliche und auch sehr wesentliche Entwicklung zu verzeichnen, und sie soll hier kurz herausgestellt werden.

Während früher die Werkzeugträger, besonders der Längswerkzeugträger, ein ausgesprochener Schlitten war, der auf dem Maschinenbett bewegt wurde — daher stammt auch der noch viel benutzte Ausdruck Längsschlitten — (Abb. 9 und 10) oder der bei Portalkonstruktion an dem oberen Verbindungsbalken aufgehängt war (Abb. 11), hat sich jetzt allgemein ein Werkzeugblock durchgesetzt, der als Einstückblock oder als Block mit aufgesetzten Einzelschiebern (Abb. 12) auf einem mit der Spindeltrommel fest verbundenen und im Antriebskasten abgestützten Rohr gelagert ist. Bei dem Längswerkzeugträger ist die stets gleichbleibende Lage der Werkzeugaufspannflächen zu den Drehspindeln wesentlich. Bei Längsschlitten ist eine Verbindung zwischen Spindeltrommel und Schlittenführung nicht vorhanden, so daß sich bei Verlagerungen, auch Verlagerungen der Spindeltrommel, stets die Werkstückgenauigkeit beeinträchtigende Veränderungen ergaben. Bei der Führung eines Blockes auf dem zentralen Rohr macht der Werkzeugblock mit diesem Rohr Veränderungen der Spindeltrommel mit, ohne seine Lage zu den Drehspindeln zu verändern. Dies ist nur einer, wenn auch ein wesentlicher Grund für den Werkzeugblock.

Abb. 9. Mehrspindel-Stangenautomat mit Längsschlitten auf dem Bett

Eine zweite, wesentliche Entwicklung ist die Spindelzahl. Sie wurde und wird immer noch entscheidend von den Forderungen der Verbraucher beeinflußt. Ursprünglich wurden Mehrspindelautomaten als Vierspindler und Fünfspindler gebaut. Die Anforderungen an die Werkstücke, die Zahl der notwendigen Arbeitsgänge, der Wunsch nach gleichzeitiger Durchführung von mehr und mehr Arbeitsgängen und endlich die steigende Arbeitsgenauigkeit, die ein Feindrehen nach dem Drehen notwendig machte, erforderten größere Spindelzahlen.

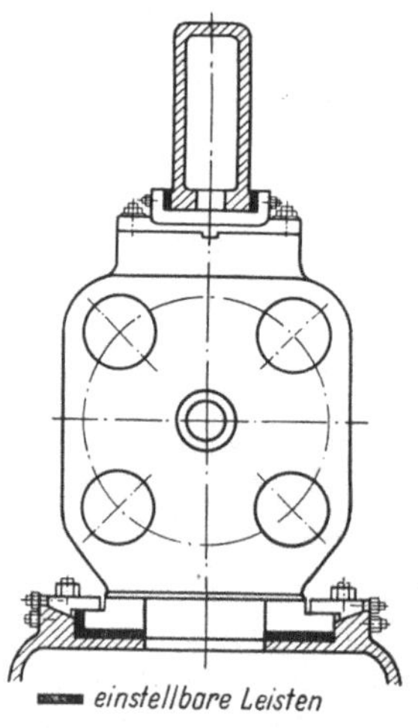

Abb. 10. Längsschlitten mit zusätzlicher Abstützung am Verbindungsbalken

Heute liegt der Schwerpunkt des Bedarfes an Mehrspindelautomaten eindeutig beim Sechsspindelautomaten und tendiert nach höheren Spindelzahlen. Es werden fast mehr Achtspindler als Vierspindler gebaut, und bei Halbautomaten geht die Spindelzahl bereits bis zu zwölf herauf. Den sich dadurch bietenden Möglichkeiten hat verständlicherweise auch die Werkzeugseite Rechnung getragen und Sonderwerkzeuge für Arbeitsgänge entwickelt, die früher nicht auf dem Mehrspindelautomaten, sondern nachträglich auf einer anderen Maschine erledigt wurden. Der Käufer der vielspindligen Maschine erspart diese andere Maschine und eine weitere Aufspannung des Werkstückes.

Zug um Zug mit der höheren Spindelzahl wurde auch die Zahl der Werkzeugträger erhöht, wobei allerdings die Baumaße eine Begrenzung notwendig machte. Der bei hoher Spindelzahl mit sehr vielen Werkzeuggruppen eng ausgefüllte Arbeitsraum wurde besser zugänglich gestaltet, wobei Wegfall des Maschinenbettes und Verlegung der Kurvenwellen

Abb. 11. Mehrspindelautomat mit hängendem Längsschlitten

aus dem Arbeitsraum heraus einige Stufen beleuchten. Hierher gehört auch die Schaffung der unabhängigen Längsbewegung für jede einzelne Werkzeuggruppe. Bei der Mehrzahl der Mehrspindelautomaten machen

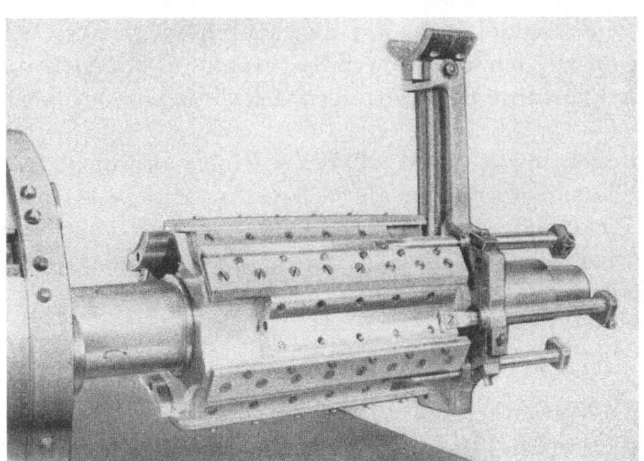

Abb. 12. Längswerkzeugträger als Block mit Einzelschiebern auf jeder Seite

alle auf dem Werkzeugblock aufgebauten Längswerkzeuge den gleichen Weg, unabhängig davon, ob dieser notwendig ist oder nicht. Bei dem in Abb. 12 gezeigten Block konnte dieser aber mit Einzelschiebern ausgerüstet werden, so daß eine ganz unabhängige Längsweggestaltung möglich wurde.

Einfache Kopierverfahren werden auch bei Mehrspindelautomaten angewendet. Beobachtet man die Entwicklung der Drehbänke mit ihren hochentwickelten hydraulischen oder elektro-hydraulischen oder auch rein elektrischen Kopiereinrichtungen und die Entwicklung zu ausgesprochenen Kopierdrehbänken, so drängt sich die Frage auf, ob dieses Gedankengut nicht auch in den Mehrspindelautomaten übernommen werden kann. Gerade bei Automaten für lange Werkstücke würde eine solche Längskopiereinrichtung beträchtliche Vorteile bringen können. Es ist erfreulich feststellen zu können, daß die Konstruktion nun auch diesen Gedanken schon aufgegriffen hat. Es ist zu hoffen, daß diese Mehrspindelautomaten in nicht zu ferner Zeit auf dem Markt erscheinen und weitere Interessentenkreise erschließen.

2　Mehrspindelautomaten in der Fertigung

2.1　Einfluß der Werkstücke auf die Automatengestaltung

Mehrspindelautomaten müssen so gestaltet sein und solche Bearbeitungsmöglichkeiten aufweisen, daß sie die in Frage kommenden Werkstücke mit größtmöglicher Wirtschaftlichkeit verarbeiten können. Daher kann erst über Mehrspindelautomaten gesprochen werden, wenn Klarheit über die Werkstücke besteht, die verarbeitet werden sollen.

Die auf Mehrspindelautomaten durchzuführenden Arbeitsgänge sind keineswegs auf Drehen und Bohren beschränkt, es kommen auch andere spanende und spanlose Bearbeitungen vor, wie in Abschn. 2.3 dargestellt wird.

Die Unterscheidung der Werkstücke erfolgt also nicht so sehr nach den vorzunehmenden Arbeiten als nach der Werkstückart, in erster Linie nach dem Werkstoff und seiner Anlieferungsform. Erst in einem späteren Zeitpunkt wird dann der Grad der Bearbeitung geklärt, der auf dem Mehrspindelautomaten erreicht werden kann.

2.11　Werkstücke aus Stangenmaterial

Zahlreiche Werkstücke lassen sich aus Stangen- oder Rohrmaterial herstellen. Sie werden am Ende der Werkstoffstange bearbeitet, zuletzt abgestochen und die Stange um die Länge des nächsten Werkstückes zuzüglich der Abstichbreite vorgeschoben. Die Werkstücke müssen formstabil sein, da normalerweise das Werkstück frei aus der Drehspindel herausragt und durch die Bearbeitung auf Biegung und Torsion beansprucht wird.

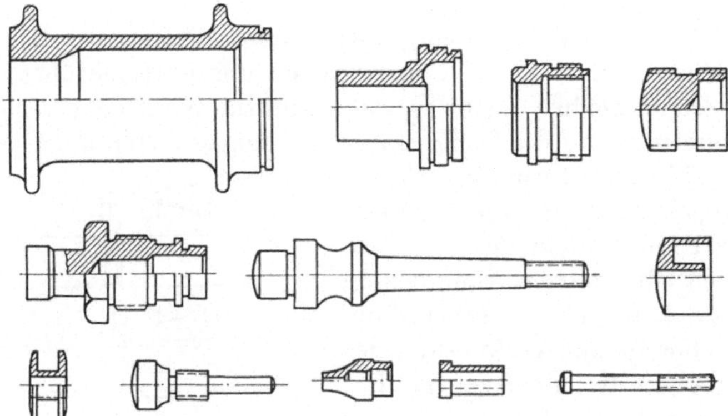

Abb. 13. Werkstücke für Mehrspindel-Stangenautomaten

Da Stangenmaterial in geeigneten Spann- und Vorschubeinrichtungen bei umlaufenden Drehspindeln vorgeschoben werden kann, benötigen Mehrspindelautomaten für Stangenmaterial keine Einrichtung für Spindelstillstand.

Meistens sind für die Bearbeitung der Werkstücke aus Stangenwerkstoff (Abb. 13) mehrere Arbeitsgänge oder Werkzeuggruppen erforderlich, die nacheinander wirken müssen. Die Werkstücke müssen deshalb mit der Spindeltrommel des Mehrspindelautomaten von Werkzeuggruppe zu Werkzeuggruppe geschaltet werden.

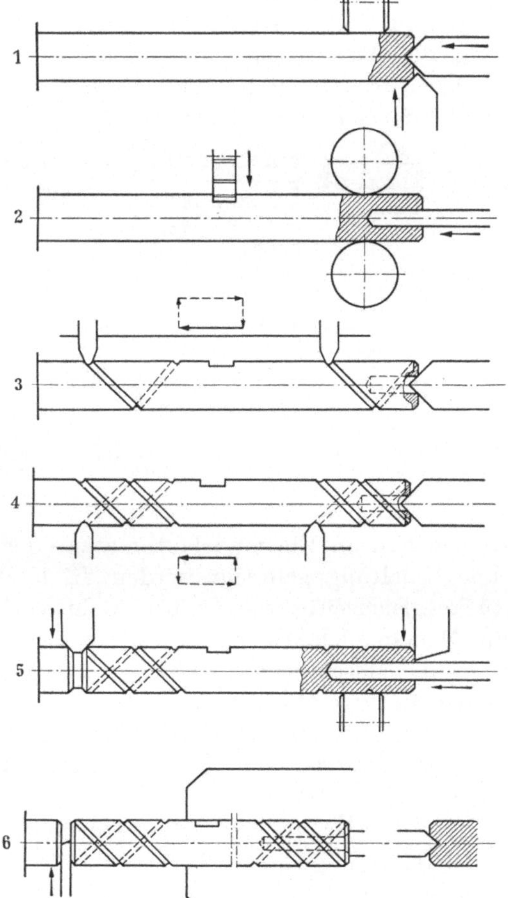

Abb. 14. Einstellplan für lange Achse. Abstützung durch Körnerspitze an 3. und 4. Spindelstellung beim Steilgewindeschneiden, Abgreifen und Hinterendbearbeitung an der 6. Spindelstellung

Lange, dünne, daher wenig formstabile Werkstücke können bei Arbeitsgängen mit starken Radialkräften durch Gegenführung abgestützt werden. Dadurch geht Einsatzraum für Werkzeuge verloren, da die Körnerspitze an die Stelle eines Werkzeuges treten muß (Abb. 14).

Die Zahl der notwendigen Werkzeuggruppen bestimmt die Mindestzahl der Drehspindeln des Stangenautomaten. Ist dessen Spindelzahl höher, so kann eine Unterteilung der Arbeitswege zur Verkürzung der Laufzeit oder die gleichzeitige Bearbeitung mehrerer Werkstücke ins Auge gefaßt werden.

Ganz einfache Werkstücke (Abbildung 15) lassen sich ohne Schaltung der Werkstücke zu weiteren Werkzeuggruppen an nur einer Drehspindel formen und abstechen. Sie

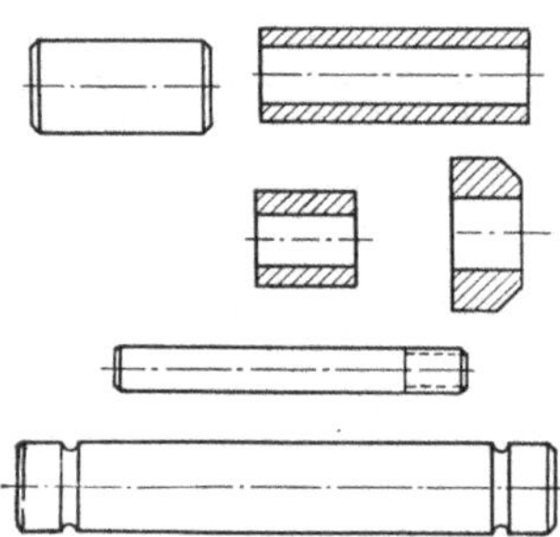

Abb. 15. Werkstücke aus Stangenwerkstoff für Bearbeitung mit einer Werkzeuggruppe

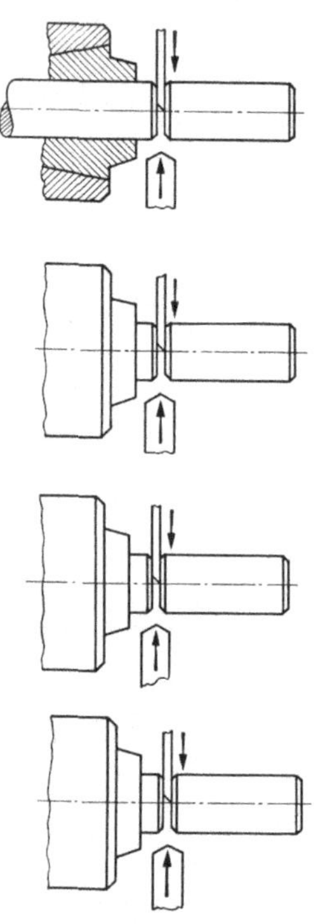

Abb. 16. Arbeitsplan eines Vierspindel-Reihenautomaten mit gleicher Werkzeugeinstellung an allen Spindeln

können also an Einspindelautomaten oder an Mehrspindelautomaten ohne Schaltung gefertigt werden, in letzterem Fall so viele Werkstücke gleichzeitig wie Drehspindeln vorhanden sind (Abb. 16). Da ein Mehrspindelautomat, der keine Schaltung ausführt, eine recht schlechte Maschinenausnutzung darstellt, kommt für diese Werkstücke die vereinfachte Form des Mehrspindelautomaten in Reihenanordnung der Drehspindeln in Frage, dessen Werkzeugschlitten alle stets den gleichen Weg ausführen (Abb. 32).

2.12 Werkstücke aus vorgeformten Rotationskörpern

Die Fertigung von Werkstücken aus Stangenmaterial ist bei großem Zerspanungsfaktor unwirtschaftlich. Besonders bei der Fertigung von

Kugellagerringen machte sich der schlechte Ausnutzungsfaktor des Werkstoffes nachteilig bemerkbar, da große Bohrungen ausgedreht werden müssen. Hier sprechen Gründe der Werkstoffersparnis für die Herstellung von gepreßten oder geschmiedeten Rohteilen, sofern nicht aus Gründen der Werkstoffauswahl Gußteile vorzuziehen sind. Solche Werkstücke zeigt Abb. 17.

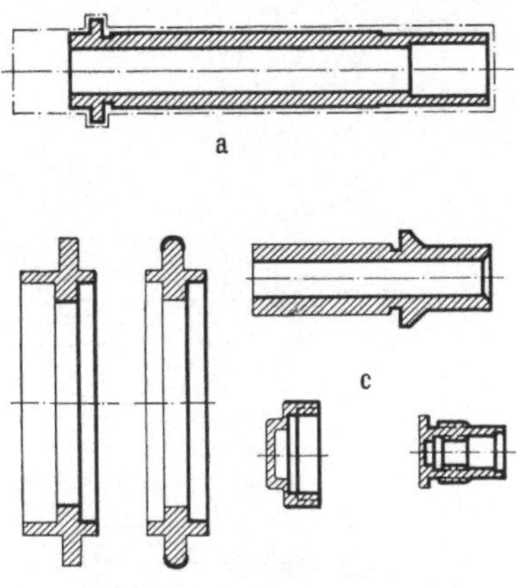

Abb. 17. Werkstücke für Mehrspindel-Magazinautomaten a) Werkstück wird von verlorenem Kopf abgestochen; b) Bearbeitung eines Ringes in zwei Arbeitsgängen; c) teilweise Bearbeitung von Werkstücken, die rohe Flächen behalten dürfen

Wenn diese Werkstücke reine oder wenigstens vorwiegend Rotationskörper sind, so ist eine vollautomatische Mehrspindelbearbeitung möglich, wenn die Teile durch ein Magazin (Abb. 18) der Drehspindel zugeführt werden, an der das fertige Werkstück zuvor ausgeworfen wurde. Die Drehspindeln müssen also an Stelle der Spannzangen für die Werkstoffstangen an ihrem vorderen Ende passende Spanneinrichtungen tragen, denen eine Einlegevorrichtung die aus dem Magazin entnommenen Rohteile zuführt.

Die Magazine unterscheiden sich nach der Art der Werkstücke und deren Zuführmöglichkeit in:

Einschüttmagazine mit Lagenordnung, die also die ungeordneten Werkstücke ordnen und der Magazinrinne geordnet zuführen, und

Abb. 18. Einlegemagazin an einem Mehrspindel-Magazinautomaten

Einlegemagazine (Abb. 18), denen die Werkstücke von Hand zugeführt werden müssen.

Die Bearbeitung der Werkstücke unterscheidet sich infolge der

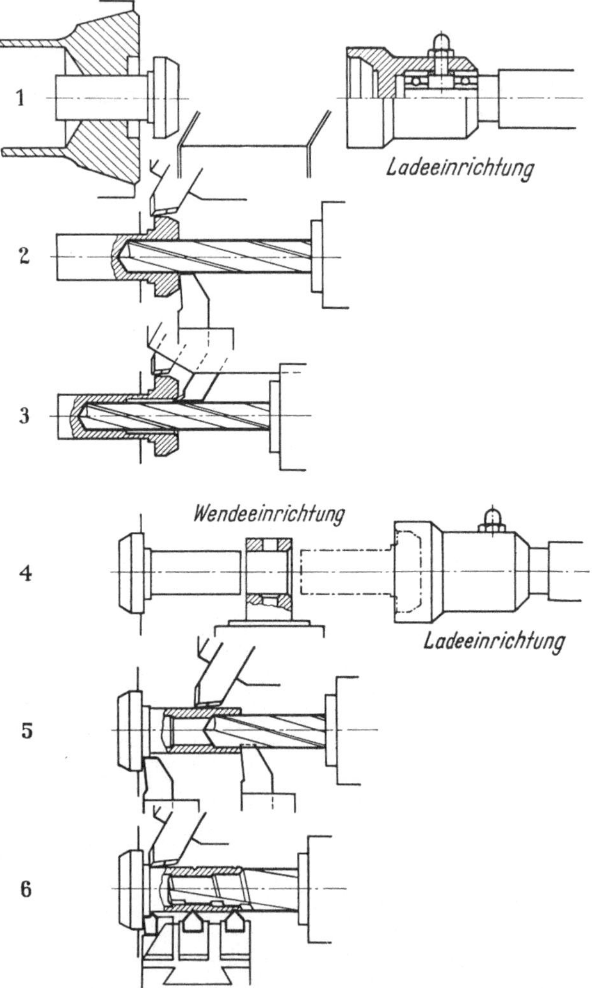

Abb. 19. Magazinbearbeitung eines Werkstückes auf Sechsspindelautomat als doppelter Dreispindler. An der 4. Spindelstellung wird das Werkstück abgegriffen, gewendet und erneut eingespannt

Spannotwendigkeit der Einzelteile, die an der Spannstelle nicht bearbeitet werden können. Es gibt 3 Möglichkeiten:

1. Rohteile kommen mit einem „verlorenen Kopf" zur Verarbeitung und werden nach allseitiger Bearbeitung von diesem abgestochen (a in

Abb. 17). Der verlorene Kopf wird ausgeworfen und ist Werkstoffverlust.

2. Rohteile werden in einem Arbeitsgang zur Hälfte fertiggedreht und in einem zweiten Arbeitsgang an den bearbeiteten Flächen aufgenommen und die andere Hälfte bearbeitet. Sie sind so in 2 Arbeitsgängen ohne Werkstoffverlust fertig. Bei genügender Spindelzahl des Mehrspindelautomaten kann der Wechsel in der Spannung durch eine Drehvorrichtung so erfolgen, daß das Werkstück in einem Mehrspindelautomaten-Durchgang vollständig fertig wird (Abb. 19 und b in Abb. 17).

3. Die Werkstücke bleiben an den Spannstellen unbearbeitet, so daß sie nach der Magazinbearbeitung auf dem Mehrspindelautomaten fertig sind (c in Abb 17).

Vorteil der Bearbeitung vorgeformter Werkstücke aus Magazinen ist der geringere Zerspanungsfaktor mit entsprechender Schonung der Werkzeuge. Ein weiterer Vorteil der Magazinverwendung ist die Möglichkeit, auf einem Mehrspindelautomaten Werkstücke verarbeiten zu können, deren Durchmesser größer als die Spindelbohrung ist, so daß eine Bearbeitung von Stangen wegen der Abmessungen entfallen muß.

2.13 Werkstücke für Futterbearbeitung

Werkstücke schwieriger Formen, die als vorgeformte Rohteile (Abb. 20) auf Mehrspindelautomaten verarbeitet werden sollen, aber ihrer Form wegen nicht aus einem Magazin zugeführt werden können, und die zudem eine bestimmte Lage in der Spanneinrichtung einnehmen müssen, können nur von Hand der Spanneinrichtung zugeführt werden. Die menschliche Hand ersetzt dann also die Entnahme- und Zuführeinrichtung des Magazinautomaten.

Das fertige Werkstück wird von Hand aus- und ein neues Rohteil von Hand eingespannt. Die dafür benötigte

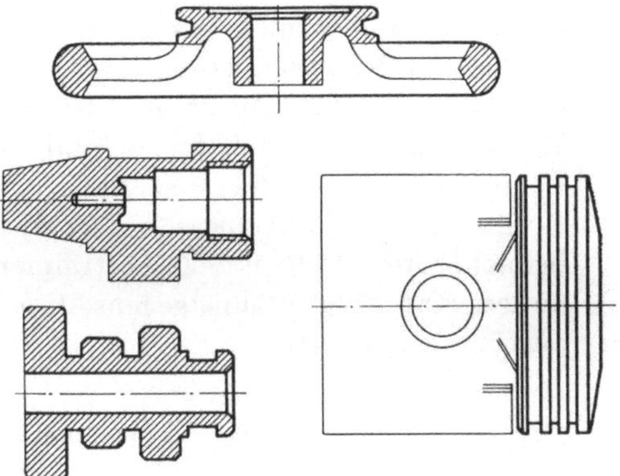

Abb. 20. Werkstücke für Mehrspindel-Halbautomaten mit umlaufenden Werkstücken

Zeit ist nicht konstant, sondern von Geschicklichkeit und Ermüdungszustand des Arbeiters abhängig. Um der Möglichkeit und Unfallgefahr eines Arbeitsbeginnes des Mehrspindelautomaten während des noch andauernden Spannvorganges zu begegnen, wird nach jedem Arbeitstakt der Halbautomat automatisch ausgerückt, und muß vom Bedienungsmann nach Beendigung seiner Einspannarbeit wieder eingerückt werden. Der Arbeitsrhythmus ist also nicht mehr vollautomatisch, sondern halbautomatisch, da nur der Zyklus automatisch abläuft, nicht aber der Übergang von einem Zyklus auf den nächsten.

Die Zahl der während einer achtstündigen Arbeitszeit von Hand durchführbaren Spannungen ist von Werkstückform, Gewicht und Spannschwierigkeit abhängig. Rechnet man einmal mit 3 Spannungen je Minute, so bleibt bei einer Arbeitszeit von mehr als 20 Sekunden die Spannzeit ohne Einfluß auf die Maschinenleistung. Dabei ist allerdings vorausgesetzt, daß die Spannung während der Bearbeitung an den anderen Spindeln und nicht während der Nebenzeit erfolgt. Bei kürzeren Arbeitszeiten als 20 Sekunden wird die Spannzeit zyklusbestimmend.

Um die Spannung von Hand an dem Mehrspindelautomaten möglich zu machen, muß die in Spannstellung geschaltete Drehspindel mit ihrer Spanneinrichtung von der Drehbewegung abgeschaltet und stillgesetzt

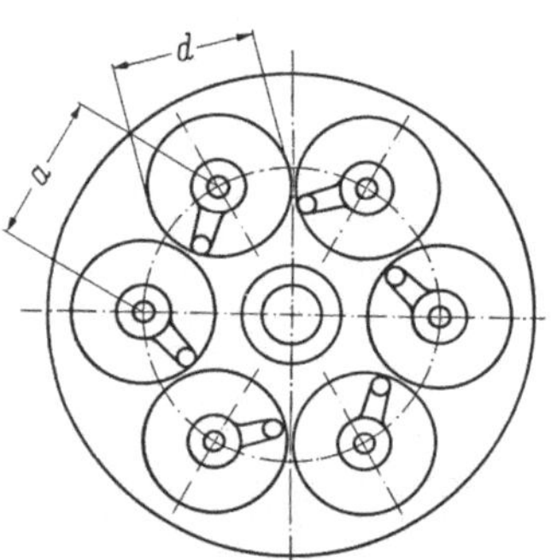

Abb. 21. Werkstücke müssen sich frei aneinander vorbeidrehen können. a größer als d

werden. Bei formschwierigen, nicht drehachssymmetrischen Werkstücken erleichtert es den Spannvorgang, wenn die Spanneinrichtung am Drehspindelkopf stets in der gleichen Stellung zum Bedienungsmann zum Stillstand kommt, was mit der sog. Punkt-Stillsetzeinrichtung erreicht werden kann. Der Bedienungsmann kann dann das Werkstück stets gleich fassen und braucht nicht erst dessen richtige Lage zur Drehspindel zu suchen.

Für die Größenbemessung der Werkstücke ist der Abstand zweier benachbarter Drehspindeln bestimmennd, denn nur Werkstücke bis zu diesem Maß können ohne gegenseitige Behinderung eine Drehbewegung ausführen (Abb. 21).

2.14 Sperrige Werkstücke

Sperrige Werkstücke, insbesondere solche, die einen kleinen Bearbeitungsdurchmesser gegenüber dem umlaufenden Durchmesser haben (Abb 22), würden einen sehr großen Halbautomaten mit umlaufenden Werkstücken für eine Bearbeitung an kleinem Durchmesser erfordern und damit die Wirtschaftlichkeit der mehrspindligen Bearbeitung herabsetzen. Um dem zu begegnen, bearbeitet man derartige Werkstücke stillstehend mit umlaufenden Werkzeugen. Die Werkstücke werden an den Spanneinrichtungen einer Spindeltrommel gespannt und führen mit der Trommel die Schaltbewegung aus, aber keine Drehbewegung um ihre Drehachse. Bei dieser Anordnung können auch sehr sperrige Werkstücke so in den Spanneinrichtungen gefaßt werden, daß sie sich beim Rundlauf gegenseitig behindern würden. Hier kommt es nur darauf an, sie innerhalb der Spindeltrommel anzuordnen (Abb. 23).

Die Arbeitsweise dieser Art Mehrspindelautomaten entspricht also dem Bohrwerk und nicht mehr der Drehbank, die Hauptbewegung übernehmen die Werkzeuge und nicht die Werkstücke, die aber mit ihrer Spindeltrommel die Längsvorschubbewegung ausführen (Abb 24). Letzteres ist eine Möglichkeit, bei der Relativität der Bewegungen aber keine Notwendigkeit, da die Vorschubbewegung auch von dem Spindelstock mit den Werkzeugspindeln übernommen werden könnte.

2.15 Zweiseitig zu bearbeitende Werkstücke

Werkstücke die in der gleichen Drehachse aber von 2 Seiten bearbeitet werden

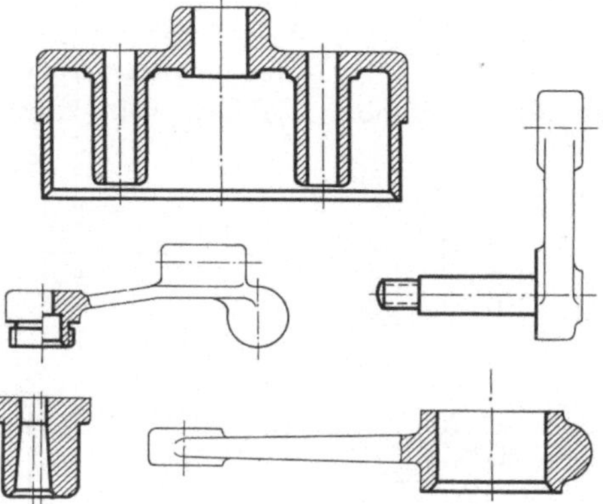

Abb. 22. Werkstücke für Mehrspindel-Halbautomaten mit feststehenden Werkstücken

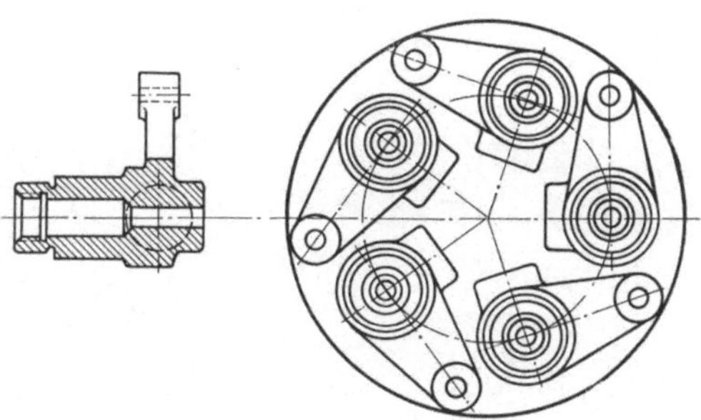

Abb. 23. Anordnung von Werkstücken auf dem Revolverkopf eines Mehrspindel-Halbautomaten mit feststehenden Werkstücken

Abb. 24. Revolverkopf eines Mehrspindel-Halbautomaten mit fünf Spannfuttern für feststehende Werkstücke

müssen, lassen sich in 2 Arbeitsgängen durch Umspannen fertigstellen. Das zweimalige Spannen schließt aber einen Ungenauigkeitsfaktor in sich, der vielfach unzulässig sein kann.

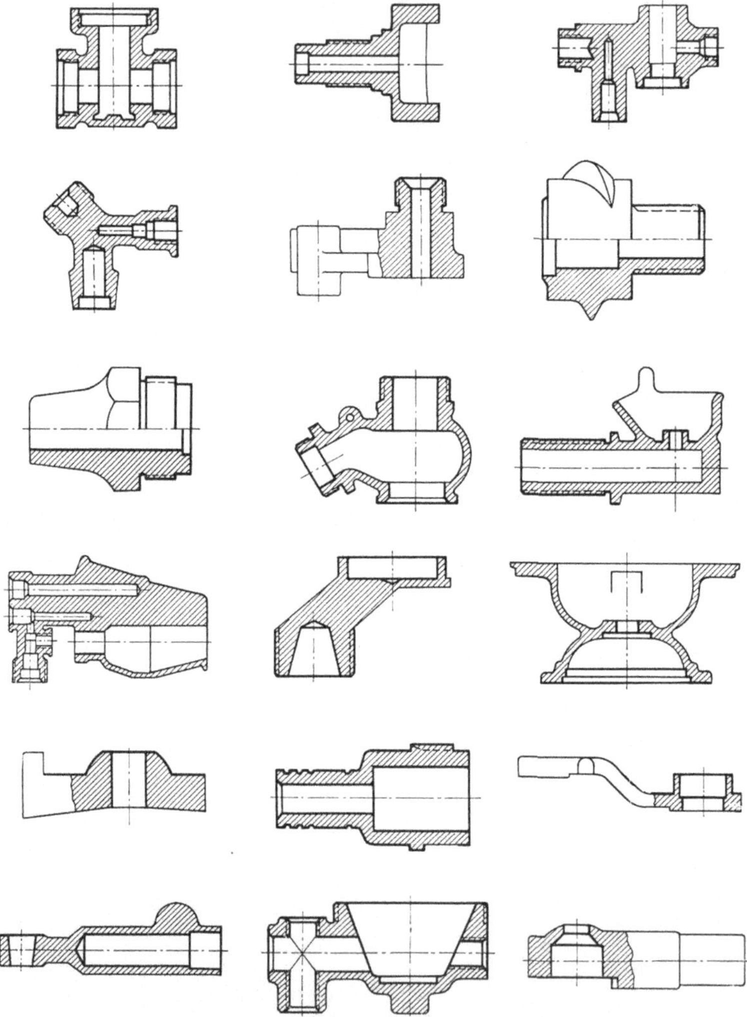

Abb. 25. Mehrseitig zu bearbeitende Werkstücke

Die gleichzeitige doppelseitige Bearbeitung ist bei der in Abschn. 2.14 beschriebenen Arbeitsweise möglich, wenn die Werkstücke mit ihren Spanneinrichtungen zwar die Schaltbewegung von Werkzeuggruppe zu Werkzeuggruppe, nicht aber die Vorschubbewegung gegen die Werkzeugspindeln ausführen.

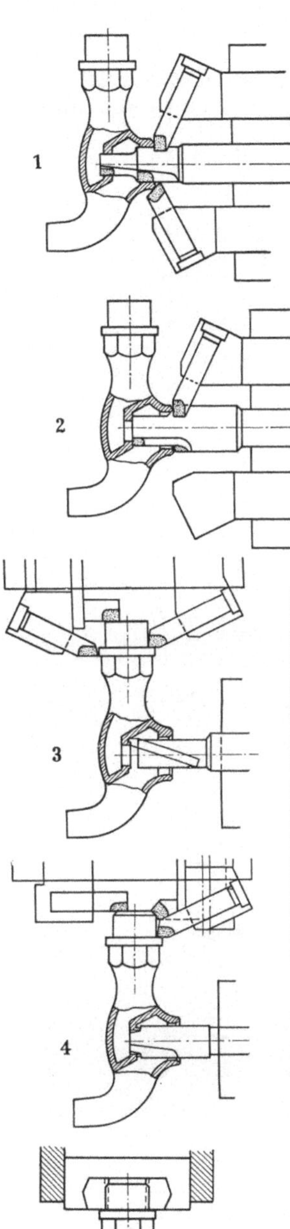

Die Werkstücke werden nach beiden Seiten freistehend gespannt. Beiderseitig der Spindeltrommel sind Spindelkästen mit umlaufenden Werkzeugspindeln angeordnet, die zudem die Vorschubbewegung auf die Werkstücke zu ausführen, so daß diese auf beiden Seiten gleichzeitig bearbeitet werden.

2.16 Mehrseitig zu bearbeitende Werkstücke

Werkstücke mit mehreren, zueinander winklig stehenden Bearbeitungsachsen können mehrspindlig bearbeitet werden, wenn

Abb. 26 (s. links). Arbeitsplan für ein Wasserarmaturteil. An der 3. bis 5. Spindelstellung wird mit je zwei um 90° gegeneinander versetzten Werkzeugspindeln bearbeitet

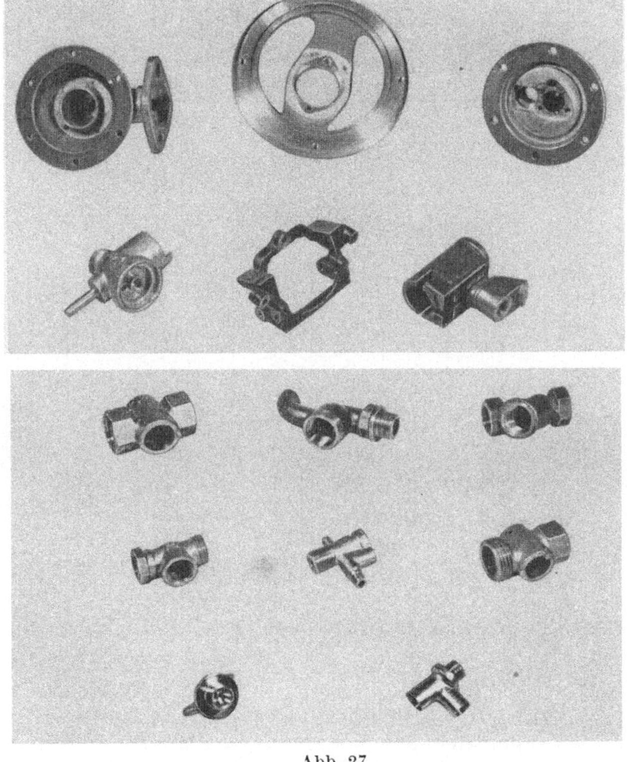

Abb. 27
Kleine Werkstücke mit mehr als zwei Bearbeitungsrichtungen

nicht allein die Drehbewegung, sondern auch die Vorschubbewegung von den Werkzeugen übernommen wird. Die Werkstücke führen mit

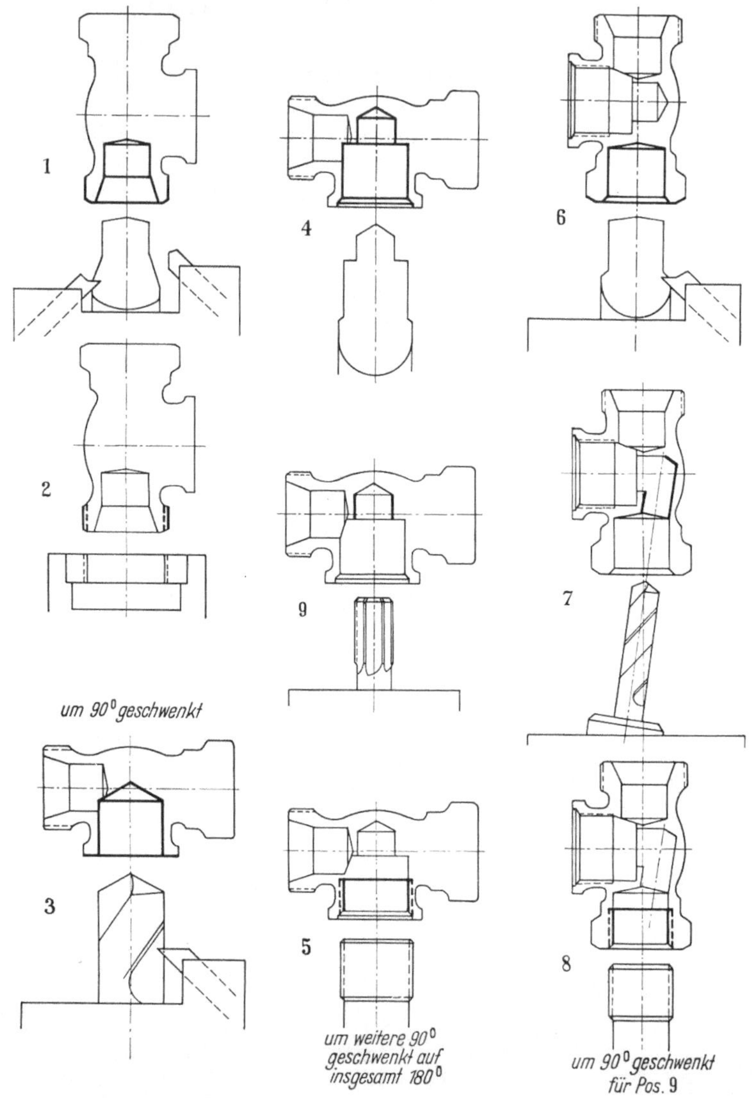

Abb. 28. Arbeitsplan für ein Armaturenteil, das während der Bearbeitung dreimal geschwenkt wird

ihren Spanneinrichtungen nur die Schaltbewegung von Werkzeuggruppe zu Werkzeuggruppe aus.

Neben den parallel zueinander angeordneten Werkzeugspindeln für eine Bearbeitungsrichtung können für die zweite dazu recht- oder schiefwinklige Richtung (Abb. 25) Werkzeugspindeln radial um die Spanntrommel angeordnet sein. Ein Beispiel für die dadurch mögliche Bearbeitung zeigt (Abb. 26).

Bei noch mehr Bearbeitungsseiten und -richtungen, wie sie bei kleinen Armaturenteilen vorkommen (Abb. 27), ist eine mehrspindlige Bearbeitung möglich, wenn das Werkstück mit seiner Spanneinrichtung bei den verschiedenen Werkzeuggruppen so geschwenkt wird, daß es die verschiedenen Arbeitsrichtungen zu den Werkzeugspindeln dreht. Dazu liegt die Spanneinrichtung winklig zu den Werkzeugspindeln und führt bei der Schaltbewegung beliebig einstellbare Schaltwege aus. Eine Andeutung von den damit erreichbaren Bearbeitungsmöglichkeiten vermittelt Abb. 28.

2.17 Werkstücke mit abweichenden Bearbeitungsanforderungen

Es gibt Werkstücke, die in die vorgenannten Werkstückgruppen nicht hineinpassen, die aber ihrer großen Stückzahlen wegen trotzdem für mehrspindlige Bearbeitung in Frage kommen. Als Beispiel sei ein Holzbohrer (Abb. 29) genannt, der teilweise stillstehend, teilweise umlaufend bearbeitet werden muß. Für solche Aufgaben müssen Spezialautomaten entwickelt wer-

Abb. 29. Holzbohrer

den, wie es für den Holzbohrer geschehen ist. Die Frage der Wirtschaftlichkeit solcher Automaten kann nur aus dem Einzelfall heraus untersucht werden, hier sei nur grundsätzlich auf die Möglichkeit der Entwicklung von Spezial-Mehrspindelautomaten aus der Bearbeitungsanforderung hingewiesen.

2.2 Bauarten der Mehrspindelautomaten

Die Bauweise der Mehrspindelautomaten ergibt sich aus den Möglichkeiten der maschinentechnischen Gestaltung und den Anforderungen der Werkstücke, die im vorhergehenden Abschnitt aufgestellt wurden.

2.21 Spindellage

Entsprechend der Entwicklung der Mehrspindelautomaten aus Drehbänken wurden die Maschinen zunächst mit waagerechter Spindelanordnung gebaut. Für diese Anordnung spricht die Auflage auf dem Werkstattflur mit großer Fläche, bei Stangenautomaten die leichte Einführbarkeit der Werkstoffstangen in deren Führungen und Drehspindeln. Für eine senkrechte Anordnung spricht der geringe Platzbedarf in der Werkstatt, die einfache Späneabfuhr, bei Halbautomaten für schwere Werkstücke deren einfache Spannmöglichkeit durch Auflegen auf die waagerechten Spannelemente.

Einen Vergleich des Raumbedarfes, also der Werkstattbodenfläche wie auch der Werkstatthöhe, zeigt für Stangenautomaten Abb. 30. Der zweifellos großen Platzersparnis in der Werkstatt bei senkrechter Anordnung steht die große, oft nicht vorhandene Werkstatthöhe gegenüber.

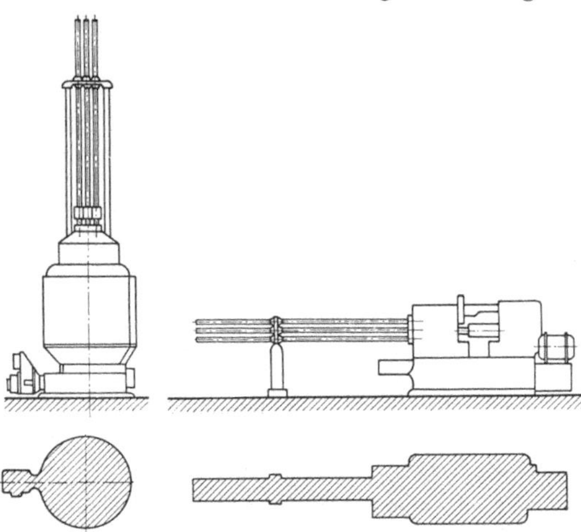

Abb. 30. Gegenüberstellung des Platzbedarfes eines Automaten mit waagerechter und senkrechter Anordnung

Bei Halbautomaten, die wegen der nicht benötigten Stangenführungen kürzer sind, ist die senkrechte Anordnung leichter unterzubringen. Spannmäßig besteht kein Vorteil, wenn die Werkstücke oben und die Werkzeuge unten angeordnet sind (Abb. 31), während schwere Halbautomaten mit unten angeordneten Werkstückspindeln und Spanneinrichtungen aus gleichen Überlegungen, die von der Drehbank zum Karussell führten, bevorzugt werden. Hinzu kommt, daß bei größerer Spindelzahl die Unterbringung in einer horizontalen Spindeltrommel schwierig ist, so daß Halbautomaten mit oft größeren Spindelzahlen in senkrechter Anordnung der Vorzug zu geben ist.

Abb. 31. Senkrechter Mehrspindel-Magazinautomat mit obenliegenden Werkstücken

2.22 Spindelzahl

Theoretisch können Mehrspindelautomaten mit beliebig vielen Spindeln gebaut werden, untere Grenze wären 2 Spindeln. Praktisch hat die Entwicklung mit Dreispindlern begonnen und ist dann aus Werkstückforderungen zu höheren Spindelzahlen gekommen.

Die mindestens notwendige Spindelzahl ergibt sich aus dem Einstellplan für ein Werkstück, der die notwendigen Werkzeuggruppen zeigt, die nacheinander ansetzbar sein müssen und damit der Spindelzahl entsprechen.

Eine höhere Spindelzahl als die mindest notwendige kann überbrückt werden. Dafür gibt es mehrere Möglichkeiten.

1. Nicht benötigte Spindelstellungen werden leer durchgeschaltet, sind also nicht mit Werkzeuggruppen besetzt. Damit aber schlechte Ausnutzung der Maschine.

2. Die Zerspanarbeit wird auf mehr als die mindest notwendigen Werkzeuggruppen verteilt, diesen kann dadurch ein kürzerer Weg wegen besserer Wegunterteilung gegeben werden. Es wird dabei Arbeitszeit gespart, der Automat also besser ausgenutzt.

3. Der Automat wird doppelt ausgenutzt, also ein Sechsspindler als doppelter Dreispindler. Die Arbeit wird für ein Werkstück auf 3 Spindelstellungen verteilt und gleichzeitig werden 2 Werkstücke bearbeitet. Das hat gegenüber Möglichkeit 2. den Vorteil größerer Werkstückgenauigkeit, da durch weniger Schaltungen je Werkstück weniger Toleranzfehler durch Umschaltung in das Werkstück kommen. Auf die verschiedenen Möglichkeiten dieser Schaltung wird in Abschn. 2.31 noch eingegangen.

2.23 Die unterschiedlichen Mehrspindel-Bauarten

Aus den Anforderungen der Werkstücke ergeben sich verschiedene Bauformen, die zur Erfassung des ganzen Arbeitsgebietes bestehen müssen (Tab. 2).

Tabelle 2. Gliederung der Mehrspindelautomaten

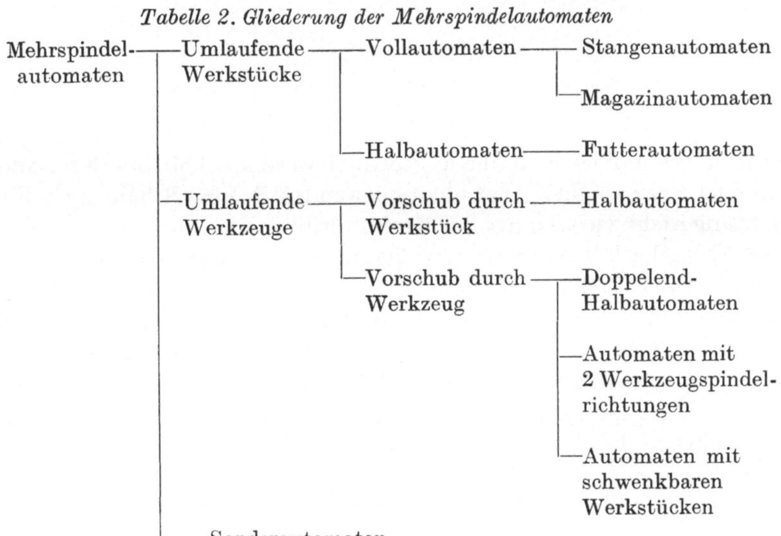

2.23.1 Reihenautomaetn ohne Schalteinrichtung. Für sehr einfache Werkstücke (Abschn. 2.11) genügt ein Stangenform- und Abstechautomat, der einspindlig, oder bei großer Stückzahl mehrspindlig eine Kombination mehrerer Einspindler sein kann. Die Spindeln können

Abb. 32. Arbeitsstelle eines Vierspindel-Reihenautomaten

dann übereinander in Reihe angeordnet werden (Abb. 32). Kreisanordnung ist zwar möglich, aber nicht notwendig, da eine Schaltung in Kreisrichtung nicht vorkommt. Bei Kreisanordnung können aber die Seiten- und Abstechschlitten nur von außen wirken, also je Spindel an sich nur einer, bei der Reihenanordnung kann je einer von rechts und links angesetzt werden. Bei der Kreisanordnung stehen die Seitenschlitten radial. Da die Schlitten zu jeder Spindel eine andere Richtung haben, muß jeder seinen besonderen Bewegungsantrieb haben. Bei der Reihenbauweise (Abb. 32) dagegen kann je ein alle Spindeln überdeckender Seitenschlitten rechts und links vorhanden sein.

Derartige Mehrspindel-Reihenautomaten werden nicht sehr häufig eingesetzt, da die Zahl der einfachen Werkstücke weit hinter denen mit schwieriger Bearbeitung zurückbleibt. In Deutschland werden sie daher

nicht gebaut, eine amerikanische Ausführung zeigt Abb. 33. Aus
Amerika und Rußland sind Modelle mit 4 bis 8 Spindeln bekannt.

Abb. 33. Vierspindel-Reihenautomat

2.23.2 Stangen- und Magazinautomaten. Vollautomatische Mehrspindelautomaten für die Bearbeitung von Werkstücken von der
Materialstange oder aus dem Magazin arbeiten mit umlaufenden

Abb. 34. Vierspindelautomat

Werkstücken, die an den Materialstangen in der Drehspindel oder in einer Spanneinrichtung am vorderen Ende der Drehspindel gehalten sind.

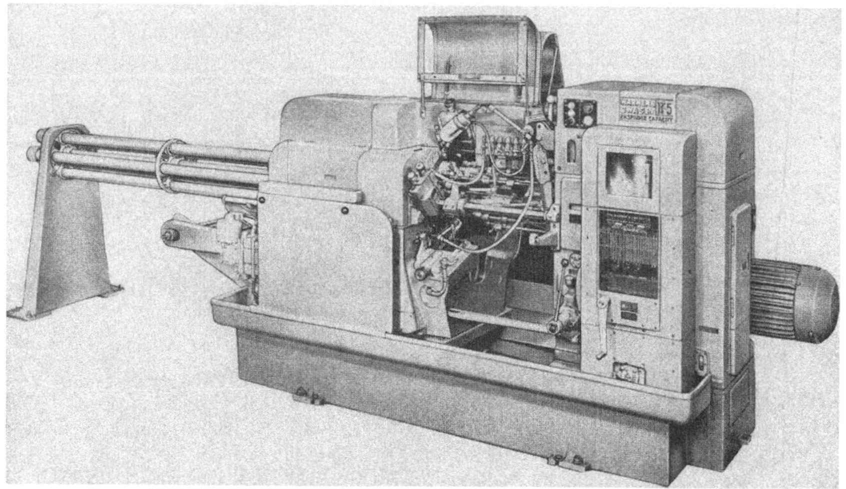

Abb. 35. Fünfspindelautomat

Bei Stangenautomaten ist in der Spindel eine Spann- und Vorschubeinrichtung untergebracht. Die Werkstoffstangen, die ihrer Länge wegen hinten aus den Spindeln weit herausragen, sind in Stangenhalterrohren

Abb. 36. Sechsspindelautomat

abgefangen, die als Stangenführung zusammengebaut an die Spindeltrommel angekuppelt sind und deren Schaltbewegung mitmachen.

Nach Fertigstellung eines Werkstückes wird dieses durch den Abstechstahl von der Werkstoffstange abgestochen. Die Stange wird gegen

einen Anschlag vorgeschoben, so daß die Bearbeitung des nächsten
Stückes beginnen kann.

Abb. 37. Sechsspindelautomat

Abb. 38. Kleinster Sechsspindelautomat

Der vollautomatische Arbeitszyklus des Stangenautomaten wird
nur unterbrochen, wenn die Werkstoffstangen verbraucht sind und durch
neue Stangen ersetzt werden müssen. Dafür entwickelte automatische
Stangennachfülleinrichtungen haben sich bisher nicht einführen können,

da der Aufwand in keinem Verhältnis zu dem möglichen Zeitgewinn steht.

Magazinautomaten werfen das fertige Werkstück oder den Werkstoffrest, von dem es abgestochen wurde, aus, und die Ladeeinrichtung

Abb. 39. Achtspindelautomat

Abb. 40. Achtspindelautomat

fördert ein neues Rohteil aus dem Magazin in die Spanneinrichtung. Da das Nachfüllen des Magazins während der Arbeitszeit erfolgt, arbeiten Magazinautomaten vollautomatisch ohne die bei Stangenautomaten zeitweilig nötige Unterbrechung.

Mehrspindelstangen- und Magazinautomaten werden mit 4 bis 8 Spindeln (Abb. 34 bis 40) in waagerechter Anordnung und mit 6 Spindeln auch in senkrechter Anordnung (Abb. 41 u. 42) gebaut.

Die zulässige Werkstückgröße richtet sich bei Stangenautomaten nach dem möglichen Durchlaß der hohlen Drehspindel. Praktisch liegen

Abb. 41
Senkrechter Sechsspindelautomat

Abb. 42. Senkrechter Magazinautomat

die Spindeldurchlässe zwischen 10 und 125 mm, mit deutlichen Schwerpunkten zwischen 30 und 60 mm.

Bei Magazinautomaten richtet sich die Werkstückgröße nach dem rundlaufenden Durchmesser, der praktisch etwas kleiner als der Abstand zweier benachbarter Drehspindeln ist.

Bei Magazinautomaten muß beachtet werden, daß die Magazin- und Ladeeinrichtung meist einen Querschlitten besetzt, sodaß eine Spindel für spanende Bearbeitung ausfällt. Die benötigte Spindelzahl kann

daher größer sein als bei Stangenautomaten. Neben den seitlichen Magazinen (Abb. 42 bis 43) hat man deshalb auch vom Spindelende aus
einführende entwickelt, bei denen aber die Werkstücke durch die
Spindelbohrung gehen müssen.

Auf die Vielgestaltigkeit der Magazineinrichtungen sei hier besonders
hingewiesen. Diese sind daher in ihrer speziellen Gestaltung Sondereinrichtungen ebenso wie Werkzeuge, und müssen entsprechend den
Werkstücken gestaltet werden.

Abb. 43. Seitliche Magazinanordnung an einem Sechsspindelautomaten

Vollautomaten haben normalerweise keine Stillsetzeinrichtung für
eine einzelne Arbeitsspindel. Für Arbeiten, die keine Drehbewegung
zwischen Werkstück und Werkzeug zulassen, wie etwa Fräsarbeiten,
sind daher vorwiegend synchron mit der Drehspindel umlaufende Werkzeuge zu verwenden. Ist das nicht möglich, so muß eine Spindel-Stillsetzeinrichtung besonders eingebaut werden.

2.23.3 Halbautomaten mit umlaufenden Werkstücken. Halbautomaten mit umlaufenden Werkstücken unterscheiden sich von den
Stangen- und Magazinautomaten dadurch, daß sie stets mit einer
Spindel-Stillsetzeinrichtung ausgerüstet sind, die automatisch die in
Spannstellung geschaltete Drehspindel von dem Spindelantrieb abschaltet. Gleichzeitig ist die Maschinensteuerung so eingerichtet, daß
sie nach einem vollen Arbeitszyklus, also einer Schaltung mit Fertig-

stellung eines Werkstückes, ausgerückt bleibt und von Hand erneut eingerückt werden muß.

In ihrem allgemeinen Aufbau können Halbautomaten den Stangenautomaten weitgehend angeglichen sein (Abb. 44 bis 45), und sie werden

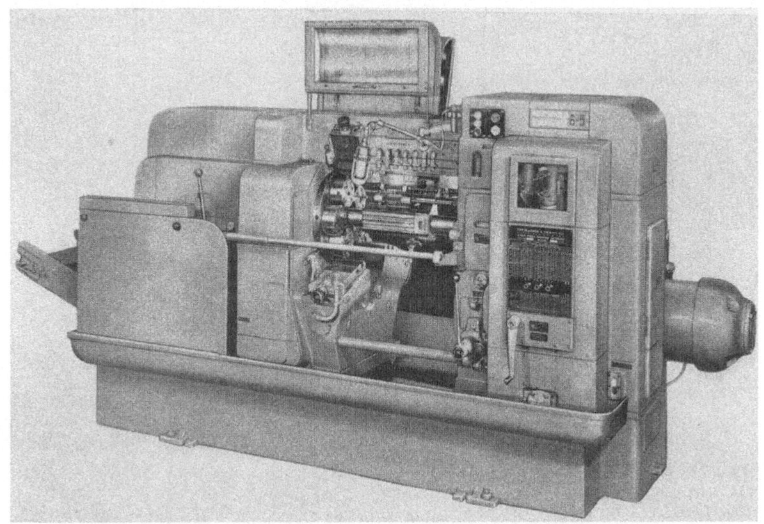

Abb. 44. Sechsspindel-Halbautomat

Abb. 45. Sechsspindel-Halbautomat

vielfach aus dem gleichen Grundmodell entwickelt, ja sie sind in einzelnen Fällen sogar umstellbar, also zeitweise als Stangenautomaten, zeitweise als Halbautomaten verwendbar.

Abweichend ist eine Halbautomatenform, bei der ein freier, gut zugänglicher Arbeitsraum (Abb. 46) dadurch geschaffen wurde, daß der Antriebskasten und der Spindelstock zusammengefaßt wurden, wodurch

Abb. 46. Sechsspindel-Halbautomat mit freiem Arbeitsraum

der Arbeitsraum von vorn zugänglich ist. An Stelle radial arbeitender Querschlitten, wie an den bisher behandelten Automaten, werden hier Werkzeugführungsarme verwendet, die Radialbewegungen und teilweise zusätzliche Axialbewegungen ausführen.

Senkrechte Halbautomaten mit umlaufenden Werkstücken (Abb. 47 und 48) können mit größeren Spindelzahlen, in Abb. 47 als Zwölfspindler, gebaut werden, und sind bei untenliegenden Drehspindeln auch nicht hoch. Diese Maschinen sind besonders eingerichtet, um durch Doppelschaltung als doppelte Vierspindler verwendet zu werden.

Alle Halbautomaten können an der Spannspindel mit Punkt-Stillsetzeinrichtung ausgerüstet werden, so daß die Spanneinrichtung stets

Abb. 47. Senkrechter Zwölfspindel-Halbautomat

Abb. 48. Senkrechter Achtspindel-Halbautomat

die gleiche Lage zum Arbeiter hat. Die Spindel-Stillsetzeinrichtung kann im Zuge der Bearbeitung zum Stillsetzen benutzt werden, wenn Arbeiten ohne Drehbewegung zwischen Werkzeug und Werkstück, etwa Fräsarbeiten, ausgeführt werden sollen.

2.23.4 Halbautomaten mit stillstehenden Werkstücken. Halbautomaten zur Bearbeitung verschiedenartigster Formteile, die bei umlaufender Bearbeitung Schwierigkeiten bereiten würden, sind mit umlaufenden Werkzeugspindeln und feststehenden Werkstücken ausgebildet. Der

Abb. 49. Mehrspindel-Halbautomat mit feststehenden Werkstücken

Revolverkopf mit den Spanneinrichtungen für die Werkstücke hat eine Spannstelle mehr als Werkzeugspindeln, so daß diese unbeschadet des Handspann-Vorganges stets arbeiten können. Das fertiggestellte Werkstück wird durch die Revolverkopfschaltung in die Spannstellung gebracht, kann dort aus- und ein Rohteil eingespannt werden. Die Maschine beginnt den neuen Arbeitszyklus erst, wenn die Steuereinrichtung von Hand eingeschaltet wurde.

Der Revolverkopf ist auf dem Maschinenbett geführt und übernimmt die Vorschubbewegung der Werkstücke gegen die Werkzeuge (Abb. 49). Diese müssen für Planarbeiten eine zusätzliche Radialbewegung ausführen können, jedoch wird bei der Werkzeugauslegung beachtet, daß vorwiegend mit rein axialem Vorschub alle Arbeitsgänge erledigt werden.

Bei axial feststehendem Revolverkopf, der also mit den Werkstücken nur noch die Schaltbewegung ausführt, können Werkzeugspindeln auf beiden Seiten des Werkstückes angeordnet und dieses doppelseitig bearbeitet werden, so daß bei jeder Schaltung ein auf beiden Seiten fertig bearbeitetes Teil anfällt. Eine solche Doppelendmaschine zeigt Abb. 50.

Wird bei axial stillstehendem und nur die Schaltbewegung ausführendem Revolverkopf die Vorschubbewegung in die Werkzeugspindeln

Abb. 50. Doppelseitig arbeitender Mehrspindel-Halbautomat mit feststehenden Werkstücken

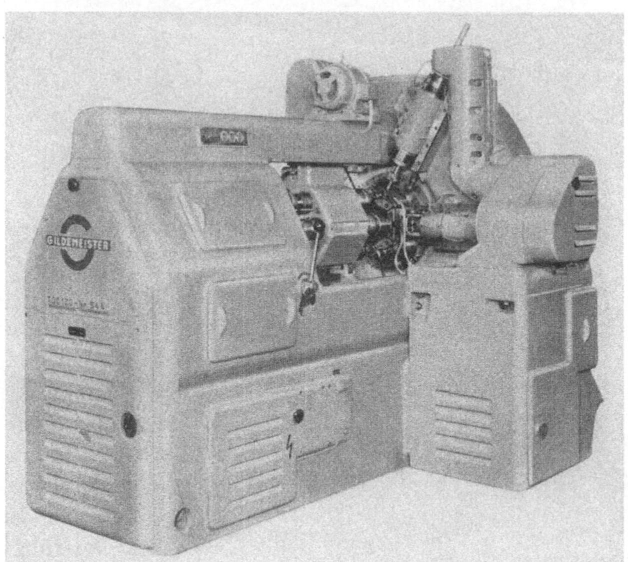

Abb. 51. Mehrspindel-Halbautomat mit feststehenden Werkstücken und zusätzlichen radial angeordneten Werkzeugspindeln

einzeln oder gemeinsam gelegt, so können zusätzlich zu den parallel zueinander angeordneten Werkzeugspindeln weitere radial um das Werkstück herum angeordnet werden (Abb. 51). Es lassen sich auf diese Weise Arbeitsgänge in zwei zueinander winkligen Achsen ausführen.

2.23.5 Halbautomaten mit stillstehenden, schwenkbaren Werkstücken. Größere Spindelzahlen, etwa 10 Stück, lassen sich baulich

Abb. 52. Mehrspindel-Halbautomat mit feststehenden, schwenkbaren Werkstücken

Abb. 53. Arbeitsstelle des Automaten Abb. 52 mit zwei zueinander senkrecht stehenden Werkzeugspindeln

nicht mehr gut an einem Revolverkopf unterbringen. Es wurde dafür ein Maschinentyp entwickelt, bei dem die Werkstückspanneinrichtungen sternförmig um eine senkrechte Säule angeordnet sind, mit der sie die Schaltbewegung ausführen, während die Werkzeugspindeln mit den umlaufenden Werkzeugen von unten nach oben die Werkstücke bearbeiten. Der in Abb. 52 gezeigte Automat hat beispielsweise 10 Spannstellen und 9 Werkzeugspindeln. Die Spanneinrichtungen mit den Werkstücken können nun beliebige Winkeldrehungen ausführen. Es kann dadurch beim Weiterschalten der Werkstücke zur nächsten Werkzeuggruppe zugleich die Spanneinrichtung so gedreht werden, daß eine andere Werkzeugfläche zur Bearbeitung kommt. Bei der großen Zahl der Werkzeugspindeln lassen sich an jeder zur Bearbeitung kommenden Fläche genügend Einzelarbeitsgänge durchführen (Abb. 53).

Die Maschine kann zusätzlich noch mit Werkzeugspindeln von oben nach unten und mit sternförmig angeordneten versehen werden, so daß sich hier eine Vielzahl von ansetzbaren Werkzeuggruppen ergibt die es möglich macht, selbst komplizierte Armaturenteile mit vielen Arbeitsflächen *in einer Aufspannung* halbautomatisch zu bearbeiten.

2.3 Bearbeitungsmöglichkeiten auf Mehrspindelautomaten

Bei den Bearbeitungsmöglichkeiten auf Mehrspindelautomaten müssen wir unterscheiden zwischen den Möglichkeiten, die sich aus der Spindelzahl der Maschine, ihren Werkzeugträgern und der zweckmäßigen Ausnutzung besonders der Spindelzahl ergeben sowie den durchführbaren Einzelbearbeitungen, die durch die steuerbaren Relativbewegungen zwischen Werkzeug und Werkstück nicht nur hinsichtlich Drehung, sondern auch hinsichtlich der Wege und Wegrichtungen gegeben sind. Letztere sind vorwiegend eine Frage der Werkzeuggestaltung.

2.31 Ausnutzung der Spindelzahl

Das an der Spindel eines Mehrspindelautomaten eingespannte oder von der Werkstoffstange in ihr gehaltene Werkstück wird durch die Schaltbewegung der Spindeltrommel den einzelnen Werkzeuggruppen zugeführt und dabei stufenweise so fertiggestellt, daß es an der letzten Spindelstellung abgespannt bzw. abgestochen werden kann. Der Automat, beispielsweise ein Sechsspindler (Abb. 54), wird also mit einem Werkstück voll ausgenutzt.

Benötigt ein Werkstück weniger, etwa nur 3 Werkzeuggruppen, so kann der Automat des Beispieles als doppelter Dreispindler eingesetzt werden. Wir haben es also mit 2 Gruppen zu je 3 Spindeln zu

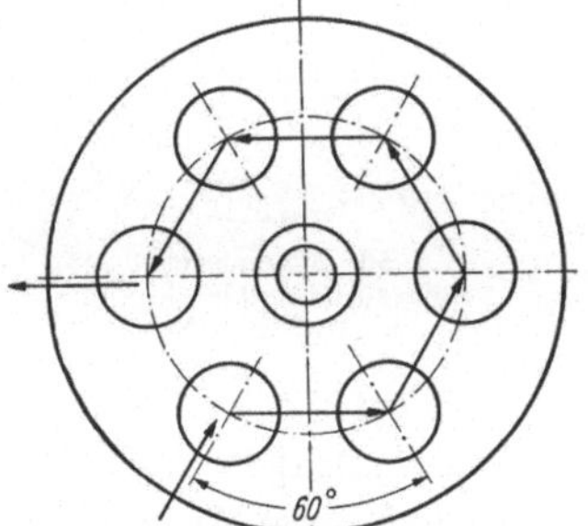

Abb. 54. Schemaanordnung Sechsspindelautomat als Sechsspindler arbeitend

tun. Sollen beide Spindelgruppen die gleiche Arbeit ausführen, also nach einer Schaltung zwei gleichartige Werkstücke fertig sein, so erfolgt weiterhin eine 60° Spindeltrommelschaltung, es wird gleichzeitig an

Spindel 1 und 4 vorgeschoben und an Spindel 3 und 6 ein Werkstück fertig (Abb. 55). Das geht, da die Spanneinrichtungen der ersten Spindelgruppe ebenso in der zweiten und umgekehrt verwendbar sind.

Sollen an den beiden Spindelgruppen verschiedene Werkstücke bearbeitet werden, die aber in die gleiche Spanneinrichtung passen, so ist die gleiche Anordnung mit 60° Spindeltrommelschaltung anwendbar. Das Werkstück wird beispielsweise beim Übergang von Spindelstellung 3 nach 4 von einer Wendeeinrichtung gefaßt und umgekehrt gespannt, um auch von der Rückseite fertiggestellt zu sein (vgl. Abb. 19). Die Werkzeuggruppen an Spindelstellung 1 bis 3 und 4 bis 6 sind aber unterschiedlich.

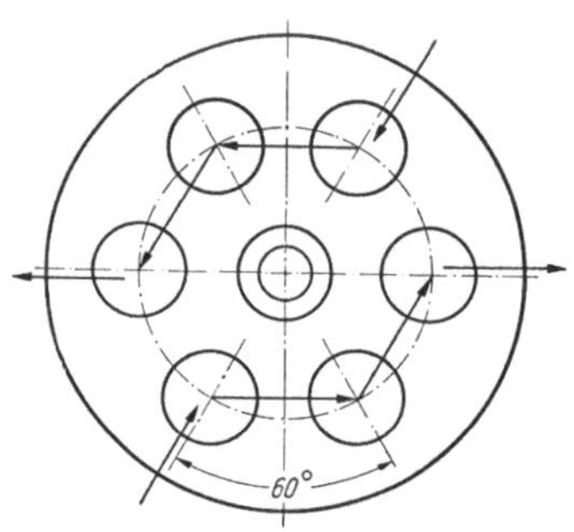

Abb. 55. Schemaanordnung Sechsspindler als doppelter Dreispindler

Ist die Spanneinrichtung für beide Seiten des Werkstückes unterschiedlich oder sollen gar verschiedene Werkstücke nebeneinander bearbeitet werden, so daß nach jeder Spindeltrommelschaltung je ein Werkstück beider Arten fertig wird, so kann niemals eine Spanneinrichtung der ersten Spindelgruppe an eine Stelle der zweiten Spindelgruppe kommen. Es muß dann mit sog. Doppelschaltung, also mit 120° Schaltung gearbeitet werden (Abb. 56), bei der jede Spindelgruppe für sich allein bleibt. Bei zweiseitiger Bearbeitung eines Werkstückes kann dieses von Stellung 6 auf Stellung 1 gewechselt und neugespannt werden, da es für die erste Bearbeitungshälfte die Spindeln 2, 4 und 6 durchlaufen würde, für die zweite Hälfte die Stellungen 1, 3 und 5. Daß ein doppelter oder gar noch größerer Schaltweg mit seinen Beschleunigungs- und Verzögerungsproblemen baulich Schwierigkeiten machen kann, soll hier nur angedeutet werden (s. Abschn. 4.56).

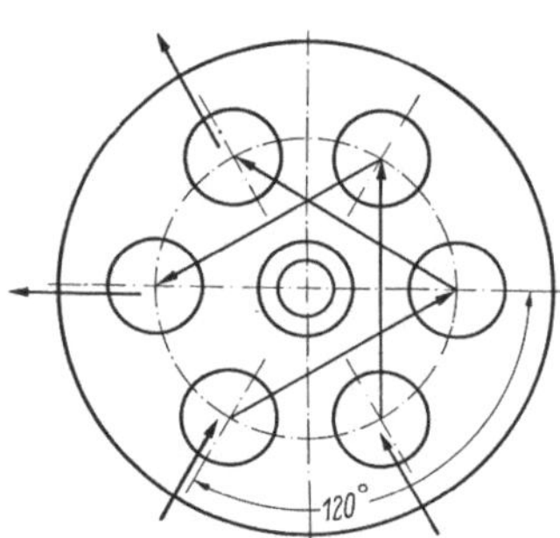

Abb. 56. Schemaanordnung Sechsspindler als doppelter Dreispindler

Verfolgt man den Gedanken der Mehrfachausnutzung eines Mehrspindlers weiter, so kommt man auf die praktisch sicher selten ausgenutzte Möglichkeit des dreifachen Zweispindlers. Auch dieser kann entweder bei gleichen Spanneinrichtungen für alle Arbeiten mit 60° geschaltet werden, so daß jede Spindel jede Stellung durchläuft (Abb. 57), andernfalls müßte auf eine 180° Schaltung übergegangen werden, da nur bei dieser die 3 Zweispindelkreise getrennt bleiben (Abb. 58).

Als letzte Möglichkeit bleibt dann die Ausnutzung als sechsfacher Einspindler (Abb. 59), bei dem eine Schaltung nicht mehr erforderlich ist.

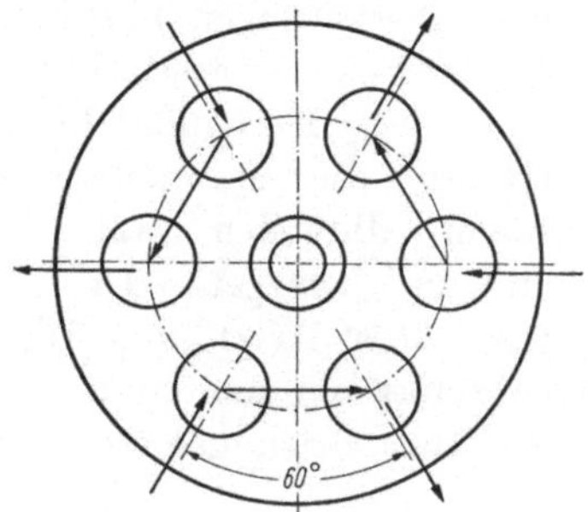

Abb. 57. Schemaanordnung Sechsspindler als dreifacher Zweispindler

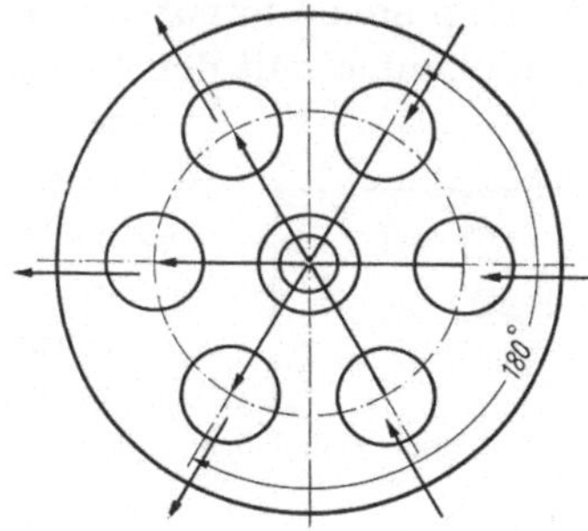

Abb. 58. Schemaanordnung Sechsspindler als dreifacher Zweispindler

Stellt man die an dem Sechsspindelautomaten entwickelten Möglichkeiten einmal für alle Spindelzahlen zusammen, so ergeben sich die in Tab. 3 eingetragenen Werte. Es zeigt sich, daß der Fünfspindelautomat sich nur ausnutzen läßt als Fünfspindler, daß der Sechsspindler sehr viele Möglichkeiten in sich birgt, die sich auch bei 8 oder 10 Spindeln nicht verbessern, und daß dann erst der Zwölfspindler wieder günstige Einsatzmöglichkeiten hat, die aber mehr theoretischer Natur sind, da er praktisch kaum vorkommt.

Auch diese Tabelle zeigt, wie vorteilhaft die Entwicklung beim Mehrspindelautomaten zum Sechsspindler ist.

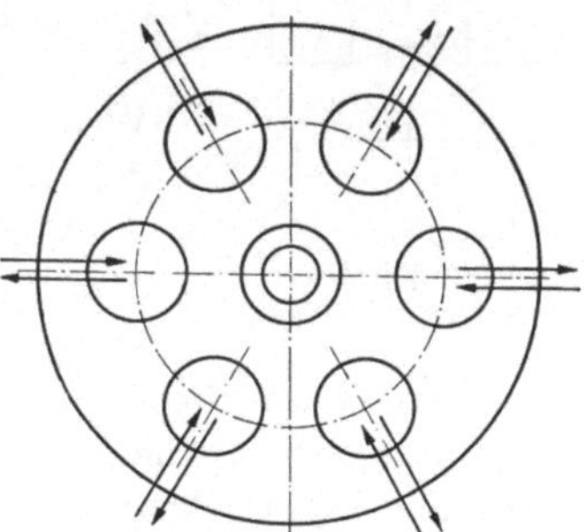

Abb. 59
Schemaanordnung Sechsspindler als sechsfacher Einspindler

Tabelle 3. Einsatzmöglichkeiten von Mehrspindelautomaten im Mehrfacheinsatz mit geringerer Spindelzahl und zugehörige Schaltwinkel der Spindeltrommel

Spindelzahl	Automat arbeitend als . . . -spindler								Schaltwinkel der Spindeltrommel
3	3/120								1/0
4	4/90							2/90	2/180	1/0
5	5/72								1/0
6	6/60					3/60	3/120	2/60	2/180	1/0
8	8/45			4/45	4/90			2/45	2/180	1/0
10	10/36	5/36	5/72					2/36	2/180	1/0
12	12/30	6/30	6/60	4/30	4/90	3/30	3/120	2/30	2/180	1/0

2.32 Einzelbearbeitungen mit Drehbewegung zwischen Werkzeug und Werkstück

Mehrspindelautomaten mit umlaufenden Werkstücken haben der Spindeltrommel mit den Drehspindeln gegenüber einen Längsschlitten,

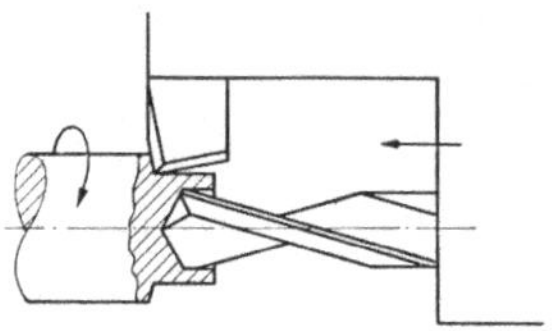

Abb. 60. Bohren und Langdrehen vom Längsschlitten aus

der sich axial zu den Drehspindeln bewegt, und radial um die Spindeltrommel herum Querschlitten, die sich radial auf die Drehspindeln zu bewegen. Die Bewegungsrichtungen beider Arten von Werkzeugträgern stehen senkrecht zueinander. Damit ist die Grundbearbeitungsmöglichkeit gegeben.

Vom Längsschlitten aus werden alle Außen- und Innendreh- und Bohrarbeiten vorgenommen, soweit die zu bearbeitenden Flächen durch rein axial bewegte Drehstähle oder Bohrer erreichbar sind (Abb. 60). Entsprechend kann von den Querschlitten aus jede Bearbeitung durch

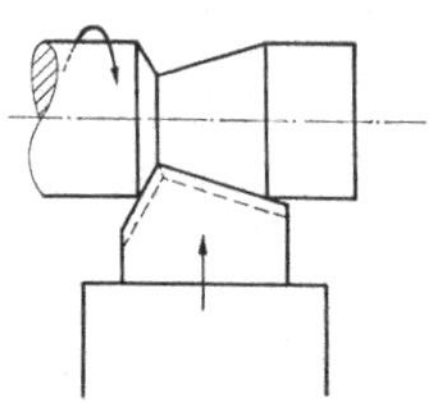

Abb. 61. Formen vom Querschlitten aus

Einstechen vorgenommen werden, die durch rein radialen Vorschub möglich ist (Abb. 61), wobei durch Profil- und Formstähle auch schwierige Werkstückformen erreicht werden können. In gleicher Weise wird mit einem sehr schmalen Einstechstahl der Abstich vorbereitet oder durchgeführt.

Für besonders kleine Bohrungen in Werkstücke, die wegen ihrer Außenform keine sehr hohen Drehgeschwindigkeiten haben dürfen, werden den Bohrern zusätzliche, der Werkstückdrehung entgegengesetzte Drehbewegungen gegeben, so daß für die Arbeit des dünnen Bohrers die Summe der Drehzahlen als Schnittgeschwindigkeit in Frage kommt.

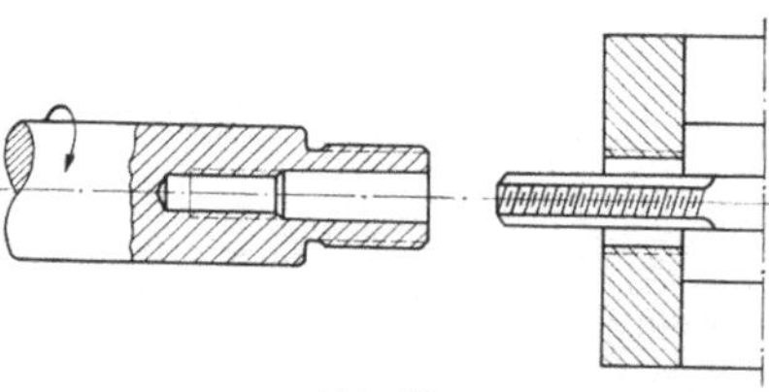

Abb. 62
Gewindeschneiden vom Längsschlitten aus

Die Schnellbohreinrichtung wird später noch besonders behandelt. Wird ein solcher zusätzlicher Bohrerdrehantrieb gleichlaufend mit der Drehspindel aber mit unterschiedlicher Drehzahlgröße ausgebildet, so läßt sich die richtige Drehzahl bzw. Schnittgeschwindigkeit für das Gewindebohren einstellen, und nach Erreichung der Gewindetiefe wird (Tab. 4) umgeschaltet, so daß das Gewindewerkzeug wieder von dem Werkstück abläuft. Auch dieser Vorgang setzt nur rein axiale Bewegung voraus. Es können auch mehrere Gewindeschneidwerkzeuge mit gleicher Gewindesteigung gleichzeitig zum Ansatz kommen (Abb. 62).

Tabelle 4. *Werkzeugdrehung beim Gewindeschneiden*

Gewinderichtung	Werkstück Drehrichtung	Werkzeugdrehung gegenüber Werkstückdrehung beim	
		Schneidgang	Rücklauf
rechts	rechts	verzögert	überholend
links	rechts	überholend	verzögert
rechts	links	überholend	verzögert
links	links	verzögert	überholend

Das Rollen von Gewinden ist gegenüber der spanenden Bearbeitung oft vorteilhafter, wenn das zur Bearbeitung kommende Material ge-

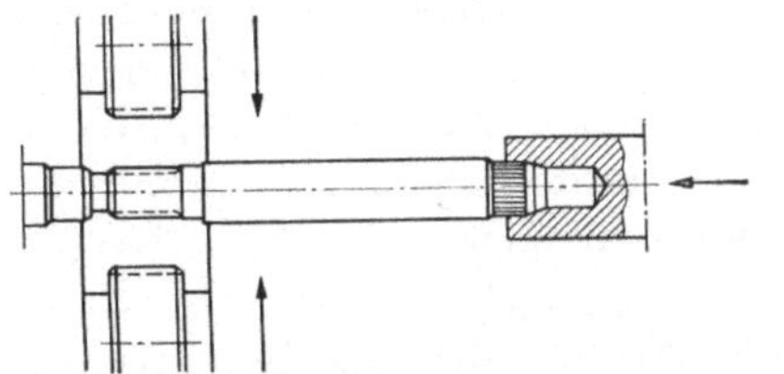

Abb. 63. Gewinderollen vom Querschlitten aus

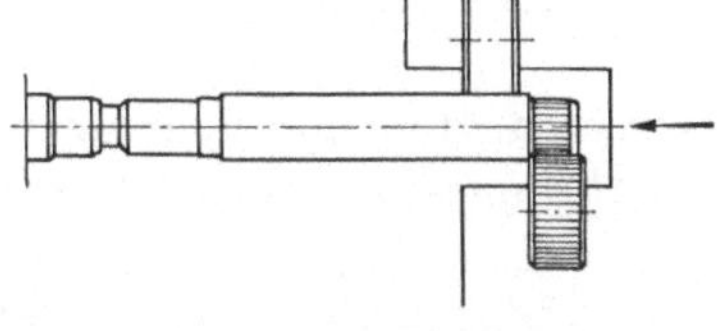

Abb. 64. Rändeln vom Längsschlitten aus

nügende Dehnung und nicht zu hohe Festigkeit hat. Besonderer Vorteil liegt in der guten Gewindeflanke, die durch die plastische Verformung verdichtet und mit geringer Rauhigkeit erzielt wird. Für die Automatenarbeit ist vorteilhaft, daß die Rollgeschwindigkeit gleich der Drehgeschwindigkeit ist, so daß eine Geschwindigkeitsumschaltung nicht erforderlich wird. Gewinderollen kann vom Querschlitten aus mit rein radialem Vorschub (Abb. 63) durchgeführt werden.

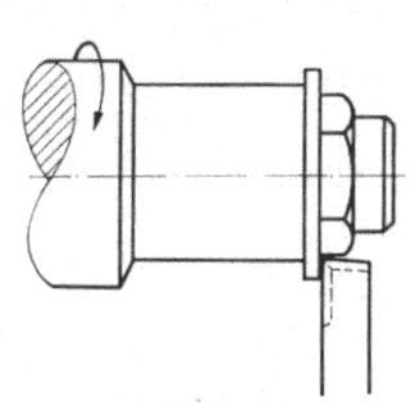

Abb. 65
Vielkantdrehen

Mit ebenfalls rein radialem oder rein axialem Vorschub kann auf Mehrspindelautomaten gerändelt (Abb. 64), gekordelt oder auch signiert werden.

Wird dem Drehwerkzeug bei seiner axialen oder radialen Vorschubbewegung eine radial hin- und hergehende Bewegung gegeben, die in

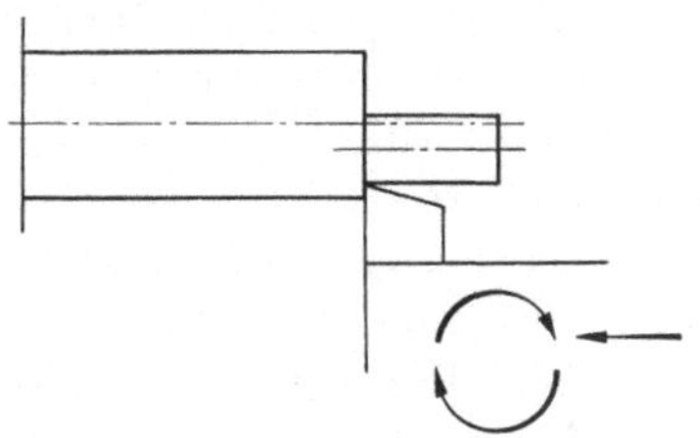

Abb. 66
Exzenterdrehen vom Längsschlitten aus

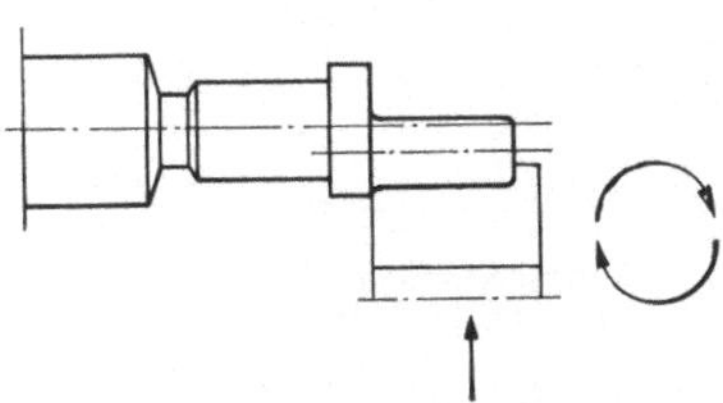

Abb. 67
Exzenterdrehen vom Querschlitten aus

einem festen Verhältnis zur Werkstückumdrehung steht, so werden an dem Werkstück an Stelle von Zylinderflächen Vielkante gedreht (Abb. 65), und bei richtiger Gestaltung der dem Drehwerkzeug zugeordneten Bewegung lassen sich ebenso Exzenter vom Längsschlitten (Abb. 66) oder vom Querschlitten (Abb. 67) aus drehen. Ein Arbeitsbeispiel zeigt Abb. 68.

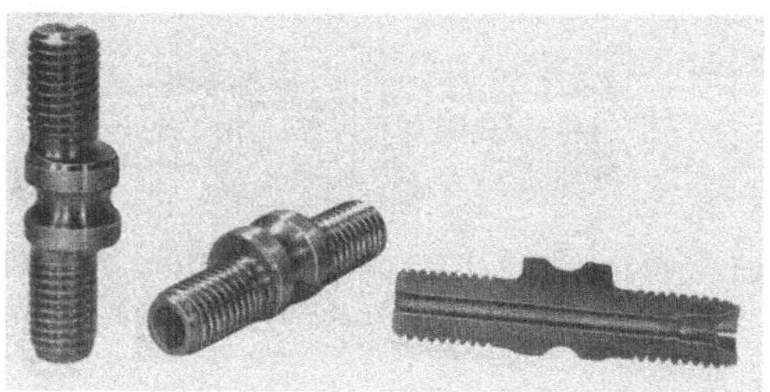

Abb. 68. Arbeitsbeispiele für Exzenterdrehen

Diese und ähnliche Arbeiten erfordern also stets nur einen Werkzeugvorschub mit Längs- oder Querschlitten und gegebenenfalls eine Zusatzbewegung innerhalb des Werkzeuges wie unterschiedliche Drehzahl oder werkstückabhängige Hin- und Herbewegung.

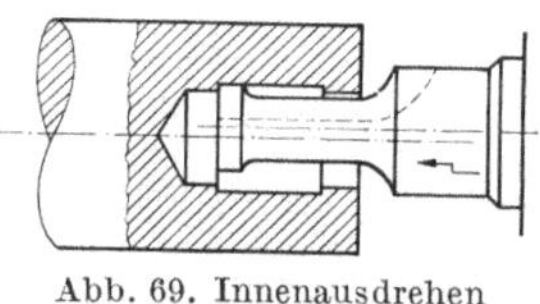

Abb. 69. Innenausdrehen vom Längsschlitten aus

Gewindefreistiche oder Ausdrehungen in einer Bohrung oder Langdreharbeiten hinter einem Bund lassen sich rein axial bzw. rein radial nicht mehr erreichen. Hier muß eine Zusammenschaltung der Längs- und Querschlittenbewegung in der Weise erfolgen, daß entweder ein Werkzeug vom Längsschlitten axial in die Bohrung eingefahren, es dann in radialer Richtung vom Querschlitten aus angestellt und dann wieder axial im Vorschub bewegt wird (Abb. 69), oder das umgekehrt das auf dem Querschlitten sitzende Werkzeug hinter einem Bund durch Radialbewegung zum Ansatz kommt und dann vom Längsschlitten aus axial bewegt wird (Abb. 70). Aus diesen einfachsten Werkzeugformen, Einstechwerkzeug bzw. Langdrehschlitten mit Zusammenfassung der Längs- und Querbewegung, lassen sich

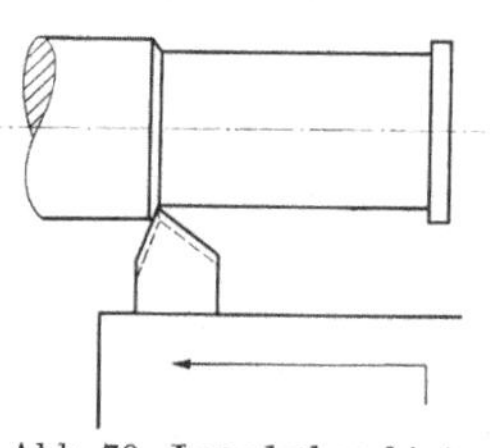

Abb. 70. Langdrehen hinter einem Bund vom Querschlitten aus

weitere Bewegungsmöglichkeiten ableiten, wenn etwa nicht wie bei den beiden erwähnten Beispielen entweder die eine oder die andere Bewegung auf das Werkzeug wirkt, sondern wenn man beide kontinuierlich überlagert, wobei Kegelflächen gedreht

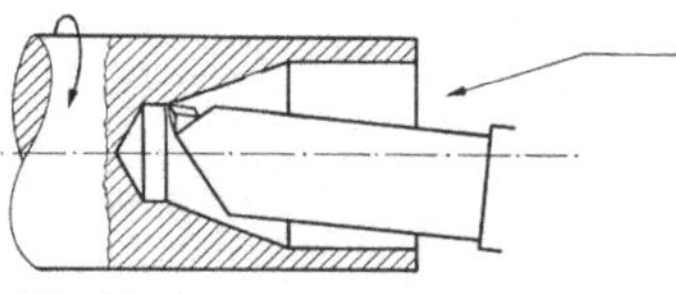

Abb. 71. Innenkegeldrehen vom Längsschlitten aus

werden, die vom Längsschlitten aus als Innenkegel (Abb. 71) oder vom Querschlitten aus als Außenkegel (Abb. 72) vorkommen können.

Gewinde hinter einem Bund, die nicht gerollt werden können, müssen mit der Gewindestrehleinrichtung bearbeitet werden. Diese wird auf den

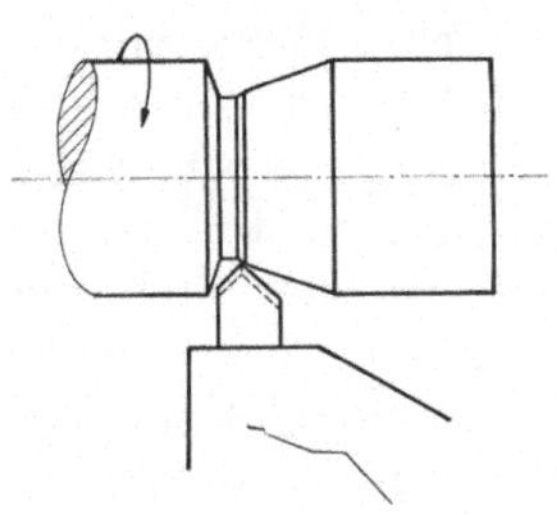

Abb. 72. Außenkegeldrehen vom Querschlitten aus

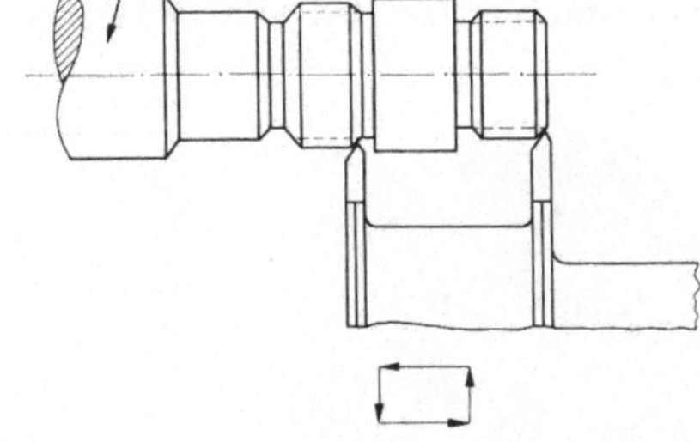

Abb. 73. Gewindestrehlen mit zwei Werkzeugen gleichzeitig

Querschlitten gesetzt und mit diesem an das Werkstück herangebracht und der langsame Vorschub erteilt. Durch einen Zusatzantrieb führt der Gewindestrehler eine hin- und her- gehende Bewegung aus, wobei er beim Rücklauf zusätzlich noch vom Gewinde abgehoben wird (Abb. 73). Auch hier können mehrere Gewinde gleicher Steigung mit einem Strehler gedreht werden. Hierzu zeigt Abb. 74 ein Arbeitsspiel.

Abb. 74. Arbeitsbeispiel für Gewindestrehlen

Gemeinsam war allen bisher erwähnten Bearbeitungen, daß eine Hauptbewegung zwischen Werkzeug und Werkstück er- forderlich war, die durch die Werkstück- drehbewegung erzielt und höchstens durch eine zusätzliche Werkzeug- drehbewegung erhöht oder verringert wurde.

2.33 Bearbeitungen ohne Drehbewegung zwischen Werkstück und Werkzeug

Um von einem Mehrspindelautomaten weitgehend fertige Werk- stücke zu erhalten, müssen auch Arbeitsgänge vorgenommen werden, die eine Drehbewegung zwischen Werkstück und Werkzeug nicht zulassen, sei es nun weil Flächen gefräst werden sollen, Bohrungen außer der Mitte oder gar quer zur Dreh- richtung nötig sind oder ähnliches. Bei der

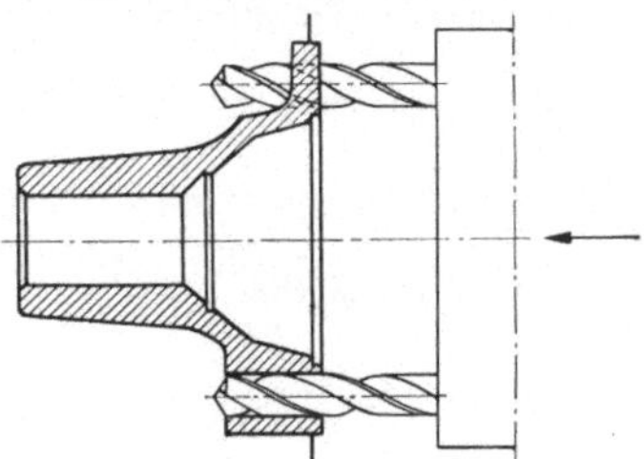

Abb. 75. Arbeiten mit Vielspindelbohrkopf

Bearbeitung auf Mehrspindelautomaten mit umlaufenden Werkstücken gibt es dafür 2 Möglichkeiten.

1. Es wird ein Werkzeug entwickelt, welches synchron mit der Drehspindel umläuft, so daß die Relativbewegung zwischen Werkzeug und Werkstück Null wird. Dann kann jede Bearbeitung der eingangs geschilderten Art vorgenommen werden. Die Grenze der Ausführbarkeit ist der Schwingdurchmesser, da nur ein beschränkter Raum von Spindel zu Spindel zur Verfügung steht, und in diesem das Werkzeug mit seinem Zusatzbewegungen untergebracht werden muß.

Abb. 76. Arbeitsbeispiel für Arbeiten mit Vielspindelbohrkopf

2. Reicht der Platz nicht aus, so muß der Automat mit einer Spindel-Stillsetzeinrichtung versehen sein, wie sie beim Halbautomaten schon aus einer Zweckbestimmung vorhanden ist. An der betreffenden Spindelstellung wird dann der Drehantrieb abgeschaltet — damit aber auch jede andere Dreharbeit ausgeschlossen — und am stillstehenden Werkstück die Zusatzbearbeitung vorgenommen.

Muß diese Zusatzarbeit, etwa ein Querloch, in bestimmter Stellung zu einer Fläche oder einem Werkstückansatz stehen, so muß die Spindelstillsetzeinrichtung als Punkt-Stillsetzeinrichtung ausgebildet sein, so daß das Werkstück immer richtig vor das Werkzeug zu liegen kommt.

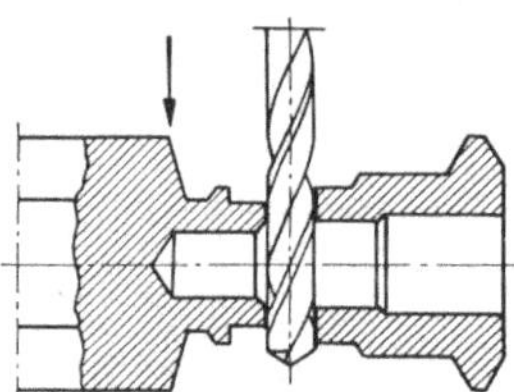

Abb. 77. Querlochbohren

Einige der Arbeiten ohne Drehbewegung zwischen Werkstück und Werkzeug seien aufgeführt.

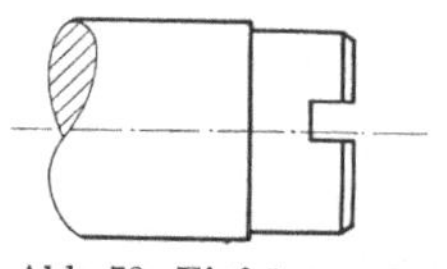

Abb. 78. Einfräsen von Schlitzen in die Stirnfläche

Bei der Bohrbearbeitung kommt das Außermittigbohren in die Stirnfläche in Frage, das mit einem Vielspindelbohrkopf (Abb. 75) oder einer Vielspindel-Gewindeschneideinrichtung ausgeführt wird, so daß auch Werkstücke mit 4 Gewindebohrungen (Abb. 76) versehen werden können. Die Einrichtung kann umlaufend ausgeführt werden. Eine Sonderform ist das Exzentrischbohren, bei dem in gleicher Weise,

Abb. 79. Fräsen einer seitlichen Nute

aber nur mit einem Bohrer, meist nicht weit von der Drehachse gebohrt wird.

Querlochbohrarbeiten (Abb. 77) werden fast ausschließlich mit Spindelstillstand vom Querschlitten aus durchgeführt.

Bei Fräsarbeiten sind vier unterschiedliche Arbeiten zu beachten. Am häufigsten wird das Einfräsen von Schlitzen oder Schlüsselflächen vorkommen (Abb. 78). Das Werkzeug kann synchron mitlaufend sein und wird vom Längsschlitten aus an das Werkstück herangebracht.

Soll ein Werkstück eine seitliche Fläche hinter einem Bund (Abb. 79) erhalten, so ist ein Fräswerkzeug erforderlich, das auf dem Querschlitten sitzt und bei stillgesetzter Werkstückspindel die Fläche fräst.

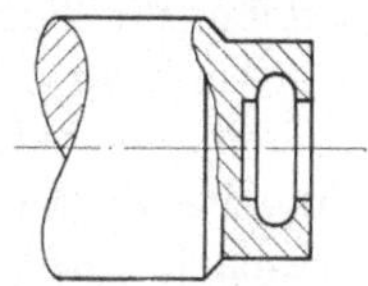

Abb. 80. Fräsen einer tiefen Innenausnehmung

Ist eine tiefe Ausnehmung in einer engen Bohrung herzustellen, die zweckmäßiger gefräst als gedreht wird, so erfolgt die Fräsbearbeitung (Abb. 80) vom Längsschlitten aus mit einem umlaufenden Werkzeug, das auf Tiefe geht und dann im Radialvorschub die Ausnehmung fräst.

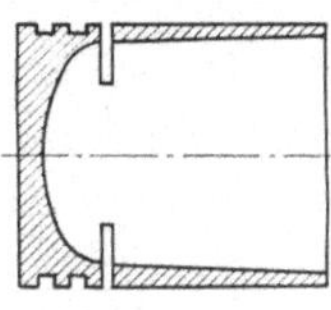

Abb. 81. Fräsen zweier seitlicher Schlitze

Zwei Schlitze seitlich (Abb. 81) können nur vom Längsschlitten aus mit Spindel-Stillsetzeinrichtung gefertigt werden, wobei die Punkt-Stillsetzeinrichtung erforderlich ist, wenn die beiden Schlitze etwa in bestimmter Lage zur Kolbenbolzenbohrung stehen müssen.

Mehrkante innen oder außen lassen sich mit synchron umlaufenden Werkzeugen stoßen oder drücken. Während für das Stoßen die Bohrung zunächst auf den eingeschriebenen Kreis gebohrt wurde, wird das profilhaltige

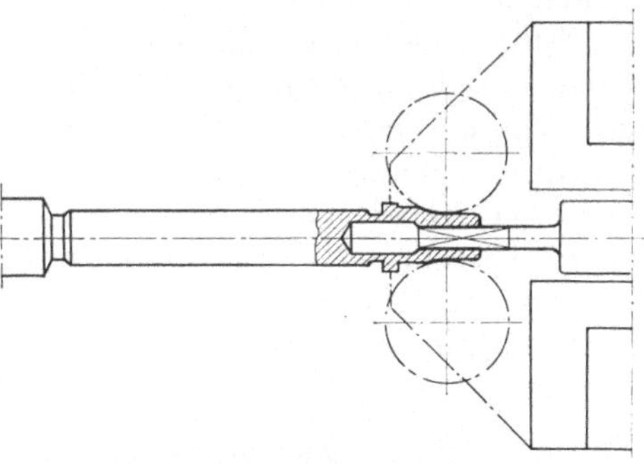

Abb. 82. Mehrkantdrücken von Bohrungen

Werkzeug etwas geneigt zur Werkstückachse langsam in die Bohrung vorgeschoben und hebt unter einer Taumelbewegung kleine Späne ab (Abb. 83).

Beim Mehrkantdrücken dagegen, bei dünnwandigen Werkstücken zur Anwendung kommend, wird der das spätere Vielkantprofil umschreibende Kreis gebohrt, in diese

Abb. 83. Arbeitsbeispiel mit gestoßener Vierkantbohrung

Finkelnburg, Mehrspindelautomaten, 2. Aufl.   4

Bohrung das profilhaltige Werkzeug eingefahren und von außen das Material gegen den synchron mit dem Werkstück umlaufenden Dorn gedrückt, also plastisch verformt (Abb. 82). Der Werkstoff muß solche Fließeigenschaften haben, daß diese Bearbeitung möglich ist.

Auch hier ist nur ein kleiner Ausschnitt aus der Vielzahl der möglichen Bearbeitungen gegeben, aber diese Beispiele machen es möglich, Arbeitsvorgänge auf ihre Eignung für Automaten zu prüfen, da die wesentlichsten Gesichtspunkte gezeigt wurden.

2.34 Arbeitsgänge bei umlaufenden Werkzeugen

Die schwierige Frage des Synchronantriebes bestimmter Werkzeuge oder der Spindelstillsetzung entfällt bei Bearbeitungen auf Mehrspindelautomaten mit feststehenden Werkstücken und umlaufenden Werkzeugen. Hier ist jede Arbeit mit axialem Vorschub sofort durchführbar. Da die Werkzeugspindeln nicht in einer schaltbaren Spindeltrommel, sondern einem festen Antriebskasten angeordnet sind, kann auch leicht jeder Spindel die geeignete Drehzahl für normale Arbeiten, für dünne Bohrungen oder für Gewindeschneiden gegeben werden. Für Fräs- und Außermittigbohrarbeiten ist eine stillstehende Werkstückspindel kein Problem.

Schwieriger wird bei diesen Automaten die Fertigung von Planflächen, sofern diese nicht im Einstechdrehen mit rein axialem Vorschub gefertigt werden können, was aber nur bei geringer Radialbreite und geringer Spanabnahme möglich ist. Für andere Plandreharbeiten muß ohne eine Axialbewegung zwischen Werkstück und Werkzeug letzteres dem Drehstahl eine Planbewegung zuordnen, wie es von Bohrwerkzeugen bekannt ist. Die Schwierigkeit liegt hier nur in den geringen Bauabmessungen, die diese Werkzeuge einhalten müssen.

2.35   Zusammenfassung der Werkzeuge zu Gruppen

Die Möglichkeit der Durchführung bestimmter Einzelarbeitsgänge ist zwar wichtig und Voraussetzung für die Beurteilung der Bearbeitungsmöglichkeit eines Werkstückes, die Zuordnung der einzelnen Arbeitsgänge zu den Spindeln eines Mehrspindelautomaten macht aber die Zusammenfassung mehrerer Werkzeuge zu Werkzeuggruppen notwendig. Je geschickter das erfolgt, um so mehr Bearbeitungen lassen sich bei gleicher Spindelzahl durchführen.

Die optimale Zusammenfassung der Werkzeuge muß jeweils in einem Einstellplan für ein bestimmtes Werkstück untersucht werden. Grundsätzlich aber muß man sich klar darüber sein, daß beispielsweise mehrere Langdrehstähle für verschiedene Ansätze und Kantenfasen sowie ein Bohrer oder abgesetzter Bohrer für zwei Bohrdurchmesser zu einer Längsschlitten-Werkzeuggruppe zusammengefaßt werden können (Abb. 96) und so eine Vielzahl von Bearbeitungen an einer Spindel gleichzeitig erledigen, und daß ähnlich vom Querschlitten aus mit Drehstahlpaketen oder Formwerkzeugen vorgegangen werden muß.

3 Der Einsatz der Mehrspindelautomaten

3.1 Abgrenzung des Mehrspindelautomateneinsatzes gegenüber anderen Drehmaschinen

Die Notwendigkeit, Werkstücke so billig wie nur möglich zu bearbeiten, wirft bei der Neubeschaffung von Werkzeugmaschinen vielfach die Frage auf, welche Maschinenart für die vorgesehene Herstellung großer oder größter Mengen von Drehteilen besonders geeignet ist, indem sie das Werkstück billig und dadurch wettbewerbsfähig hält und doch hohen Anforderungen an Genauigkeit und Oberflächengüte genügt. Entsprechend der Entwicklung müssen hierbei Drehbänke, Revolverdrehbänke, Einspindelautomaten und Mehrspindelautomaten verglichen werden. Dabei dürfen nicht nur die für die Fertigung aufzuwendenden Löhne in Ansatz gebracht werden, sondern ebenso die Kosten für Verzinsung und Abschreibung der Maschine und aller mit der Maschine erforderlichen Werkzeuge, Kurvensätze u. ä., sowie auch unterschiedliche Materialkosten, falls eine der Vergleichsmaschinen besondere Materialaufwendungen bei den Werkstücken erforderlich macht.

Die Verwendung von Mehrspindelautomaten kann nur gerechtfertigt sein, wenn das Werkstück in seiner Herstellung billiger als bei anderen Maschinen wird. Sie wird eine Notwendigkeit, wenn geeignete Werkstücke in so ausreichender Menge herzustellen sind, daß die Belegung der Mehrspindelautomaten auf lange Zeit gesichert ist. Ergibt eine Wirtschaftlichkeitsrechnung dagegen Grenzfälle, bei welchen die einfachere Maschine gleich günstig fertigt, so ist diese bei der Anschaffung vorzuziehen, da die Wahrscheinlichkeit für stets ausreichende Beschäftigung größer ist.

Grundlagen einer Wirtschaftlichkeitsrechnung ist die genaue Kenntnis der Eigenschaften und Betriebsbedingungen der verschiedenen Maschinenarten, der zu erwartenden Lebensdauer, der möglichen Reparaturen. Diese Werte sind vorauszuschätzen, sofern sie nicht einer Betriebsabrechnung entnommen werden können.

3.11 Drehbank

Die Genauigkeit eines auf der Drehbank hergestellten Werkstückes ist weitgehend von der Geschicklichkeit des Drehers abhängig, welcher die Werkzeuge zum Schnitt ansetzt, Supportbewegungen einschaltet und das Werkstück in Abständen mißt. Beim Übergang von einem Arbeitsgang zum nächsten wird das Werkzeug von Hand gewechselt. Diese Art der Bearbeitung bedingt lange Rüst- und Nebenzeiten, die von Geschicklichkeit und Ermüdungszustand des Menschen abhängen. Die Hauptzeit wird dadurch lang, daß stets nur ein Werkzeug im Schnitt steht, die Hauptzeit also die Summe der Zeiten jedes einzelnen Werkzeuges ist. Die Möglichkeit der Zweimaschinenbedienung bei langen Schnitten sei angedeutet, wird aber kaum einmal in Rechnung gesetzt werden können.

3.12   Revolverdrehbank

Die Bauart der Revolverdrehbänke bietet die Möglichkeit, mehrere Werkzeuge zu einer Gruppe zusammengefaßt gleichzeitig zum Einsatz zu bringen, so daß die Zahl der notwendigen Arbeitsgänge gegenüber der Drehbank erheblich verkleinert wird. Alle für ein Werkstück notwendigen Arbeitsgruppen sind an einem Revolverkopf vereinigt, der durch einfaches Schwenken die nächste Werkzeuggruppe in Arbeitsstellung bringt. Dadurch wird infolge Fortfall jeder Werkzeugspannzeit die Nebenzeit erheblich verkürzt. Durch sinnvolle Anordnung von Anschlägen werden die richtigen Arbeitswege eingehalten und maßhaltige Werkstücke erzeugt, die lediglich einer Maßkontrolle vor dem Abspannen unterworfen werden. Es wird also bei den meisten Werkstücken eine erhebliche Verkürzung der Hauptzeit gegenüber der Drehbank erreicht, der dafür eine längere Rüstzeit gegenübersteht. Durch die Programmschalteinrichtungen ist es möglich, mit der Schaltung des Revolverkopfes automatisch die zur nächsten Gruppe notwendigen Drehzahlen und Vorschübe zu schalten. Programme lassen sich in Form von Lochkarten beispielsweise leicht aufheben und stets wieder auf die Maschine aufbringen, so daß beachtliche Rüstzeitverkürzungen möglich sind.

Zur Bedienung von Revolverdrehbänken können angelernte Arbeitskräfte herangezogen werden, da die Werkstückgenauigkeit weitgehend von der Maschine abhängt, die ein Einrichter vorbereitet.

3.13   Einspindelautomat

Aus der Vielzahl der Einspindelautomatentypen können für den hier beabsichtigten Vergleich nur die Einspindelrevolverautomaten herangezogen werden, da nur diese in ihrer Bearbeitungsmöglichkeit mit Revolverdrehbänken und Mehrspindelautomaten vergleichbar sind.

Einspindelrevolverautomaten entsprechen in ihrer Arbeitsweise weitgehend den Revolverdrehbänken, nur werden die Bewegungen der Nebenzeit vollselbsttätig durch eine Steuereinrichtung und nicht von Hand betätigt. Dadurch werden kürzest mögliche Nebenzeiten erreicht.

Durch Ausrüstung der Maschinen mit mehreren radial wirkenden Werkzeugschlitten neben dem Revolverkopf lassen sich zahlreiche Werkzeuggruppen gleichzeitig zum Schnitt bringen.

Der so erreichten Stückzeitverkürzung steht aber eine Rüstzeitverlängerung gegenüber, da fast stets für ein Werkstück besondere Kurvenstücke für die Steuereinrichtung angefertigt oder bei Wiederholung des Teiles mindestens auf die Steuereinrichtung aufgebaut werden müssen. Diese Kurvensätze müssen bei dem Maschinenpreis mit berücksichtigt werden.

Der Bedarf eines Einspindelautomaten an Bedienungspersonal ist sehr gering, wenn es sich um Stangen- oder Magazinautomaten handelt. Ein Einrichter kann mit einer Hilfsperson leicht 4 bis 6 Maschinen betreuen. Der genaue Personalbedarf richtet sich — wie auch bei den anschließend behandelten Mehrspindelautomaten — nach der Stückzeit und Werkstücklänge, da hierdurch die Häufigkeit des Materialstangenwechsels gegeben ist, sowie nach der Standzeit der Werkzeuge, die nach Abstumpfung ausgebaut und durch nachgeschliffene ersetzt werden müssen.

3.14 Mehrspindelautomaten

Bei Mehrspindelautomaten stehen alle Werkzeuge gleichzeitig an mehreren Werkstücken im Schnitt. Nach Beendigung eines Arbeitsganges wird jedes Werkstück der nächsten Werkzeuggruppe zugeschaltet. Dabei verkürzt sich aber die Stückzeit gegenüber dem Einspindelautomaten nicht etwa entsprechend der Spindelzahl, sondern geringer. Die Stückzeitverkürzung ist aber größer als die Preiserhöhung des Mehrspindlers gegenüber dem Einspindler. Ein wirtschaftlicher Vorteil ist also gegeben. Bei der Arbeitszeit ist zu berücksichtigen, daß beim Mehrspindelautomaten die längste Einzelarbeitszeit den Arbeitstakt bestimmt und daß mehrere kürzer ablaufende Arbeitsgänge langsamer ablaufen oder Stillstandszeiten haben, bis der längste Arbeitsgang erledigt ist. Beim Einspindelautomaten dagegen macht jede Werkzeuggruppe nur den für sie nötigen Weg mit dem zulässigen Vorschub, und dann folgt der nächste Arbeitsgang.

Günstig wirkt sich dagegen der Mehrspindelautomat hinsichtlich der Nebenzeit auf die Stückzeit aus. Jedes Werkstück ist nur mit einer einzigen Nebenzeit belastet, da mit jeder Spindeltrommelschaltung auch ein Werkstück fertig wird. Beim Einspindelautomaten dagegen kommen alle zwischen den Arbeitsgängen notwendigen Nebenzeiten zu den Hauptzeiten hinzu, belasten also die Stückzeit.

Wie schon bei anderen Maschinengruppen tritt wiederum als Folge der kürzeren Stückzeit eine längere Rüstzeit in Erscheinung, die durch das Einstellen und Aufeinandereinjustieren der vielen Werkzeuge bedingt ist. Bezüglich der Steuerkurven ist zu beachten, daß es Maschinen mit Kurvenstücken gibt, die dem Werkstück angepaßt werden müssen, also kostenmäßig auch einzusetzen sind, und Maschinen mit Kulisseneinstellung, bei denen also Kurvenwechsel nicht in Frage kommt.

Hinsichtlich der Maschinenbedienung gilt das schon bei den Einspindelautomaten Gesagte.

3.2 Wirtschaftlichkeit bei Mehrspindelautomaten

Die aufgeführten Eigenschaften der verschiedenen Maschinenarten lassen erkennen, daß ihr richtiger Einsatz eine Frage der vorgegebenen Werkstückzahl ist. Denn je größer die Stückzahl wird, die gefertigt werden soll, um so mehr verteilt sich die einmalige Rüstzeit, so daß sie trotz beträchtlicher Dauer kaum noch ins Gewicht fällt.

Der rechnerische Vergleich der Wirtschaftlichkeit eines Mehrspindelautomaten gegenüber anderen Werkzeugmaschinen und der Mindestzahl, die gefertigt werden muß, ergibt sich aus den Werkstückkosten.

3.21 Zusammensetzung und Errechnung der Werkstückkosten

Die Kosten eines Werkstückes setzen sich zusammen aus

a) Material- bzw. Rohteilkosten K_w.

b) Maschinenkosten, in die alle durch die Maschine direkt oder indirekt verursachten Kosten einbezogen werden. Die Kosten einer Maschinenminute werden mit K_m bezeichnet.

c) Bedienungskosten, die sich zusammensetzen aus anteiligen Einrichter- und Hilfsarbeiterlöhnen, mit einem Verwaltungskostenzuschlag beaufschlagt. Die Kosten der Bedienungsminute werden mit K_b bezeichnet.

Dabei ist sowohl in die Maschinenzeit wie in die Bedienungszeit die anteilige Rüstzeit mit einzurechnen. Beträgt die Rüstzeit T_r und ist die zu fertigende Stückzahl z, oder bei großer Stückzahl dies die Werkstückzahl, die mit einer Rüstzeit gefertigt werden kann, so ist die anteilige Rüstzeit je Werkstück t_r

$$t_r = \frac{T_r}{z}.$$

Bei einer wirklichen Stückzeit (Flur zu Flur Zeit) bestehend aus Hauptzeit und Nebenzeit von t_{st} ergibt sich eine der Rechnung zugrunde zu legende Gesamtstückzeit von T_{st}

$$T_{st} = t_{st} + t_r,$$

in der also die Stückzahl z berücksichtigt ist.

Die Kosten eines Werkstückes werden demnach K_{st}

$$K_{st} = K_w + (K_m + K_b)\, T_{st}$$

und sind damit ebenfalls stückzahlabhängig.

Eine entsprechende Rechnung läßt sich nun für alle Werkzeugmaschinen anstellen, auf denen ein zu vergleichendes Werkstück gefertigt werden kann.

3.22 Wirtschaftlichkeitsgrenze und Mindeststückzahl

Es wird von Fall zu Fall bei Wirtschaftlichkeitsuntersuchungen festgestellt werden müssen, wo für ein bestimmtes Werkstück die Stückzahlgrenze für die verschiedenen unter Abschn. 3.1 verglichenen Maschinen liegt. In Tab. 5 sind wichtige Angaben zu jeder Maschinenart auf ein bestimmtes Werkstück bezogen zusammengestellt, um zu zeigen, wie eine solche Wirtschaftlichkeitsrechnung anzustellen ist. Besondere Aufmerksamkeit ist dabei der Spalte Bedienungskosten zuzuwenden, da bei ihrer Aufstellung wesentlich berücksichtigt werden muß, ob wegen schnellem Verbrauch des Stangenmaterials höhere Hilfsarbeiterlöhne aber geringere Einstellerlöhne, oder bei geringem Werkstoffverbrauch und hoher Genauigkeit des Werkstückes und schneller Werkzeugabstumpfung höhere Einrichterlöhne in Frage kommen und den prozentualen Ansatz entsprechend verändern.

Tabelle 5. Vergleich verschiedener Maschinen

Nr.	Maschinenart	Kennzeichen der Maschine	Bedienungsvergleich in %	Preisvergleich in %	Werkstück	
					Rüstzeit in %	Laufzeit in %
1	Drehbank	1 Werkzeug im Schnitt, Handbedienung	100	100	100	100
2	Revolverdrehbank	1 Werkzeuggruppe im Schnitt, Handsteuerung	80	160	250	25
3	Einspindelautomat	1 Werkzeuggruppe im Schnitt, selbsttätig gesteuert	40	220	500	18
4	Vierspindelautomat	Alle Werkzeuge im Schnitt, automatisch	40	400	1000	6
5	Sechsspindelautomat	Alle Werkzeuge im Schnitt, automatisch	40	500	1200	4,5
6	Achtspindelautomat	Alle Werkzeuge im Schnitt, automatisch	40	600	1400	3,5

Die Überlegungen beziehen sich auf das in Abb. 84 gezeigte Werkstück. Hierfür wurde der Verlauf der Stückkosten in Abhängigkeit von der Stückzahl errechnet und in Abb. 85 im doppellogarithmischen Feld dargestellt.

Die Abbildung zeigt, daß für dieses Beispiel die Drehbank nur für Serien bis zu 5 Stück in Frage kommt. Die Wirtschaftlichkeitsgrenze der Revolverbank liegt zwischen 4 und 20 Stück-Serien, die des Einspindelautomaten beginnt theoretisch bereits bei 10 Stück und wird bereits bei 200 Stück von dem Vierspindelautomaten überholt, während für große Stückzahlen endlich der Sechsspindler in Frage kommt. Es ist übrigens nicht immer gesagt, daß höhere Spindelzahl höhere Wirtschaftlichkeit ergibt.

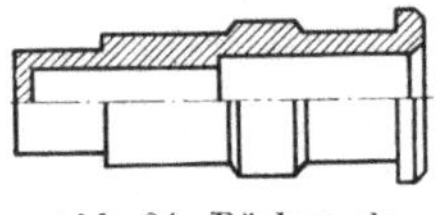

Abb. 84. Büchse als Werkstück für Mehrspindel-Stangenautomat

In gleicher Weise lassen sich Kurven für jedes Werkstück im Vergleich zu jeder anderen Maschinenart aufstellen, nur muß auf gleiche Fertigungsbasis streng geachtet werden.

Nur ein Vergleich, der vom gleichen Ausgangszustand des Werkstückes ausgeht und dessen gleiches Endergebnis erbringt, kann als objektiv angesehen werden.

Bei der Untersuchung der Mindeststückzahlen sind bei den einzusetzenden Kosten folgende zwei grundsätzlich verschiedene Fälle hinsichtlich der Werkstücke zu unterscheiden.

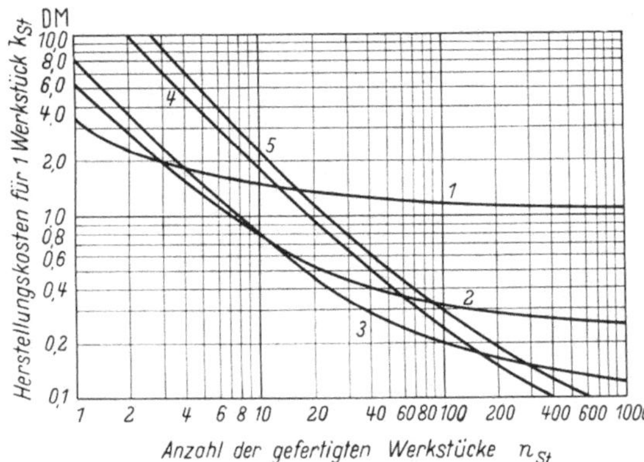

Abb. 85. Zusammenhang zwischen Stückkosten und Stückzahl der vorgelegten Serie für Werkstück nach Abb. 84. *1* Drehbank; *2* Revolverdrehbank; *3* Einspindelautomat; *4* Vierspindelautomat; *5* Sechsspindelautomat

a) Die gefertigten Werkstücke kommen in Abständen wieder, so daß die für die Einstellung benutzten Werkzeuge und Kurvenstücke auf Lager gelegt und wieder verwendet werden. Die Kosten eines solchen Lagers sind den Maschinenkosten zuzurechnen, also in K_m zu berücksichtigen.

b) Die Werkstücke kommen nur ein einziges Mal vor, die benötigten, nicht allgemein verwendbaren Werkzeuge und Kurvenstücke sind bei dieser Werkstückserie abzubuchen, was in Form eines höheren Zuschlages zu den Lohnkosten erfolgen kann. Die Werkzeugkosten erscheinen dann in K_b.

Weiterhin sollte bei einer solchen Wirtschaftlichkeitsrechnung unterstellt werden, daß der Mehrspindelautomat während einer normalen Arbeitszeit voll mit Arbeit belegt ist, da Wartezeiten wegen ungenügender Werkstattplanung die Unkosten, aber nicht die Werkstückkosten erhöhen sollten.

3.3 Arbeitsbereiche der Mehrspindelautomaten

Für die Beurteilung der Einsatzbereitschaft von Mehrspindelautomaten ist Klarheit über deren Arbeitsbereiche erforderlich. Man muß sich darüber klar sein, daß hier viele firmengebundene Eigenarten eine Rolle spielen können, so daß allgemeingültige Regeln nicht aufgestellt werden können. Auch der in der Fachliteratur gemachte Versuch, eine Gliederung nach Rahmengröße vorzunehmen und so zu Vereinheitlichungen und Bauweisen nach dem Baukastensystem zu kommen[1], gehen an dem Kern der Dinge vorbei.

Anderseits will die Praxis sich darüber klarwerden, welche größten Drehdurchmesser im Futter auf einer umgebauten Stangenmaschine erreicht werden können, welche Vorschub- und Drehlänge vernünftigerweise gefordert werden kann, welche Nachteile mit zu extremen Forderungen zwangläufig verbunden sind.

Bei Mehrspindelautomaten mit umlaufenden Werkstücken ist der größtmögliche Stangendurchmesser durch die Bohrung der Drehspindel, vermindert um das darinliegende Spann- und das Vorschubrohr, gegeben. Hier liegt die obere Grenze des Arbeitsbereiches der Stangenmaschine.

Die Drehspindel muß eine ausreichende Wandstärke haben, sie wird in Wälzlagern aufgenommen, und deren Außenringdurchmesser bestimmen die Bohrungen in der Spindeltrommel, deren Festigkeitsbedingungen den Spindelabstand, also die Teilung auf dem Spindelkreis, bedingen. Damit ist der Außendurchmesser der Spindeltrommel in seinem Mindestmaß gegeben, den jeder Hersteller so klein wie möglich zu halten bemüht ist, da er damit die bei der Spindeltrommelschaltung zu beschleunigende Masse klein halten und daher zu kurzen Schaltzeiten kommen kann.

Der Abstand zweier Drehspindeln bedingt bei Magazin- und Futterautomaten den größten umlaufenden Durchmesser, den Werkstücke auf keinen Fall überschreiten dürfen. Die Zahlenwerte der Hersteller unterscheiden sich ein wenig, da auch noch auf ausreichende Bemessung der Werkzeugträger geachtet werden muß und besonders der mittlere Längsträgerblock nicht zu schwach werden darf, wenn er für jede Spindel einen besonderen Schieber mit eigener Längsbewegung trägt.

---

[1] A. STEEGER, Typisierung — eine bedeutende Konstruktions- und Fertigungsaufgabe. Z. VDI 100 (1958) Nr. 25, S. 1215/17.

Als Anhalt für den Zusammenhang zwischen dem größtmöglichen Drehdurchmesser eines Mehrspindelautomaten und seinem Stangendurchlaß dient die in Abb. 86 schraffierte Fläche, innerhalb der die üblichen Werte liegen. Die Darstellung gibt dem Leser eine Vorstellung von dem möglichen Zusammenhang.

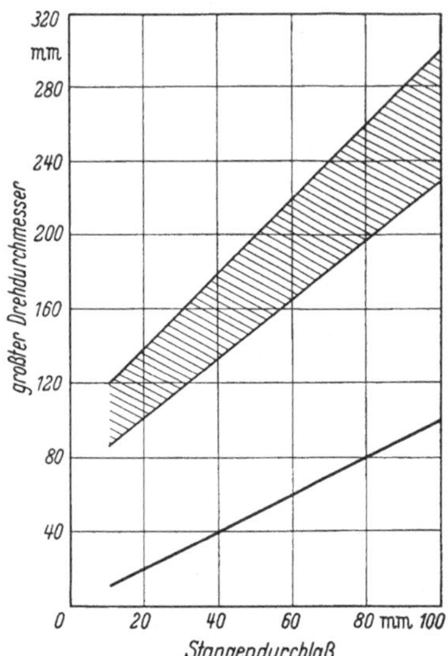

Abb. 86. Zusammenhang zwischen Stangendurchlaß und Drehdurchmesser

Ein für große Stangendurchmesser gebauter Mehrspindelautomat wird bei kleinen Werkstückdurchmessern unwirtschaftlich arbeiten, da die Bauweise zu schwer, die zur Verfügung stehenden Spindeldrehzahlen zu niedrig und die an der Steuerwelle einstellbaren Stückzeiten zu lang sind. Es sind aus diesem Grunde nach dem Durchmesser abgestufte Automatengrößen erforderlich, um wirtschaftlich arbeiten zu können.

Die Abstufung der Abmessungen sollte zweckmäßig in einer geometrischen Reihe erfolgen, damit der „Wirtschaftlichkeitsabfall" zwischen zwei aufeinanderfolgenden Maschinengrößen stets gleich groß ist.

Der Bereich der auf einer Baugröße wirtschaftlich bearbeitbaren Durchmesser, der Durchmesserbereich, muß größer als der Sprung von einer Maschinengröße zu der nächsten sein, um gute Überdeckung sicherzustellen.

Die heute gebauten Mehrspindelautomaten haben etwa folgende Stangen- bzw. Drehdurchmesser:

Stangendurchmesser ... 10 bis 100 mm,
Drehdurchmesser ...... 80 bis 400 mm.

Für den Arbeitsbereich eines Mehrspindelautomaten ist die größte erreichbare Drehlänge wichtig. Während hier früher eine deutliche Staffelung mit steigendem Stangendurchmesser zu finden war, ist das jetzt anders geworden. Geeignete Werkzeuge mit Werkstückabstützungen gegen den Schnittdruck lassen auch die Bearbeitung sehr langer, dünner Werkstücke etwa von der Stange zu. Eine Auswertung zahlreicher Maschinen der Praxis zeigt einen Drehlängenbereich, der über dem Stangendurchmesser in Abb. 87 aufgetragen eine schraffierte Fläche ergibt, die den starken Streubereich erkennen läßt.

Die Spindeldrehzahlen — Drehzahlenbereich und Stufensprung — sollen bei dem Durchmesserbereich einer Baugröße die Einhaltung günstiger Schnittgeschwindigkeiten möglich machen. Allerdings ist bei der Festsetzung der Schnittgeschwindigkeiten zu beachten, daß sonst übliche Standzeiten der Werkzeuge für den Betrieb von Mehrspindelautomaten zu kurz sind. Bekannte Werte der Schnittgeschwindigkeit sind deshalb zu reduzieren, um ausreichende Standzeiten sicherzustellen und diesen reduzierten Schnittgeschwindigkeiten die Drehzahlenbereiche anzupassen.

Schnittgeschwindigkeitsbereiche zwischen 1:8 und 1:35 werden in Mehrspindelautomaten eingebaut, ein deutlicher Schwerpunkt liegt aber bei 1:10 bis 1:12 wie aus Tab. 6 zu erkennen ist.

Während die Vorschubgröße eines Werkzeuges bei einem Mehrspindelautomaten wesentlich von dem Getriebe des Werkzeugträgers abhängt, beeinflußt die Drehgeschwindigkeit der Steuerwelle die Stückzeit. Eine fein-

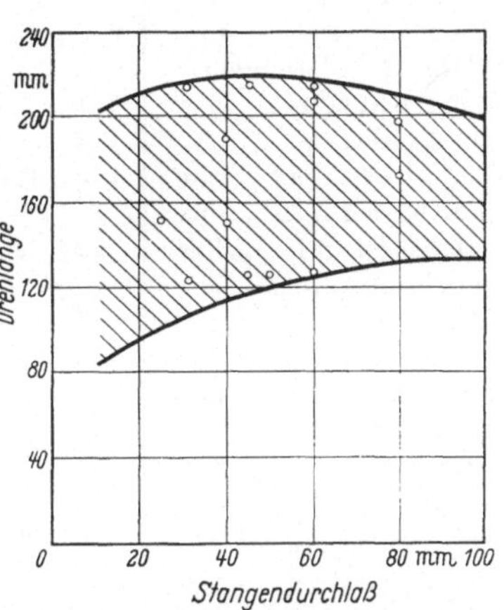
Abb. 87. Zusammenhang zwischen Stangendurchlaß und Drehlänge

fühlige Einstellbarkeit vieler Stückzeiten ist daher notwendig. Ob diese von der Spindeldrehzahl abhängig sein sollen oder unabhängig lediglich als Zeitfunktion erscheinen, ist Auffassungssache. Die praktische Vielfältigkeit der Einstellgröße wird dadurch nicht wesentlich berührt. Der Bedienungsmann hat sich meist schnell an die eine oder die andere Form gewöhnt. Immerhin sollte man sich vergegenwärtigen, daß in der spanenden Fertigung mehr und mehr von der drehzahlgebundenen Stückzeit auf die je Zeiteinheit übergegangen wird, was auch bei Mehrspindelautomaten zweckmäßig sein könnte. Viele Maschinen werden auch bereits so gebaut.

Um dem Leser einen Überblick über gegenwärtig gebaute Maschinen zu geben, sind in der Tab. 6 Zahlenwerte ausgesuchter Mehrspindelautomaten verschiedenster in- und ausländischer Hersteller zusammengestellt.

Es wurde schon erwähnt, daß Mehrspindelautomaten mit feststehenden Werkstücken gesondert zu behandeln sind, da sie auf Grund ihrer Bauart ganz anders geartete Arbeitsbereiche aufweisen.

Ein zahlenmäßiger Zusammenhang zwischen der Maschinengröße und dem Werkstück ist daher schwer zu ermitteln, da die Werkstücke in ihrer Form sehr verschieden sind und häufig von Drehkörpern stark abweichen. Entscheidend für die Bearbeitungsmöglichkeit auf Mehr-

Tabelle 6. Zusammenstellung ausgewählter Mehr-

Fabrikat	1	1	1	2	2	2	3	3	3	4
Spindelzahl	4	6	8	4	6	8	4	6	6	6
Stangendurchlaß ...mm	82	32		66		32		25	80	25
Drehdurchmesser bei										
Halbautomaten .... mm	210	130	150		160		200			138
Zahl der unabhängigen										
Längsschlitten	1	1	1	1	1	1	4	6	6	6
Querschlitten	4	6	7	4	5	6	4	6	6	6
Langdrehweg max ..mm	175	125	175	178	178	178	120	100	125	150
Querdrehweg max ..mm				64	89	63,5	51	35	41	
Antriebsleistung ...kW	22	14	22	22	22	22	13	11	18	9,5
Spindeldrehzahlen										
Anzahl	17	17	17	34	34	34	23	21	21	55
kleinste ..... Uml/min	136	342	150	88	79	208	40	315	100	78
größte ...... Uml/min	1220	3080	1350	1100	990	2600	500	3150	1000	2608
Stückzeiten										
Anzahl	54	54	54	40	40	40				37
kleinste .... sec	10	5	10	6,5	5	3,1	8,5	3	5,8	5,6
größte .... sec	470	205	470	525	406	214	1585	169	585	225

spindelautomaten mit feststehenden Werkstücken ist, daß die Teile auf der schaltbaren Spannplatte des Längsschlittens sich so anordnen lassen, daß die Schaltbewegung nicht behindert ist (Abb. 23). Auch für den größten Drehdurchmesser läßt sich keine so eindeutige Angabe machen wie für die vorher behandelten Mehrspindelautomaten. Denn es ist bei der Art der zur Anwendung kommenden Werkzeuge denkbar, daß einem solchen mit besonders großem Schwingkreis ein anderes mit besonders kleinem benachbart wird, so daß beide ungehindert aneinander vorbeidrehen. Im allgemeinen wird man aber als Drehdurchmesser ein Maß annehmen können, daß wenige Millimeter kleiner als der Abstand zweier benachbarter Werkzeugspindeln ist. Wird außerdem noch der Schwingdurchmesser der Spannplatte angegeben, so läßt sich aus diesen beiden Angaben ein Rückschluß auf die Bearbeitungsmöglichkeiten machen.

Zur Beurteilung des Arbeitsbereiches eines Mehrspindelautomaten ist die Kenntnis der erreichbaren Werkstückgenauigkeit wichtig, denn es wäre zwecklos eine Bearbeitung zu versuchen, deren geforderte Genauigkeit größer als die auf der Maschine erreichbare werden soll.

3.4 Werkstückgenauigkeiten

Es interessiert bei einem Mehrspindelautomaten nicht die Genauigkeit der Maschine, sondern lediglich die des gefertigten Werkstückes. Um diese vorausdenken zu können, ist aber eine Kenntnis der Maschinen-

spindelautomaten mit umlaufenden Werkstücken

4	5	6	6	7	7	7	7	8	8	8	8	9	9	9	10	10
6	6	5	6	4	5	6	8	6	4	6	8	4	6	8	6	8
70	41	58	19	89	45	25	45	32				130	14	38	11	42
188		165	230						381	133	254					
6	1	1	1	3	3	3	3	1	1	1	1	1	1	1	1	1
6	6	5	6	4	5	6	6	6	4	4	4	4	6	6	6	6
150	190	216		127	127	127	127	127	203	154	203	225	200	150	64	200
				63	24	12	90	45	127	89	133	110	40	60		
16	15	11	15	11	11	15	30		55	15	55	25	8		6	35
49		24	24	24	24	24	24					30	52	35		
40	100	130	372	60	126	247	96	271	22	83	44	56	666	174	758	163
1189	2490	1414	4045	786	1368	3030	1243	4249	497	1302	906	435	5500	1360	4770	1475
58																
14,7				8,3	4,3	2,4	7									
338				924	300	189	922									

genauigkeit notwendig, und es sind bestimmte Zusammenhänge zwischen Maschinengenauigkeit und Werkstückgenauigkeit bekannt.

Es muß sowohl die Herstellgenauigkeit der Maschine als auch der auf ihr gedrehten Dorne gemessen werden. Als Grundlagen dafür dienen Prüfprotokolle (Abb. 88), die auf den Schlesinger-Werkzeugmaschinenprüfungen aufbauen und die wichtigsten Messungen eindeutig angeben und dabei zulässige Fehler nennen. Meistens werden in der Praxis wesentlich geringere Fehler ermittelt.

3.5 Auswahl der Mehrspindelautomaten

Die Auswahl der bestgeeigneten Mehrspindelautomaten für bestimmte Werkstücke muß sich auf die Automatenart ebenso erstrecken wie auf die Spindelzahl. Es wird jedoch nicht immer möglich sein, die für ein bestimmtes Werkstück günstigste Maschine zu nehmen, da Rücksicht auf andere Werkstücke genommen werden muß, die ebenfalls für die Herstellung auf Mehrspindelautomaten in Frage kommen können, oder da bereits bestimmte Maschinen vorhanden sind.

Zunächst ist festzulegen, welches bzw. welche Werkstücke auf den Maschinen hergestellt werden und welche Stückzahlen in Frage kommen. Weiterhin muß Klarheit darüber bestehen, ob im Laufe der Fabrikation mit Änderungen des Teiles zu rechnen ist, die dessen Hauptmaße wesentlich beeinflussen können. Ist dies nicht der Fall und steht das Werkstück in so großen Mengen zur Bearbeitung zur Verfügung, daß eine

Skizze	Nr.	Gegenstand der Messung	zul. Fehler	gemessen					
				Werkstückspindel:					
				1	2	3	4	5	6
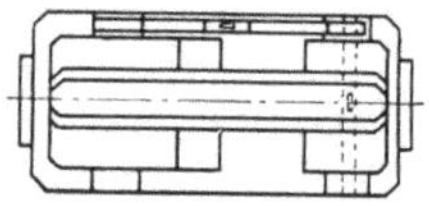	1a	*Bett:* Bett gerade in Längsrichtung	0,02 auf 1000						
	1b	Bett gerade in Querrichtung	0,02 auf 1000						
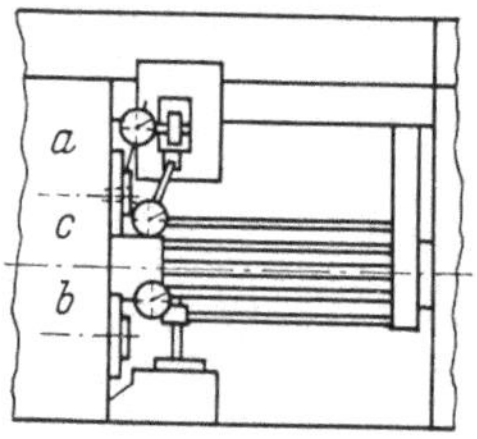	2a	*Spindelstock und Werkzeugträger:* Zentrierzylinder auf Rundlauf	Nur für Futterautomaten 0,01						
	2b	Bund auf Planschlag	0,01						
	2c	Sitz für das Stangenspannfutter auf Rundlauf	0,01						
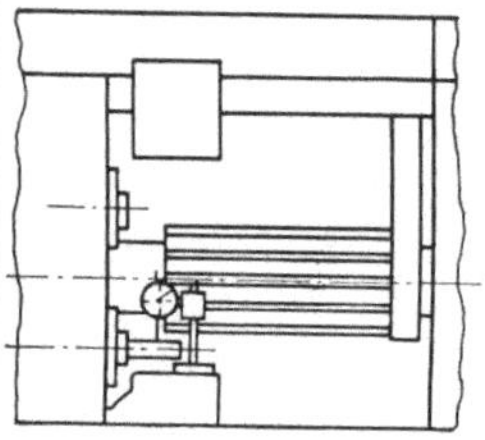	3	Schlag des Stangenspannfutters am eingespannten Prüfdorn gemessen Werkstoffdurchlaß bis 30 mm ⌀ bei 75 mm 31–50 mm ⌀ bei 100 mm üb. 50 mm ⌀ bei 150 mm (mit Sondersatz Meßdornen) (Zutreffendes unterstreichen)	0,075 0,1 0,15	1. Messung 2. Messung 3. Messung 4. Messung 5. Messung Durchschnitt					
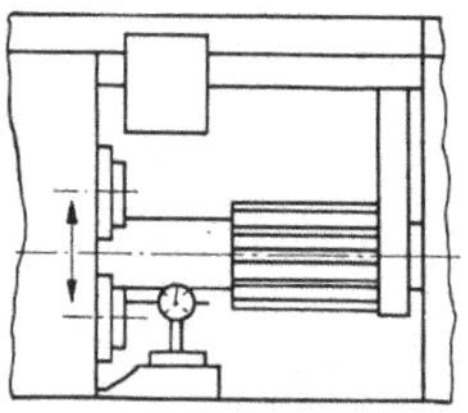	4	Werkstückspindeln axial in einer Ebene	0,01						
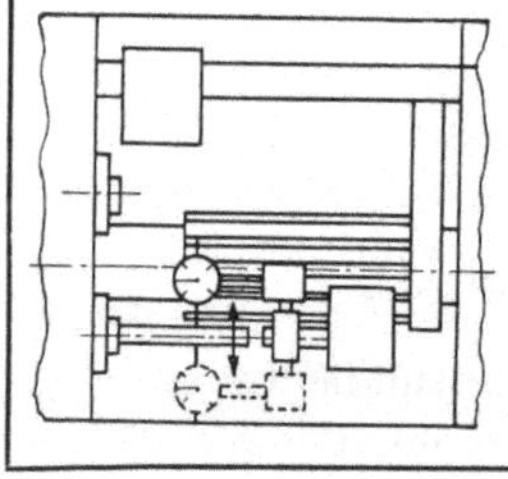	5*)	Werkstückspindeln fluchten mit den einzelnen Werkzeuglöchern Werkstoffdurchlaß: bis 50 mm ⌀ üb. 55 mm ⌀	$\pm$ 0,03 $\pm$ 0,05						

*) unter Schlesingertoleranz

Abb. 88. Prüfprotokoll für Mehrspindelautomaten mit rotierenden Werkstücken

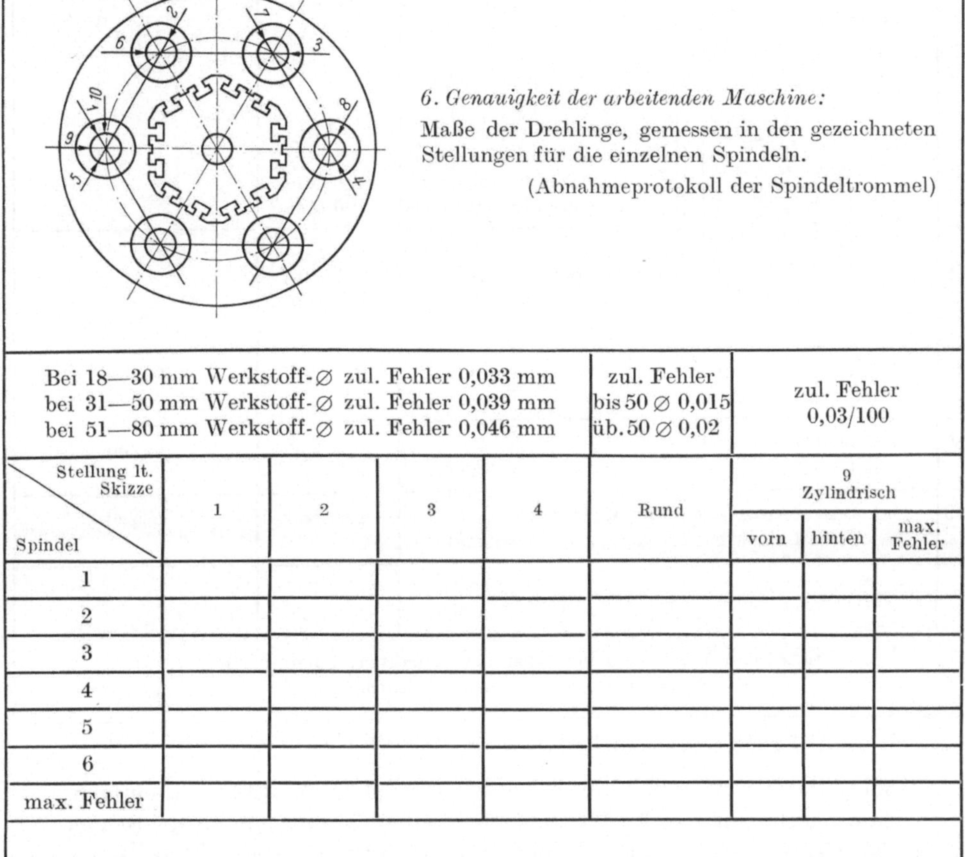

6. Genauigkeit der arbeitenden Maschine:

Maße der Drehlinge, gemessen in den gezeichneten Stellungen für die einzelnen Spindeln.

(Abnahmeprotokoll der Spindeltrommel)

Bei 18—30 mm Werkstoff-∅ zul. Fehler 0,033 mm bei 31—50 mm Werkstoff-∅ zul. Fehler 0,039 mm bei 51—80 mm Werkstoff-∅ zul. Fehler 0,046 mm	zul. Fehler bis 50 ∅ 0,015 üb. 50 ∅ 0,02	zul. Fehler 0,03/100

Stellung lt. Skizze / Spindel	1	2	3	4	Rund	9 Zylindrisch vorn	hinten	max. Fehler
1								
2								
3								
4								
5								
6								
max. Fehler								

Stellung lt. Skizze / Spindel	5	6	7	8	Rund	10 Zylindrisch vorn	hinten	max. Fehler
1								
2								
3								
4								
5								
6								
max. Fehler								

Abb. 88 (Fortsetzung). Prüfprotokoll für Mehrspindelautomaten mit rotierenden Werkstücken

Nr.	Gegenstand der Messung		zul. Fehler	gemessen					
				Werkstückspindel					
				1	2	3	4	5	6
7a	*Genauigkeit der arbeitenden Maschine:* (übertragen von Blatt 2) Skizze	Gemessen am Drehdorn. Werkstückspindeln parallel zur Bewegung des Werkzeugträgers in der Senkrechtebene	0,015 auf 100 mm						
7b		Desgleichen in der Waagerechtebene	0,015 auf 100 mm						
8	Die Bearbeitungszeit der Werkstücke nach Arbeitsplan .... beträgt:		Planzeit	Istzeit					
9	Die Bearbeitungszeit der Werkstücke nach Arbeitsplan .... beträgt:		Planzeit	Istzeit					
10	Die Bearbeitungszeit der Werkstücke nach Arbeitsplan .... beträgt:		Planzeit	Istzeit					

Sämtliche Messungen bei Betriebstemperatur. Übereinstimmend mit Schlesingertoleranzen, 5. Auflage, S. 63

Abb. 88 (Fortsetzung). Prüfprotokoll für Mehrspindelautomaten mit rotierenden Werkstücken

Maschine ausreichend damit belegt ist, so wird die Auswahl sehr einfach, da die auf Grund einer Wirtschaftlichkeitsrechnung günstigste Bauart und Größe gewählt wird, die den verlangten Arbeitsbereich hat. Sollen dagegen verschiedene Werkstücke bearbeitet werden, so wird die Auswahl schwieriger. Die Baugröße wird jedenfalls durch das Werkstück mit den größten Bearbeitungsmaßen bestimmt, da sich auf dieser Maschine auch die kleineren Teile bearbeiten lassen. Die Maschinenart ergibt sich aus der Art der Werkstücke. Ist auch diese verschieden, so daß zum Beispiel teilweise Stangenarbeit und teilweise Magazinarbeit vorkommt, so muß festgestellt werden, ob nicht günstiger auf die Stangenarbeit verzichtet wird, und die betreffenden Werkstücke von der Stange abgesägt und aus einem Magazin heraus bearbeitet werden, so daß die Maschine nur als Magazinmaschine beschafft wird und beim Übergang von einem Teil zum anderen kein Umbau notwendig ist. Sind dagegen die Stückzahlen mehrerer Werkstückarten so groß, daß die Umstellung von einem Teil zum anderen nur sehr selten erfolgt, etwa monatlich einmal, so ist vielfach die Zeitersparnis und Verbilligung durch vollautomatische Bearbeitung von der Stange größer als die Zeit des Umbauens, die Beschaffung der Maschinenteile für Stangenarbeit ist also gerechtfertigt. Es muß in diesem Zusammenhang aber auch der Rohzustand des Werkstückes überprüft werden, denn die Erfahrung zeigt, daß vielfach Werkstücke auf Mehrspindelautomaten bearbeitet werden, die bei Beachtung der Eigenart dieser Bearbeitung wesentlich günstiger angeliefert werden können. So läßt sich durch Herstellung von Gesenkteilen an Stelle der Formung aus Stangen Arbeitszeit und Material ersparen, wodurch die höheren Rohteilkosten leicht wieder ausgeglichen werden. Bei einer solchen Umstellung würde die Notwendigkeit, Stangenarbeit vorzusehen, fortfallen und alle Werkstücke aus Magazinen zugeführt werden, so daß bei geeigneter Ausbildung von Spanneinrichtung und Magazinen nur geringe Umstellzeiten erforderlich sind.

Sollen mehrere Werkstücke halbautomatisch bearbeitet werden, so muß zwischen Halbautomaten mit umlaufenden und solchen mit feststehenden Werkstücken gewählt werden. Hier ist zunächst zu prüfen, ob alle Teile überhaupt bei umlaufenden Spanneinrichtungen bearbeitet werden können, oder ob dies sperriger Formen wegen gar unmöglich ist. Weiterhin muß geprüft werden, ob bei umlaufenden Werkstücken für jedes Teil eine sichere Spannart zu finden ist, damit die Teile fest sitzen und gleichmäßig bearbeitet werden. Ist unter den Teilen nun ein einziges, welches bei umlaufenden Werkstücken nicht bearbeitet werden kann, so ist die andere Automaten-

Drehzahl für Langdrehen .... 420 U/min
Drehzahl für Gewindeschneiden ... 95 U/min
Drehzahl für Rücklauf .... 190 U/min
Gewindeschneiden mit Schneideisen

$$\text{Arbeitsweg} \quad \frac{20 \cdot 420}{95} = 90 \text{ Umdr.}$$

$$\text{Umschalten} \quad\quad\quad\quad 10 \text{ Umdr.}$$

$$\text{Rücklauf} \quad \frac{20 \cdot 420}{190} = 45 \text{ Umdr.}$$

$$\overline{\quad\quad\quad\quad\quad 145 \text{ Umdr.}}$$

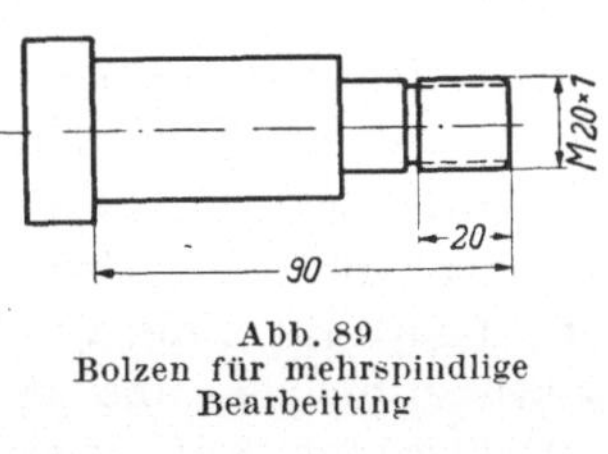
Abb. 89
Bolzen für mehrspindlige
Bearbeitung

a) *Bearbeitung auf Vierspindelautomat*
Dreifache Unterteilung des Längsweges von 90 mm. Längsvorschub 0,18 mm/pro Umdr.
Notwendige Drehzahl $\frac{90}{3 \cdot 0,18} = 165$ Umdr. Gewindeschneiden ist kürzer als Drehbearbeitung

b) *Bearbeitung auf Sechsspindelautomat*
Fünffache Unterteilung des gleichen Längsweges bei gleichem Längsvorschub.
Notwendige Drehzahl $\frac{90}{5 \cdot 0,18} = 100$ Umdr. Das Gewindeschneiden ist stückzeitbestimmend, da es fast 50% mehr Umdrehungen braucht.

art zu wählen, sofern sich alle erforderlichen Arbeitsgänge auf dem Automaten mit feststehenden Werkstücken erledigen lassen. Ist dies nicht der Fall, so müssen entweder zwei Maschinen beschafft werden, oder ein Teil der Werkstücke wird nicht auf Mehrspindelautomaten bearbeitet.

Neben der Auswahl der Bauart spielt die Spindelzahl eine wesentliche Rolle. Die Entscheidung hierüber erfolgt auf Grund

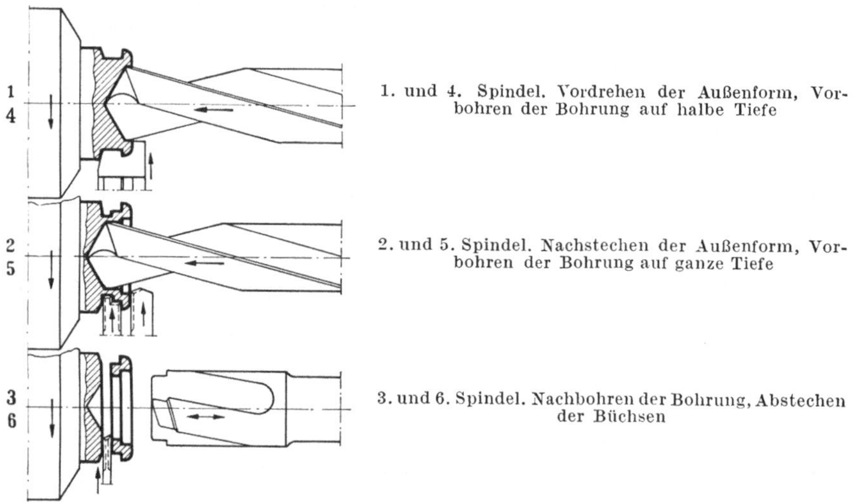

Abb. 90. Bearbeitung von Büchsen auf einem Sechsspindelautomaten, der als doppelter Dreispindler arbeitet

eines Bearbeitungsplanes, welcher die Werkzeugverteilung und die erreichbaren Stückleistungen für die verschiedenen Möglichkeiten angibt. Aber die Leistung ist nicht allein von der Spindelzahl abhängig. Muß beispielsweise an einem Werkstück ein längeres Gewinde mit feiner Steigung geschnitten werden (Abb. 89), so ist dieses stückzeitbestimmend, und es kann auch durch Aufteilung der anderen Arbeitsgänge auf etwa einen Sechsspindelautomaten kein Vorteil herausgeholt werden.

Durch die bei einer großen Spindelzahl mögliche weitgehende Unterteilung der Arbeitsgänge werden die erforderlichen Werkzeugsätze vielfach so einfach, daß ihre Herstellung nicht teurer, daß gelegentliches Nachschleifen und Neueinstellen aber weniger Zeit erfordern und billiger wird, so daß sich ein höherer Maschinenpreis ausgleicht. Endlich sei noch auf die Möglichkeit hingewiesen, die Bearbeitung eines einfachen Werkstückes an nur 3 Spindeln so vorzunehmen (Abb. 90), daß ein Sechsspindler als doppelter Dreispindler eingesetzt wird, so daß vor jeder Schaltung je 2 Werkstücke fertig werden, während ein Vierspindler bei dem gleichen Werkstück nicht voll ausgenutzt wäre.

Zusammenfassend kann deshalb festgestellt werden, daß die Anwendung höherer Spindelzahlen als vier für nachstehende Fälle in Frage kommt:

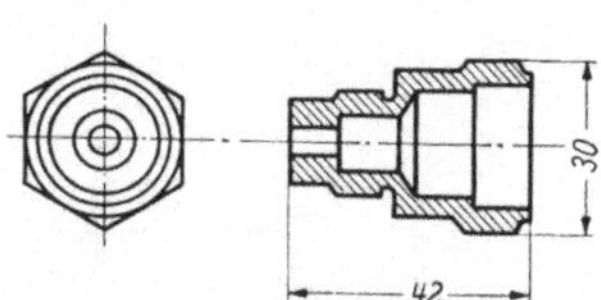

Abb. 91. Zündkerzenkörper

1. Bei der Bearbeitung von Werkstücken, bei denen durch einfaches Unterteilen der Arbeitsgänge die Arbeitszeit verkürzt wird.

2. Bei der Bearbeitung von Werkstücken, bei denen durch mehrfaches Unterteilen der Arbeitsgänge einfache, billige Werkzeuge erreicht werden.

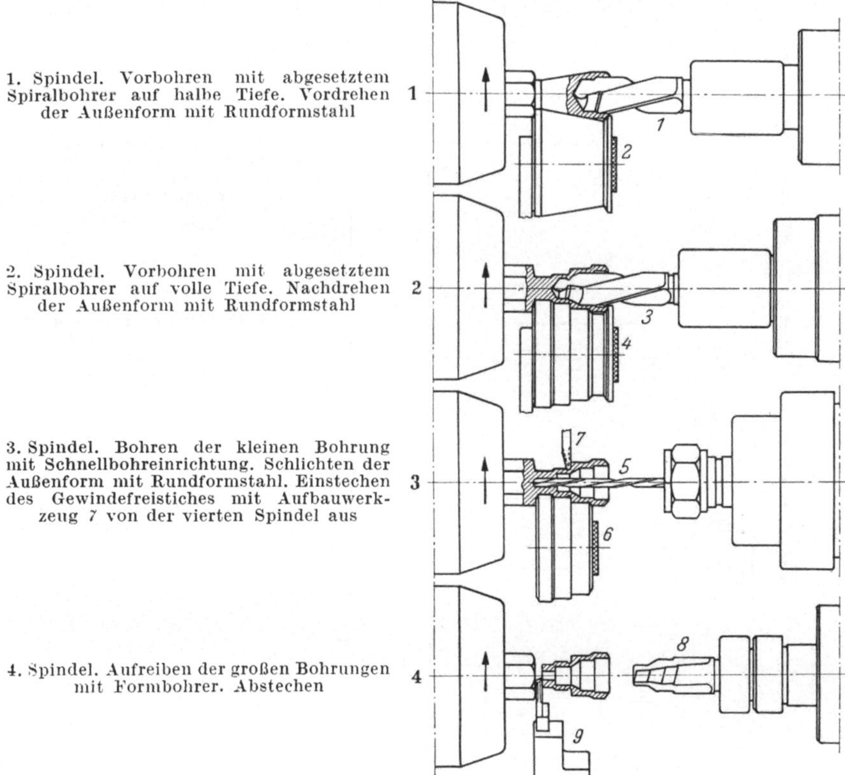

Abb. 92. Arbeitsplan für Zündkerze nach Abb. 91 bei vierspindliger Bearbeitung

3. Bei der Bearbeitung von Werkstücken, bei denen 4 Spindeln für die Arbeitsvorgänge nicht ausreichen.

4. Bei der Bearbeitung von Werkstücken, die sich mit weniger als 4 Spindeln herstellen lassen, so daß eine Maschine mit höherer Spindelzahl als Doppelmaschine eingesetzt wird.

5*

Als Beispiel für die Verkürzung der Arbeitszeit und Vereinfachung des Werkzeugsatzes dient die in Abb. 91 dargestellte Zündkerze, deren

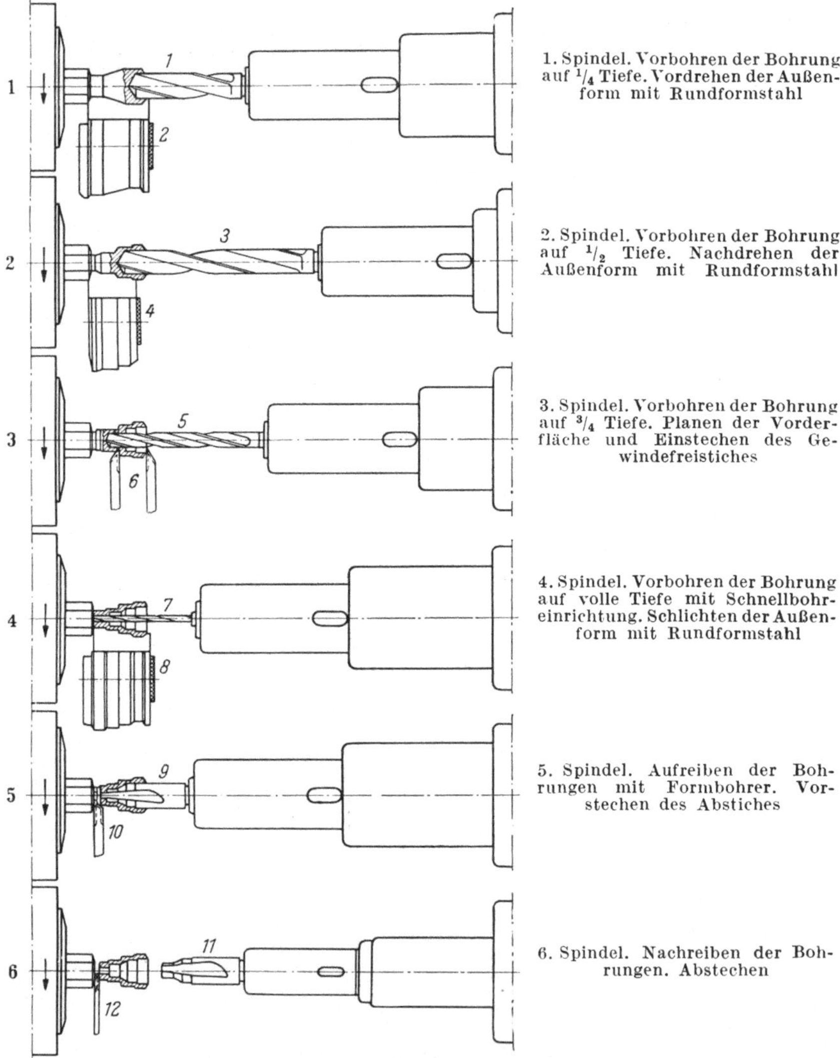

Abb. 93. Arbeitsplan für Zündkerze nach Abb. 91 bei sechsspindliger Bearbeitung

vierspindlige Bearbeitung (Abb. 92) und deren sechsspindlige Bearbeitung (Abb. 93) zeigt. Auf dem Vierspindelautomaten müssen an den beiden ersten Spindeln abgesetzte Bohrer *1* und *3* verwendet werden, um die Bohrung mit 3 Absätzen und einem Konus in 2 Arbeitsgängen ausführen zu können, während in dritter Spindelstellung die kleine Bohrung mit Schnellbohreinrichtung *5* gebohrt wird, so daß die vierte Spindel zum einmaligen Aufreiben aller Bohrungen *8* zur Verfügung steht. Der Werkzeugsatz enthält also zwei abgesetzte Bohrer, deren Instandhaltung stets mit Schwierigkeiten verbunden ist.

Bei der sechsspindeligen Bearbeitung kommen demgegenüber normale Spiralbohrer *1, 3, 5* und *7* zur Anwendung, da an drei Spindeln nur die dreifach abgesetzte Bohrung ohne Kegel auszuführen ist. Dann wird an vierter Spindel die kleine Bohrung gebohrt und an den beiden letzten Spindeln die Bohrung aufgerieben, wobei der erste Formbohrer *9* als Schruppbohrer noch den Kegel herausarbeitet. In diesem Beispiel bringt der Sechsspindelautomat also den einfacheren Werkzeugsatz und dabei auch die kürzere Arbeitszeit, die nur etwa 50% von derjenigen des Vierspindelautomaten beträgt, da infolge der mehrfach unterteilten Bohrungen der Arbeitsweg kürzer geworden ist. Die Wirtschaftlichkeit des Sechsspindlers ist also gegeben, sobald die genügende Stückzahl zu seiner vollen Ausnutzung zur Verfügung steht.

Bei der Auswahl von Mehrspindelautomaten ist weiter zu prüfen, wieweit Spezialwerkzeuge für besondere Bearbeitungsaufgaben angewendet werden dürfen. Denn durch diese Werkzeuge geht jeweils eine Spannstelle für normale Werkzeuge verloren, so daß die hauptsächliche Dreharbeit von weniger Werkzeuggruppen durchgeführt werden muß. Dadurch wird die Unterteilung der Arbeitswege schlechter und die Arbeitszeit länger. Wenn eine Maschine nicht voll ausgenutzt ist, so kann man eine solche längere Arbeitszeit in Kauf nehmen. Führt sie aber dazu, daß eine weitere Maschine beschafft werden muß, so steigt der Kapitalaufwand für die Herstellung eines Werkstückes erheblich, da nicht allein die Maschine mit den Spezialwerkzeugen sehr teuer ist, sondern auch ihre Leistung gegenüber dem einfachen Automaten zurückbleibt. In diesem Zusammenhang darf aber auch nicht übersehen werden, daß ein hochentwickelter Werkzeugsatz mit vielen, zum Teil in sich beweglichen Werkzeugen die Einsatzbereitschaft eines Mehrspindelautomaten herabsetzt. Es bedarf einer sehr sorgfältigen und zeitraubenden Einstellarbeit, um die einzelnen Werkzeuge in die richtige Lage zueinander zu bringen. Nicht zuletzt kann durch einen an sich geringfügigen Schaden an einem Sonderwerkzeug der ganze Mehrspindelautomat stillgesetzt werden müssen. Bei dieser Prüfung muß mit berücksichtigt werden, daß Spezialwerkzeuge vielfach für ein bestimmtes Werkstück entwickelt und nur für dieses verwendbar sind, so daß sie bei einer notwendig werdenden Werkstückänderung oder Umstellung der Produktion überflüssig werden, wodurch das aufgewendete Kapital zinslos liegt.

Es ist deshalb stets an Hand einer Wirtschaftlichkeitsrechnung zu prüfen, ob die Verwendung der Mehrspindelautomaten zur ausschließlichen Ausführung der Drehbearbeitung wirtschaftlicher ist, wobei die Herstellung von Gewinden, außermittigen Bohrungen, gefrästen Flächen oder Schlitzen auf besonderen einfachen Werkzeugmaschinen erfolgt, so daß das Werkstück bis zu seiner Fertigstellung an mehreren Maschinen bearbeitet wird. Bei einem derartigen Einsatz der Mehrspindelautomaten ist deren Bedienung sehr einfach, so daß die Verlustzeiten gering bleiben und mit steter Einsatzbereitschaft gerechnet werden kann. Auch ist nicht zu befürchten, daß für die Maschine zeitweise keine Arbeit vorhanden ist, da ein einfacher Mehrspindelautomat so vielseitig in seinen Bearbeitungsmöglichkeiten ist, daß fast immer geeignete Teile zu

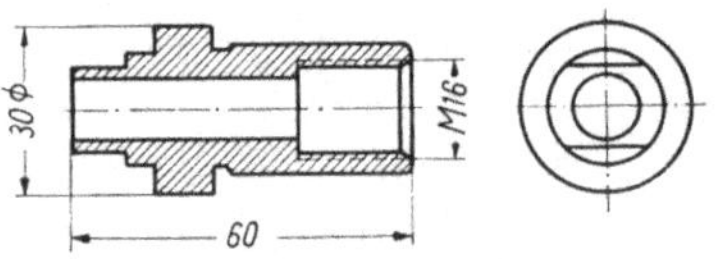

Abb. 94. Gewindestück

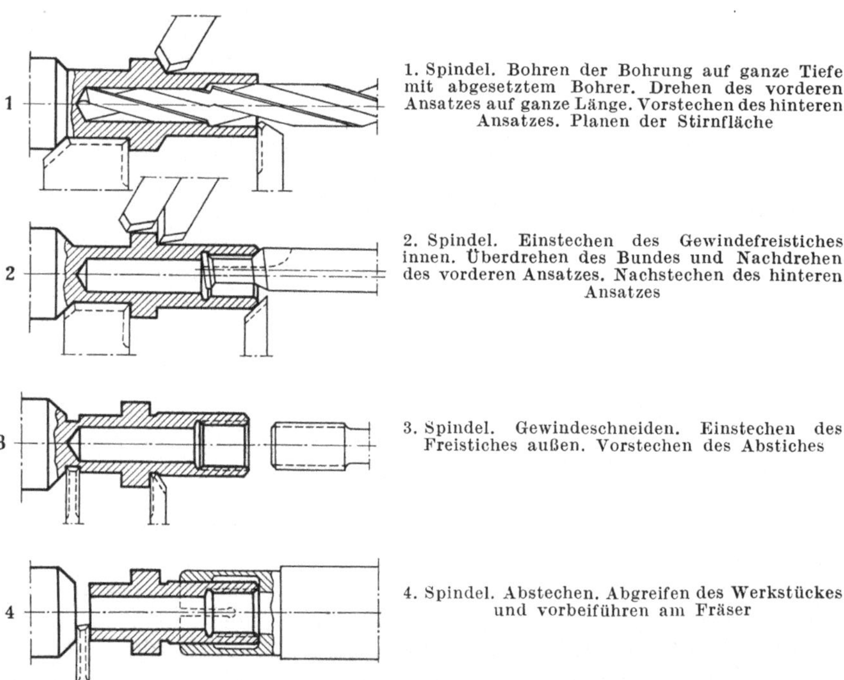

1. Spindel. Bohren der Bohrung auf ganze Tiefe mit abgesetztem Bohrer. Drehen des vorderen Ansatzes auf ganze Länge. Vorstechen des hinteren Ansatzes. Planen der Stirnfläche

2. Spindel. Einstechen des Gewindefreistiches innen. Überdrehen des Bundes und Nachdrehen des vorderen Ansatzes. Nachstechen des hinteren Ansatzes

3. Spindel. Gewindeschneiden. Einstechen des Freistiches außen. Vorstechen des Abstiches

4. Spindel. Abstechen. Abgreifen des Werkstückes und vorbeiführen am Fräser

Abb. 95. Bearbeitung des Gewindestückes Abb. 94 auf einem Vierspindelautomaten mit Gewindeschneid- und Fräseinrichtung

finden sein werden. Die günstige Stückzeit bei einfachen Mehrspindelautomaten bedingt wenige im Stückpreis billige Maschinen, so daß das ersparte Kapital zur Beschaffung der weiter erforderlichen Werkzeugmaschinen zur Verfügung steht. Auch bei diesen Maschinen ist die Gefahr zeitweiligen Stillstandes geringer, da für einfache Werkzeugmaschinen immer Arbeit zu schaffen ist.

Nach diesen Gesichtspunkten muß in jedem einzelnen Fall eine Wirtschaftlichkeitsrechnung aufgestellt werden, welche die geeignetste Form

1. Spindel. Bohren der Bohrung auf halbe Tiefe. Drehen des vorderen Ansatzes auf ganze Länge. Vorstechen des hinteren Ansatzes. Planen der Stirnfläche

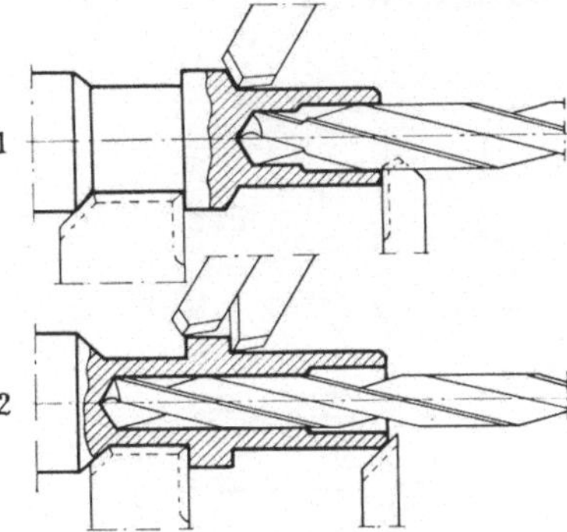

2. Spindel. Bohren der Bohrung auf ganze Tiefe. Überdrehen des Bundes und Nachdrehen des vorderen Ansatzes. Nachstechen des hinteren Ansatzes. Abschrägen der vorderen Kante

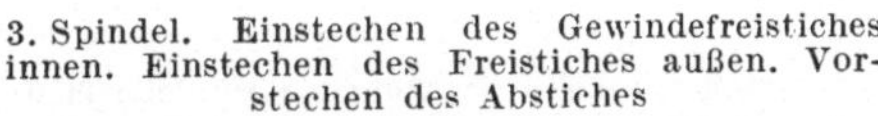

3. Spindel. Einstechen des Gewindefreistiches innen. Einstechen des Freistiches außen. Vorstechen des Abstiches

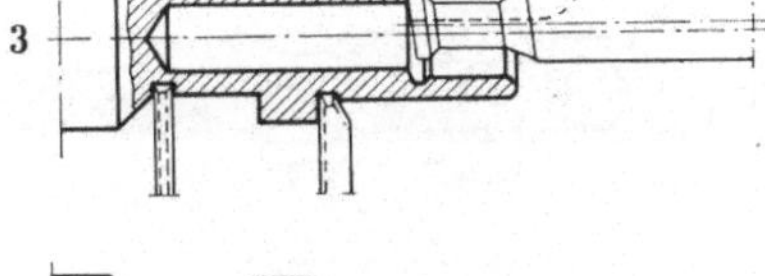

4. Spindel. Gewindeschneiden. Abstechen

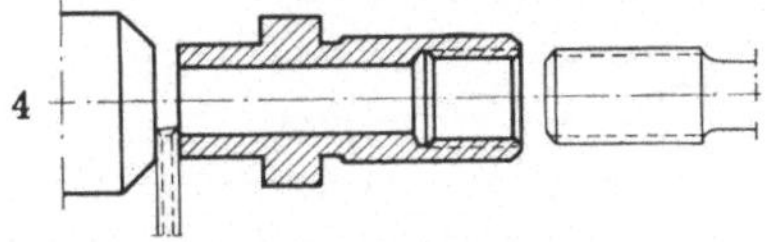

Abb. 96. Bearbeitung des Gewindestückes Abb. 94 auf einem Vierspindelautomaten mit Gewindeschneideinrichtung. Die Schlüsselfläche wird in Sonderarbeitsgang auf einer einfachen Fräsmaschine hergestellt

des Mehrspindelautomateneinsatzes bei einer bestimmten Stückzahl erkennen läßt. Ein Beispiel soll dies veranschaulichen.

Das in Abb. 94 dargestellte Gewindestück soll aus Stangenmaterial auf Mehrspindelautomaten hergestellt werden. Bei der Planung werden 4 Ausführungsmöglichkeiten zur Auswahl gestellt.

1. Das Werkstück wird auf einen Vierspindelautomaten mit Gewindeschneid- und Fräseinrichtung vollselbsttätig fertiggestellt (Abb. 95).

2. Das Werkstück wird auf einem Vierspindelautomaten mit Gewindeschneideinrichtung ohne die Schlüsselflächen vollselbsttätig gedreht (Abb. 96) und dann werden in einem besonderen Arbeitsgang auf einer Horizontalfräsmaschine die Schlüsselflächen gefräst.

3. Das Werkstück wird auf einem Vierspindelautomaten ohne Sondereinrichtungen vollselbsttätig, aber ohne Gewinde und Schlüsselflächen gedreht (Abb. 97). In besonderen Arbeitsgängen wird dann auf

einer Horizontalfräsmaschine die Schlüsselfläche und auf einer Gewindefräsmaschine das Gewinde gefräst.

4. Das Werkstück wird auf einem Sechsspindelautomaten mit Gewindeschneideinrichtung vollselbsttätig gedreht (Abb. 98). Die Schlüsselflächen werden in einem besonderen Arbeitsgang auf einer Horizontal-

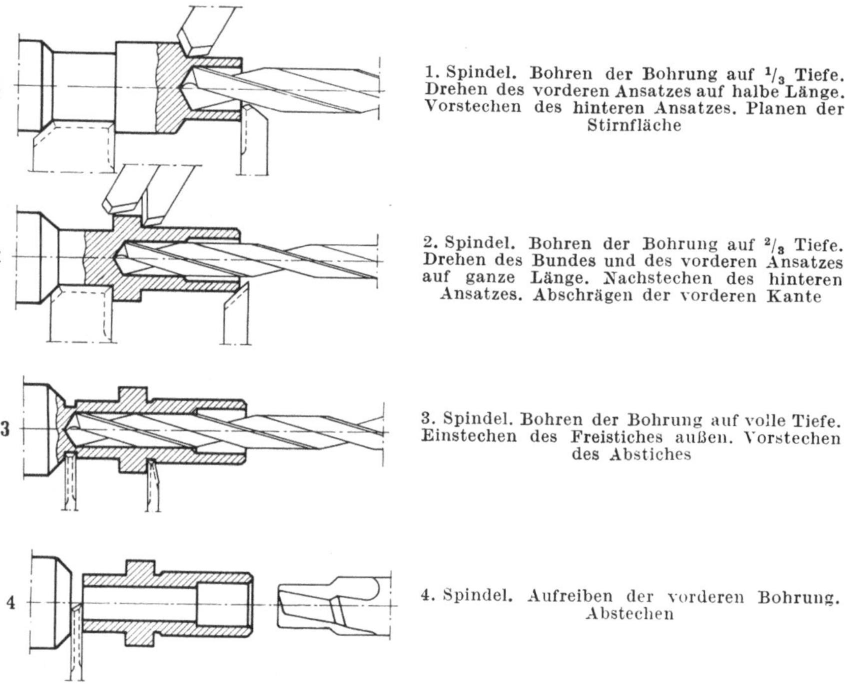

Abb. 97. Bearbeitung des Gewindestückes Abb. 94 auf einem Vierspindelautomaten mit einfachem Werkzeugsatz. Die Schlüsselfläche wird auf einer Fräsmaschine und das Gewinde auf einer Gewindefräsmaschine in Sonderarbeitsgängen hergestellt

fräsmaschine gefräst. Der Arbeitsgang entspricht dem unter 2. genannten, nur daß als Mehrspindler ein Sechsspindler gewählt wurde, bei dem
keine abgesetzten Bohrer erforderlich sind.

Es wären noch weitere Zusammenstellungen von Mehrspindelautomaten verschiedener Spindelzahl mit einfachen Werkzeugmaschinen
möglich. Der Übersichtlichkeit wegen wird der Vergleich auf diese vier
Fälle beschränkt.

Die bei den verschiedenen Herstellungsarten notwendigen Maschinen sowie die erzielbaren Stückzeiten und Monatsleistungen
zeigt Tab. 7. Bei einer monatlichen Arbeitszeit von 200 Stunden
wird eine Verzinsung und Amortisation des Anlagekapitals eingesetzt.

Bei einer bestimmten Monatsproduktion setzen sich die monatlichen Fertigungskosten aus den Bedienungskosten je Stück und dem Kapital-

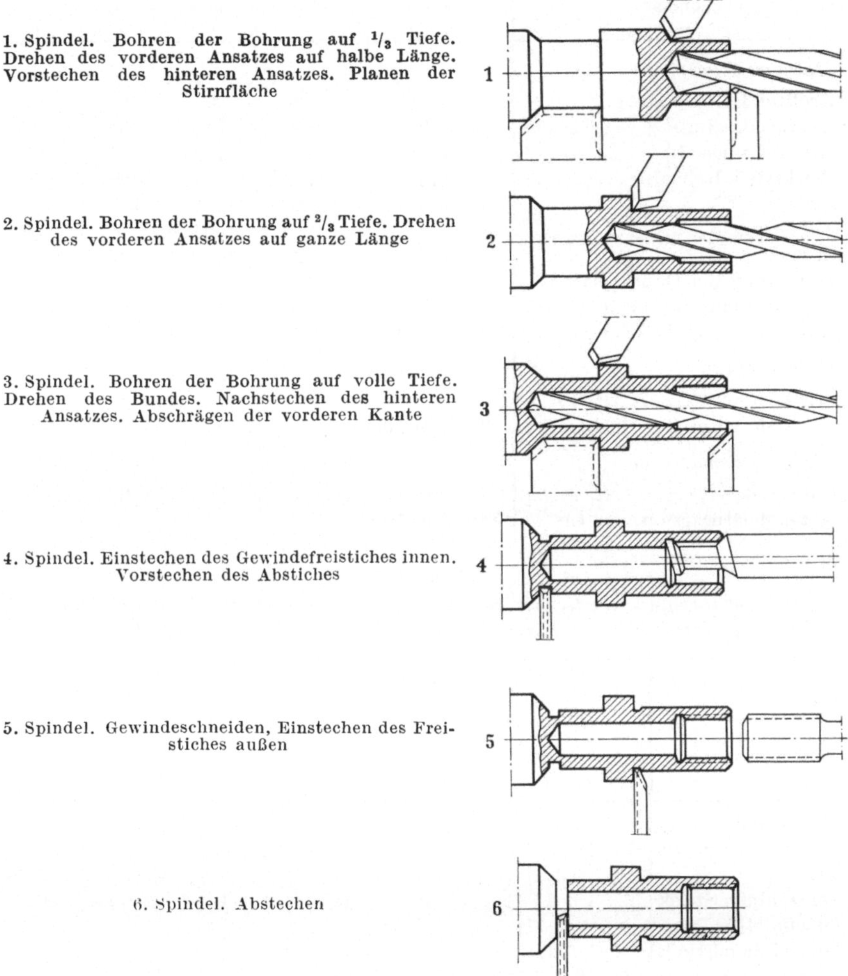

1. Spindel. Bohren der Bohrung auf $^1/_3$ Tiefe. Drehen des vorderen Ansatzes auf halbe Länge. Vorstechen des hinteren Ansatzes. Planen der Stirnfläche

2. Spindel. Bohren der Bohrung auf $^2/_3$ Tiefe. Drehen des vorderen Ansatzes auf ganze Länge

3. Spindel. Bohren der Bohrung auf volle Tiefe. Drehen des Bundes. Nachstechen des hinteren Ansatzes. Abschrägen der vorderen Kante

4. Spindel. Einstechen des Gewindefreistiches innen. Vorstechen des Abstiches

5. Spindel. Gewindeschneiden, Einstechen des Freistiches außen

6. Spindel. Abstechen

Abb. 98. Bearbeitung des Gewindestückes Abb. 94 auf einem Sechsspindelautomaten mit Gewindeschneideinrichtung. Die Schlüsselfläche wird im Sonderarbeitsgang auf einer einfachen Fräsmaschine hergestellt

dienst für das Anlagekapital zusammen. In der Tab. 8 sind diese Angaben zusammengetragen und für verschiedene Monatsproduktionen in % aufgeführt. Dabei wurde die Voraussetzung gemacht, daß die Maschinen nach Erledigung der monatlichen Stückzahl unbenutzt stehenbleiben, so daß die gefertigte Stückzahl den ganzen Kapitaldienst tragen muß.

Tabelle 7. Zahlen zur Herstellung eines Gewindestückes nach Abb. 94 bei verschiedenen Bearbeitungsarten

Vorgang	Dimension	Herstellungsart			
		1	2	3	4
Mehrspindelautomat					
Größter Längsweg	mm	68	35	23	23
Bohrervorschub	mm/Umdr.	0,12	0,12	0,12	0,12
Umdrehungszahl.............	Stück	568	292	192	192
Werkstückdrehzahl	min^{-1}	480	480	480	480
Arbeitszeit	min	1,2	0,61	0,4	0,4
Nebenzeit	min	0,04	0,04	0,04	0,04
Stückzeit	min	1,24	0,65	0,44	0,44
Minderung bei Dauerbetrieb . .	%	25	20	18	25
Rechnerische Stückzeit	min	1,65	0,81	0,54	0,59
Monatsleistung einschichtig ..	Stück in 1000	7,2	14,8	22,2	20,0
Fräsmaschine					
Stückzeit	min		0,4	0,4	0,4
Monatsleistung einschichtig ..	Stück in 1000		30	30	30
Gewindefräsmaschine					
Stückzeit	min			0,6	
Monatsleistung einschichtig ..	Stück in 1000			20	

Tabelle 8

Gegenüberstellung der Wirtschaftlichkeit der verschiedenen Herstellungsmethoden nach Tabelle 7 bei verschiedenen Monatsleistungen bzw. voller Ausnutzung der Maschinen

	Monatsleistung in Stück												Volle Ausnutzung jeder Maschine			
	3500				10 000				20 000							
	Herstellungsart															
	1	2	3	4	1	2	3	4	1	2	3	4	1	2	3	4
Mehrspindelautomaten ... Stück	1	1	1	1	2	1	1	1	3	2	1	1				
Fräsmaschinen Stück		1	1	1		1	1	1		1	1	1				
Gewindefräsmaschinen Stück			1				1				1					
Stückkosten in %	265	276	315	320	210	140	172	148	173	131	136	102	170	110	131	100

Dies ist zwar der ungünstigste Fall, er kommt aber bei Einrichtungen für Spezialfertigung vielfach vor, wenn der Absatz die volle Ausnutzung der Anlage nicht gestattet und ähnliche Werkstücke als Füllaufträge nicht zur Verfügung stehen. Lediglich in der letzten Spalte der Tab. 7 sind die Stückkosten bei voller Ausnutzung jeder einzelnen Maschine angegeben. Diese Preise stellen also den günstigsten überhaupt erreichbaren Fall dar.

Die Gegenüberstellung Tab. 8 zeigt nun Ergebnisse, deren Bedeutung über dieses Beispiel hinausgeht und die daher festgehalten werden sollen. Der Vierspindelautomat mit Gewindeschneid- und Fräseinrichtung ist wegen seines hohen Preises und seiner langen Stückzeit nur bei geringen Stückzahlen wirtschaftlich, wenn alle Automaten nur mit 20 bis 50 % ausgenutzt sind, d. h. er ist gewöhnlich unwirtschaftlich. Der Automat ohne Gewindeschneideinrichtung ergibt bei keiner einzigen Monatsproduktion ein besonders günstiges Ergebnis. Bei den Mehrspindlern mit Gewindeschneideinrichtung ist der Vierspindler bei kleineren Stückzahlen, der Sechsspindler von etwa monatlich 18000 Stück an wirtschaftlich. Es kann deshalb als allgemeingültig festgehalten werden:

1. Die Einbeziehung von Sonderarbeitsgängen, wie in dem Beispiel das Fräsen der Schlüsselflächen in die Automatenarbeit, ist nur in Ausnahmefällen am Platz. Es bedarf bei jeder derartigen Planung einer sorgfältigen Wirtschaftlichkeitsrechnung, um vor Schäden bewahrt zu bleiben.

2. Die Herstellung von Gewinden ist auf Mehrspindelautomaten fast immer wirtschaftlich, wenn die Gewinde in ihrer Länge und ihrem Durchmesser zu den Maschinen passen. Es ist deshalb stets die Einbeziehung in die Automatenarbeit anzustreben.

3. Die Wahl zwischen Vier- und Sechsspindelautomat richtet sich außer nach dem Werkzeugsatz auch nach der monatlichen Stückzahl, die für den Sechsspindler ziemlich hoch sein muß.

3.6 Einstellen der Mehrspindelautomaten

Entscheidend für die wirtschaftliche Bearbeitung auf Mehrspindelautomaten ist die zweckentsprechende Verteilung der Werkzeuge auf die einzelnen Spindeln. Dabei ist zu beachten, daß alle Werkzeuge so gleichmäßig beansprucht sind, daß der Zeitpunkt der Abstumpfung gleichzeitig einsetzt.

Die Arbeitsteilung ist so vorzunehmen, daß alle Werkzeuge einen möglichst kurzen, aber auch gleich langen Arbeitsweg haben, da nur so kurze Stückzeiten erreichbar sind. Denn wie die spätere Leistungsberechnung zeigt, ist der längste Arbeitsweg für die Stückzeit ausschlaggebend. Es ist also zwecklos, die Wege der Werkzeuge an einigen Spindeln außerordentlich kurz zu halten und dafür den Werkzeugweg an einer einzelnen Spindel zu verlängern.

Für die Werkzeugaufteilung auf einzelne Spindeln gibt es allgemeingültige Regeln, die hier zusammengestellt werden sollen. Stets muß versucht werden, auf die ersten Spindelstellungen die Schrupparbeit, auf die letzten dagegen die Schlichtarbeit zusammenzuziehen, um Werkstückverformung oder Schwingungen bei der Schlichtbearbeitung zu vermeiden. Insbesondere wird man darauf sehen, daß an der ersten Spindel schon alle Flächen, Ansätze und Bohrungen von Rohteilen vorgeschruppt werden, damit die Werkzeuge der nächsten Spindeln nur auf blankem Material schneiden und dadurch nicht so schnell abstumpfen. Ein Nachschleifen der Werkzeuge der ersten Spindel ist meistens nicht so zeitraubend, da die Einstellgenauigkeit bei der verlangten Schrupparbeit geringer sein kann. Bei Futterautomaten geht man zur Verminderung der Verformung dünnwandiger Werkstücke so weit, die Spannung nach der Schruppbearbeitung zu lockern und mit geringerem Druck für die Schlichtbearbeitung wieder zu schließen, also eine Zweidruckspannung zu verwenden, um die Verformung durch den Spanndruck auf das Kleinstmaß zu beschränken.

3.61 Praktische Winke für den Einrichter

Einige allgemeine Gesichtspunkte sollten beim Einrichten eines Mehrspindelautomaten (Abb. 99) stets beachtet werden:

Benutze für jeden Werkstoffdurchmesser und für jedes Stangenprofil (vierkant, sechskant oder sonstwie) die entsprechend geformten

Abb. 99. Einrichter beim Einrichten eines Mehrspindelautomaten

Spann- und Vorschubzangen passender Größe. Man kann auch Rundmaterial in Sechskantzangen aufnehmen, aber man darf sich dann nicht wundern, wenn die Zangen vor der Zeit verschleißen.

Alle zur Verarbeitung kommenden Werkstoffstangen müssen an beiden Enden entgratet bzw. einige Millimeter angespitzt sein. Nichtentgratete Stangen beschädigen die Zangen.

Stelle die Spannzangenspannung nicht zu fest ein. Die Spannmuffe muß sich mit dem Handhebel auch ohne Gewaltanwendung über die Spannfinger schieben lassen. Die Benutzung von Verlängerungsrohren für den Handhebel ist unzulässig. Mit Gewalt richtet man nur Schaden an.

Auch die Vorschubzange muß den richtigen Spanndruck haben. Der Spanndruck ist richtig, wenn die Stange von der Zange bis an den Stangenanschlag vorgeschoben wird. Schiebe eine Stange nicht bis zum Anschlag vor, stelle keinen Überhub ein, sondern prüfe die Vorschubzangen auf richtigen Spanndruck.

Lasse die Werkstückspindeln mit ausgerücktem Vorschubantrieb nicht laufen, wenn der Spannhebel im Begriff ist zu spannen. Sonst wird das Spannstück schnell abgenutzt.

Rücke den Hauptantrieb nur ein, wenn der Vorschubantrieb ausgerückt ist. Umgekehrt: Wenn du den Hauptantrieb ausrücken willst, rücke immer zuerst den Vorschubantrieb aus. Es darf nie vorkommen, daß beim Einrücken des Hauptantriebes auch schon gleich die Schlitten arbeiten.

Ist eine Maschine durch eine selbsttätig wirkende Sicherheitseinrichtung stillgesetzt worden, so muß die Ursache gesucht und beseitigt werden. Die Maschine anders als auf diese Weise wieder in Gang bringen zu wollen, wäre zwecklos.

Stelle keine größeren Schlittenwege ein als gerade nötig. Jeder unnötige Schlittenweg verringert die Leistung.

Kurven sind immer so aufzusetzen, daß die Rolle leicht zwischen Arbeits- und Rücklaufkurve durchläuft.

Kupplungen nicht zu fest nachstellen! Die Kupplungsmuffen müssen sich leicht mit der Hand hin- und herbewegen lassen.

Bohrerhalter und Stähle nicht weiter überhängend anbringen als nötig, damit keine Durchfederungen auftreten.

Beim Verschieben von Stahlhaltern keine Stahlhämmer oder Eisenklötze benutzen! Holzhammer nehmen, wenn es mit der Hand nicht geht!

Gib den Schlittenanschlägen nicht zuviel Vorspannung. Durch zuviel Überdruck können Ungenauigkeiten auftreten.

Vergiß nicht den Schlittenanschlag zu lösen und nachher wieder festzuziehen, wenn ein Schlitten verstellt oder eine Kurve ausgewechselt werden soll.

Stelle die Querschlitteneinstelleisten nicht zu fest. Die Schlitten müssen mit der Hand leicht bewegt werden können. Zu fest gestellte Schlitten arbeiten ruckweise.

Bevor die Maschine in Dauerbetrieb geht, prüfe sämtliche Ölflüsse und warte, bis die Hochbehälter im Antrieb- und im Spindelständer mit Öl gefüllt sind. Erst dann darf der Vorschubantrieb eingerückt werden.

3.62 Einstellen von Mehrspindel-Stangenautomaten

Bei Sechsspindelautomaten wird die Werkstückform an den ersten Spindeln vorgeformt, an den letzten dagegen fertiggestellt. Diese Aufteilung ist aus dem Arbeitsplan (Abb. 100) zu erkennen. An den ersten

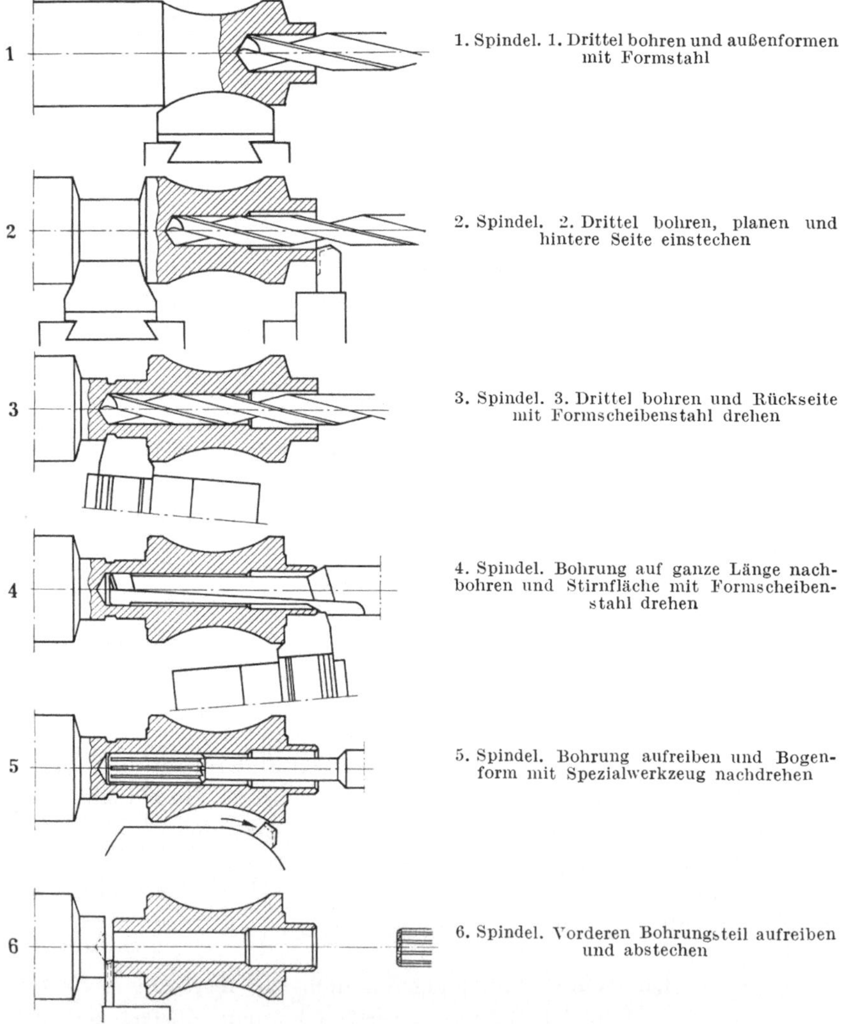

Abb. 100. Arbeitsplan für ein Formwerkstück auf einem Sechsspindelautomaten

3 Spindelstellungen wird die Bohrung in 3 Stufen erzeugt und ebenso die Außenform vorgeschruppt. Hierbei können normale Spiralbohrer und verhältnismäßig einfache Drehwerkzeuge zur Anwendung kommen. In den Spindelstellungen 4 bis 6 erfolgt dann die Schlichtbearbeitung. Der lange Bohrungsteil wird zweimal aufgerieben, der kurze äußere einmal. Hierbei, da es an der letzten Spindelstellung erfolgt, an der das Werkstück auch abgestochen wird, muß beachtet werden, daß das Reibwerkzeug die Bohrung schon vor dem Abstich verlassen hat. Als zusätzliche Sicherung wird man über der Reibahle einen Abstreifer vorsehen, der etwa doch auf dem Reibwerkzeug hängenbleibende Werkstücke abstreift. Um bei dem gezeigten Werkstück die Bogenform genau zu erreichen und nicht von der Form eines Formwerkzeuges abhängig zu sein, wird ein Kreisdrehwerkzeug in der fünften Spindelstellung verwendet, das zudem bessere Schneideigenschaften hat als ein nur radial wirkendes Einstechwerkzeug.

Beim Einstellen der Verschraubung nach Abb. 101 auf einem Sechsspindelautomaten fällt zunächst der unterschiedlich lange Bohrweg an der ersten und zweiten Spindelstellung auf. Hier kann unter der Voraussetzung unabhängiger Längswege am Längswerkzeugblock mit einfachen, der Bohrung angepaßten Werkzeugen gearbeitet werden. Durch unabhängige Längswege ist auch das Inneneinstechen und Innenlängsdrehen an der folgenden Spindelstellung sehr einfach und bedarf keines besonderen Werkzeuges. Die 3 Gewinde werden an der vierten Spindelstellung gefertigt, und zwar das Innengewinde gebohrt, die beiden Außengewinde gestrehlt. An der nächsten Stellung ist die Innen- und Außensechskantbearbeitung angeordnet, die einen besonders kleinen Längsweg erfordert. Besonderes Augenmerk sei auf die letzte Stellung gerichtet. Hier wird das Werkstück abgestochen, dann aber abgegriffen und von der Rückseite aufgebohrt und geschlichtet. Diese Einrichtung wirkt also fast wie eine siebente Spindel! Gerade dieses Beispiel zeigt die vielseitigen Möglichkeiten durch unabhängige Längswege der Werkzeuge.

Eine solche Vielseitigkeit zeigt auch der Einstellplan (Abb. 102) für eine Verschraubung auf einem Sechsspindelautomaten. Hier ist die eigentliche Arbeit auf die Spindelstellungen 1 bis 3 und 6 zusammengedrängt, um die Stellungen 4 und 5 für zwei aufeinanderfolgende Fräsvorgänge freizubekommen. So ist es möglich, die beiden Schlitze in das Werkstück einzuarbeiten. Der dabei anfallende Grat wird an der letzten Spindelstellung durch das Reibwerkzeug entfernt, dieses selbst geht wieder zurück, bevor der Abstechstahl das Werkstück von der Stange abtrennt.

Es können auf Mehrspindelautomaten auch mehrere Werkstücke sowohl hintereinander wie auch ineinander gleichzeitig fertiggestellt

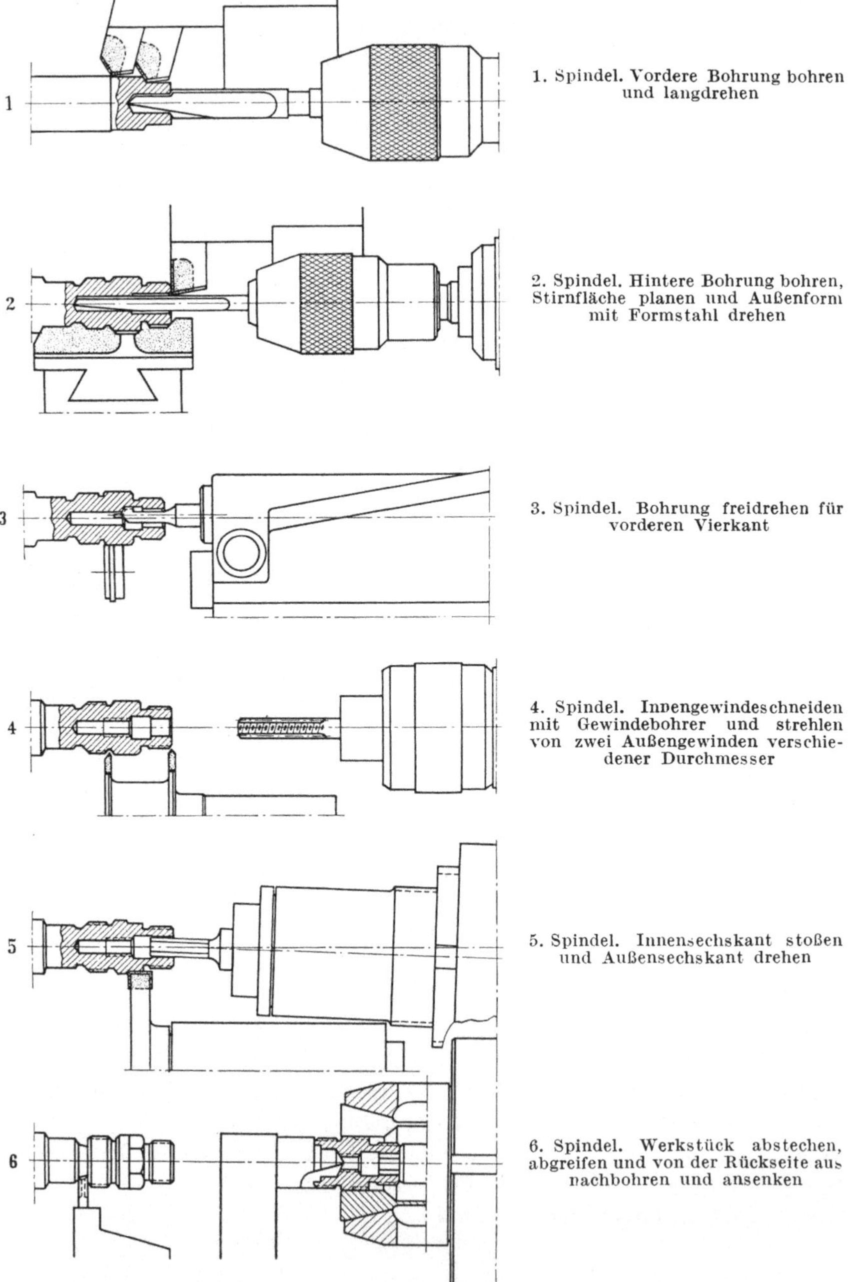

Abb. 101. Arbeitsplan für eine Verschraubung auf einem Sechsspindelautomaten

1. Spindel. Zentrieren und Außenform drehen

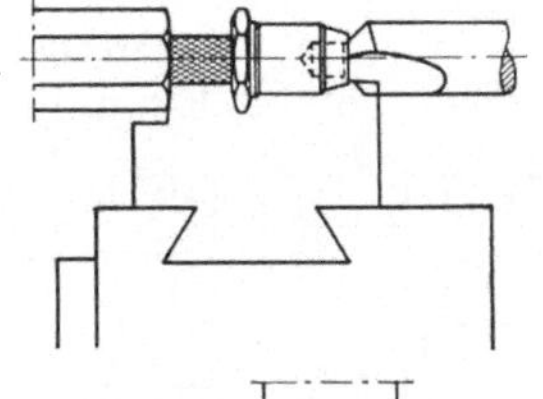

2. Spindel. Bohren auf ganze Länge und Außenform formen

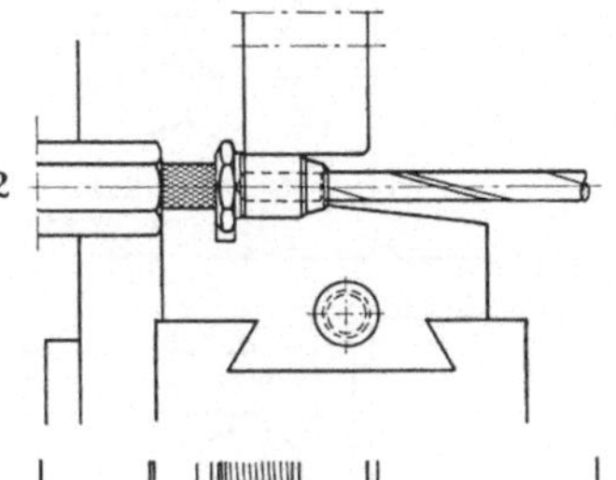

3. Spindel. Bohrung aufreiben, Gewinde rollen und hinteren Ansatz kordeln

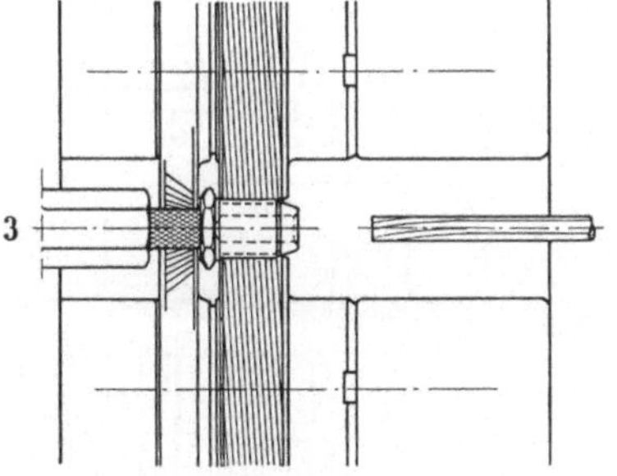

4. Spindel. Fräsen der einen Seite des Kreuzschlitzes

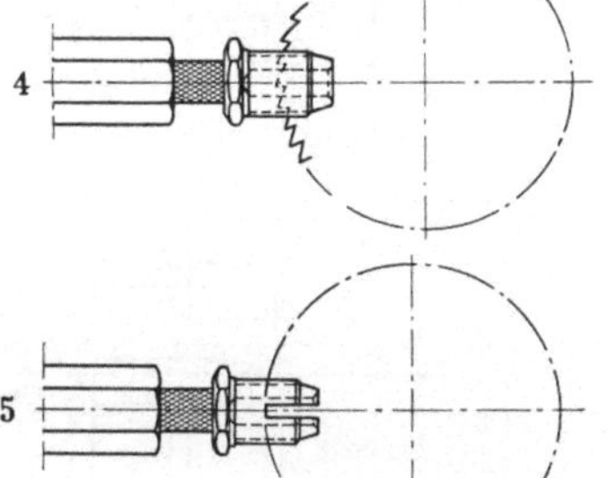

5. Spindel. Fräsen der zweiten Seite des Kreuzschlitzes

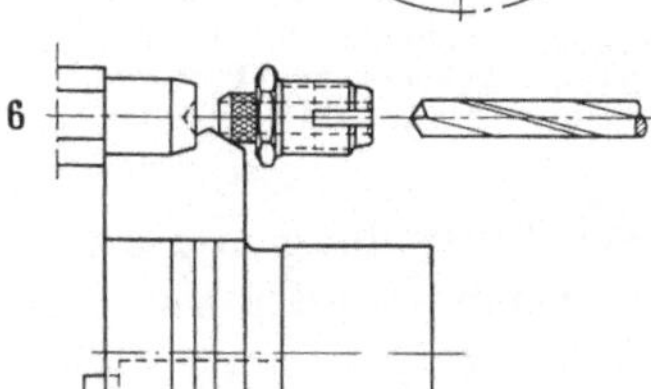

6. Spindel. Entgraten der Bohrung und abstechen bei gleichzeitigem Vorstechen des vorderen Ansatzes für das nächste Werkstück

Abb. 102. Arbeitsplan für eine Verschraubung auf einem Sechsspindelautomaten, die aus Sechskantwerkstoff gedreht wird

werden, wie beispielsweise 2 Kugellageraußenringe und 2 Innenringe. Eine solche Einstellung auf einem Vierspindelautomaten zeigt

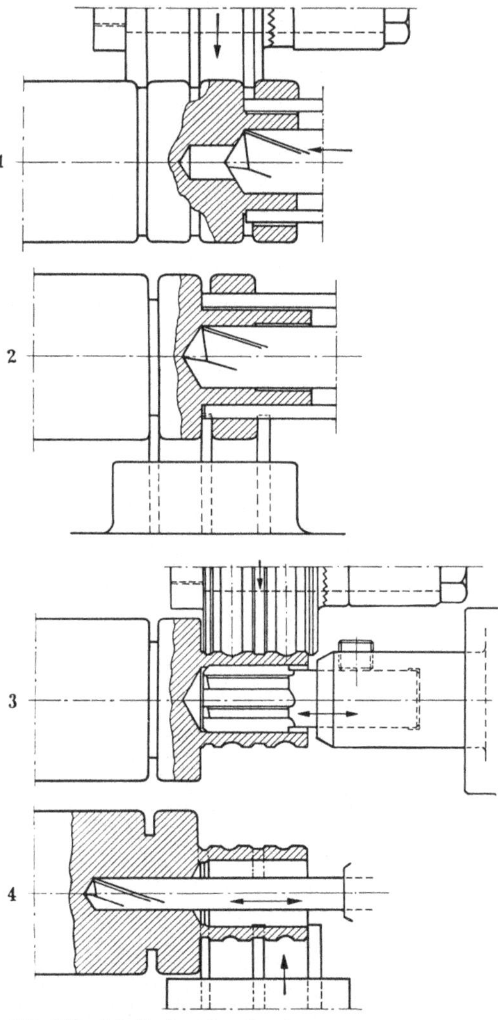

Abb. 103. Hier kann das Prinzip zuerst schruppen und dann schlichten allerdings nicht eingehalten werden. Wie Abb. 103 zeigt, wird an der ersten Spindelstellung ein schon vor dem Werkstoffvorschub vorgeformter Außenring fertiggedreht, und durch Längsbewegung abgestochen. Er muß dann von dem Längswerkzeug abgestreift werden. Gleichzeitig wurden die nächsten beiden Außenringe bereits vorgestochen. An der zweiten Spindelstellung wird der nächstfolgende Kugellageraußenring abgestochen und gleichzeitig der nächste eingestochen. Der nun innerhalb der fertigen Ringe verbliebene Kern wird an der dritten Spindelstellung zu 2 Innenringen geformt und gerieben, die an den vorhergehenden Stellungen schon vorgebohrt wurden. An der vierten Spindelstellung werden beide Ringe dann abgestochen und gleichzeitig die beiden nächsten Ringe bereits mit einem dünneren Bohrer vorgebohrt. Bei

Abb. 103. Arbeitsplan für die Herstellung von je zwei Kugellager-Außen- und -Innenringen auf einem Vierspindelautomaten

dieser Einstellung werden also gleichzeitig 4 Werkstücke fertig, und zwar je eines an der ersten und zweiten sowie zwei an der vierten Spindelstellung.

Die praktisch gleiche Arbeit, aber aufgeteilt auf einen Sechsspindelautomaten, zeigt Abb. 104. Durch stärkere Unterteilung der Längs-

wege wird an der ersten Stellung der
erste Außenring nur halb abgestochen,
er fällt dann an der zweiten Spindel und
der nächste an der vierten Spindel ab.
Entsprechend ist auch der Bohrweg auf
4 Stufen verteilt. Dadurch kann ein
Vorbohren der Bohrung unterbleiben,
und die fünfte und sechste Spindel wird
mehr zur Schlichtbearbeitung verwendet. Der Vorteil der sechsspindligen
Bearbeitung gegenüber der in Abb. 103
gezeigten vierspindligen liegt in den
kürzeren Wegen und damit der kürzeren
Arbeitszeit. Hier spielt also die Frage
der anzufertigenden Stückzahl eine
wesentliche Rolle.

Die Fertigung von 2 Werkstücken
gleicher Art nacheinander zeigt der
Einstellplan (Abb. 105). Hier ist der
Sechsspindelautomat zu einem doppelten Dreispindler geworden, und die
Werkzeugeinstellung der Spindeln 1
bis 3 wiederholt sich bei 4 bis 6, so daß
an Spindel 3 und 6 je ein gleiches Werkstück fertig wird. Es wird allerdings
nur mit einem Werkstoffstangenvor-
schub gearbeitet, also zur ersten Spindelstellung gleich für 2 Werkstücke vorgeschoben. Das ist bei so schmalen Teilen,
wie dem von Abb. 105, zulässig und erspart eine zusätzliche Werkstoffvor-
schubeinrichtung zwischen dritten und
vierten Spindel. Bemerkenswert ist, daß
für jede der 3 Spindeln ein anderer
Längsarbeitsweg erforderlich ist. An
der zweiten bzw. fünften Spindel
arbeiten die Werkzeuge für Längs- und
für Querbearbeitung nacheinander, um
eine gegenseitige Beeinflussung des

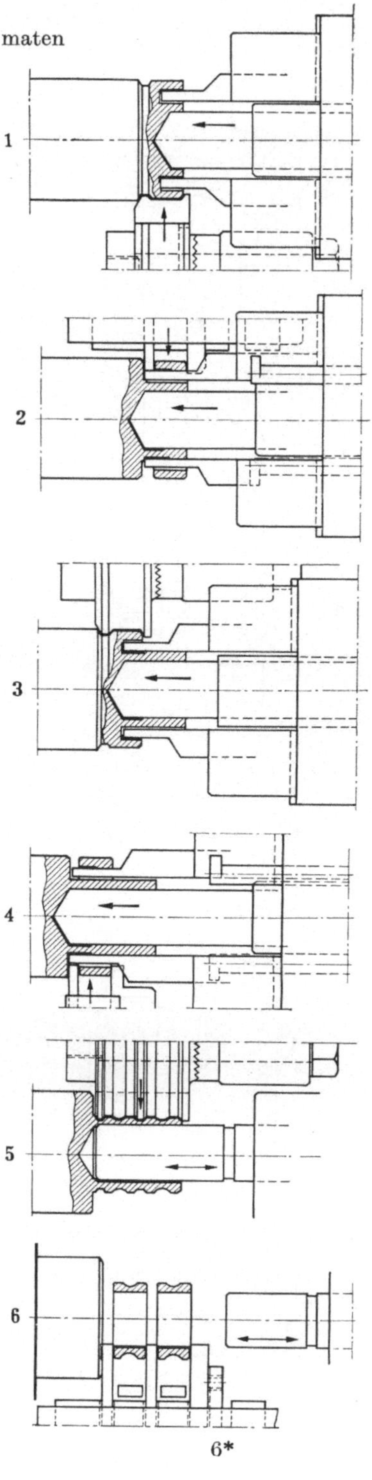

Abb. 104. Arbeitsplan für die Herstellung von je zwei
Kugellager-Außen- und -Innenringen auf einem Sechsspindelautomaten

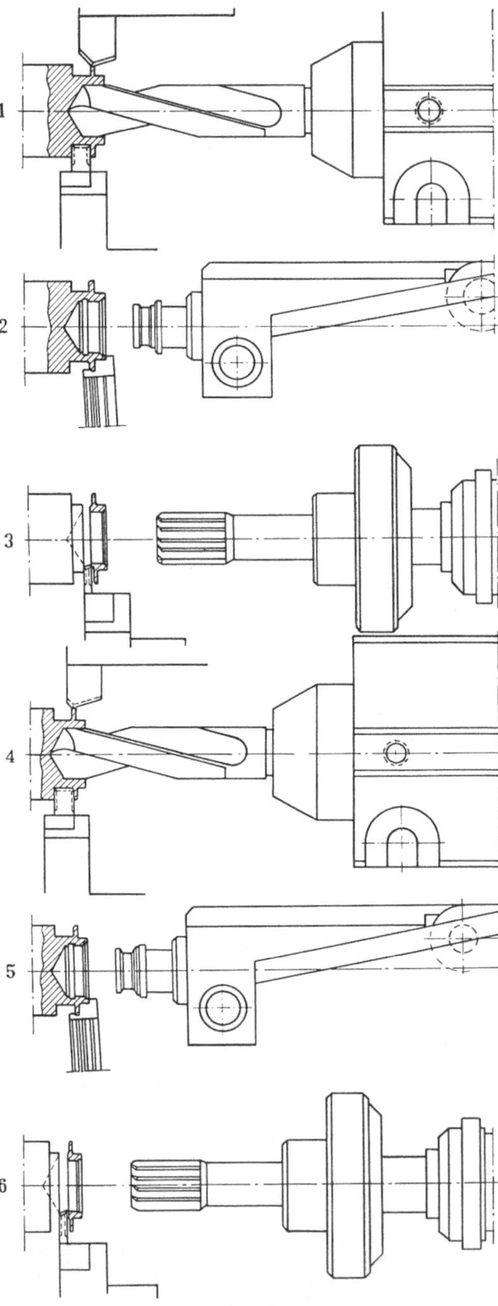

Schrupp- und Schlichtvorganges bei den sehr dünnwandigen Werkstücken auszuschließen. Hier ist also die Trennung zeitlich vorgenommen, die sonst an verschiedenen Spindeln erfolgt.

Eine weitere interessante Einstellmöglichkeit zeigt der Plan (Abbildung 106). Hier werden 4 Sechskantmuttern bei doppeltem Stangenvorschub gefertigt. Die Maschine arbeitet also auch als doppelter Dreispindler, die Werkzeuge der Spindeln 1 bis 3 entsprechen denen von 4 bis 6. Es wird aber sowohl zwischen Spindel 6 und 1 wie auch zwischen 3 und 4, also zweimal, vorgeschoben. Sodann wird aber auch die Bearbeitung von gleichzeitig je 2 Werkstücken vorgenommen. Um beim Abstechen keine Schwierigkeiten zu bekommen, ist für die zur Spindelnase hin liegende Sechskantmutter je ein Abstreifer zwischen den beiden Ab-

Abb. 105. Arbeitsplan für die Fertigung von zwei Bundbüchsen nacheinander auf einem Sechsspindelautomaten, der als doppelter Dreispindler arbeitet und nur einen Werkstoffvorschub hat. Die Werkzeugsätze der Spindeln 1 und 4 bzw. 2 und 5 bzw. 3 und 6 sind identisch

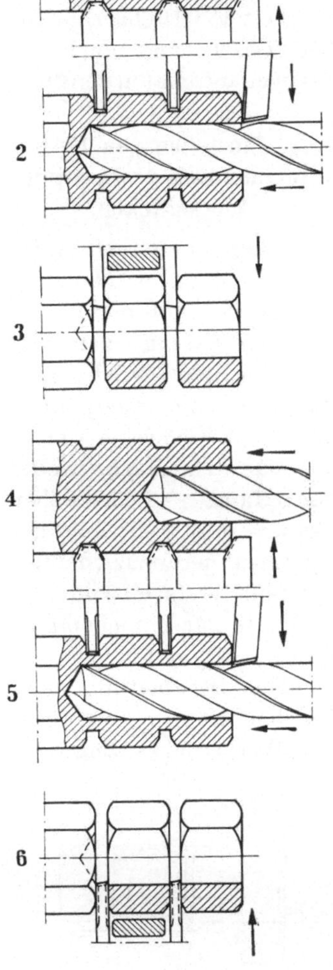

stechstählen angeordnet, da diese Mutter sonst hängenbleiben könnte. Der Abstreifer ist an den Stellungen 3 und 6 deutlich erkennbar.

Es wurde schon einmal darauf hingewiesen, daß letztlich auch eine Kombination bekannter Kopierverfahren mit Mehrspindelautomaten möglich ist, auch wenn derartige Mehrspindelautomaten bisher noch nicht gebaut werden.

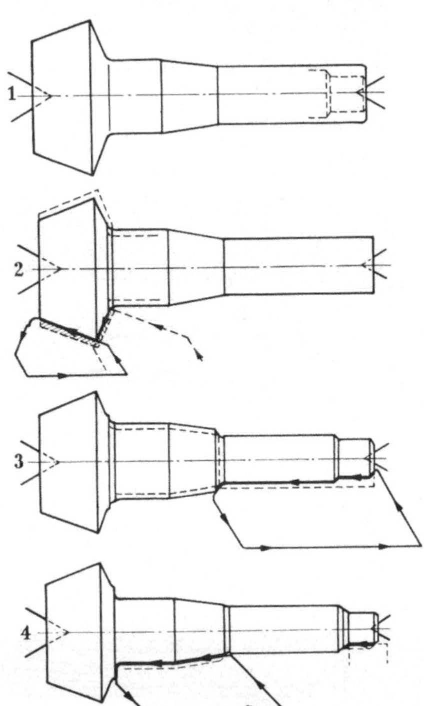

Abb. 106. Arbeitsplan für die Fertigung von zweimal 2 Sechskantmuttern (ohne Gewinde) auf einem Sechsspindelautomaten, der als doppelter Dreispindler arbeitet. Zweimaliger Werkstoffvorschub, jeweils zwischen Spindel 6 und 1 bzw. 3 und 4

Abb. 107
Arbeitsplan-Vorschlag für einen Vierspindelautomaten mit Kopiereinrichtungen für die Fertigung von Ritzelwellen

Der Einstellplan (Abb. 107) soll einen Eindruck davon vermitteln, wie eine derartige Einstellung auf einem Vierspindelautomaten erfolgen könnte, wenn für diesen Fall das Werkstück in Spitzen gespannt wird, also der Längswerkzeugträger nicht zur Bearbeitung herangezogen werden muß. Während die erste Spindelstellung dem Ein- und Ausspannen vorbehalten bleibt, wird bei Stellung 2, 3 und 4 mit je einem Kopierdrehschlitten gearbeitet. Gleichartige Arbeitsweisen sind auch bei Stangenautomaten denkbar.

3.63 Einstellen von Futterautomaten mit umlaufenden Werkstücken

Mehrspindelfutterautomaten können als Magazin- oder als Halbautomaten vorkommen. Fast in jedem Fall muß eine Spindelstellung für das Ein- und Ausspannen der Werkstücke — sei es nun aus dem Magazin oder von Hand — vorgesehen bleiben, so daß die Zahl der zur Arbeit heranzuziehenden Spindeln stets eins kleiner ist als die Maschinenspindelzahl.

Die Bearbeitung eines aus dem Magazin zugeführten Werkstückes zeigt der

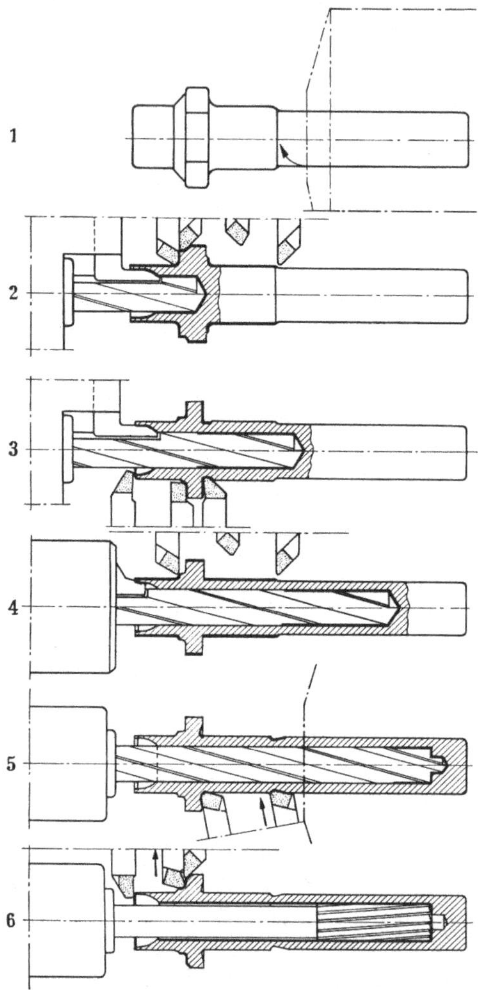

Abb. 108. Arbeitsplan für die Fertigung einer langen Büchse aus einem Gesenkteil auf einem senkrechten Sechsspindel-Magazinautomaten. Wegen der Magazineinrichtung sind die Werkzeuge auf 5 Spindelstellungen zusammengedrängt

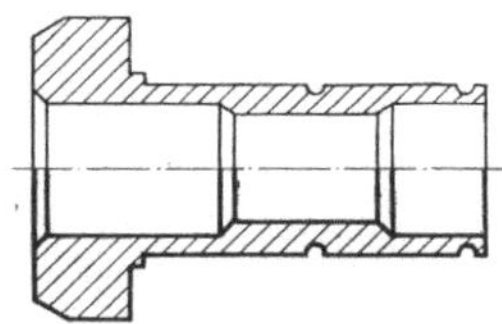

Abb. 109. Bundbüchse

Einstellplan (Abb. 108). Die Magazineinrichtung dazu wurde bereits in Abb. 31 gezeigt. Spindelstellung 1 ist für die Versorgung aus dem Magazin frei von Werkzeugen. Die vierfache Bohrungsunterteilung von Stellung 2 bis 5 macht es notwendig, an Stellung 5 mit einem abgesetzten Bohrer zu arbeiten, um auch das kleine Endloch herstellen zu

können. Hier wirkt sich das Fehlen der Spindelstellung 1 für Werkzeuge
aus! Da das Werkstück nicht abgestochen, sondern in Spindelstellung 1

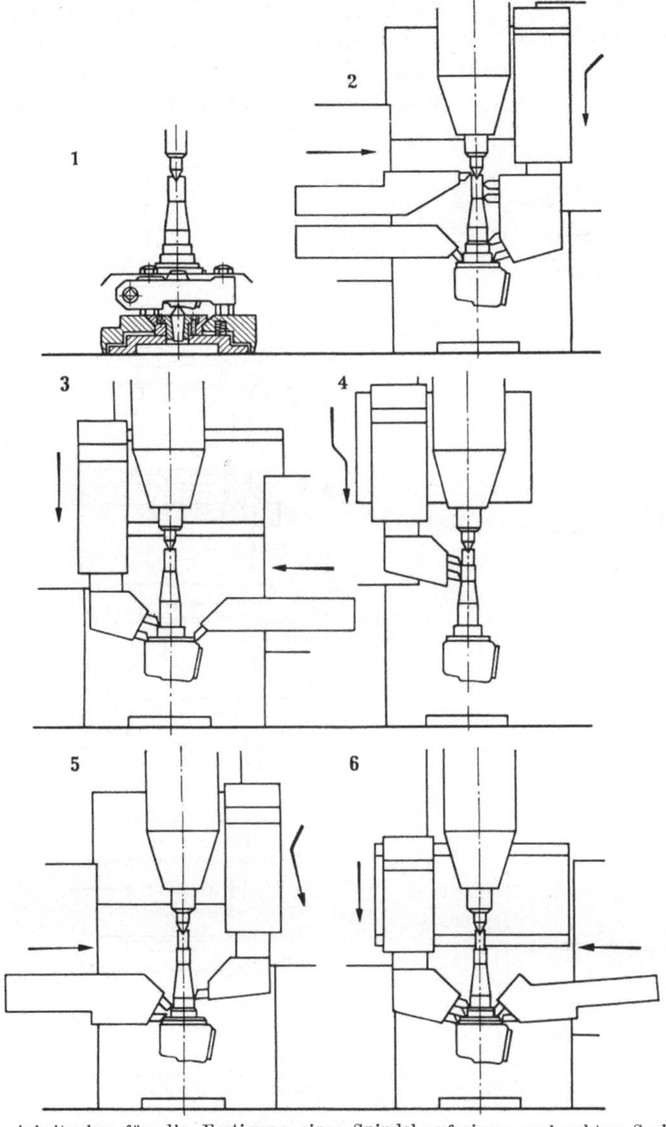

Abb. 110. Arbeitsplan für die Fertigung einer Spindel auf einem senkrechten Sechsspindel-
Halbautomaten mit Reitstockgegenführung

ausgespannt wurde, ist für das Reibwerkzeug in Stellung 6 ein vorzeitiges Zurückziehen nicht erforderlich.

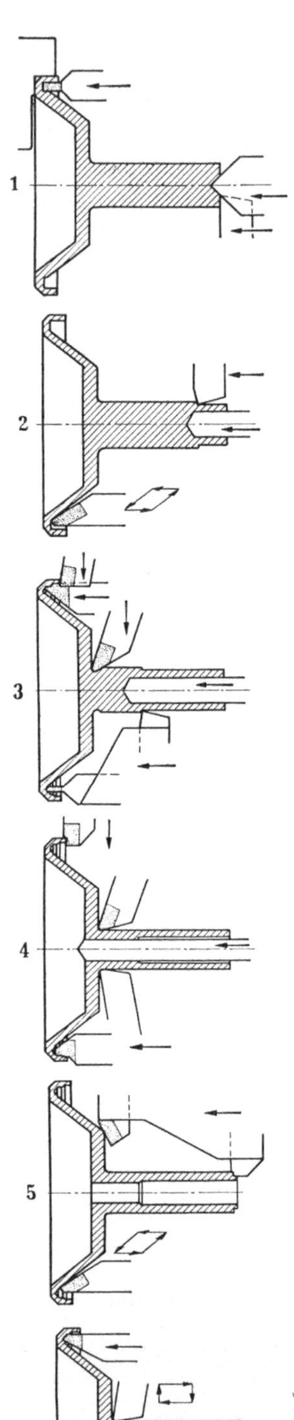

Der Einsatz der Mehrspindelautomaten

Die Bearbeitung einer Verschraubung nach Abb. 109 auf einem Sechsspindelautomaten ist in Abb. 19 gezeigt. Die Zuführung erfolgt aus einem Magazin. Man kann die Frage aufwerfen, warum das

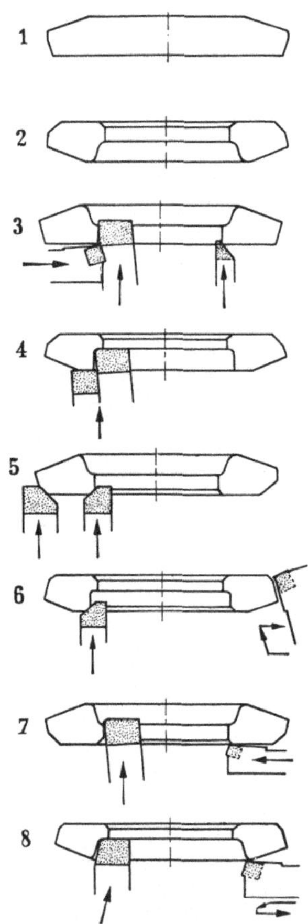

Abb. 112. Arbeitsplan für die beidseitige Fertigung eines Zahnkranzes auf einem Achtspindel-Halbautomaten mit doppelter Schaltung. Das Werkstück durchläuft zunächst die Spindelstellungen 1, 3, 5 und 7, wird dann erneut in 2 eingespannt und durchläuft die Spindelstellungen 2, 4, 6 und 8, wo es fertig abgespannt wird

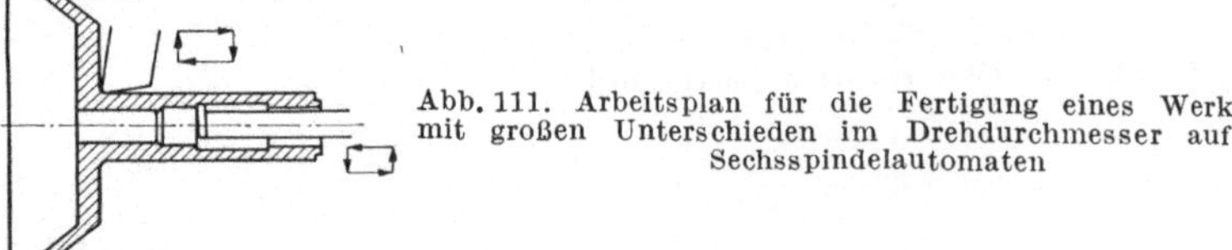

Abb. 111. Arbeitsplan für die Fertigung eines Werkstückes mit großen Unterschieden im Drehdurchmesser auf einem Sechsspindelautomaten

Werkstück nicht auf einem Stangenautomaten gedreht
wird. Durch die Umstellung auf vorgeformte Teile, die
aus dem Magazin zugeführt werden, ergibt sich aber
infolge der geringeren Zerspanung eine Zeitersparnis
von 33% und zugleich eine Werkstoffersparnis von
55%. Da die Teile von beiden Seiten bearbeitet werden müssen, arbeitet die Maschine (Abb. 19) als doppelter Dreispindler mit einer automatischen Wendeeinrichtung zwischen Spindel 3 und 4, die das Werkstück herausnimmt, umdreht und wieder spannt. So
ist eine beiderseitige Fertigbearbeitung möglich.

Bei längeren Werkstücken ist vielfach die Benutzung einer Reitstockspitze zum Gegenhalten vorteilhaft oder sogar unumgänglich notwendig. Einen
solchen Einstellplan zeigt Abb. 110. Das an Spindelstellung 1 aus- und eingespannte Werkstück wird axial
und radial bearbeitet und kann infolge der besonderen
Einrichtung des Automaten auch noch mit Körnerspitze gegengehalten werden. Gerade auf diese Kom-
binationsmöglichkeit soll hier hingewiesen werden,
denn sie erschließt Bearbeitungen, die oft als für Mehrspindelautomaten ungeeignet verworfen werden.

Bei dem Einstellplan (Abb. 111) eines Futterhalb-
automaten ist der enorme Unterschied der Drehdurchmesser an dem großen Außendurchmesser des Flansches
und in der dünnen Bohrung bemerkenswert. Die unvermeidlich stark unterschiedlichen Schnittgeschwindigkeiten werden durch geeignete Werkzeugwahl,
besonders auch durch Hartmetallbestückung der
Werkzeuge für hohe Schnittgeschwindigkeiten, überbrückt.

Wesentlich einfacher ist darin die Einstellung des
Flansches nach Abb. 112, da hier nur verhältnismäßig
gleich große Durchmesser gedreht werden. Der Acht-
spindelhalbautomat arbeitet als doppelter Vierspindler.
Gegenüber den bisher behandelten Doppelmaschinen
ist aber hier eine doppelte Schaltung vorgesehen, so
daß von 1 nach 3, nach 5 und nach 7 für die Bearbeitung der einen Seite und von 2 nach 4 nach 6 nach 8

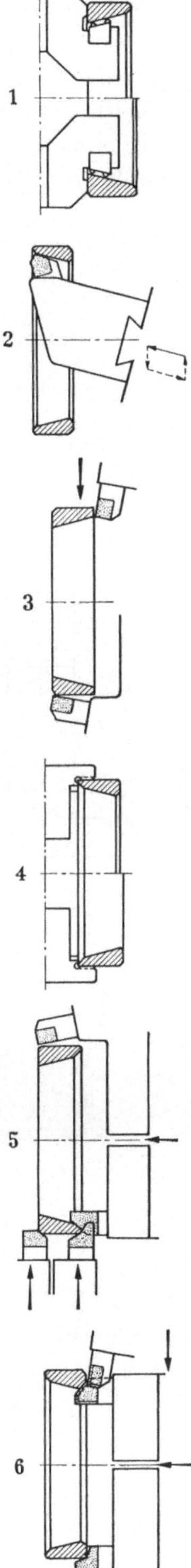

Abb. 113. Arbeitsplan für die Fertigung eines Kegelrollenlager-Außen-
ringes auf einem Sechsspindel-Halbautomaten in zwei Aufspannungen.
Die Maschine arbeitet als doppelter Dreispindler mit doppelter Schaltung

für die Bearbeitung der anderen Seite geschaltet wird. Dadurch ist das Umspannen des Werkstückes mit Umdrehen von Spindel 1 zur benachbarten Spindel 2 besonders einfach.

Ebenso wird bei der halbautomatischen Bearbeitung von Kegelrollenlageraußenringen mit Innen- und Außenbearbeitung nach Einstell-

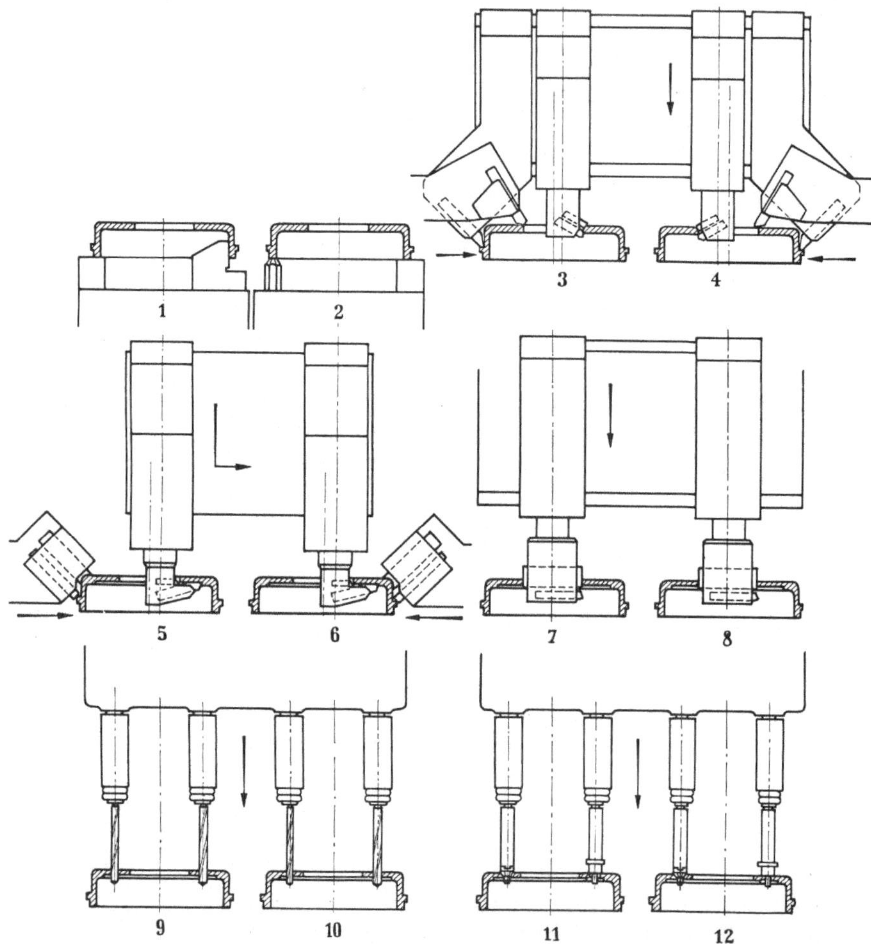

Abb. 114. Arbeitsplan für die Fertigung von Gehäusen auf einem Zwölfspindel-Halbautomaten, der als doppelter Sechsspindler mit doppelter Schaltung arbeitet

plan (Abb. 113) vorgegangen. Dieser Sechsspindler ist als doppelter Dreispindler mit doppelter Schaltung vorgesehen, so daß von 1 nach 3 nach 5 und von 4 nach 6 nach 2 geschaltet wird. Unterschiedlich ist nur gegenüber dem vorherigen Plan, daß die beiden Spannspindeln jetzt die Stellungen 1 und 4 sind. Wenn bei 1 ein Rohteil eingespannt wurde, ist es bei 5 einseitig fertig bearbeitet. Es wird dann herausgenommen und in 4 auf der anderen Seite gespannt. Es wird dann in 2 fertig, und kann nach dem Übergang auf 4 ausgespannt werden. Da normalerweise 1 und 4 auf entgegengesetzten Maschinenseiten liegen, kommt die Spannform bei kurzen Stückzeiten und Zweimannbedienung in Frage, oder es muß eine automatische Wendeeinrichtung vorgesehen sein, die bei einem so einfach geformten Werkstück nicht besonders schwierig ist.

Den Einstellplan für einen Zwölfspindelhalbautomaten endlich, der als doppelter Sechsspindler mit doppelter Schaltung eingerichtet ist, zeigt Abb. 114. Es werden zwei gleiche Rohteile bei 1 und 2 eingespannt und sind bei 11 und 12 fertig. Die Schaltung läuft von 1 über 3, 5, 7, 9 nach 11. Die gleiche Arbeitsweise ist auch denkbar, wenn verschiedene Werkstücke oder das gleiche von 2 Seiten eingespannt werden.

Auch hier zeigt sich die Vielgestaltigkeit der Mehrspindelautomateneinstellungen, besonders bei höheren Spindelzahlen.

3.64 Einstellen von Futterautomaten mit feststehenden Werkstücken

Die Besonderheit der Mehrspindelhalbautomaten für feststehende Werkstücke liegt einmal in der Werkzeuggestaltung, zum anderen aber

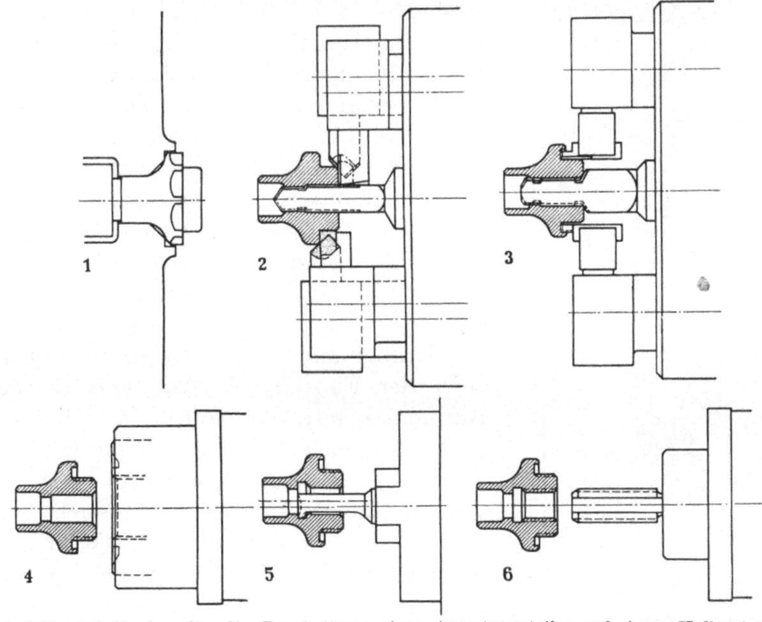

Abb. 115. Arbeitsplan für die Bearbeitung eines Armaturenteiles auf einem Halbautomaten mit feststehenden Werkstücken. Die Werkzeuge führen die Radialbewegung aus

in der Möglichkeit, von mehreren Seiten aus das Werkstück bearbeiten zu können.

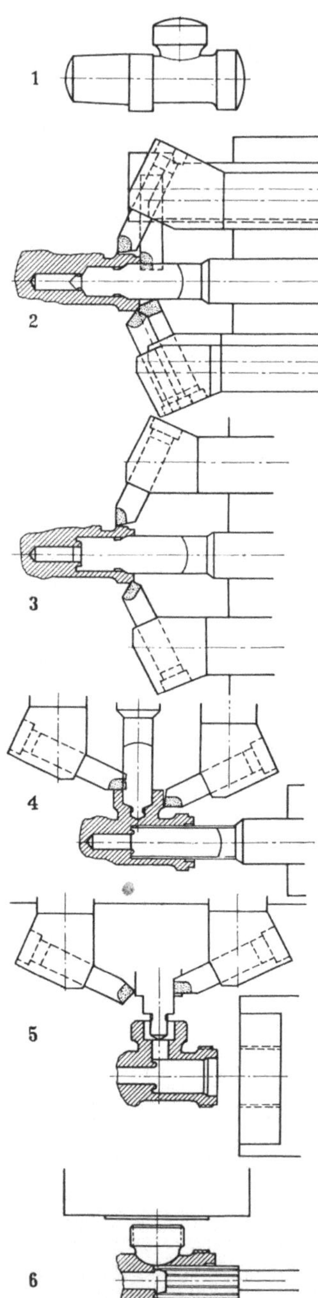

Die einfachste Form ist die rein axiale Bearbeitung, die in dem Einstellplan (Abb. 115) für ein Armaturenteil auf einem Fünfspindelautomaten mit 6 Spannstellen gezeigt ist. Hier müssen auch die radial arbeitenden Werkzeuge zum Planen die Werkzeugdrehbewegung mitmachen und innerhalb des Werkzeuges radial bewegt werden. Die Werkzeuge werden daher komplizierter, besonders, wenn nicht nur Bohr- und Langdreharbeiten wie an den Spindelstellungen 4 bis 6, sondern auch Planarbeiten auszuführen sind, die an Stellung 2 und 3 zu erkennen sind.

Das in Abb. 116 mit seinem Einstellplan gezeigte Armaturenteil wird auch in Stellung 1 aus- und eingespannt, und an den Stellungen 2 und 3 durch Werkzeuggruppen axial und radial bearbeitet. Bei den Spannstellungen 4 bis 6 jedoch wird in der bisherigen Arbeitsrichtung nur noch aufgerieben bzw. Außengewinde geschnitten. Gleichzeitig aber übernimmt je eine senkrecht dazu angeordnete weitere Werkzeugspindel die Bearbeitung des anderen Armaturenansatzes mit zweimaligem Bohren bzw. Überdrehen und Gewindeschneiden. Tatsächlich sind an diesem Fünfspindelautomaten mit 6 Spannstellen also 8 Werkzeugspindeln in Arbeit.

Eine weitere Spielart der Mehrspindelautomaten mit feststehenden Werkzeugen zeigt der Einstellplan (Abb. 117) für einen Automaten mit 10 Spannstellen. Hier kann das Werkstück beim Übergang von einer Werkzeuggruppe auf eine andere geschwenkt werden. Beim Übergang von 6 nach 7 wird um 90° geschwenkt, um die seitliche Einfräsung einbringen zu können. Sodann wird

Abb. 116. Arbeitsplan für die Fertigung eines Armaturenteiles auf einem Halbautomaten mit stillstehenden Werkstücken. Den 6 Werkstückspannstellen stehen 5 axial wirkende Werkzeugspindeln und an den Stellungen 4, 5 und 6 noch drei radial wirkende Werkzeugspindeln gegenüber

sofort um weitere 180° beim Übergang von 7 nach 8 geschwenkt, um die lange dünne Bohrung bohren, den Zapfen andrehen und darauf

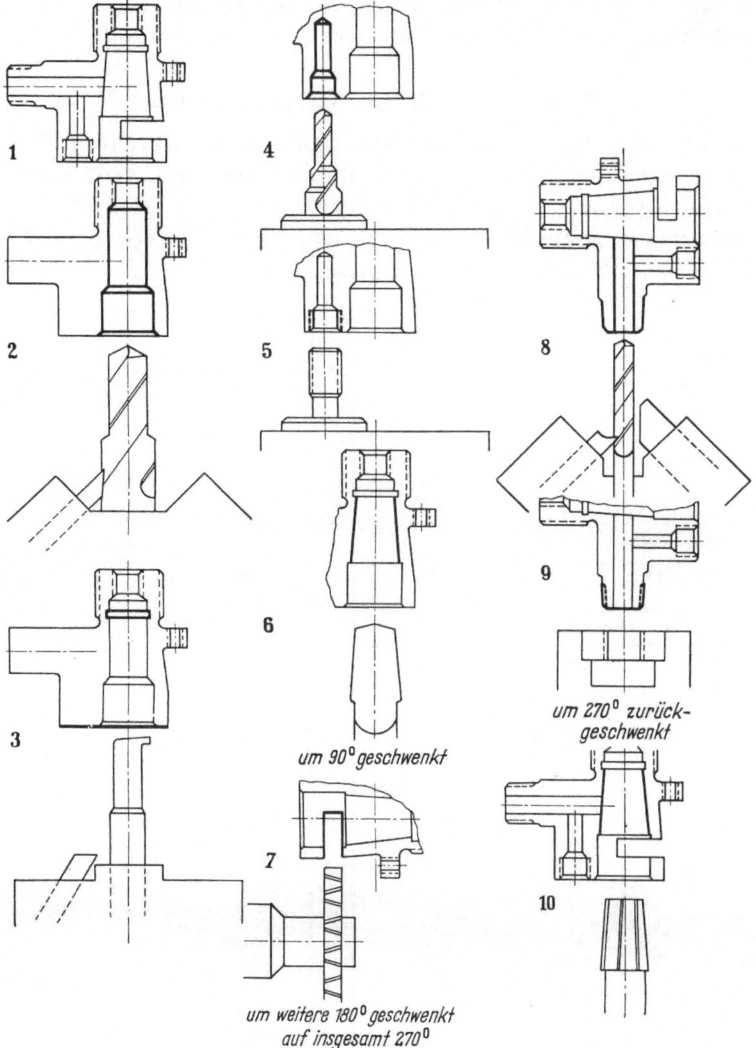

Abb. 117. Arbeitsplan für die Fertigung eines Armaturenteiles auf einem vielspindligen Halbautomaten mit feststehenden Werkstücken, die aber eine Schwenkbewegung ausführen können. Diese wird dreimal, zwischen den Spindelstellungen 6 und 7, 7 und 8 sowie 9 und 10 benutzt

Gewinde schneiden zu können. Es folgt ein Zurückdrehen um 270° in die Ausgangsstellung zwischen 9 und 10, um den Kegel für das Küken als letzten Arbeitsgang genau aufreiben zu können. Gerade bei kleinen Armaturenteilen kann diese Art der Einstellung mit Werkstückschwenkung große Dienste erweisen. Dabei können die Werkzeugspindeln auch seitlich versetzt angeordnet werden, wie an den Stellungen 4 und 5 zu sehen ist, bei denen die Werkzeuge eine parallel zur Hauptbohrung seitlich liegende kleinere Bohrung bearbeiten.

3.65 Einstellen von Spezialautomaten

Die Zahl der Mehrspindel-Spezialautomaten, die durchweg für eine einzige, bestimmte Arbeit hergestellt werden, kann sehr groß sein. Nur als Beispiel für die mögliche Vielseitigkeit soll ein Einstellplan für Holzbohrer auf einem Neunspindelautomaten in Abb. 118 gezeigt wer-

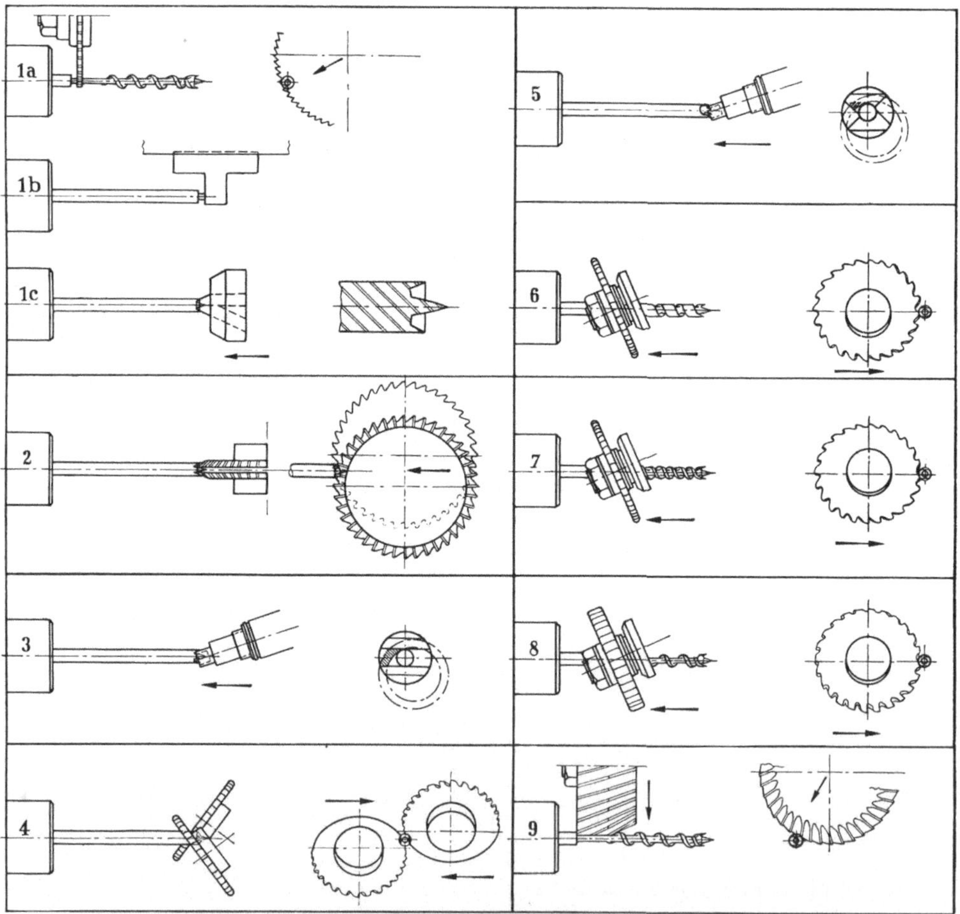

Abb. 118. Arbeitsplan für die Fertigung eines Holzbohrers auf einem Neunspindel-Spezialautomaten. An den Spindeln 1 bis 5 wird mit umlaufenden Werkzeugen an dem stillstehenden Werkstück gearbeitet, an den Spindeln 6 bis 9 mit umlaufenden Werkzeugen an langsam sich drehenden Werkstücken

den. An den Spindelstellungen 1 bis 5 dreht sich die Spindel mit dem Werkstück nicht. Es wird dabei mit einem Fräser das fertige Stück von der Materialstange abgetrennt, diese vorgeschoben, erneut gespannt und zentriert. Diese Arbeiten sind wegen ihrer Kürze an einer Spindelstellung, und zwar an 1, zusammengezogen. An den Stellungen 2 bis 5 werden so dann Fräsoperationen an dem sich nicht drehenden Werkstück ausgeführt. Bei den Stellungen 6 bis 9 dagegen dreht sich das Werkstück und wird dabei mit Fräsern in der Spiralnute gefräst, wie es der Einstellplan deutlich erkennen läßt.

Bei diesem Automaten ist es also beispielsweise möglich, nach neun Stationen einen fertigbearbeiteten Holzbohrer zu erhalten.

Da sich bei derartigen Einstellungen stets um Sonderaufgaben handelt, wird weiterhin nicht darauf eingegangen.

3.7 Leistungsberechnung

3.71 Grundlagen der Leistungsberechnung

Die Leistung eines Mehrspindelautomaten ergibt sich aus der erzielbaren Stückzeit, verringert durch die beim Dauerbetrieb unvermeidlichen Verluste, die im Hundertsatz angegeben werden. Bei einer Stückzeit von $T_{st} = 1$ Minute wäre beispielsweise die theoretische Stundenleistung 60 Werkstücke. Ein Verlust von 20 % kürzt diese Leistung um $0,2 \cdot 60 = 12$ Werkstücke auf eine Stundenleistung von 48 Stück. Die Größe eines solchen Verlustes richtet sich nach der Bauart des Mehrspindelautomaten, seiner Größe und Spindelzahl sowie nach der Art der Werkstücke bzw. der Schwierigkeit des verwendeten Werkzeugsatzes. Die Beeinflussung dieser Verlustzeit wird noch gesondert behandelt.

Die Stückzeit T_{st} setzt sich zusammen aus der Laufzeit T_L, die zur Zerspanung erforderlich ist und die Hauptzeit des Mehrspindelautomaten darstellt, sowie aus dessen Nebenzeit, die zur Vorbereitung der Hauptzeit dient, verkleinert durch den Verlust. Die Vorbereitung der Hauptzeit besteht in dem Eilrücklauf der Werkzeugschlitten in ihre hinterste Stellung, der Schaltung der Werkstücke zu den Werkzeugen der nächsten Bearbeitungsstufe, der Abführung des fertiggestellten und Zuführung des neuen Werkstückes bzw. dessen Materials sowie dem Eilvorlauf der Werkzeugschlitten bis in Arbeitsstellung.

Der Zeitbedarf für die Nebenzeit ist für jeden Mehrspindelautomaten feststehend und unveränderlich. Die Zeitgröße wird später noch bestimmt und ihr Zusammenhang mit der Art der Steuerung dargestellt.

Die Haupt- oder Laufzeit ergibt sich aus den zulässigen Schnittgeschwindigkeiten und Vorschüben, die zusammen mit dem Werkstückdurchmesser die minutliche Spindeldrehzahl n ergeben.

$$n = \frac{1000\, v_{480}}{\pi\, d}\,.$$

Da für gewöhnlich alle Spindeln eines Mehrspindelautomaten mit gleicher Drehzahl laufen, ist die günstigste Schnittgeschwindigkeit nur an dem größten Drehdurchmesser vorhanden, während alle anderen Bearbeitungsflächen kleinere Schnittgeschwindigkeiten aufweisen.

Soll an einem Werkstück ein bestimmter Drehweg L_d mm mit einem gegebenen Vorschub s_v mm/Umdr. bearbeitet werden, so wird die zur Herstellung des Werkstückes notwendige Zahl der Werkstückumdrehungen U

$$U = \frac{L_d}{s_v}\,.$$

Daraus ergibt sich bei der Drehzahl n die Laufzeit des Werkstückes T_L in Minuten zu

$$T_L = \frac{U}{n} = \frac{L_d}{n\, s_v} = \frac{L_d\, \pi\, d}{1000\, v_{480}\, s_v}\,.$$

Die Werte L_d und s_v sind für jede Spindel und für jede Werkzeuggruppe verschieden, da L_d sich nach der Form des Werkstückes und der Unterteilung der Arbeitsgänge, s_v nach dem Werkstoff und der Art der Bearbeitung richtet. Stückzeitbestimmend wird daher derjenige Wert L_d/s_v, der die größte Umdrehungszahl U_{max} bringt, die in die Formel eingesetzt werden muß.

Die Bestimmung von U_{max} bietet bei den meisten Werkstücken keine Schwierigkeit, da L_d und s_v bekannt sind. Bei Spezialwerkzeugen mit zusätzlich erhöhter oder verringerter Drehzahl, mit besonderem Vorschub oder beim Gewindeschneiden ist dagegen besondere Beachtung notwendig. Bei veränderter relativer Drehzahl n_1 zwischen Werkstück und Werkzeug ist der zulässige Vorschub dieses Werkzeuges s_1 einzusetzen und auf die Drehzahl n umzurechnen. Es wird

$$s_v = \frac{s_1\, n_1}{n}$$

Beim Gewindeschneiden ergibt sich die Zahl der Umdrehungen U aus der Gewindelänge und seiner Steigung, d. h. aus der Zahl der Gänge, die geschnitten werden müssen. Die relative Drehzahl errechnet sich hier aus der Schnittgeschwindigkeit, die beim Gewindeschneiden noch zulässig ist, um ein sauberes Gewinde zu erzielen. Der Zeitbedarf des Gewindeschneidens setzt sich zusammen aus

der Zeit für das Schneiden der Gänge,
der Zeit für die Schaltung von Vor- auf Rücklauf,
der Zeit für den Rücklauf.

Soll beispielsweise ein Gewinde M 20 mit 20 Gängen Länge geschnitten
werden und ist bei dem Werkstück eine Schnittgeschwindigkeit von
6 m/min zulässig, so wird die relative Drehzahl 95 Umdr./min. Für den
Rücklauf wird die doppelte Drehzahl 190 Umdr./min angenommen. Die
Umschaltung soll etwa 0,02 Minuten dauern. Es wird dann die Zeit zum
Schneiden des Gewindes

$$
\begin{array}{ll}
\text{Schneiden } 20/95 \ \ldots\ldots\ldots\ldots\ldots & 0,21 \text{ Minuten} \\
\text{Umschaltung} \ \ldots\ldots\ldots\ldots\ldots\ldots & 0,02 \text{ Minuten} \\
\text{Rücklauf } 20/190 \ \ldots\ldots\ldots\ldots\ldots & \underline{0,1\ \ \text{ Minuten}} \\
\text{Zeitbedarf.} \ \ldots\ldots\ldots\ldots\ldots\ldots & 0,33 \text{ Minuten}
\end{array}
$$

Ist diese Zeit länger als die Laufzeit T_L, so wird das Gewindeschneiden
stückzeitbestimmend.

Zu der Laufzeit kommt noch die Nebenzeit hinzu, um die theoretische
Stückzeit T'_{st} zu erhalten. Der gleiche Vorgang läßt sich auch zeichnerisch mit Hilfe eines Leistungsschaubildes (Abb. 120)
durchführen. Abb. 119 zeigt
einen Auszug aus diesem
Diagramm mit den für ein
Ventilgehäuse gültigen Hilfslinien. Aus Schnittgeschwindigkeit und Drehdurchmesser ergibt sich die Drehzahl,
welche an der linken Seite
abgelesen wird. Aus der
stückzeitbestimmenden
Drehlänge L in der oberen
Skala und dem zulässigen
Vorschub an der rechten

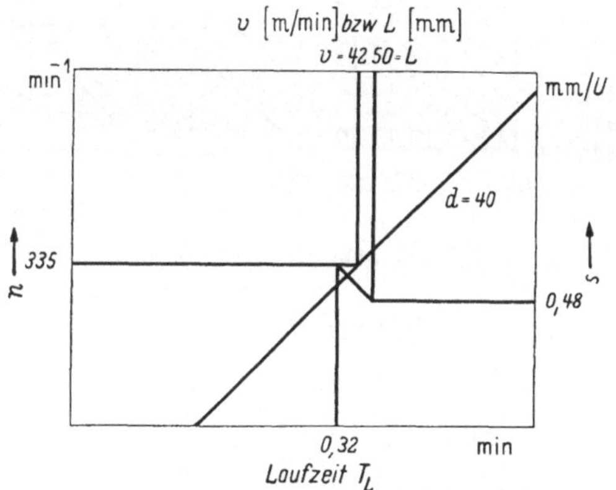

Abb. 119. Leistungsdiagramm für Ventilgehäuse

Seite ergibt sich die schräg von unten rechts nach oben links verlaufende Gerade der erforderlichen Werkstückumdrehungen. Der
Schnittpunkt dieser Geraden mit der zuerst ermittelten Drehzahl
ergibt endlich die Laufzeit, welche an der unteren Skala abzulesen
ist. Soll statt der Laufzeit unmittelbar die Stückzeit abgelesen werden,
so muß die untere Skala für jeden Mehrspindelautomaten entsprechend
seiner Nebenzeit besonders beschriftet werden, indem jeder einzelne
Zeitwert um den Betrag der Nebenzeit vergrößert eingetragen wird.

Die Dauer der Nebenzeit und die Möglichkeit ihrer Verkürzung spielt
bei Werkstücken mit kurzer Hauptzeit eine wichtige Rolle, da hierdurch
die Stückleistung nicht unerheblich verbessert werden kann. Eine Rechnung mit Schaubild (Abb. 121) soll diese Zusammenhänge verdeutlichen.

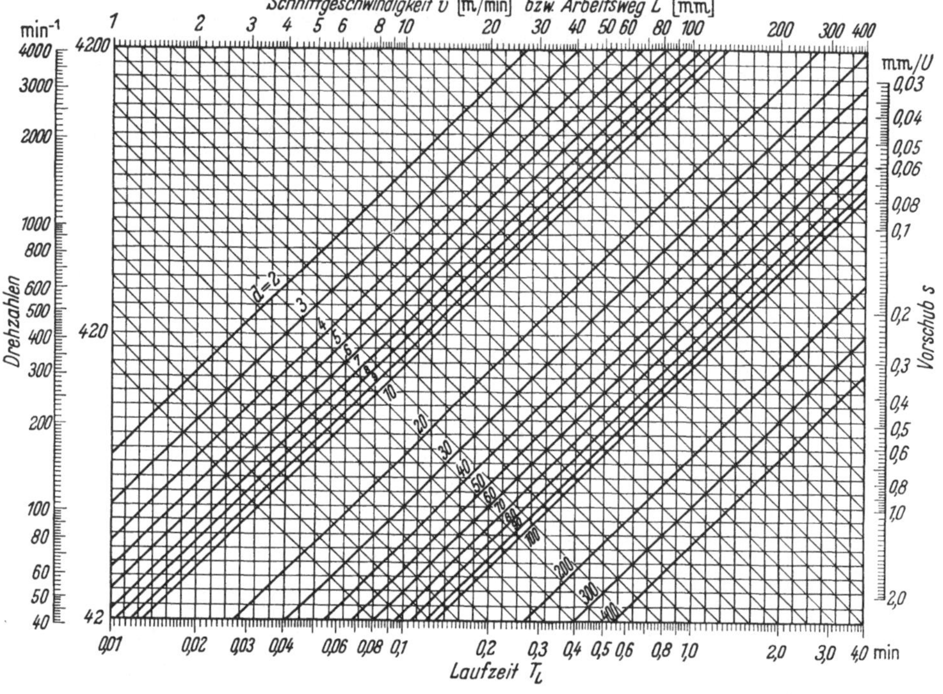

Abb. 120. Leistungs-Rechentafel für Mehrspindelautomaten

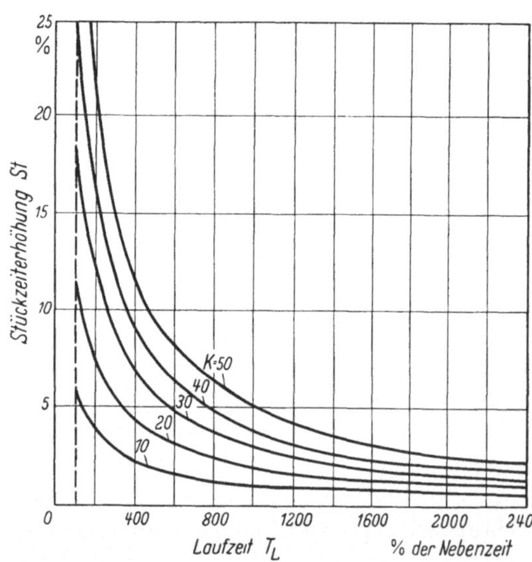

Abb. 121. Einfluß der Nebenzeitverkürzung auf die Stück-
zahlerhöhung. *K* Nebenzeitverkürzung in Prozent

Bedeutet

St die Stückleistungs-
erhöhung in Prozent,

K die Nebenzeitver-
kürzung in Prozent,

T_L die Hauptzeit, aus-
gedrückt in Prozent
der Nebenzeit, so
wird

$$St = \frac{100\,K}{100 + T_L - K}.$$

Diesen Zusammenhang
zeigt Abb. 121 mit ver-
schiedenen Kurven von
K. Es ergibt sich daraus,
daß die Stückzahlerhö-
hung bei Laufzeiten bis
zu 200% der Neben-
zeiten, d. h. also bei sehr

kurzen Laufzeiten nennenswert ist, während bei langen Laufzeiten selbst durch starke Nebenzeitverkürzung kaum ein Erfolg zu erzielen ist.

Die Verlustzeit ergibt sich aus den notwendigen Stillständen einer Maschine, diese werden neben anderen Gründen bedingt durch

1. Nachfüllen der Materialstangen im Stangenhalter,
2. Abführen der Späne aus der Spänepfanne,
3. Nachschleifen der Werkzeuge und Neueinrichten,
4. Reinigen und Schmieren der ganzen Maschine.

Eine Verkürzung der Verlustzeit ist hauptsächlich durch verbesserte Gestaltung der Maschine anzustreben, etwa durch freien Späneraum für große Spanmengen, einfachsten Werkzeugwechsel, Möglichkeit zum Nachfüllen des Stangenhalters im Betrieb und ähnlichen Einrichtungen.

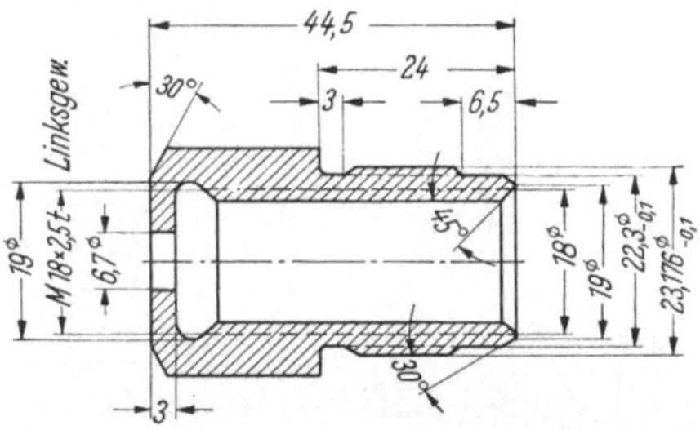

3.72 Leistungsberechnung für einen Stangenautomaten

Es soll die Leistung eines Sechsspindelautomaten bei der Herstellung einer Gewindebüchse

Abb. 122. Gewindebüchse

nach Abb. 122 berechnet werden. Den Arbeitsplan zeigt Abb. 123. Für den Werkstoff, einen Automatenstahl, ist eine Schnittgeschwindigkeit von 46 m/min bei 10stündiger Standzeit der Werkzeuge zulässig.

Damit ergeben sich folgende Berechnungen:

Spindeldrehzahlen .... n = 400 Uml./min

Langdreh- und Bohrvorschübe
   1. Spindelstellung .... s = 0,113 mm/Uml. bei 49 mm Weg
   2. Spindelstellung .... s = 0,05   mm/Uml. bei 20 mm Weg
   3. Spindelstellung .... s = 0,095 mm/Uml. bei 41 mm Weg
   4. Spindelstellung .... s = 0,0323 mm/Uml. bei 2,8 mm Weg

Planvorschübe
   1. Spindelstellung
      vorderer Unterschlitten ..... s = 0,025 mm/Uml. bei 11 mm Weg
   2. Spindelstellung
      hinterer Unterschlitten ..... s = 0,025 mm/Uml. bei 11 mm Weg
   4. Spindelstellung
      hinterer Oberschlitten, außen s = 0,025 mm/Uml. bei 11 mm Weg
                              innen s = 0,033 mm/Uml. bei 2,5 mm Weg
   5. Spindelstellung
      vorderer Oberschlitten ...... s_{Str} = 0,017 mm/Schnitt
   6. Spindelstellung
      vorderer Mittelschlitten .... s = 0,025 mm/Uml. bei 11 mm Weg

Stückzeit

Für den Arbeitsweg von 49 mm mit einem Vorschub von 0,113 mm/Uml. errechnet sich die Stückzeit einschließlich Leerlaufzeiten

$$t = t_1 + t_2 = \frac{L \cdot 60}{s\,n} + t_2 = \frac{49}{0,113} \cdot \frac{60}{400} + 1,7 = 65,04 + 1,7 = \underline{\underline{66,74}}\ \text{sec.}$$

1. Spindelstellung

Gewindebohrung mit Ansenkung vorbohren (Bohrer in fester Werkzeugaufnahme auf Längsschlitten)

Außengewindeansatz überdrehen (Stahl im Radialstahlhalter auf Längsschlitten)

Begrenzen des Werkstückes auf Länge (Begrenzungsstahl im Flachstahlhalter auf vorderem Unterschlitten)

Einstechen der hinteren Abschrägung (Einstechstahl im Flachstahlhalter auf vorderem Unterschlitten)

2. Spindelstellung

Absenken des Bodens der Bohrung und Bohren der Durchgangsbohrung (Abgesetzter Spiralbohrer in fester Werkzeugaufnahme auf Längsschlitten)

Formdrehen des vorderen Gewindeansatzes (Rundformstahl in Rundformstahlhalter auf hinterem Unterschlitten)

3. Spindelstellung

Schlagfreidrehen der Bohrung (Ausdrehstahl sitzt in einstellbarem Ausdrehwerkzeug auf Längsschlitten)

4. Spindelstellung

Einstechen und Langdrehen des inneren Gewindefreistiches (Einstech- und Langdrehstahl sitzt im Längsschlitten. Einstechwerkzeug auf Längsschlitten)

Vorstechen des Abstiches (Einstechstahl sitzt in Abstechstahlhalter auf hinterem Oberschlitten)

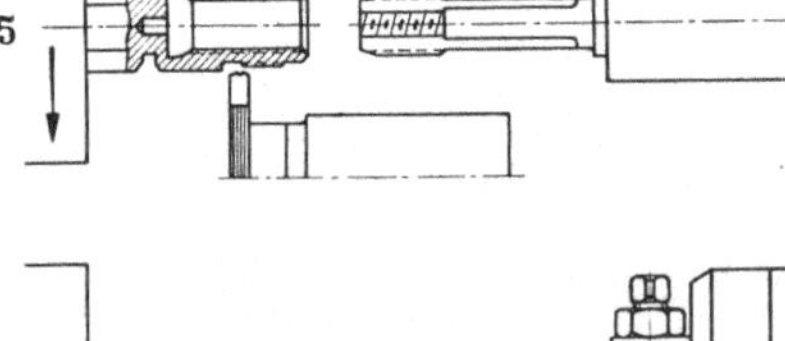

5. Spindelstellung

Vorschneiden des Innengewindes mit Gewindebohrer (Vorschneider sitzt in abschnappbarem Gewindebohrerhalter mit Spezialkopf in der Gewindeschneidspindel auf Längsschlitten)

Strehlen des Außengewindes (Strehler für Spezialgewinde sitzt in der Strehleinrichtung auf vorderem Oberschlitten)

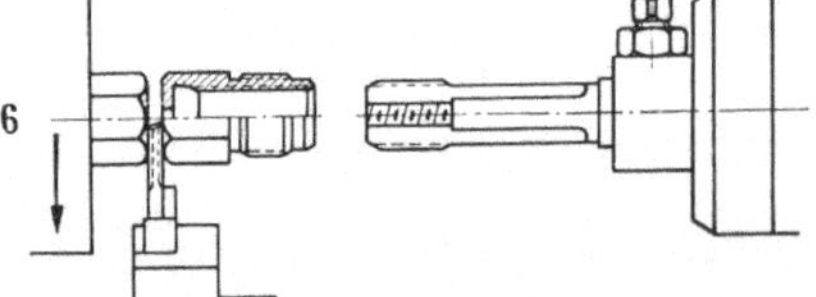

6. Spindelstellung

Nachschneiden des Innengewindes mit Gewindebohrer (Fertigschneider sitzt in abschnappbarem Gewindebohrerhalter in der Gewindeschneidspindel auf Längsschlitten)

Abstechen des Werkstückes (Abstechstahl sitzt im Abstechstahlhalter auf vorderem Mittelschlitten)

Abb. 123

Arbeitsplan für die Fertigung der Gewindebüchse Abb. 122 auf einem Sechsspindelautomaten

Zur Einstellung:

1. und 2. Spindelstellung: Kurven und Werkzeuge sind normal.

3. Spindelstellung: Der Ausdrehstahl sitzt in einem einstellbaren Ausdrehwerkzeug, dieses in einer festen Werkzeugaufnahme auf dem Längsschlitten. Der Kopf dieses Werkzeuges ist durch eine Spindel quer zur Drehachse einstellbar, um genaue Bohrungsdurchmesser einstellen zu können. Das Maß der Verstellung ist an einer Skala ablesbar.

4. Spindelstellung: Das Schlitteneinstechwerkzeug sitzt auf dem Längsschlitten und kann sowohl Quer- als auch Längsbewegungen ausführen, je nachdem ob es auf dem Schlitten starr oder beweglich angebracht ist. Bei beweglicher Anbringung trifft der Werkzeugträger beim Auflaufen des Werkzeugschlittens auf einen Federanschlag. Die Kurve des Schlittens ist eine normale Arbeitskurve. Sie verschiebt den Schlitten mit dem fest aufgespannten keilförmigen Werkzeugunterteil. Durch die schiefe Ebene bewegt sich der Werkzeugträger mit dem Einstechstahl quer zur Drehachse, bis eine Anschlagschraube des Unterteiles am Werkzeugträger anschlägt und diesen unter Überwindung des Federdruckes im Anschlag längs zur Drehachse mitnimmt. Es können somit breite Einstiche mit einem schmalen Einstechstahl gefertigt werden. Zum Einstechen mit Zugabe sind 2 mm erforderlich, die Neigung der schiefen Ebene beträgt 10 : 1,76. Um also

2 mm Querweg zu erzielen, werden $\dfrac{10 \cdot 2}{1,76} = 11,4$ mm Längsweg benötigt. Der restliche Kurvenweg bis 14,2 = 2,8 mm wird zum Langdrehen des Einstiches verwendet.

Es beträgt der Steigungsbogen der Kurve ...... $= 156°$,
Längsschlittenweg hierbei .... $= 14,2$ mm.

Für 11,4 mm Längsweg werden $\dfrac{156° \cdot 11,4}{14,2}$ ..... $= 125$ Steigungsgrade benötigt.

Für 2,8 mm Längsweg werden $\dfrac{156° \cdot 2,8}{14,2}$ ..... $= 31°$ benötigt.

Die 10° des Auslaufbogens bleiben zum Ausschneiden des Einstechstahles.
Die Maschinenlaufzeit $\qquad t_1 = t - t_2 = 67 - 1,7 \ldots = 65,3$ sec.

Maschinenlaufzeit für 125° $= t_{125} = \dfrac{65,3 \cdot 125}{166} \ldots = 49,2$ sec

Maschinenlaufzeit für 31° $= t_{31} = \dfrac{65,3 \cdot 31}{166} \ldots = 12,2$ sec

Maschinenlaufzeit für 10° $= t_{10} = \dfrac{65,3 \cdot 10}{166} \ldots = 3,9$ sec

$\qquad\qquad t_1 \ldots\ldots\ldots\ldots\ldots = 65,3$ sec.

Der Quervorschub errechnet sich aus $\varepsilon = \dfrac{L \cdot 60}{t_{125}\, n} = \dfrac{11,4 \cdot 60}{49,2 \cdot 400} = 0,0348$ mm/Uml.

Der Längsvorschub errechnet sich aus $s = \dfrac{L \cdot 60}{t_{31}\, n} = \dfrac{2,8 \cdot 60}{12,2 \cdot 400} = 0,0345$ mm/Uml.

Strehleinrichtung in 5. Spindel

Zu strehlendes Außengewinde 23,176 $\varnothing \times 2,5$,   Länge 15 mm

Anzahl der zu strehlenden Gewindegänge .... $Gg_1 = \dfrac{I_G}{h} = \dfrac{15}{2,5} = 6$
Für Anschnitt und Auslauf erforderliche Gangzahl .... $Gg_2 = 3$
Gesamtzahl der Gewindegänge .... $Gg = Gg_1 + Gg_2 = 6 + 3 = 9$
Höhe der Strehlkurve .... $H = Gg\, h = 9 \cdot 2,5 = 22,5$ mm

Gewindetiefe .... $Gt = 0,338$ mm

Gewählter mittlerer Strehlvorschub

je Schnitt .... $s_{Str} = 0,017$ mm/Schnitt

Anzahl der Schruppschnitte .... $Z_1 = \dfrac{Gt}{s_{Str}} = \dfrac{0,338}{0,017} = 20$

Schlichtschnitte gewählt .... $Z_2 = 2$

Gesamtzahl der Strehlschnitte ..... $Z_3 = Z_1 + Z_2 = 20 + 2 = 22$

Für einen Schnitt sind an Spindel-

umdrehungen erforderlich .... $n_2 = 2 \cdot Gg = 2 \cdot 9 = 18$ Umläufe

(für die Arbeit auf $180° = Gg$

für den Rücklauf auf $180° = Gg$)

Gesamtzahl der zum Strehlen erfor-

lichen Spindelumdrehungen ..... $n_3 = Z_3 n_2 = 22 \cdot 18 = 396$ Umläufe

Zeit für das Strehlen .... $t_{Str} = \dfrac{n_3 \cdot 60}{n} = \dfrac{396 \cdot 60}{400} = 60$ sec

Gewindeschneideinrichtung in 5. und 6. Spindel
Zu schneidendes Innengewinde M $18 \times 2,5$ f links,   Länge 38,5 mm

Drehzahlen der Gewindespindel

für den Schneidgang .... $n_G = 47$ Uml./min

für den Rücklauf .... $n_R = 115$ Uml./min

Schnittgeschwindigkeit .... $v = \dfrac{d \pi n}{1000} = \dfrac{18 \cdot 3,14 \cdot 47}{1000} = 2,7$ m/min

Anzahl der zu schneidenden

Gewindegänge .... $Gg_1 = \dfrac{I_G}{h} = \dfrac{38,5}{2,5} = 15,4$ Umdrehungen

Für Anschnitt und Auslauf erforder-

liche Gangzahl .... $Gg_2 = 2$

Gesamtzahl der Schneidgänge ..... $Gg_3 = Gg_1 + Gg_2 = 15,4 + 2 = 17,4$

Zeit zum Gewindeschneiden

Schneidgang .... $t_{G_1} = \dfrac{Gg \cdot 60}{n_G} = \dfrac{17,4 \cdot 60}{47} \qquad = 22,2$ sec

Umschaltzeit auf Rücklauf .... $t_{G_2} \qquad\qquad\qquad\qquad = 0,5$ sec

Rücklauf .... $t_{G_3} = \dfrac{Gg \cdot 60}{n_R} = \dfrac{17,4 \cdot 60}{115} \qquad = 9,1$ sec

Gesamtzeit für das Gewinde-

schneiden .... $t_G = t_{G_1} + t_{G_2} + t_{G_3} \qquad = 31,8$ sec

Sonderkurve für Gewindeschneiden

Gesamtweg des Gewindebohrers .. L_1 ist $= Gg_3 \cdot h = 17,4 \cdot 2,5 = 43,5$ mm

Ablaufweg der Kupplungsnocken . $L_A = 19$ mm

Längsschlittenarbeitsweg .... $L = 43,5 - 19 = 24,5$ mm

Arbeitsgrade für Sonderkurve zum Andrücken $x = \dfrac{x_A t_{G_1}}{t_1} = \dfrac{166 \cdot 22,2}{65,3} = 56,5°$

Es liegen jetzt alle Abmessungen der Sonderkurven fest.

Nach Ablauf der Zeit t_G für das Gewindeschneiden sollen zur Sicherheit gegen vorzeitiges Abbrechen noch mindestens 2 mm Werkstoff zu verspanen sein. Der Abstechstahl hat während des Gewindeschneidens einen Weg zurückgelegt, der

sich errechnet aus $\dfrac{L t_G}{t_1} = \dfrac{11 \cdot 31,8}{65,3} = 5,35$ mm.

Da der Abstechweg mit Rücksicht auf den kleinstzulässigen Vorschub größer gewählt wurde, hat der Abstechstahl noch nicht gearbeitet und fängt jetzt erst an, den Werkstoff zu verspanen.

3.73 Leistungsberechnung für einen Futterautomaten

Entsprechend dem vorhergehenden Abschnitt soll die Leistung eines Futterautomaten bei der Herstellung eines Bremszylinders nach Abb. 124 auf einem Sechsspindelautomaten berechnet werden. Den Arbeitsplan hierzu zeigt Abb. 125. Für den Werkstoff, ein Sondergußeisen, soll eine Schnittgeschwindigkeit von 80 m/min zulässig sein.

Damit ergeben sich folgende Rechnungen:

Spindeldrehzahl .... $n = 630$ Uml./min

Langdreh- und Bohrvorschübe

1. Spindelstellung .... $s = 0,205$ mm/Uml. bei 30 mm Weg
2. Spindelstellung .... $s = 0,205$ mm/Uml. bei 30 mm Weg
3. Spindelstellung .... $s = 0,41$ mm/Uml. bei 60 mm Weg
5. Spindelstellung .... $s = 0,41$ mm/Uml. bei 60 mm Weg

Planvorschübe

2. Spindelstellung
   hinterer Unterschlitten .... $s = 0,041$ mm/Uml. bei 6 mm Weg
4. Spindelstellung
   hinterer Oberschlitten .... $s = 0,025$ mm/Uml. bei 3 mm Weg
5. Spindelstellung
   vorderer Oberschlitten .... $s = 0,095$ mm/Uml. bei 14 mm Weg
6. Spindelstellung
   abgeleitet vom vorderen Unterschlitten $s = 0,095$ mm/Uml. bei 14 mm Weg

Für den Arbeitsweg von 60 mm errechnet sich die Stückzeit bei einem Vorschub von 0,41 mm/Uml. mit

$$t = t_1 + t_2 = \frac{L \cdot 60}{s\,n} + t_2 = \frac{60 \cdot 60}{0,41 \cdot 630} + 6,3 = 14,0 + 6,3 = 20,3 \text{ sec}$$

Die Leerlaufzeit t_2 ist in diesem Falle mit 6,3 sec angegeben. Im Normalfall beträgt sie 1,7 sec. Diese Verlängerung wird durch verschiedene Arbeitsfunktionen in sechster Spindelstellung hervorgerufen. Es war die Aufgabe gestellt, daß auch die Rückseite in der gleichen Operation mitzubearbeiten ist. Um ein genaues Laufen der beiden Stirnseiten zueinander zu erreichen, muß der Zylinder in der vorbearbeiteten Bohrung mittels Greifer aufgenommen werden. Durch die sperrige Form des Werkstückes kann nur in einer bestimmten Futterstellung gespannt werden, d. h. die Spindel muß in einer bestimmten Stellung fixiert werden. Um die Schneidwerkzeuge der sechsten Spindel in Arbeitsstellung zu bringen, muß die Greifereinrichtung mit dem

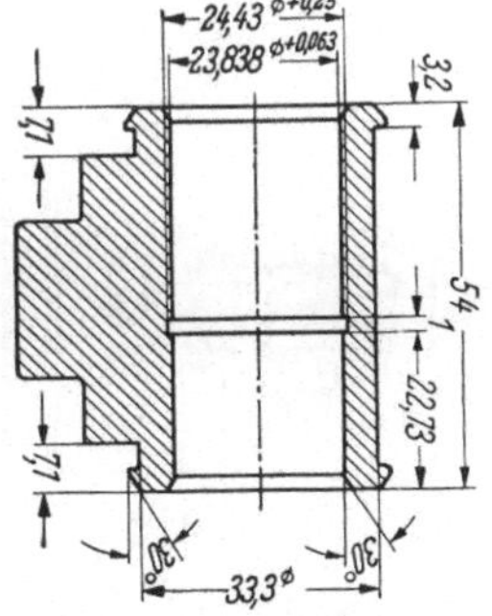

Abb. 124. Bremszylinder

eingespannten Zylinder weit zurück und wieder vorgehen (145 mm). Alle diese selbsttätigen Funktionen bedingen eine Verlängerung der Leerlaufzeit und des Kurvenbogens hierfür. Um den Betrag der

Verlängerung des Leerlaufbogens muß der Arbeitsbogen gekürzt werden. Es verbleiben von den 166° des Arbeitsbogens für die Längsschlitten nur noch 100°. Auf diesem Bogen muß der erforderliche Schlittenweg erzeugt werden.

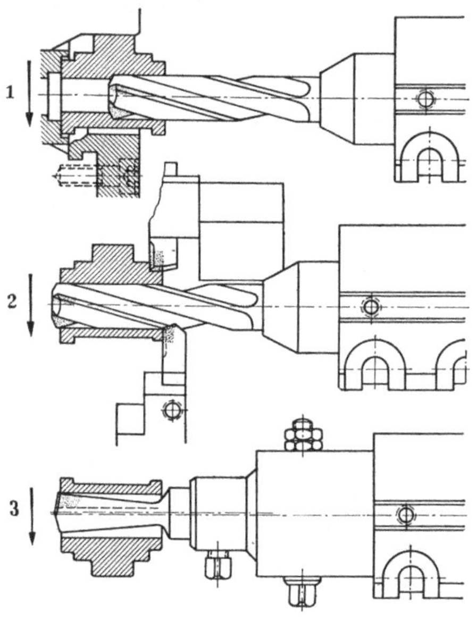

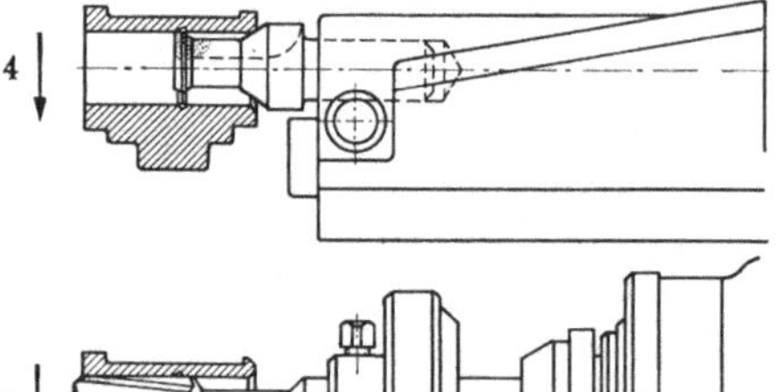

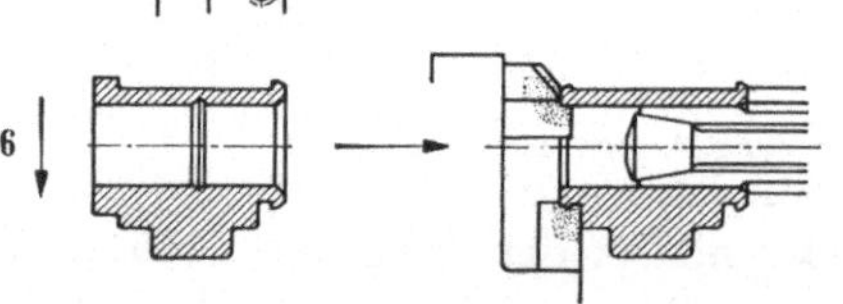

1. Spindelstellung

Aufbohren der Bohrung erste Hälfte (Aufbohrer mit Hartmetallschneiden im Bohrerhalter in fester Werkzeugaufnahme auf Längsschlitten)

2. Spindelstellung

Aufbohren der Bohrung zweite Hälfte (Aufbohrer mit Hartmetallschneiden im Bohrerhalter in fester Werkzeugaufnahme auf Längsschlitten)
Vordrehen des Ansatzes (Drehstahl mit Hartmetallschneide im Radialstahlhalter auf Längsschlitten vor der Werkzeugaufnahme)
Plandrehen der Stirnseite (Plandrehstahl mit Hartmetallschneide in Flachstahlhalter auf vorderem Unterschlitten)

3. Spindelstellung

Schlagfreidrehen der Bohrung ganze Länge (Spezialbohrer mit Hartmetallschneide im einstellbaren Ausdrehwerkzeug in fester Werkzeugaufnahme auf Längsschlitten)

4. Spindelstellung

Einstechen des Bohrungsfreistiches (Einstechstahl mit Hartmetallschneide im Querschlitteneinstechwerkzeug in fester Werkzeugaufnahme auf Längsschlitten. Andrückbock auf hinterem Oberschlitten)

5. Spindelstellung

Reiben der Bohrung ganze Länge (Reibahle mit Hartmetallschneide im Pendelhalter in fester Werkzeugaufnahme auf Längsschlitten)
Formdrehen des vorderen Ansatzes (Flachformstahl mit Hartmetallschneide im Flachstahlhalter auf vorderem Oberschlitten)

6. Spindelstellung

Bearbeiten des hinteren Ansatzes (Plandrehen der Stirnseite, Brechen der Bohrungskante und Formdrehen des hinteren Ansatzes. Plandrehstahl mit Hartmetallschneide, Kantenbrechstahl mit Hartmetall und Flachformstahl mit Hartmetall im Spezialflachstahlhalter auf vorderem Unterschlitten)

Abb. 125
Arbeitsplan für die Fertigung eines Bremszylinders auf einem Sechsspindel-Halbautomaten

Die vorher angegebene Stückzeit von 20,3 sec ist mit den normalen Wechselrädern für Vorschubantrieb einzustellen. Die Zwischenrechnung ergibt, welche Räder einzusetzen sind.

$$
\begin{aligned}
&\text{Maschinenlaufzeit für 100 Arbeitsgrad} \dots\dots\dots\dots\dots = 14{,}0 \text{ sec}\\
&\text{für 166 Arbeitsgrad} \dots\dots\dots\dots\dots\dots\dots\dots = \frac{166 \cdot 14{,}0}{100}\\
&\hphantom{\text{für 166 Arbeitsgrad} \dots} = 23{,}3 \text{ sec}\\
&\text{Normale Leerlaufzeit} \dots\dots\dots\dots\dots\dots\dots = 1{,}7 \text{ sec}\\
&\text{Stückzeit, für welche die Wechselräder am Automaten}\\
&\text{einzustellen sind} \dots\dots\dots\dots\dots\dots\dots\dots = 25{,}0 \text{ sec}
\end{aligned}
$$

Da der Arbeitsbogen der Kurven auf 100° gekürzt ist, müssen, um die geforderten Schlittenwege zu erhalten, entweder Sonderkurven genommen oder normale höhere Kurven bzw. andere Kulisseneinstellungen gewählt werden, wobei die ersten 66° des Arbeitsbogens im Eilgang leer laufen. Wählt man normale Kurven, so müssen alle Schlittenwege mit $\frac{166}{100} = 1{,}66$ multipliziert werden.

In der *vierten Spindelstellung* muß bei dem Querschlitten-Einstichwerkzeug mit Rücksicht auf den kleinstzulässigen Vorschub von 0,02 mm/Uml. eine höhere Kurve gewählt werden als für den Weg von 3 mm erforderlich wäre. Auf 100° Arbeitsbogen ergibt sich bei dem Vorschub von 0,025 mm/Uml. ein Weg von

$$
L = \frac{t_1 s n}{60} = \frac{14 \cdot 0{,}025 \cdot 630}{60} = 3{,}7 \text{ mm} .
$$

Die Längsschlittenkurve in der *fünften Spindelstellung* ist die gleiche wie in dritter Spindelstellung, da die gleichen Wege zurückzulegen sind. Der vordere Oberschlitten muß 14 mm Weg zurücklegen.

In der *sechsten Spindelstellung* werden die Längsbewegungen für die Greifereinrichtung von der Kurventrommel für den unabhängigen Vorschubantrieb abgeleitet. Dieser Kurvensatz weist für die Bearbeitung des Zylinders keine Arbeitssteigungen auf. Der Stahlhalter für die sechste Spindel (auf dem vorderen Unterschlitten) darf erst in Arbeitsstellung auflaufen, wenn die Greifereinrichtung mit dem Werkstück weit genug zurückgegangen ist. Der Unterschlitten kann also erst später auflaufen; dadurch ist eine Sonderkurve erforderlich. Der Arbeitsbogen ist bekanntlich 100° und der Schlittenweg beträgt 14 mm.

Der Anlaufbogen und der Ablaufbogen bleiben normal; der Auslaufbogen ist im Verhältnis $\frac{100}{166} = 0{,}6$ zu kürzen, also $10° \cdot 0{,}6 = 6°$.

4 Gestaltung der Mehrspindelautomaten mit umlaufenden Werkstücken

4.1 Allgemeiner Aufbau

Die wichtigsten Bauteile eines Mehrspindelautomaten sind

> Spindelstock
> Antriebskasten
> Werkzeugträger
> Steuerung

Alle diese Teile werden im Maschinengestell gelagert bzw. gehalten. Das Gestell muß sehr stabil sein, damit die Maschine trotz verschiedenartigster Beanspruchungen hohe Genauigkeiten erreicht und auch lange Zeit hindurch beibehält.

4.11 Beanspruchungen

1. Beanspruchungen, die durch Zerspankräfte hervorgerufen werden. Das Gestell unterliegt Biegemomenten, Kippmomenten und Schwingungen.

2. Beanspruchungen durch Massenkräfte bei schnellen Bewegungen, besonders den Bewegungen der Nebenzeit mit kurzzeitigen Beschleunigungen und Verzögerungen großer Massen.

Die Gestellbeanspruchung wird dadurch besonders ungünstig, daß die verschiedenen aufgezeichneten Beanspruchungen außerordentlich schnell aufeinanderfolgen.

4.12 Maschinenhauptachse

Die Lage der Maschinenhauptachse ist von entscheidender Bedeutung für den Maschinenaufbau. Bei der Mehrzahl der Mehrspindelautomaten ist in enger Anlehnung an Drehbänke und Einspindelautomaten die waagerechte Lage gewählt worden (Abb. 45). Hierbei benötigt allerdings der Vollautomat, besonders der Stangenautomat mit seinen langen Stangenhaltern (Abb. 36) sehr viel Bodenfläche gegenüber dem Automaten mit senkrechter Hauptachse (Abb. 41). Bei sonst gleichen Maschinenabmessungen verhält sich der benötigte Platzbedarf fast wie 1:4. Bei senkrechten Stangenautomaten sind dafür aber sehr hohe Werkhallen erforderlich, oder es müssen kurze Stangen verwendet werden, die unwirtschaftlich sind. Auch sollte man nicht übersehen, daß ein Mehrspindelautomat mit waagerechter Hauptmaschinenachse infolge seiner großen Grundplatte wesentlich fester steht und mehr Gewähr für ausreichende Dämpfung auftretender Schwingungen bietet.

4.13 Bettformen

Dem Maschinengestell obliegt neben der Lagerung der Bauteile auch
die Ableitung der teilweise in sehr großer Menge anfallenden Drehspäne.
Bei Stangenautomaten wird vielfach bis zu 85% des Werkstoffes ver-
spant und muß als lose geschichtete und oft gar rollende Späne ab-
geführt werden. Diese an den Spindeln anfallenden Späne gelangen mit

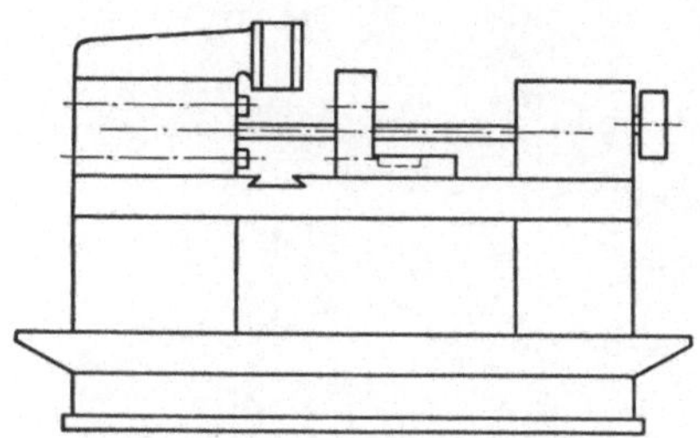

Abb. 126. Mehrspindel-Bettautomat mit waagerechter Hauptachse

Abb. 127. Mehrspindel-Portalautomat mit
waagerechter Hauptachse

der Kühlflüssigkeit in die Späneschale und sollen auf dem Weg dorthin
keine Hindernisse vorfinden. Das ist bei waagerechter Hauptachse leichter zu verwirklichen als bei senkrechter, da die Späne dort stets entweder die Werkzeuge oder die Werkstücke — was nun gerade unten angeordnet ist — vollsetzen,
bevor sie seitlich abfallen.

Der Spänefluß brachte es
mit sich, von der aus Amerika überlieferten Bauform
des   Mehrspindelautomaten
mit Bett (Abb. 126) ab-
zugehen und den Raum
zwischen Spindeln und
Späneschale frei zu lassen.
Das bedeutet in den meisten
Fällen   ein   oberhalb der
Maschine angeordnetes Ver-
bindungsglied, das den Aufbau rahmenförmig werden

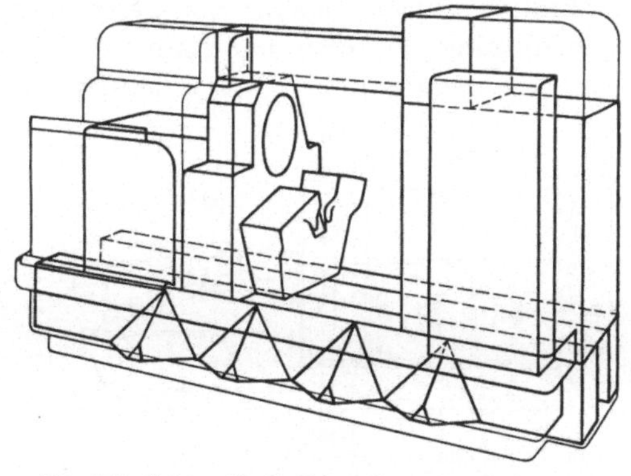

Abb. 128. Schematische Darstellung des Rahmens für
einen Mehrspindelautomaten

läßt (Abb. 127) und Abstützung oder Führung von Längsschlitten
möglich macht. Der Rahmen wird dabei von der Späneschale, einem
Ständer mit der Spindeltrommel, einem Ständer mit dem Antriebskasten und dem beide Ständer verbindenden Balken gebildet. Eine
solche Anordnung zeigen Abb. 128 und 129.

Um den Arbeitsraum, also die Wirkstelle von Werkstücken und Werkzeugen, möglichst leicht zugänglich zu haben, hat man die An-

Abb. 129. Rahmen eines Mehrspindelautomaten

ordnung gefunden, bei der Spindeltrommel und Antriebskasten in einem gemeinsamen Ständer untergebracht sind (Abb. 130). Hier kann man von einem eigentlichen Maschinenbett nicht mehr sprechen. Die hintere Abstützung des Längsschlittens erfolgt nach unten in die Späneschale hinein.

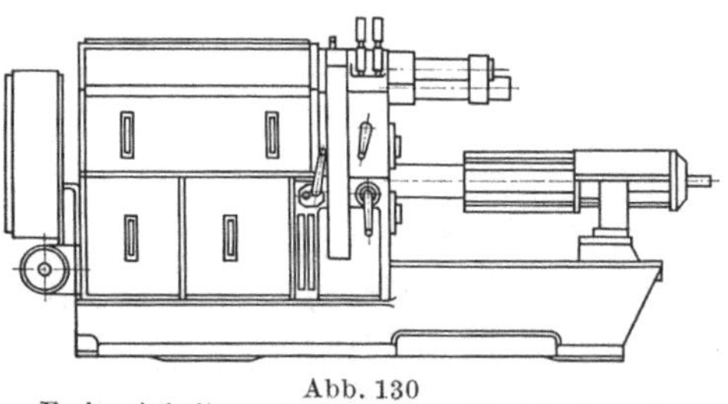

Abb. 130
Freier Arbeitsraum eines Mehrspindelautomaten

4.14 Senkrechte Mehrspindelautomaten

Bei senkrechter Maschinenhauptachse sind zwei Bauweisen zu unterscheiden. Es scheint das Gegebene zu sein, die schwere Spindeltrommel mit den Drehspindeln möglichst tief anzuordnen, die Maschine also sozusagen auf den Spindelstock zu stellen. Dies kann bei Halbautomaten auch durchgeführt werden, da keine Werkstoffstangen aus den Spindeln herausragen (Abb. 131 und 132). Die Werkzeugschlitten sind über den Spindeln angeordnet und wirken von oben nach unten. Da die leichteren Teile der Maschine, wie Schlitten

und Werkzeuge, oben liegen,
ergibt sich eine tiefe Schwerpunktlage. Die Maschine hat
dadurch eine gute Stand-
festigkeit.

Bei senkrechten Stangen-
automaten läßt sich diese Anordnung wegen der Werkstoffstangen nicht beibehalten.
Hier liegt der Spindelstock
oben, die Werkzeuge unten
und wirken von unten nach
oben. Die Maschinen erhalten
daher hohe Schwerpunktlage
(Abb. 133) und große Bau-
höhe. Beide Momente wirken
sich auf Standfestigkeit und
Starrheit aus. Bei derartigen

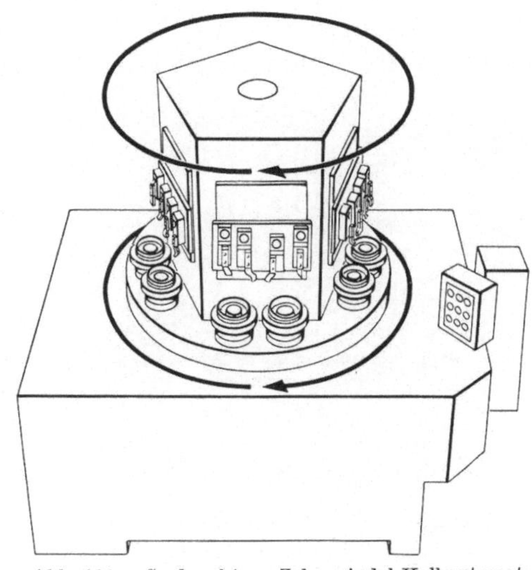

Abb. 131.   Senkrechter Zehnspindel-Halbautomat
mit innenliegenden Längswerkzeugträgern

Automaten enthält der Fuß den Antriebskasten und die Steuerungsteile,
und er ist zugleich Späneschale. An 3 Säulen, die im Fuß bzw. in der
Späneschale eingesetzt sind, werden der Werkzeugspindelträger und der

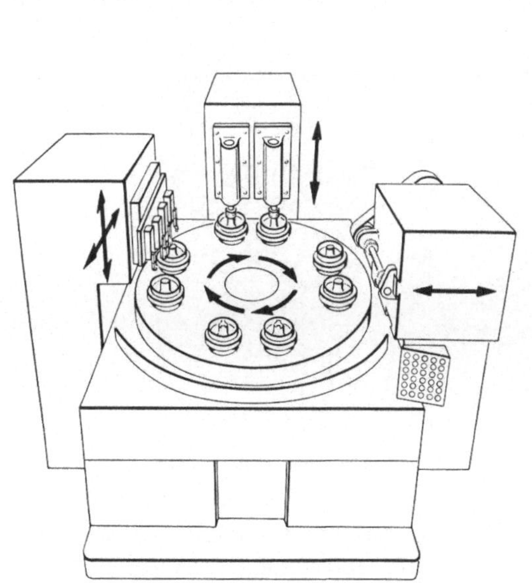

Abb. 132. Senkrechter Achtspindel-Halbautomat mit außenliegenden Längswerkzeugträgern

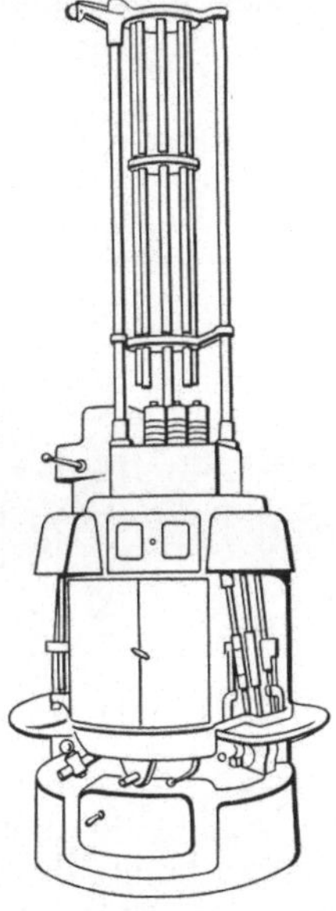

Abb. 133. Senkrechter Stangenautomat mit Spindeltrommel
und Stangenhalter oben-
liegend

Spindelstock gehalten. Der Werkzeugträger selbst führt keinen Arbeitsweg aus, die in ihm eingesetzten Werkzeugspindeln führen die Längswege aus. Auch die Seitenschlitten werden von den Säulen getragen, die also die Aufgabe des Bettes übernommen haben.

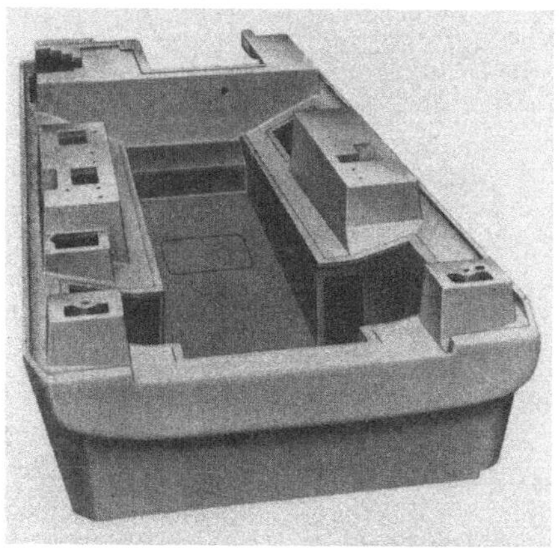

Abb. 134. Schale für Späne und Kühlflüssigkeit

4.15 Kühlflüssigkeit

Der Maschinenfuß muß mit seiner Späneschale (Abb. 134) Kühlflüssigkeit und Späne aufnehmen und trennen. Die ablaufende Flüssigkeit wird durch sinnvolle Leitung und eingebaute Wände innerhalb des Fußes gekühlt und durch Siebe von Spänen gereinigt, und fließt so der Pumpe zu, die den Flüssigkeitsumlauf durchführt.

Eine große Flüssigkeitsmenge von 500 bis 1000 Litern ist nötig. Bei der Gestaltung der Wannen muß deshalb beachtet werden, daß eine ausreichende Flüssigkeitsmenge auch beim Stillstand der Maschine Platz

Abb. 135. Spänetransport aus der Schale mit Bandförderer

hat. Der gleichmäßige Flüssigkeitsdurchlauf in der Wanne ist sehr wichtig, da zu hohe Überläufe zwischen den einzelnen Kammern beim Absinken des Flüssigkeitsspiegels während des Betriebes eine Unterbrechung der Kühlmittelzufuhr zur Folge hätten, die sich nachteilig auf die Werkzeuge auswirken würde.

Besonders bei senkrechten Automaten mit dem kleineren Maschinenfuß ist die Frage der ausreichenden Kühlmittelmenge besonders sorgfältig zu beachten.

4.16 Spänetransport

Regelmäßiger Spänetransport muß sicherstellen, daß auch bei hohem Anfall die Maschine niemals verstopft wird. Es haben sich dafür automatische Späneförderer bewährt, die in die Maschinenschale eingebaut werden, und in Form von Plattenbandförderern (Abb. 135) oder Förderschnecken (Abb. 136) die Späne aus dem Maschinenbereich herausbringen. Sie können dann gesammelt oder auch automatisch abtransportiert werden.

Bei langspanenden Werkstoffen würden die Förderer die Späne nicht fassen kön

Abb. 136
Spänetransport aus der Schale mit Schneckenförderer

nen. Es kann sich dann der Einbau eines Spänebrechers in die Schale als zweckmäßig erweisen. Das Brecherwerkzeug besteht aus einer Zahnwalze, welche die anfallenden Späne greift und durch einen engen Spalt drückt, wobei sie durch starke Knickung gebrochen werden.

4.17 Schmierung

Alle in den Antriebsständer oder Spindelstock eingebauten bewegten Teile, besonders auch alle Zahnräder, sollten Umlaufschmierung haben. Das Schmieröl wird durch eine Pumpe, beispielsweise eine Zahnradpumpe, hochgepumpt und fließt durch natürliches Gefälle zu den einzelnen Schmierstellen.

Das abfließende Öl wird im Maschinenfuß gesammelt und in den Tank für Schmieröl geleitet, von wo es über Filter dem Kreislauf wieder zugeführt wird. Abb. 137 zeigt einen solchen Schmiermittelkreislauf.

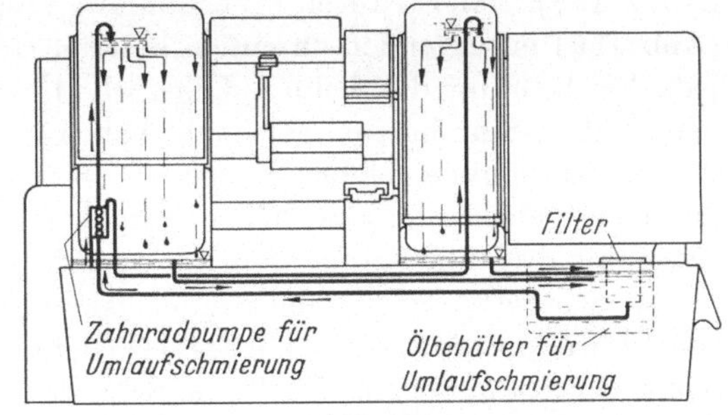

Abb. 137
Ölfluß bei einem Mehrspindelautomaten mit untenliegender Ölpumpe und obenliegenden Verteilungsräumen

4.2 Der Spindelstock

Der Spindelstock nimmt die Spindeltrommel mit den Drehspindeln, die Spindeltrommelschaltung und Trommelverriegelung auf, und ist daher eines der wichtigsten Bauelemente des Mehrspindelautomaten. Seine Nebenfunktion, die Querschlitten zu führen und deren Bewegungsantrieb aufzunehmen, wird in dem Abschnitt Werkzeugschlitten behandelt, da diese Aufgabe örtlich bedingt aber nicht funktionell eine Aufgabe des Spindelstockes ist.

4.21 Die Spindeltrommel

Bei Mehrspindelautomaten mit umlaufenden Werkstücken führen die Werkstückspindeln die Schaltbewegung aus. Sie lagern in einer

Abb. 138. Spindeltrommel mit innenliegender stabiler Nabe

walzenförmigen Spindeltrommel, die in einem Spindeltrommelgehäuse geführt ist.

Die Spindeltrommel muß sehr kräftig sein. Sie besteht aus zwei Scheiben, je einer für die vordere und hintere Lagerung der Werkstückspindeln, die entweder durch eine hohlgebohrte Nabe (Abb. 138) oder durch Verbindungsstege am Trommelumfang (Abb. 139) miteinander zu einem starren Gebilde verbunden sind, das jede Verdrehung der beiden Lagerscheiben gegeneinander unmöglich macht. Die Spindeltrommel nach Abb. 138 ist auf zwei breiten Ringflächen im Trommelgehäuse gelagert. Außerdem ist sie im Antriebsständer durch ein gehärtetes, geschliffenes Stahlrohr abgestützt, das in die Nabe der Spindeltrommel eingepreßt ist und den Längsschlittenblock trägt. An der Stirnseite der Spindeltrommel ist ein Ring angebracht, der als Anlage für die Spindeltrommel in axialer Richtung dient. Die vordere Ringfläche der Spindeltrommel läßt die Schlitze für die Trommelverriegelung deutlich erkennen. Die hintere Scheibe trägt an ihrer vorderen Stirnfläche die Führungsschlitze für ein Malteserkreuz, das die Spindeltrommelschaltung bewirkt und wegen der außen freien Bauart dieser Spindeltrommel direkt in diese eingreifen kann.

Die Verbindungsnabe zwischen den beiden Scheiben muß besonders kräftig gehalten werden, da die Trommelschaltung an der hinteren

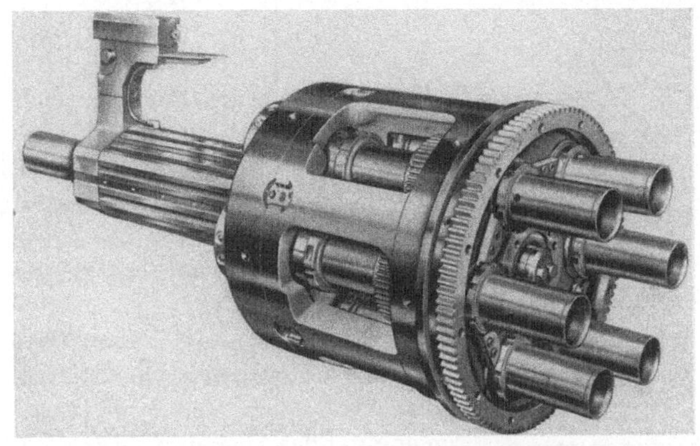

Abb. 139. Spindeltrommel in geschlossener Trommelausführung mit einzelnen Fenstern für die Zugänglichkeit der Spindellager

Scheibe angreift und die hohen Beschleunigungskräfte verwindungsfrei auf die vordere Scheibe übertragen werden müssen.

Die Spindeltrommel nach Abb. 139 ist im Gegensatz dazu eine geschlossene Trommel, bei der also die beiden Lagerscheiben außer durch die Nabe auch durch außenliegende Stege verbunden sind. Hierdurch wird eine besonders stabile Bauweise gewährleistet. Die Fenster im Mittelstück machen aber einen Direkteingriff des Malteserkreuzhebels in die Spindeltrommel nicht möglich. Das Malteserkreuz muß vielmehr auf ein Zahnrad wirken, das in den großen Zahnkranz am hinteren Ende der Spindeltrommel (Abb. 139) eingreift und so die Schaltung bewirkt. Auch diese Spindeltrommel ist durch ein Stahlrohr im Antriebsständer abgestützt, eine jetzt überwiegend angewendete Bauweise.

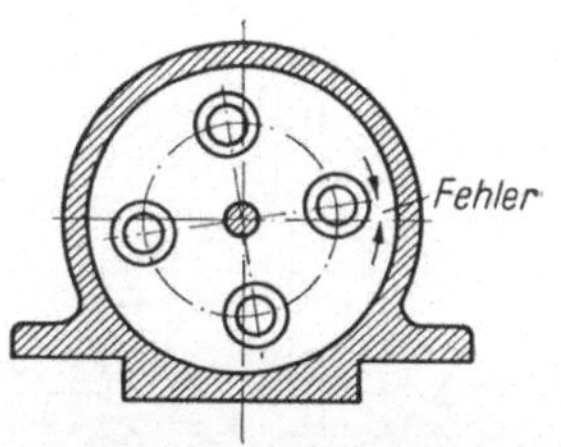

Abb. 140. Spindeltrommelschaltung ist nicht um den richtigen Winkel erfolgt

In dem Spindeltrommelkörper werden die Bohrungen für die Drehspindellagerungen unmittelbar feingebohrt. Die dabei erreichbaren Teilungs- und Fluchtungsgenauigkeiten sind in der Feinbearbeitung so groß, daß das früher notwendige Nachjustieren nicht mehr erforderlich wird. Die Teilungsfehler sind stets geringer als die bei Mehrspindelautomaten zulässigen Fehlertoleranzen, auch wenn sie sich mit anderen Fehlern addieren.

Wesentlich bedeutungsvoller ist die richtige Stellung der Spindeltrommel in dem Spindeltrommelgehäuse während der Arbeitsperiode,

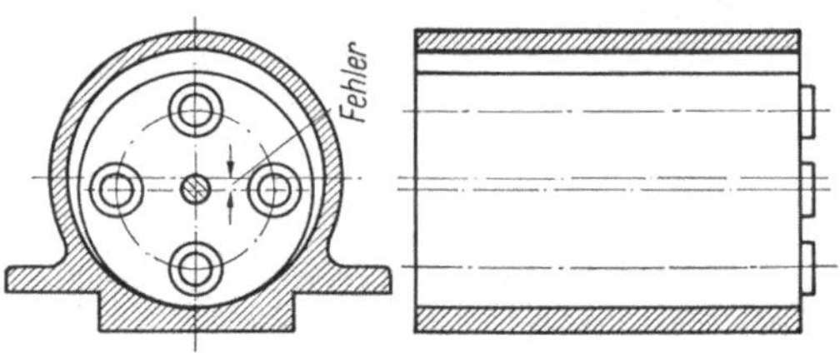

Abb. 141. Spindeltrommel liegt zu tief infolge Verschleiß des Trommelgehäuses

und diese Genauigkeit ist von mehreren Faktoren abhängig:

1. Von der genauen Stellung der Spindeltrommel nach ihrer Schaltdrehbewegung. Das bedeutet also genaue Einhaltung des Schaltweges und Feinkorrektur durch die Verriegelung. Ein hierbei auftretender Fehler wäre eine Verdrehung der Spindeltrommel (Abb. 140).

2. Von dem Spiel zwischen Spindeltrommelgehäuse und Spindeltrommel und der dadurch bedingten Abweichung der Spindeltrommelachse von der Spindelgehäuseachse, die gegeneinander versetzt wären (Abb. 141). Ein Verschleiß zwischen Spindeltrommel und Trommelgehäuse infolge der ständigen Schaltbewegungen würde sich ebenso zeigen.

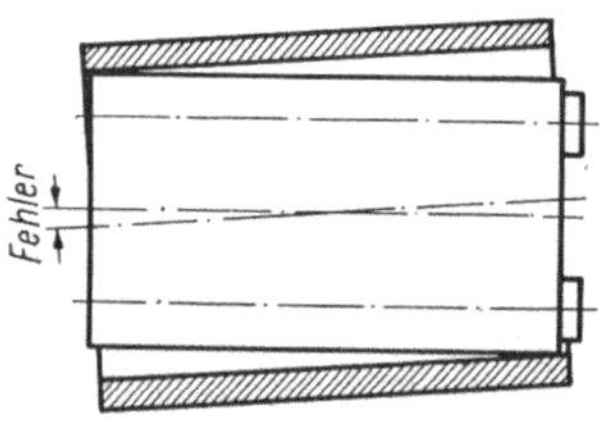

Abb. 142. Spindeltrommel stellt sich schief infolge zu weiten Spiels zwischen Trommel und Trommelgehäuse

3. Von der Möglichkeit des Schiefstellens der Spindeltrommel im Trommelgehäuse infolge Spiels zwischen beiden und auf die Spindeltrommel wirkenden Kippkräften (Abb. 142).

Die Darstellung zeigt die Notwendigkeit, die Spindeltrommel eng in das Trommelgehäuse einzupassen und den Verschleiß gering zu halten.

Um den Verschleiß der Lagerfläche an der Unterseite des Trommelgehäuses, auf der die Spindeltrommel immer aufliegt, klein zu halten, lassen sich verschiedene Wege gehen. Die Schaltung kann so erfolgen, daß die auf die Spindeltrommel wirkende Schaltkraft diese von der unteren Lagerfläche anhebt, etwa weil das Malteserkreuz von unten nach oben arbeitet (Abb. 143)

Abb. 143. Spindeltrommelschaltung mit Malteserkreuz, wobei die Spindeltrommel unmittelbar als Stern ausgebildet ist

oder die Resultierende des Zahneingriffes ein Lüften zur Folge hat. Eine amerikanische Firma geht den Weg, die Spindeltrommel zugleich mit dem Entriegeln von unten her anzuheben, wofür eine besondere Hebebacke vorgesehen ist (Abb. 144). Nach der Schaltung, bei der

keinerlei Reibung auf der unteren Spindeltrommelauflage, sondern nur auf der Hebebacke erfolgte, wird die Spindeltrommel durch 2 Backen in die Lagerung hineingedrückt. Bei dieser An-
ordnung kann sich auch
ein etwas größeres Lager-
spiel zwischen Spindel-
trommel und Trommel-
gehäuse nicht nachteilig
auswirken.

Anders werden die Ver-
hältnisse bei senkrechten
Automaten, besonders bei
großen Halbautomaten
mit untenliegenden Werk-
stückspindeln und Spin-
deltrommel. Bei den bis
zu 12 gehenden Spindel-
zahlen wird die Spindel-
trommel fast scheiben-
förmig. Sie ruht dann
in der Mitte auf einem
einstellbaren Kegellager

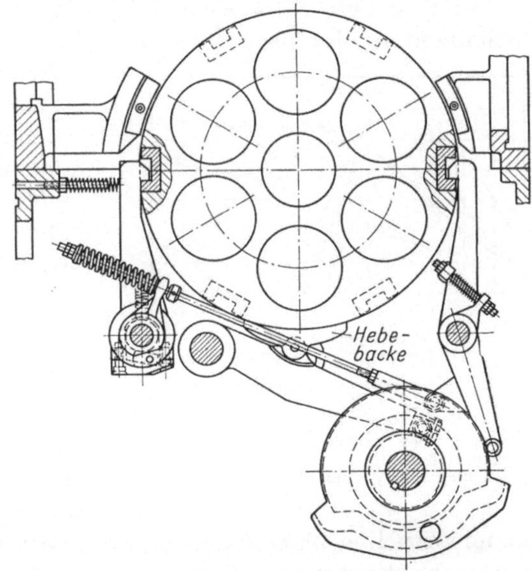

Abb. 144. Anheben der Spindeltrommel während der Schaltung durch eine Hebebacke und Klemmung nach der Schaltung durch zwei oben angeordnete Backen

und außen am großen Umfang auf einer ebenen Fläche außerhalb der Drehspindeln.

4.22 Spindeltrommelschaltung

Auf die Bedeutung der genauen Spindeltrommelschaltung wurde bereits hingewiesen. Da die Feineinstellung durch den einfallenden Trommelriegel bewirkt wird, verbleibt ein geringer Über- oder Unterhub für den Riegelbolzen. Um diesen Betrag muß die Spindeltrommelschaltung größer bzw. kleiner gehalten sein.

Der Schaltweg der Spindeltrommel beträgt bei

z Werkstückspindeln
$\ddot{u}^\circ$ Über- oder Unterhub

$$\varphi = \frac{360}{z} \pm \ddot{u}$$

Dieser Winkel muß sehr genau geschaltet werden, damit die Spindeltrommel vor dem Einfallen des Trommelriegels stets die gleiche Lage hat.

Zur Erzielung einer stoß- und ruckfreien Schaltbewegung mit geringem Verschleiß an den Trommellagerstellen ist ein stetiger Verlauf der Winkelgeschwindigkeit und Winkelbeschleunigung sowie eine geringe maximale Winkelgeschwindigkeit anzustreben. Das muß bei der Getriebeauswahl besonders beachtet werden.

Eine weitere Schwierigkeit liegt darin, daß bei den sehr kurzen Schaltzeiten die beträchtlichen Massen der Spindeltrommel mit Drehspindeln, Stangenführung und Werkstoffstangen bis auf die Maximalgeschwindigkeit beschleunigt und dann die erreichte Bewegungsenergie genauso schnell wieder abgebremst werden muß. Gerade letzteres bereitet die größeren Schwierigkeiten, da die geschalteten Massen erheblich größer als diejenigen der Antriebselemente sind. Diese haben nur eine geringe Schwungmomentaufnahme. Um Zwanglauf bei der Schaltung zu wahren, wird auf ein Bremsen während der Verzögerungsperiode kaum verzichtet werden können, wobei selbsttätige Bremswirkung etwa durch Druckrichtungsänderung in einem Schneckentrieb wertvolle Hilfe leisten kann.

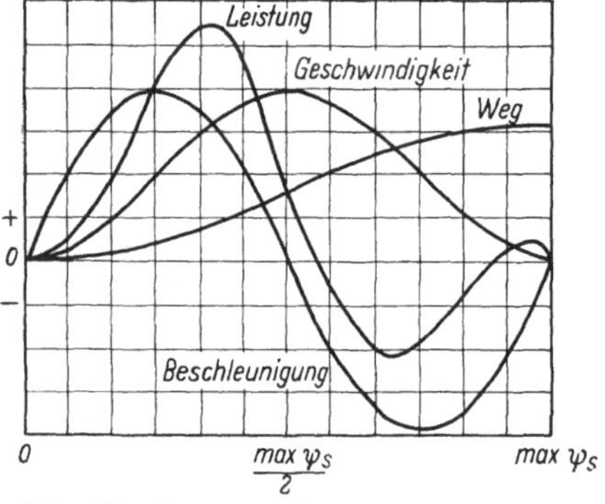

Abb. 145. Bewegungsablauf einer Spindeltrommelschaltung mit stoß- und ruckfreier Bewegung und Verlauf der Leistungskurve

Aus dem durch den Antriebsmotor zur Verfügung stehenden Drehmoment läßt sich die größte erreichbare Winkelbeschleunigung der Spindeltrommel errechnen.

M_{ds} Drehmoment, das vom Antriebsmotor für die Spindeltrommelschaltung zur Verfügung steht

J_s Trägheitsmoment der Spindeltrommel und der mit ihr geschalteten Massen

ε_s Winkelbeschleunigung der Spindeltrommel

A_s Reibungsmoment der Spindeltrommel (durch Versuche zu ermitteln)

Mit diesen Werten wird

$$\varepsilon_s = \frac{M_{ds} - A_s}{J_s}.$$

Ist aus dem Bewegungsgesetz der Spindeltrommelschaltung, beispielsweise dem Bewegungsgesetz der Malteserkreuzschaltung, der Zusammenhang zwischen Winkelbeschleunigung ε_s und Winkelgeschwindigkeit ω_s bekannt, so läßt sich die maximal erreichte Bewegungsenergie der Spindeltrommel max E_s errechnen zu

$$\max E_s = \frac{J_s \max \omega_s^2}{2}.$$

Diese Bewegungsenergie muß in der Verzögerungsperiode vernichtet werden. Die Leistungsaufnahme bzw. Leistungsabgabe (Kurvenverlauf im negativen Bereich) einer Spindeltrommel mit Schaltung nach einem sinoidischen Bewegungsgesetz zeigt Abb. 145.

Neben diesen Energieproblemen spielen bewegungstechnische Probleme eine entscheidende Rolle bei der Spindeltrommelschaltung.

Unabhängig von der Spindelzahl und damit von dem Schaltwinkel der Spindeltrommel kann an der Steuerwelle, die mit einer vollen Umdrehung einen ganzen Arbeitstakt der Maschine steuert, für die Spindeltrommelschaltung nur ein bestimmter Winkelweg zur Verfügung gestellt werden. Das Schaltgetriebe muß mit diesem Antriebswinkel die Schaltbewegung durchführen, darf aber zugleich auf eine Steuerwellenumdrehung auch nur eine Schaltbewegung machen, damit der richtige Arbeitstakt erhalten bleibt.

Beim Malteserkreuz beispielsweise (Abb. 146) ist aber einem bestimmten Schaltweg des Kreuzes stets ein Weg des

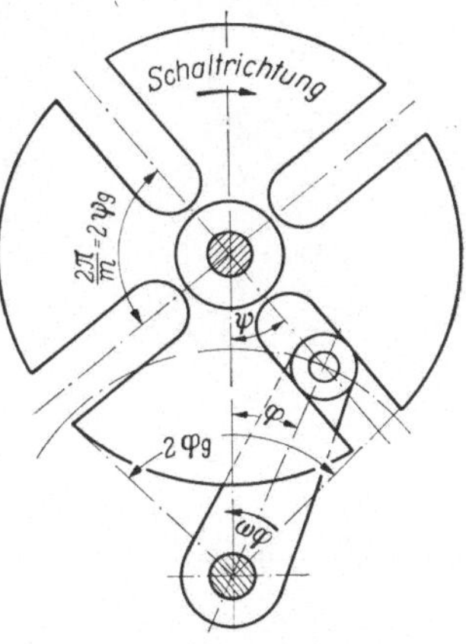

Abb. 146
Malteserkreuz-Schaltgetriebe

Treibers zugeordnet. Diesen Zusammenhang zeigt Tab. 9. Nimmt man etwa den tatsächlichen Verhältnissen entsprechend an, daß 90° Steuerwellendrehung für die Spindeltrommelschaltung zur Verfügung stehen, so ließen sich damit gerade 90° Kreuzweg schalten. Soll das Malteserkreuz in seiner Grundform verwendet werden und unmittelbar in die Spindeltrommel eingreifen, wie es Abb. 143 zeigt, so ist das nur bei einem Vierspindelautomaten möglich, nicht aber bei den viel häufiger vorkommenden Sechsspindlern oder gar Achtspindlern. Man erkennt daraus, daß ein

Tabelle 9. *Zusammenhang zwischen Schaltstufenzahl, Kreuzdrehung und Treiberdrehung für die Schaltung beim Malteserkreuzgetriebe*

Schaltstufenzahl	Kreuzdrehwinkel	zugehöriger Treiberdrehwinkel
3	120°	60°
4	90°	90°
5	72°	108°
6	60°	120°
8	45°	135°
10	36°	144°
12	30°	150°

Getriebeproblem für die Spindeltrommelschaltung vorliegt. Es sollen nun nachstehend einige bewährte Schaltgetriebeformen beschrieben werden, die günstige Lösungen darstellen.

Der Schalthebel des Malteserkreuzes kann auf seiner Antriebsachse in radialer Richtung verschiebbar angeordnet und in dieser Richtung von einer Kurve gesteuert werden, wie es Abb 147 schematisch darstellt. Nun läßt sich die Bahnkurve der Treibrolle des Treibers beliebig gestalten, also beispielsweise mit 90° Treiberweg ein 60° Kreuzweg

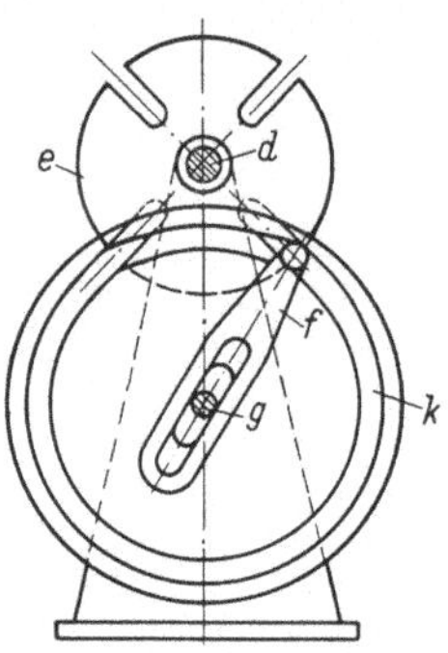

schalten. Diese Möglichkeit wurde aufgegriffen, und Abb. 148 zeigt den Schalthebel eines so arbeitenden Getriebes. Daneben erkennt man die verwendete Schaltkurve. Diese ist, wie Abb. 149 zeigt, im Gehäuse fest angeschraubt, während der Schalthebel von der Steuerwelle aus über ein Zwischenrad gedreht wird. Dabei wälzt er auf der Kurvenscheibe ab und führt eine seine Drehbewegung überlagernde Radialbewegung aus. Das Bewegungsgesetz des Schalthebels und damit der Spindeltrommel, in die er unmittelbar eingreift, ist wesentlich von der Kurvenform abhängig.

Abb. 147. Malteserkreuz-Schaltgetriebe, bei dem die Treiberrolle in radialer Richtung durch eine Kurvenscheibe k gesteuert wird

Wird an Stelle des unmittelbaren Eingriffes des Malteserkreuztreibers in die Spindeltrommel die Schaltung über einen Zahnkranz der Spindeltrommel (Abb. 150) gewählt, so kann unabhängig von der Spindelzahl ein vierteiliges Malteserkreuz mit 90° Schaltweg verwendet werden, dessen Treiber unmittelbar auf der Steuerwelle angeordnet sein kann und an dieser wiederum 90° in Anspruch nimmt. Wie die Anordnung

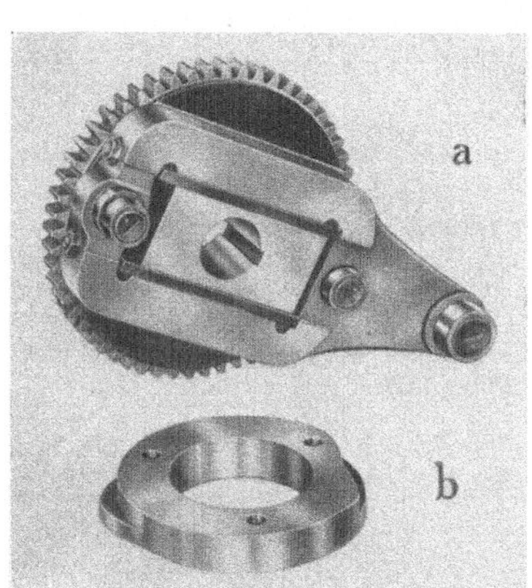

Abb. 151 zeigt, ist zwischen Malteserkreuz und Zahnkranz auf der Spindeltrommel eine Zahnradübersetzung geschaltet, die den Schaltwegunterschied zwischen dem vierteiligen Kreuz und der durch die Spindelzahl bedingten Trommelschaltung überbrückt. Die Anordnung hat den Vorteil, daß sie veränderte Spindelzahlen nur durch andere Zwischenradübersetzungen zu schalten erlaubt. Das kann von Bedeutung sein, wenn Doppelschaltungen gefordert werden, weil beispielsweise ein Sechsspindler als doppelter Dreispindler oder ein Achtspindler als doppelter Vierspindler eingesetzt wird. Dabei ist es nicht immer möglich, mit der

Abb. 148. Malteserkreuzhebel mit beweglichem Treiber, der durch die Kurve b radial gesteuert wird

normalen Schaltung auszukommen, es kann notwendig werden, daß der doppelte Schaltweg ausgeführt wird, wie bereits dargelegt wurde.

Aus getriebetechnischen Gründen sollte man nicht unter das vierteilige Malteserkreuz gehen, also nicht auf das dreiteilige (Tab. 9) mit nur 60° Treiber- und damit Steuerwellenwinkelweg. Steht an der Steuerwelle aber nur ein kleinerer Winkelweg als 90° zur Verfügung, so muß

dies mit einem Zwischengetriebe zwischen Steuerwelle und Malteserkreuztreiber überbrückt werden, welches sowohl auf eine Steuerwellendrehung eine Treiberdrehung steuert, als auch für den 90° Treiberarbeitsweg nur 60° Steuerwellendrehung benötigt.

Eine in der Praxis vielfach angewendete Lösung beruht darauf, daß der Treiber während der Schaltung mit erhöhter, aber konstanter Geschwindigkeit umläuft, um dann zeitweise stillzustehen. Dies kann durch ein Sternradgetriebe mit einer Raste (Abb. 152) erreicht werden, wobei sich der Bewegungsablauf

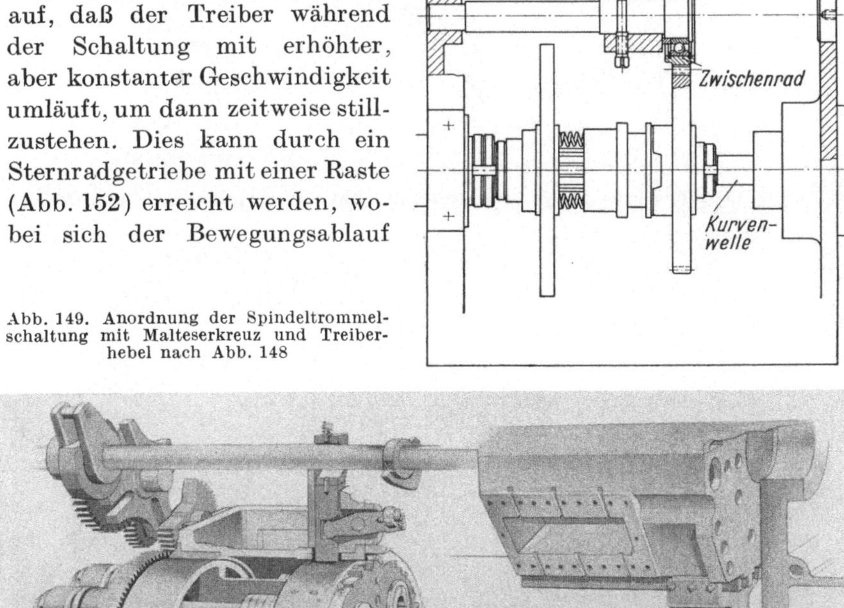

Abb. 149. Anordnung der Spindeltrommelschaltung mit Malteserkreuz und Treiberhebel nach Abb. 148

Abb. 150. Spindeltrommelschaltung über Malteserkreuz und zwischengeschaltete Zahnräder auf den Zahnkranz der Spindeltrommel. Trommelverriegelung von oben

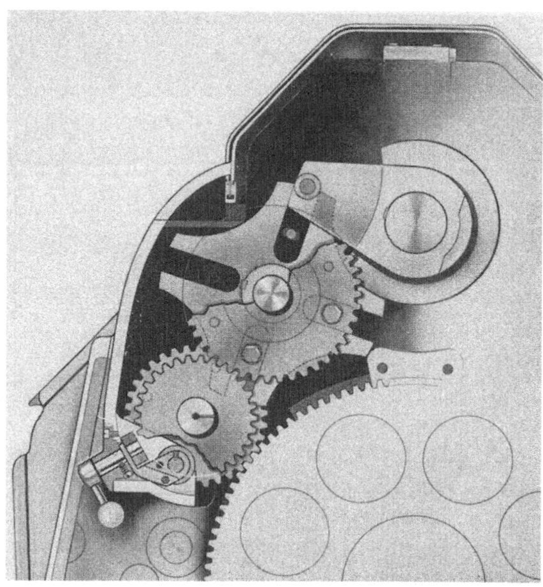

Abb. 151. Einzelheiten des Malteserkreuzes mit Zwischenzahnrädern nach Abb. 150

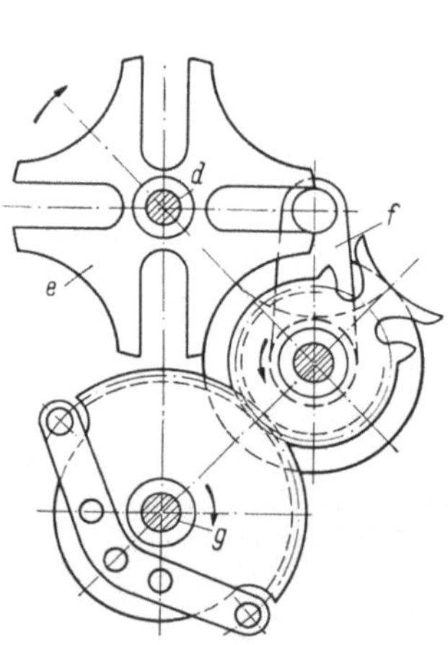

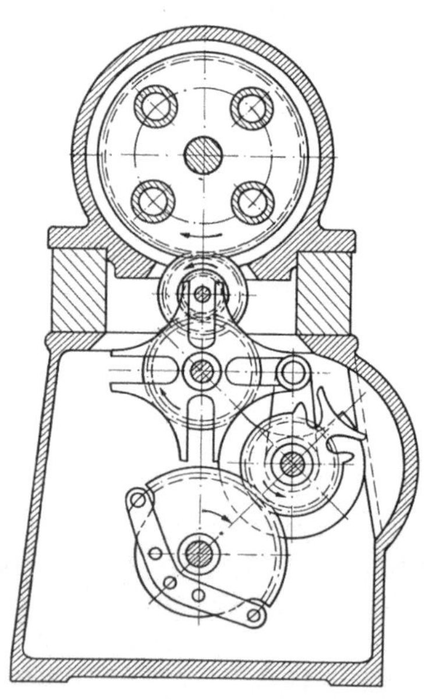

Abb. 152. Malteserkreuz-Schaltgetriebe, bei dem der Treiber durch ein Sternradgetriebe mit einer Raste angetrieben wird

d Malteserkreuzachse; e Malteserkreuz; f Treiber; g Steuerwelle

Abb. 153. Spindeltrommelschaltung mit einem Malteserkreuz und Sternradvorgelege. Zahnradübertragung zur Spindeltrommel

des Sternes kinematisch nicht verändert, da die Treiberdrehung konstant ist. Die Anordnung dieses Getriebes in einem Mehrspindelautomaten, der mit 60° Steuerwellendrehung über ein 90° Malteserkreuz eine vierspindlige Spindeltrommel schaltet, zeigt Abb. 153.

Zwischen Steuerwelle und Malteserkreuztreiber kann auch ein Ellipsenrädergetriebe (Abb. 154) geschaltet werden, dessen Gesamtübersetzung 1:1 durch die Ellipsenform so gehalten wird, daß dem Treiberschaltweg von 90° ein Steuerwellenweg von 60° entspricht. Da der Malteserkreuztreiber ständig beschleunigt oder verzögert wird und damit auch schaltet, niemals aber mit konstanter Geschwindigkeit umläuft, wird der Bewegungsablauf des Malteserkreuzes durch die Überlagerung geändert, was bei der Berechnung berücksichtigt werden muß.

Auch reine Kurventriebschaltwerke werden erfolgreich für die Spindeltrommelschaltung eingesetzt. Hier lassen sich durch die Kurvengestaltung beliebige Be-

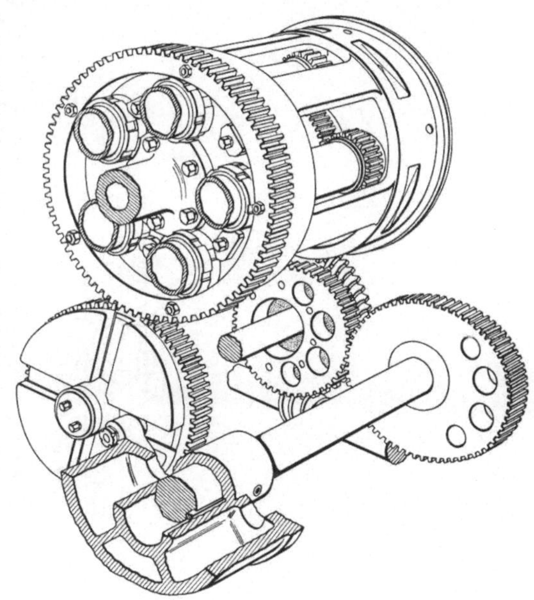

Abb. 154. Spindeltrommelschaltung über Malteserkreuz, dessen Treiber von der Steuerwelle aus über ein Ellipsenräderpaar angetrieben wird

wegungsgesetze einhalten, also kinematisch optimale Lösungen erreichen. Vielfach wird dabei eine Freilaufeinrichtung benötigt, um nach der Schaltbewegung einen Rücklauf in die Ausgangslage zu ermöglichen. Eine derartige Schaltung für einen senkrechten Sechsspindelautomaten zeigt Abb. 155. Die von der Steuerwelle gedrehte Kurve *1*, eine Doppelkurve, dreht über Hebel den Kranz *2* und dieser die Spindeltrommel um 60° Schaltweg. Am Ende dieses Schaltweges wird die Spindeltrommel verriegelt. Nun kann der Kranz *2* während des Arbeitsganges wieder in seine Ausgangsstellung zurückkehren. Der genaue Hin- und Herweg des Kranzes *2* kann durch Exzenterzapfen der Antriebshebel eingestellt werden. Hier ist ein jederzeitiges Korrigieren des Schaltweges möglich.

Ein anderer großer Halbautomat, dessen Steuerung Abb. 239 zeigt, wird durch einen besonderen Motor geschaltet, der über Schneckengetriebe und Ritzwelle seine Bewegung auf die Spindeltrommel überträgt. Die Spindeltrommel wird etwas über die nächste Spindelstellung hinausgeschaltet und dann langsam gegen den Anschlag zurückgedreht.

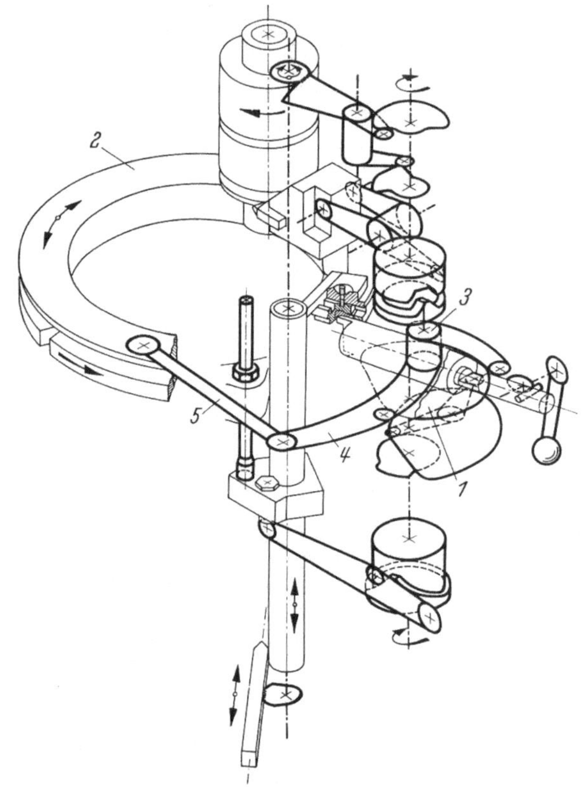

Abb. 155. Anordnung der Kurvenschaltung eines senkrechten Automaten mit Freilaufeinrichtung für Rücklauf des Getriebes nach der Schaltung

Für die Schaltung wird Preßöl unter den äußeren Flachsitz der Spindeltrommel gepreßt und diese damit etwas angehoben und leicht drehbar gemacht.

4.23 Trommelverriegelung

Die genaue Stellung der Spindeltrommel in ihrem Gehäuse, und damit zur ganzen Maschine wird nach Beendigung der Spindeltrommelschaltung durch eine Verriegelung erreicht. Es sind 2 Ausführungsformen, die offene und die geschlossene Verriegelung zu unterscheiden.

1. Die offene Verriegelung wird durch einen wie ein Keil arbeitenden Riegel bewirkt, dessen Keilfläche die Spindeltrommel in die genaue Stel-

lung drückt. Diese ist dadurch gegeben, daß der Keil mit beiden Seitenflächen anliegt, wie dies schematisch in Abb. 156 gezeigt ist.

2. Bei der geschlossenen Verriegelung wird die Spindeltrommel zwar ebenfalls durch einen als Keil ausgebildeten oder einen ähnlichen Mechanismus in ihre genaue Stellung gedreht. Als Anschlag ist jedoch meist dem Riegel gegenüber ein besonderer Bolzen oder eine Klinke vorgesehen, die gegen ein gehärtetes Anschlagstück zu liegen kommt. Die schematische Anordnung der geschlossenen Verriegelung zeigt Abb. 157.

Der Trommelriegel wird bei beiden Arten der Verriegelung durch ein von der Steuerwelle betätigtes Getriebe vor Beginn der Spindeltrommelschaltung herausgezogen, während bei der geschlossenen Ausführung der Anschlag

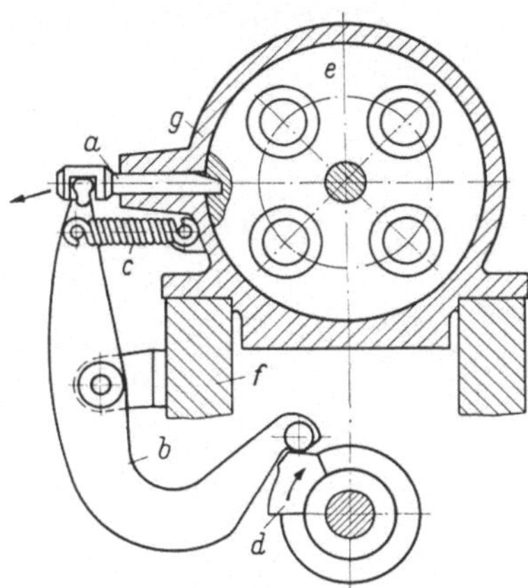

Abb. 156. Offene Verriegelung der Spindeltrommel eines Vierspindelautomaten
a Trommelriegel; *b* Riegelhebel; *c* Zugfeder; *d* Kurve zum Entriegeln; *e* Spindeltrommel; *f* Maschinengestell; *g* Spindelstock

durch eine entsprechende Formgebung und Federung ausweichen kann.

Für beide Arten der Verriegelung sollen Beispiele gezeigt werden. Bei der offenen Verriegelung fällt der Riegel von oben in gehärtete Anschlagstücke am Spindeltrommelumfang ein, wie es Abb. 150 erkennen läßt. Dabei drückt er die Spindeltrommel nach unten gegen ihre Auflagefläche und gibt ihr so einen festen Sitz, von dem sie durch die Richtung der Schaltbewegung abgehoben worden war.

Gestaltung und Betätigung eines Riegels läßt Abb. 158 erkennen. Das auf der Steuerwelle sitzende Kurvenstück betätigt den Hebel, der in den Riegel-

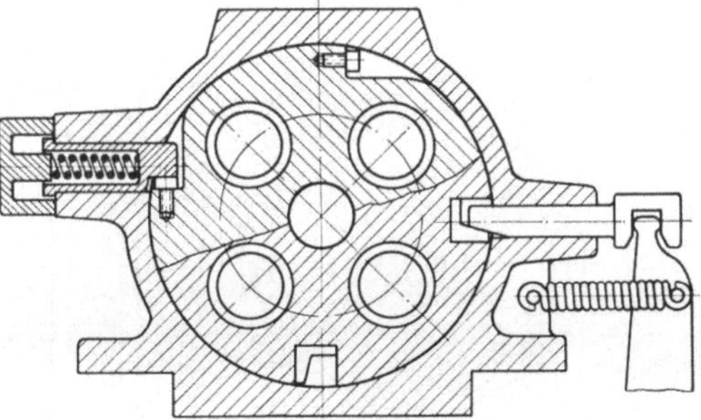

Abb. 157. Geschlossene Verriegelung der Spindeltrommel eines Vierspindelautomaten. Links Anschlag, rechts Riegelbolzen

bolzen eingreift. Dieser zeigt an seinem vorderen Ende eine Keilfläche, die mit dem gehärteten Stahlstück in der Spindeltrommel zusammenarbeitet, bis der Riegel sich ganz in das Stahlstück eingeklemmt hat, nachdem die Spindeltrommel eine Restdrehung ausführte. Es ist darauf zu achten, daß der Riegel am Grund Luft hat, da er sonst dort und nicht an seinen tragenden Flächen aufliegen würde.

Eine geschlossene Verriegelung ist in Abb. 159 dargestellt. Während der Schaltung ist der Trommelriegel durch das Kurvenstück einer Steuerwellenkurve ausgehoben, und der Anschlag gleitet auf dem Spindeltrom-

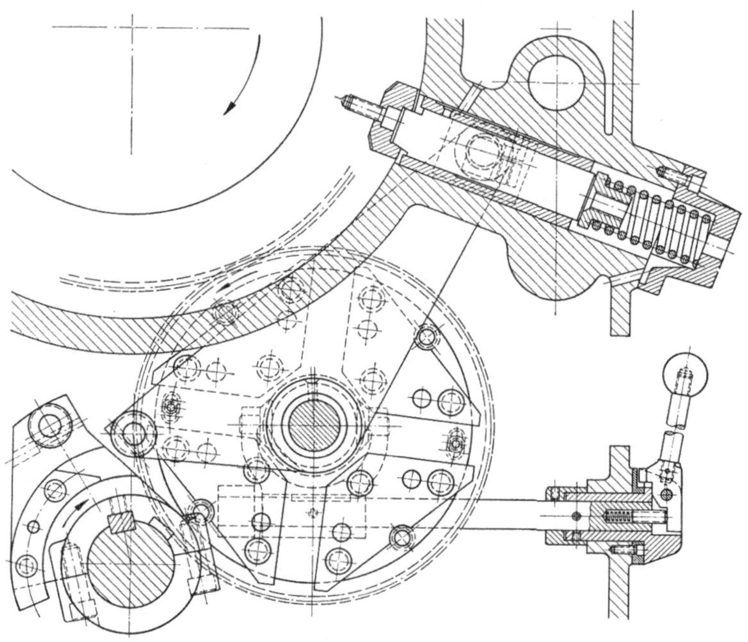

Abb. 158. Betätigung eines Trommelriegels von der Steuerwelle aus bei offener Bauart

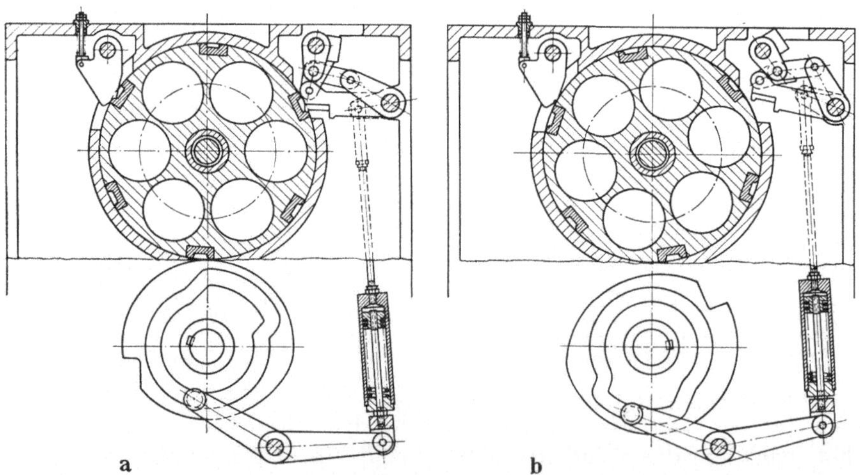

a   b

Abb. 159. Betätigung einer Verriegelung geschlossener Bauart von der Steuerwelle aus
a verriegelter Zustand; b während der Schaltung

melmantel (Abb. rechts). Nach der Schaltung zieht die Kurve über die Kniehebel den Riegel gegen die untere Kante der Anschlagstücke und dreht über diese die ganze Spindeltrommel, bis der gegenüberliegende Anschlag mit seiner Nase gegen die andere Fläche des Anschlagstückes zu liegen kommt und die Spindeltrommel in dieser Lage festhält. Die Spindeltrommel wird durch die Feder in der Betätigungsstange für den Riegel stets fest gegen den Anschlag gedrückt. Da Riegel und Anschlag in der oberen Spindeltrommelhälfte anfassen, drücken sie die Spindeltrommel fest in ihre Lagerung hinein.

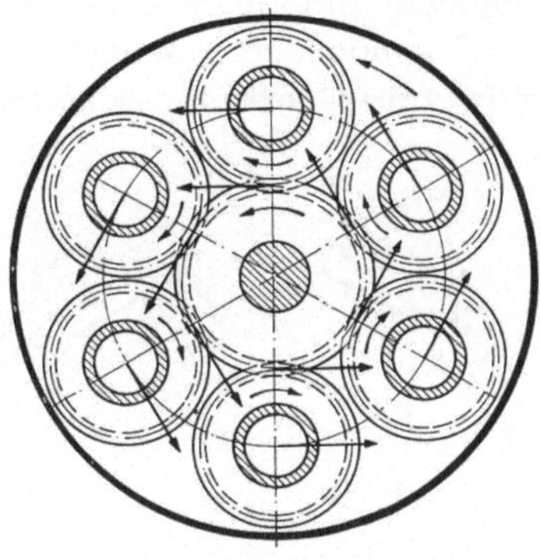
Abb. 160. Antrieb eines Sechsspindelautomaten durch eine zentrale Welle. Dreh- und Kraftrichtungen

Die Spindeltrommel führt unter der Wirkung des Riegels eine Restdrehung aus, um deren Betrag die Schaltung größer (Überhub) oder kleiner (Unterhub) als die Spindelteilung sein muß, je nachdem die Restdrehung der Schaltrichtung entgegengerichtet oder gleichgerichtet ist. Ob mit Überhub oder Unterhub geschaltet werden muß, richtet sich nach der Schaltrichtung der Spindeltrommel und der Drehrichtung des Spindelantriebes. Denn dieser übt infolge der Reibung der Spindeln in ihren Lagern auf die Spindeltrommel ein Drehmoment in seiner Drehrichtung aus (Abb. 160), das in der Riegelarbeitsrichtung wirken soll.

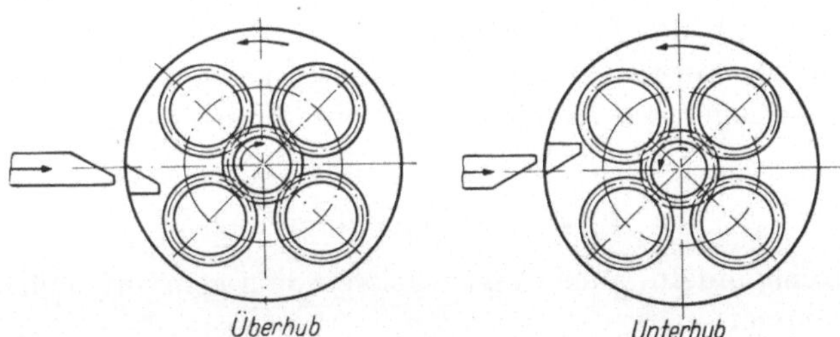

Abb. 161. Zusammenhang zwischen den Drehrichtungen des Spindelantriebes, der Spindeltrommelschaltung und Über- bzw. Unterhub

Es wird daher bei entgegengesetzter Drehrichtung von Drehspindelantrieb und Schaltrichtung, also gleichem Drehsinn der Drehspindeln und der Schaltung mit Überhub, und bei entgegengesetzter Drehrichtung mit Unterhub (Abb. 161) geschaltet. Der Schnittdruck bei der Zerspanung wirkt als Moment auf die Spindeltrommel in der gleichen Richtung wie das Moment vom Drehspindelantrieb. Es ist also bei der geschilderten Form der Verriegelung gewährleistet, daß die Spindeltrommel auch durch die Zerspanungskräfte stets fest gegen den Anschlag gedrückt wird und dadurch stets genau die gleiche Lage hat.

Bei der Mehrzahl der Mehrspindelautomaten drehen sich die Drehspindeln und die Schaltung gleichsinnig, und zwar beim Blick gegen die Drehspindeln entgegengesetzt dem Uhrzeigersinn. Es wird also meistens mit etwas Überhub geschaltet und dieser Überweg durch den Trommelriegel zurückgedreht. Nur dabei ist es auch bei geschlossener Verriegelung möglich, die Anschlagnase gegen die Anschlagkante an der Spindeltrommel zu bekommen, die bei Unterhub noch nicht erreicht wäre.

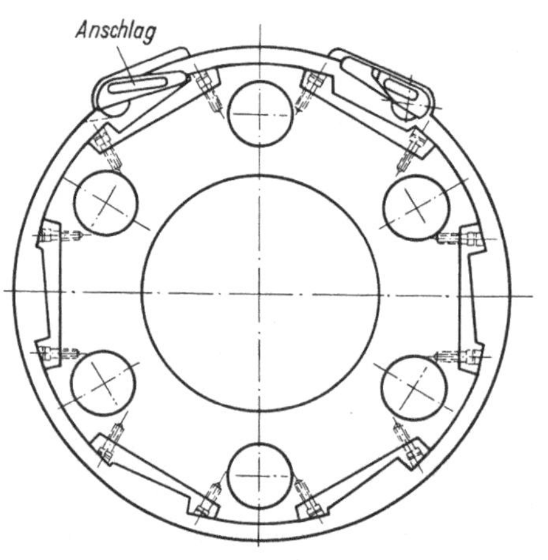

Abb. 162
Verriegelung einer flachen Spindeltrommel eines
senkrechten Sechsspindelautomaten

Die Anschlagstücke in der Spindeltrommel werden auswechselbar eingesetzt, um Verschleißausgleich zu ermöglichen. Sie sind zudem vielfach einstellbar, etwa über Keilfläche (Abb. 138), um jede einzelne Schaltstellung genau justieren zu können.

Bei sehr großen Mehrspindelhalbautomaten senkrechter Bauart wird die Spindeltrommel hydraulisch verklemmt. Nach der Schaltung mit Überhub fällt der Anschlag in die Riegelplatte am Trommelumfang ein (Abb. 162). Dann wird die Trommel hydraulisch zurückgedreht und nach dem Anliegen am Anschlag über eine Bremsbacke festgeklemmt.

4.24 Drehspindellagerung

Die Drehspindeln, auch Werkstückspindeln genannt, müssen in der Spindeltrommel

1. genau parallel zueinander und zu der Spindeltrommelachse
2. auf einem zum Spindeltrommelumfang konzentrischen Kreis
3. mit gleichem Teilungsabstand von Spindel zu Spindel

liegen. Nur so kann erreicht werden, daß die Werkzeuge an jeder ihnen durch die Trommelschaltung zugeführten Werkstückspindel Werkstücke gleicher Abmessung drehen.

Durch den Übergang von Gleitlagern zu Wälzlagern für die Drehspindeln ist die früher gegebene Möglichkeit, die Lage der Spindeln durch

Nacharbeiten der Lagerschalen zu verbessern, nicht mehr gegeben. Hier muß deshalb die sorgfältige Fertigung der Aufnahmebohrungen für die Spindellager in der Spindeltrommel eintreten. Durchweg werden die Bohrungen auf Sondermaschinen mit großer Teilgenauigkeit fein gebohrt, so daß hohe Genauigkeiten hinsichtlich der obengenannten 3 Punkte schon durch die Herstellung gegeben sind.

Die Prüfung der Spindellage erfolgt durch Messungen an beiden Enden der Spindeln, also vor und hinter der Spindeltrommel, an jeder Spindel gleichzeitig in zwei zueinander senkrechtstehenden Ebenen, und endlich in jeder Schaltstellung. Zur Auswertung trägt man die Ergebnisse in ein Meßblatt (Abb. 163) ein.

vordere Seite				hintere Seite			
Bild	Schalt-stellg	Ort	Abmaß in μ	Bild	Schalt-stellg	Ort	Abmaß in μ
		1a				1a	
	I	4b			I	4b	
		2b				2b	
		3a				3a	
		2a				2a	
	II	1b			II	1b	
		3b				3b	
		4a				4a	
		3a				3a	
	III	2b			III	2b	
		4b				4b	
		1a				1a	
		4a				4a	
	IV	3b			IV	3b	
		1b				1b	
		2a				2a	

Abb. 163. Meßblatt für das Messen der Teilung der Spindeltrommel und Teilfehlerbestimmung

An die Wälzlagerung der Drehspindeln sind ganz besonders hohe Anforderungen zu richten, und es kommen daher nur ausgesuchte Lager besonders hoher Genauigkeit in Frage. Es muß erschütterungsfreier Lauf im ganzen Drehzahlbereich und ebenso stets gleichbleibende Lagerluft

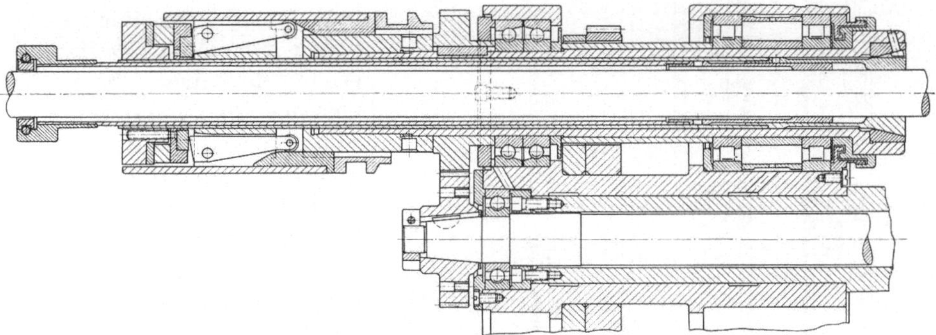

Abb. 164. Rollenlagerung einer Drehspindel für Stangenautomaten

gesichert sein. Bezüglich dieser Forderung beachte man besonders den großen Drehzahlbereich (Abschn. 4.25), der notwendig ist.

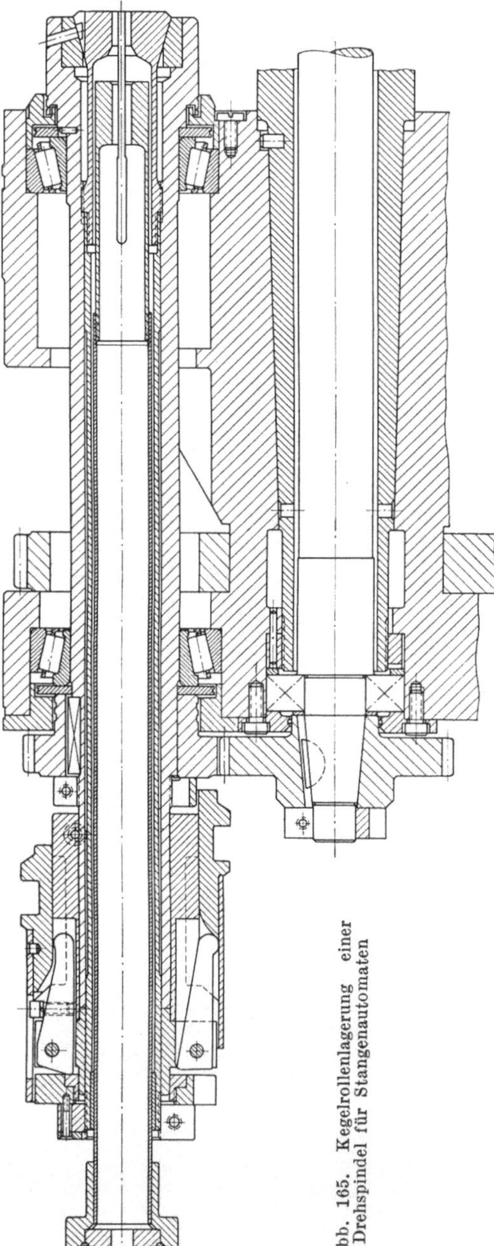

Abb. 165. Kegelrollenlagerung einer Drehspindel für Stangenautomaten

Die Laufeigenschaften einer Drehspindel sind nicht allein von der geeigneten Wahl der Wälzlager abhängig, sondern ebenso von der richtigen Wahl der Gehäusetoleranzen und dem zweckentsprechenden Einbau. Es kann hier nur ganz allgemein darauf hingewiesen werden, daß die in der Spezialliteratur dargestellten Erfahrungen berücksichtigt werden müssen.

Auch hinsichtlich der Auswahl der Lager selbst und der Kombination von Radiallagern und Axiallagern sollen nur einige Angaben gemacht und Beispiele gezeigt werden, ohne damit für die eine oder andere Ausführungsform Stellung zu nehmen. Kugellager werden nur noch sehr selten eingesetzt, sie sind jedoch aus russischen Mehrspindelautomaten[1] noch bekannt. Fast überwiegend werden Kegelrollenlagerungen verwendet. Dafür spricht, daß dies[2] Wälzlager sind, die kombinierte radiale und axiale Belastung aufnehmen können, so daß ein zusätzliches Drucklager nicht erforder-

---

[1] SCHAUMJAN: Automaten. Berlin: VEB 1956, S. 301 und Abb. 230.
[2] Ebenso auch Radioxlager.

lich wird. Die Kegel-
rollenlager können mit
Vorspannung eingebaut
werden und gewähr-
leisten dann bei jeder
Betriebstemperatur die
erforderliche Rundlauf-
genauigkeit. Es werden
aber auch Zylinder-
rollenlager in Verbin-
dung mit Kugellagern
verwendet, wobei letz-
tere radial und axial
wirken müssen. Eine
solche Lagerung zeigt
Abb. 164, die auch Ein-
bauart und Abdichtung
deutlich werden läßt.
Die Lagerung der Dreh-
spindel in 2 Kegelrollen-
lagern, je einem als
vordere und hintere
Lagerstelle, zeigt Ab-
bildung 165. Sodann
soll eine Lagerung ge-
zeigt werden, bei der
die beiden Kegelrollen-
lager im Spindelkopf
untergebracht sind (Ab-
bildung 166), während
die hintere Lagerung
ebenfalls aus zwei eng
zusammensitzenden Ke-
gelrollenlagern gebildet
wird.

Auch bei senkrechter
Spindelanordnung kom-
men die gleichen Lager-
formen in Frage. Ab-
bildung 167 zeigt ein
solches Beispiel. Die
kurze Spindel wird im
vorderen Lager durch

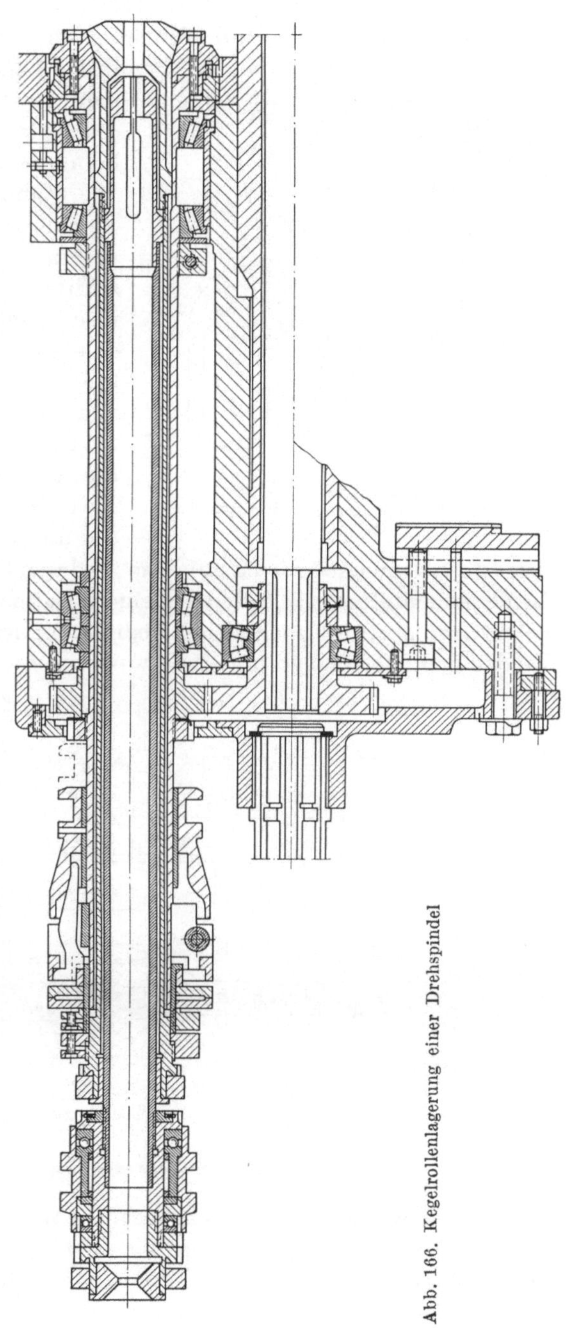

Abb. 166. Kegelrollenlagerung einer Drehspindel

die beiden Kegelrollenlager abgestützt, während hinten zwei einfache Rollenlager angeordnet sind. Beachtenswert ist, daß jede Spindel mit ihren Lagern und deren Gehäuse eine geschlossene Einheit bildet, die jederzeit aus der Maschine herausgenommen werden kann. Die Spindeleinheiten sind in der Spindeltrommel verstellbar eingesetzt und werden durch geschlitzte Kegelbüchsen fest in ihrer Stellung gehalten. Es ist eine Einstellbarkeit auf den Teilkreisdurchmesser und auf Teilung von Spindel zu Spindel möglich.

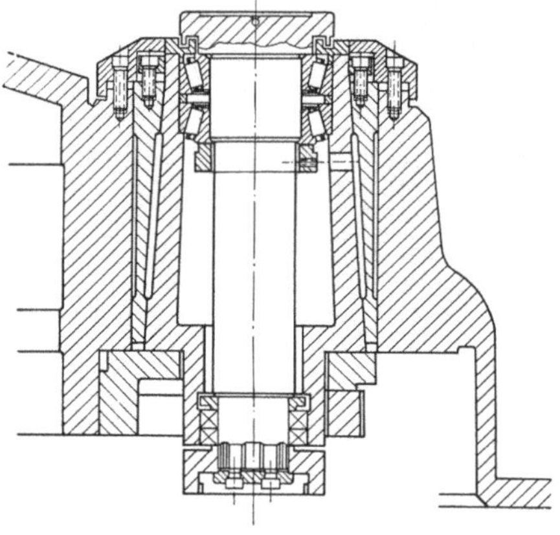

Abb. 167
Lagerung einer senkrechten Drehspindel

Die Beispiele zeigen, daß stets die vorderen Spindellager dicht an die Spindelnase herangerückt sind, um durch den geringen Überhang den Arbeitsdruck möglichst nahe am vorderen Lager zu haben und damit Biegemomente auf die Spindel klein zu halten. Die Beispiele verdeutlichen aber auch die sorgfältige Abdichtung der Lagerstellen gegen das Eindringen von Spänen und Kühlwasser in die Lager unmittelbar oder

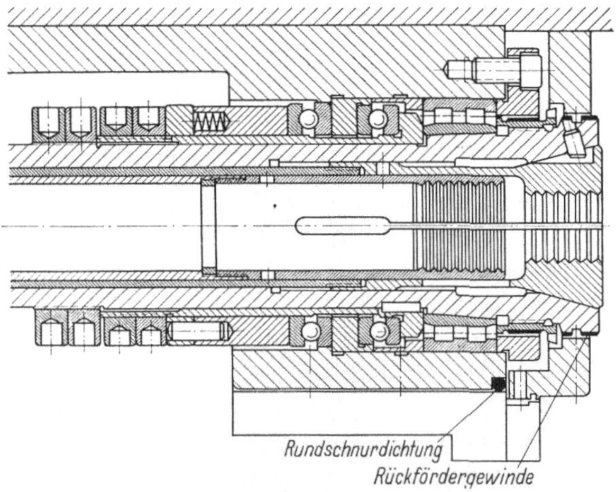

Abb. 168. Abdichtung eines Drehspindelkopfes

auf dem Umweg durch die Zangenschlitze von innen her. Dieser Abdichtung muß in der Konstruktion wie auch ihrer Erhaltung im Betrieb größte Aufmerksamkeit geschenkt werden. Mehrfache Labyrinthdichtungen können zweckmäßig sein.

Um die Lagerung der Spindeln noch mehr zu schützen, können sie mit besonderen Abdichtungen nach Abb. 168 ausgerüstet werden. Dann ist es ohne Befürchtung für die Lagerung möglich, mit Kühlemulsion zu arbeiten. Die Abdichtung ist berührungsfrei und wird durch ein Rückfördergewinde auf der Spindelnase und auf der Einstellmutter vor dem Hauptspindellager erzielt. Die Spindeltrommel selbst ist durch einen Rundschnurring zusätzlich abgedichtet.

4.25 Drehspindelantrieb

Die Drehbewegung wird bei einem Mehrspindelautomaten mit umlaufenden Werkstücken von einer zentralen Welle auf die Drehspindeln übertragen (Abb. 169). Zur Erzielung eines ruhigen Spindellaufes ohne Zahnmarkierungen ist es vorteilhaft, die verwendeten Stirnräder mit Schrägverzahnung auszubilden, bei der zwar günstigere Eingriffsverhältnisse aber auch zusätzliche axiale Beanspruchungen der Drehspindeln zu verzeichnen sind.

Es soll hier nur auf den Spindelantrieb durch eine zentrale Welle zwischen den Drehspindeln eingegangen werden, da die Bauform mit Antrieb von außen her praktisch nicht vorkommt.

Zur Vermeidung von Drehbeanspruchungen der Spindeln ist der Drehantrieb in möglichster Nähe des vorderen Spindellagers anzuordnen. Abb. 170 zeigt eine solche Ausführung, bei der die Antriebsräder unmittelbar hinter der vorderen Spindellagerung in der Spindeltrommel angeordnet sind. Andere Beispiele sind bekannt, bei denen die Antriebsräder zwar innerhalb der Spindeltrommel, also zwischen den beiden Lagerscheiben, aber an der hinteren Seite sich befinden (Abb. 139). Meistens jedoch wird sich der Antrieb außerhalb der Spindeltrommel, also hinter dem hinteren Spindellager nicht vermeiden lassen, zumal dann der Übergang auf die Spindelbauart der Halbautomaten leichter ist.

Die zentrale Antriebswelle überträgt auf die Drehspindeln eine im Antriebskasten eingestellte Drehzahl. Bei der Anordnung nach Abb. 169 erhalten alle Drehspindeln die gleiche Drehzahl, da alle Spindelantriebsräder gleich groß sind und mit dem gleichen Zentralrad auf der Antriebswelle kämmen. Bearbeitungstechnisch wäre es aber vorteilhaft, den Drehspindeln mehrere verschiedene Drehzahlen zuleiten zu können, um etwa beim Schruppen, Schlichten und Gewindeschneiden verschiedene Schnittgeschwindigkeiten zur Verfügung zu haben. In diesem Fall wird vom Antrieb aus ein zentrales Rad mit 3 Zahnkränzen angetrieben. Das untere Ende der Drehspindel wird als Vielkeilwelle ausgebildet, auf der ein Schieberäderblock mit den 3 Gegenrädern bewegt werden kann (Abb. 171). Für jede eingeleitete Drehzahl können nun auf die Drehspindel wahlweise eine der 3 Geschwindigkeiten übertragen werden. Diese verhalten sich untereinander wie $1:1,41:2$.

Eine Kupplung auf jeder Drehspindel überträgt die Drehbewegung der Vielkeilwelle auf die Drehspindel, eine automatisch zur Wirkung

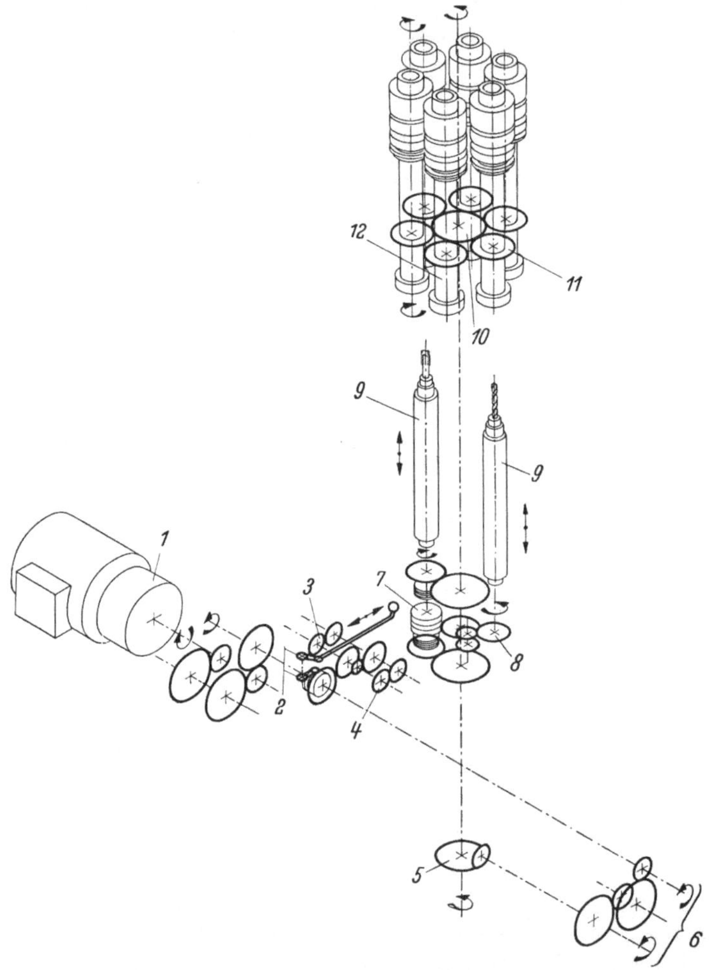

Abb. 169. Getriebeplan eines senkrechten Sechsspindelautomaten (Drehspindelantrieb)

kommende Bremse sorgt für Stillstand der Getriebewelle bei der Spindeltrommelschaltung, während der auch die Verschiebung des Räderblockes erfolgt.

Mit 14 Drehzahlen im Wechselrädergetriebe werden bei dieser Bauform 42 Spindelgeschwindigkeiten, beispielsweise 49 bis 956 nach Tab.10 für die Drehspindel zur Verfügung gestellt.

Bei einer konstruktiv anderen Gestaltung sind alle 3 Räderpaare zwischen zentraler Welle und Werkstückspindel ständig im Eingriff

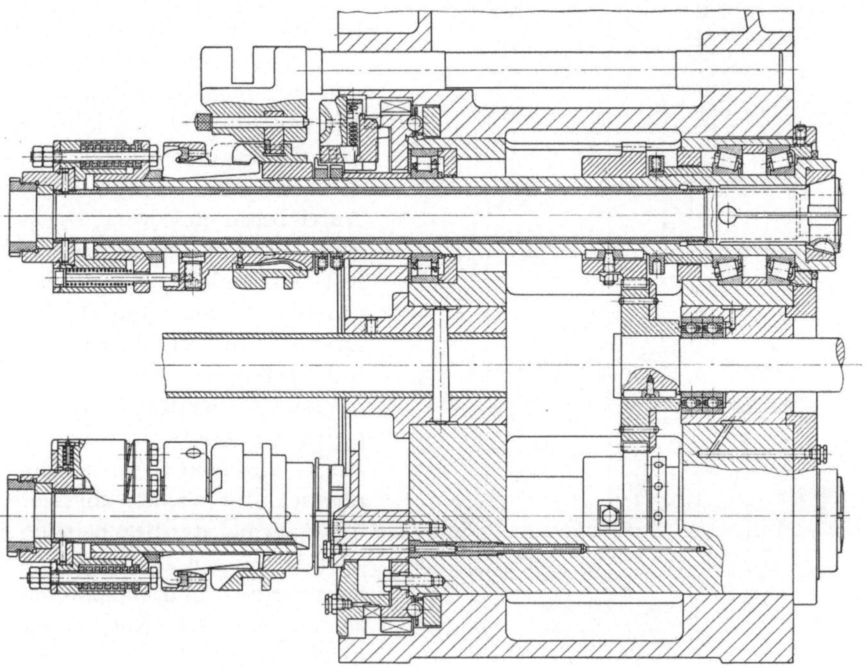

Abb. 170. Drehspindelantrieb zentral am vorderen Spindellager

Tabelle 10. Spindeldrehzahlen bei einem Wechselräderpaar vor der zentralen Welle und 3 Räderübersetzungen zu den Drehspindeln

Zähnezahlen der Wechselräder		Spindeldrehzahlen bei Räderübersetzung		
treibend	getrieben	klein	mittel	groß
24	75	49	68	98
28	71	61	85	122
32	67	73	102	146
36	63	88	122	176
40	59	104	145	208
44	55	123	171	246
48	51	144	200	288
51	48	163	226	326
55	44	192	266	384
59	40	226	314	452
63	36	268	372	536
67	32	321	445	642
71	28	388	538	776
75	24	478	665	956

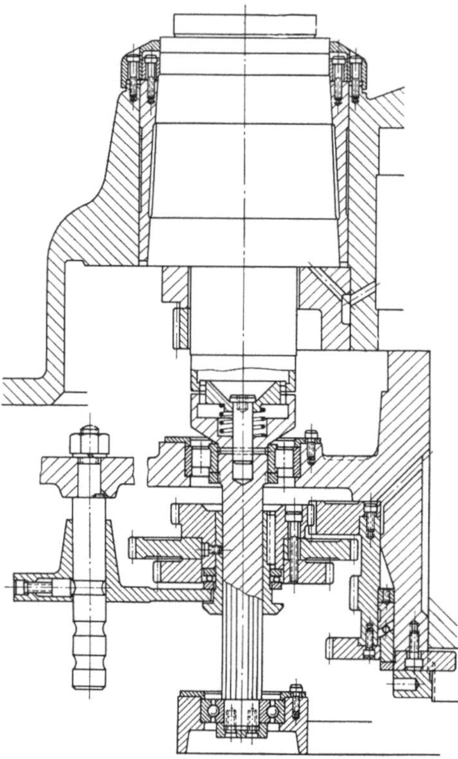

Abb. 171. Drehspindelantrieb zentral mit 3 Geschwindigkeitsstufen

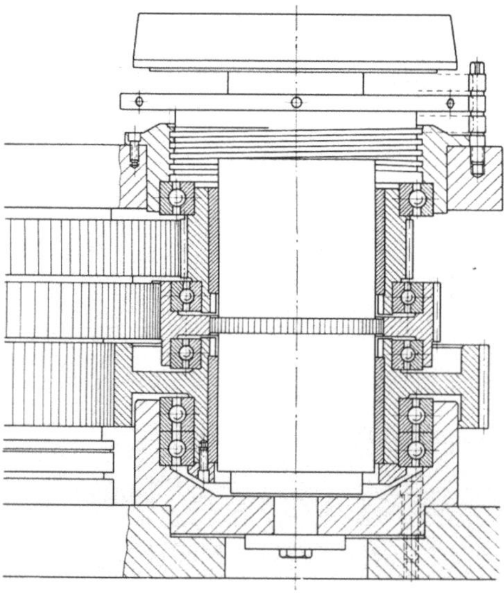

Abb. 172. Drehspindelantrieb mit 3 hydraulisch geschalteten Geschwindigkeitsstufen

(Abb. 172), laufen aber lose auf der Werkstückspindel und werden mit dieser nach Bedarf hydraulisch gekuppelt.

Bei Vollautomaten, nämlich Stangenautomaten und Magazinautomaten, können die Drehspindeln ununterbrochen durchlaufen. Das Antriebsrad auf jeder Drehspindel kann also mit dieser fest verbunden, als Schieberäderblock nur hinsichtlich Drehung mit der Drehspindel fest verbunden sein.

Bei Halbautomaten dagegen muß die Drehbewegung einer einzelnen Drehspindel abgeschaltet werden können, um während der Bearbeitung an den übrigen Drehspindeln an einer aus- und einspannen zu können. Die Anordnung hierfür zeigt Abb. 173. Das mit dem Zentralrad kämmende schrägverzahnte Antriebsrad auf der Drehspindel ist nicht auf dieser verkeilt, sondern mit ihr über eine Lamellenkupplung verbunden, die nach Bedarf geschaltet werden und auch mit einer Lamellenbremse zum schnellen Abbremsen der Spindeldrehbewegung verbunden sein kann.

Die gleiche Anordnung mit Lamellenkupplung findet man als Sondergestaltung bei Vollautomaten, bei denen eine Drehspindelstellung etwa für Fräsarbeiten oder Querbohrarbeiten stillgesetzt werden muß. Allerdings ist die

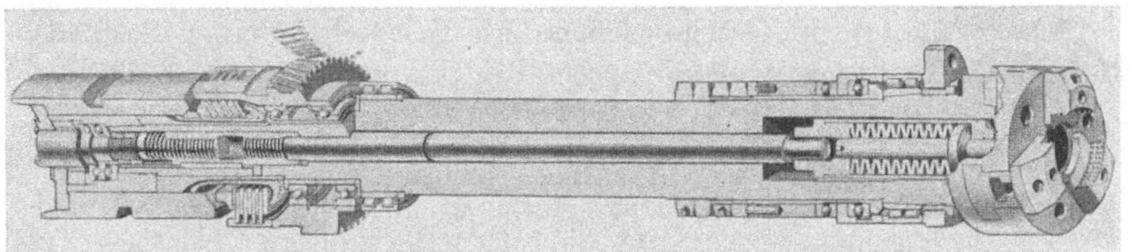

Abb. 173. Drehspindelantrieb eines Halbautomaten mit abschaltbarem Antrieb

Unterbringung bei Stangenautomaten schwierig, da die Spannzangenbetätigung (s. Abb. 166) bereits den Platz einnimmt, den bei Halbautomaten die Lamellenkupplung beansprucht. Vollautomaten mit Spindelstillsetzeinrichtung sind daher erheblich länger als sonstige Voll- oder Halbautomaten.

4.26 Punkt-Stillsetzeinrichtung

Bestimmte Arbeiten an einzelnen Spindelstellungen oder auch bestimmte Spanneinrichtungen können es notwendig machen, daß der Drehantrieb der Drehspindel nicht einfach abgeschaltet und diese stillgesetzt wird, sondern daß die Spindel nach dem Stillsetzen stets eine ganz bestimmte Lage hat, die immer genau gleich sein muß, etwa damit die Spanneinrichtung spanngerecht für das Einlegen des neuen Rohlings liegt, oder daß eine Querbohrung richtig zu einer am Werkstück vorhandenen Fläche liegt.

In diesen Fällen ist also eine punktgenaue Stillsetzung der Drehspindeln notwendig und durch die sog. Punkt-Stillsetzeinrichtung möglich. Hierbei wird die Drehspindel über eine Lamellenkupplung ausgekuppelt und mittels einer elektromagnetischen Bremse auf den Schleichgang eines Planetengetriebes abgebremst. Dieser bringt die Raste auf einer Drehspindelhülse in Indexstellung, so daß ein etwa hydraulisch betätigter Indexbolzen einrasten kann.

4.3 Der Antriebskasten

In den Antriebskasten wird die Drehbewegung für den ganzen Mehrspindelautomaten eingeleitet und auf die verschiedenen Verbraucher

Drehspindeln, Steuerwelle, Werkzeugantriebe

verteilt. Die Drehgeschwindigkeit jedes einzelnen Zweiges muß dabei in Stufen regelbar sein, um der Bearbeitungsaufgabe angepaßt zu werden.

Die Gestaltung des Antriebskastens hängt von der Maschine ab. Vielfach ist er in einem dem Spindelstock gegenüberliegenden Ständer untergebracht.

Abb. 174 zeigt ein Getriebeschema als Beispiel für einen Antriebskasten, die Bewegungsverteilung und die Bewegungsabstufungen.

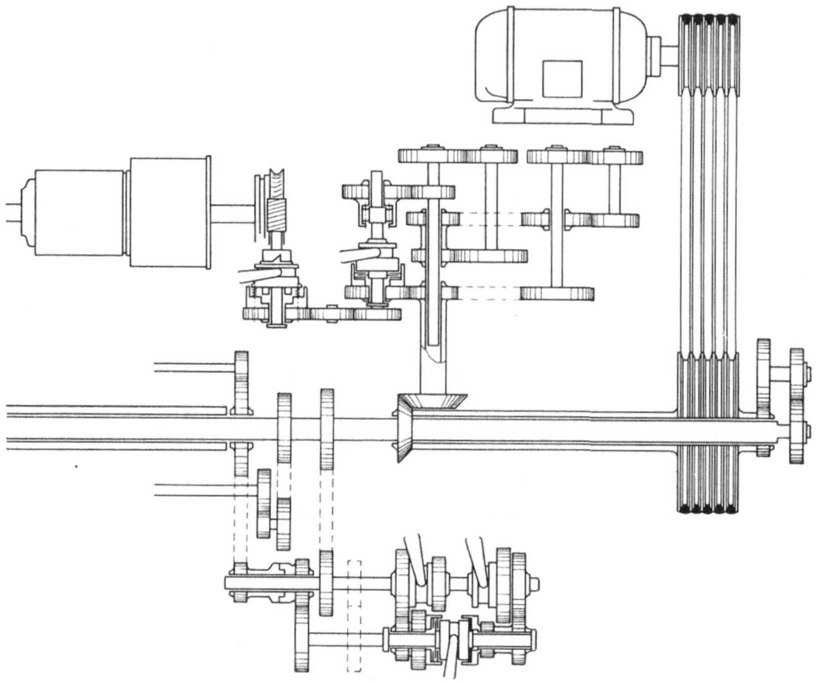

Abb. 174. Getriebeplan des Antriebskastens eines Mehrspindelautomaten

4.31 Bewegungseinleitung

Die Einleitung der Drehbewegung in einen Mehrspindelautomaten erfolgt über einen Elektromotor und Keilriemenantrieb (Abb. 174) oder unmittelbar durch einen Flanschmotor in den Antriebskasten. Motorschwingungen sind vom Antriebsständer fern zu halten, sei es nun durch gesonderte Motoraufstellung oder durch dessen gute Auswuchtung.

Die erste Getriebewelle, über welche die Drehbewegung eingeleitet wird, trägt eine Kupplung, bei Keilriemenantrieb ist diese in der getriebenen Keilriemenscheibe angeordnet (Abb. 175). Es ist bei Mehrspindelautomaten im Gegensatz zu anderen Werkzeugmaschinen nur eine Antriebsdrehrichtung erforderlich, da stets alle Werkstückspin-

deln im gleichen Drehsinn umlaufen und entgegengesetzte Relativbewegungen zwischen Werkzeug und Werkstücken durch zusätzliche über-

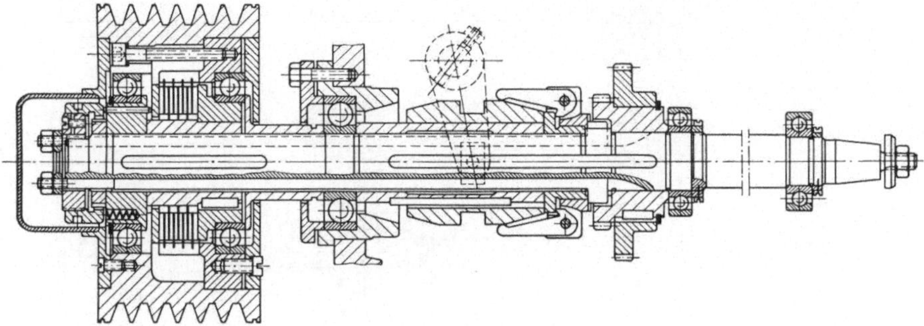

Abb. 175. Antriebswelle mit Kupplung in der Keilriemenscheibe und Konusbremse

holende oder verzögerte Drehgeschwindigkeit der Werkzeugspindel erreicht werden.

4.32 Drehspindelantrieb

Den Drehspindeln müssen über die zentrale Antriebswelle (s. Abschnitt 4.2) eine große Anzahl Drehzahlen in einem großen Drehzahlenbereich

$$\text{Drehzahlbereich} = \frac{\text{größte Drehzahl}}{\text{kleinste Drehzahl}}$$

zugeleitet werden. Entsprechend der Dauereinstellung eines Mehrspindelautomaten, der wochen- und oft monatelang das gleiche Werkstück fertigt und daher mit der gleichen Drehzahl an den Werkstückspindeln
läuft, können für die Drehzahlabstufung Wechselrädergetriebe verwendet werden. Der erhöhte Zeitbedarf beim Ändern einer Drehzahl durch
Wechselräder gegenüber Schieberädern fällt bei einem Mehrspindelautomaten nicht ins Gewicht.

Auf die geometrische Stufung der Drehzahlen ist aber Wert zu legen,
um über den ganzen Drehzahlbereich mit gleicher Wirtschaftlichkeit
arbeiten zu können.

Die praktische Gestaltung eines Drehspindelantriebes in einem Antriebskasten mit Wechselräderschaltung zeigt nachstehendes Beispiel.
Die Bewegung wird von der Antriebsscheibe (Abb. 176) über 2 Wechsel-
radpaare *a-b* und *c-d* sowie drei feste Räderstufen auf die zentrale
Antriebswelle I geleitet, welche die Bewegung den Drehspindeln zuleitet.
Die Wechselräderpaare haben festen Achsabstand, der bei beiden Paaren
gleich groß ist, so daß jedes Räderpaar wahlweise bei beiden Stufen
eingesetzt werden kann. Dadurch ergibt sich eine gute Ausnutzungs-

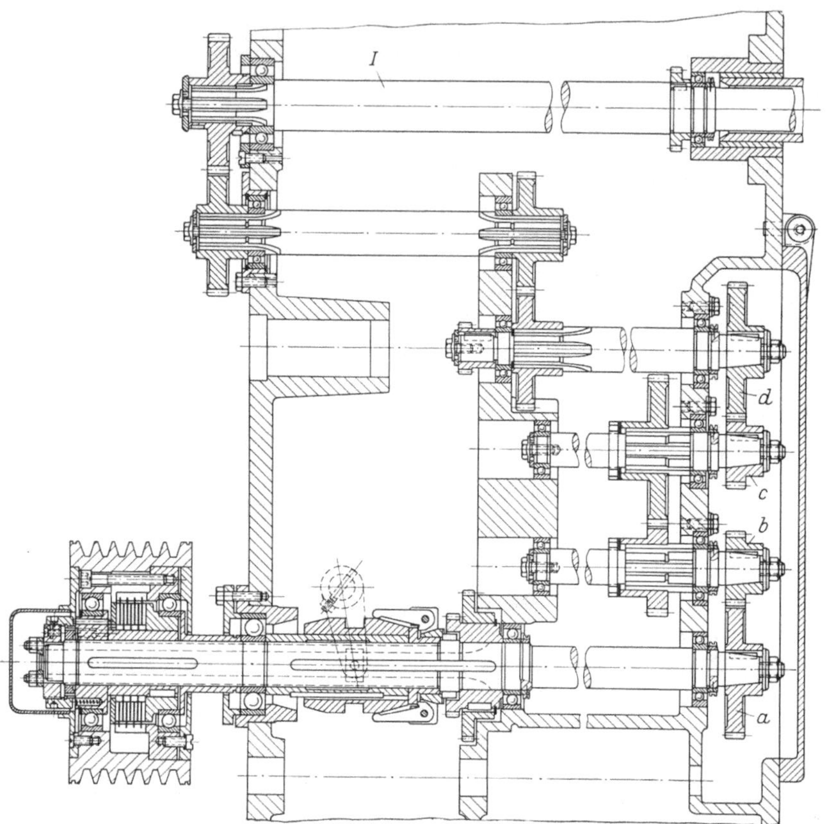

Abb. 176. Antriebskasten eines Mehrspindelautomaten

Abb. 177. Wechselräder im Hauptantrieb eines Automaten

möglichkeit vorhandener Wechselräderpaare.

Die gute Zugänglichkeit der beiden Räderpaare läßt Abb. 177 erkennen. Die Wechselräder haben kegelige Bohrungen und sind durch Keile gegen Drehung gesichert. Zum Wechseln der Räder, die sich bei langem Betrieb sehr fest setzen können, ist eine Abzieheinrichtung notwendig, die in eine Ringnut auf der Nabe der Wechselräder eingreift und gleichzeitig die Spannmutter faßt.

Wie mit nur 5 Räderpaaren, darunter 2 Paaren mit gleicher Zähnezahl, 21 Drehzahlstufen mit einem Drehzahlbereich 10 geschaltet werden können, zeigt die Tab. 11.

Die beiden Wechselräderpaare können auch anders als in Abb. 177 gezeigt angeordnet werden. Wenn Bewegungseinleitung und Bewegungsableitung auf der gleichen Achse liegen sollen, kommt die Anordnung nach Abb. 178 in Frage.

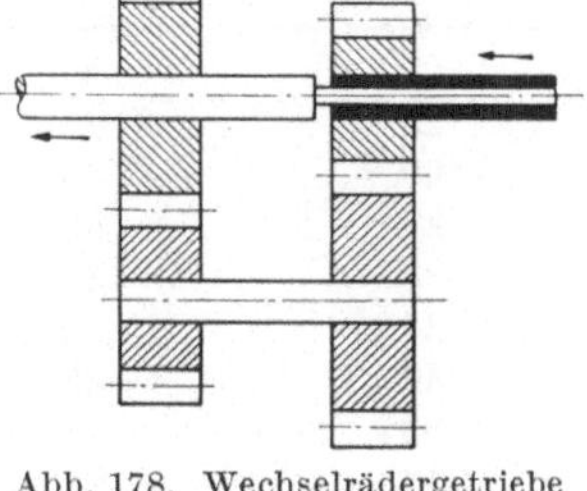

Abb. 178. Wechselrädergetriebe mit 2 Wellenpaaren, gleichem Achsabstand und direktem Eingriff, auf 2 Wellen angeordnet

Daß aber im Antriebskasten auch eine Kombination zwischen einem Schieberäderpaar (Abb. 179) und einem Wechselräderpaar (Abb. 180) vorkommen kann, zeigt das Beispiel eines englischen Automaten, bei dem diese Anordnung gewählt wurde.

Auf die optimale Gestaltung von Wechselrädergetrieben wird im Abschn. 4.35 noch besonders eingegangen. Nur bei bestimmten Räderübersetzungen können geometrisch gestufte Drehzahlreihen mit kleinsten Räderpaarzahlen erreicht werden können.

Abb. 179. Schieberäderblock im Antriebskasten eines Automaten

Abb. 180. Wechselräderpaar im Antriebskasten eines Automaten

Tabelle 11. Spindeldrehzahlen bei 2 Wechselradpaaren vor der zentralen Welle

| Zähnezahlen der Wechselräder | | | | Spindeldrehzahl Uml./min |
| 1. Räderpaar | | 2. Räderpaar | | |
treibend	getrieben	treibend	getrieben	
27	45	25	47	315
29	43	25	47	355
29	43	27	45	400
33	39	25	47	450
33	39	27	45	500
33	39	29	43	560
39	33	25	47	630
33	39	33	39	710
43	29	25	47	800
43	29	27	45	900
39	33	33	39	1000
45	27	29	43	1120
43	29	33	39	1250
45	27	33	39	1400
47	25	33	39	1600
43	29	39	33	1800
45	27	39	33	2000
47	25	39	33	2240
45	27	43	29	2500
47	25	43	29	2800
47	25	45	27	3150

4.33 Steuerwellenantrieb

Die Umlaufgeschwindigkeit der Steuerwelle und damit die Vorschubgröße und die Stückzeit werden durch weitere Wechselräder im Antriebskasten gesteuert.

Alle Bewegungen, die nicht unmittelbar der Bearbeitung des Werkstückes dienen und deshalb in ihrer Vorschubgröße dem Werkstoff und der Bearbeitungsart angepaßt werden müssen, werden von der Steuerwelle im Eilgang ausgeführt. Dazu gehört Schalten der Spindeltrommel, Rückzug der Schlitten und Eilvorlauf bis in Arbeitsstellung, Spannen der Werkstücke. Für die Steuerwelle muß also eine konstante schnelle und eine durch Wechselräder einstellbare Drehzahl im Antriebskasten bereitgestellt werden, und der Wechsel erfolgt bei jedem Arbeitstakt, also einer Steuerwellenumdrehung, einmal ins Schnelle und einmal ins Langsame. Für die Ableitung der Bewegung des Steuerwellenantriebes gibt es zwei unterschiedliche Wege. Es handelt sich darum, ob die einstellbare, langsamere Steuerwellendrehung von der Spindeldrehzahl abhängig oder unabhängig sein soll. In ersterem Fall muß mit Vorschüben je Spindeldrehung gerechnet werden, und die Bewegung ist nach der Drehspindeldrehzahleinstellung durch Wechselräder abzuleiten. Im anderen Fall, den wir in Abb. 174 finden, wird mit Vorschubgrößen je Minute unabhängig von der Spindeldrehzahl gerechnet und die Bewegungsableitung erfolgt unmittelbar hinter der Antriebsscheibe.

Die Auswirkung beider Möglichkeiten soll kurz in Tabellenform dargestellt werden.

Nach Tab. 12 werden unabhängig von der Spindeldrehzahl mit 9 Wechselräderpaaren 54 Stückzeitstufen zwischen 470 und 10 Sekunden eingestellt. Diese Stufen sind fest, die Vorschubgrößen verändern sich verständlicherweise mit der Drehzahl der Werkstückspindeln.

Tabelle 12. Stückzeiten in sec bei 2 Vorschubwechselräderpaaren und Vorschubantrieb unabhängig vom Drehspindelantrieb

Zähnezahlen der Wechselräder				Stück-zeit in sec	Zähnezahlen der Wechselräder				Stück-zeit in sec
1. Räderpaar		2. Räderpaar			1. Räderpaar		2. Räderpaar		
treibend	getrieben	treibend	getrieben		treibend	getrieben	treibend	getrieben	
70	25	71	24	10	64	31	28	67	69
67	28	71	24	12	67	28	24	71	73
64	31	71	24	13	61	34	28	67	79
61	34	71	24	15	64	31	24	71	84
58	37	71	24	16	58	37	28	67	89
55	40	71	24	18	61	34	24	71	97
58	37	67	28	19	55	40	28	67	101
52	43	71	24	20	58	37	24	71	110
55	40	67	28	21	52	43	28	67	115
49	46	71	24	22	55	40	24	71	126
52	43	67	28	23	49	46	28	67	131
46	49	71	24	24	52	43	24	71	142
49	46	67	28	26	46	49	28	67	148
43	52	71	24	27	49	46	24	71	160
46	49	67	28	29	43	52	28	67	167
40	55	71	24	30	46	49	24	71	181
43	52	67	28	32	40	55	28	67	189
37	58	71	24	34	43	52	24	71	205
40	55	67	28	36	37	58	28	67	215
34	61	71	24	38	40	55	24	71	232
37	58	67	28	41	34	61	28	67	246
31	64	71	24	43	37	58	24	71	264
34	61	67	28	46	31	64	28	67	282
28	67	71	24	49	34	61	24	71	302
31	64	67	28	53	31	64	24	71	348
25	70	71	24	57	28	67	24	71	402
70	25	24	71	63	25	70	24	71	407

Nach Tab. 13 werden bei Abhängigkeit der Steuerwellendrehzahlen von der Spindeldrehzahl mit nur 8 Räderpaaren 27 verschiedene Vorschübe je Spindeldrehzahl und bei 21 Drehzahlstufen 567 Stückzeitstufen zwischen 585 und 5,8 Sekunden erzielt. Das bedeutet praktisch den doppelten Vorschubbereich bei einem Wechselrad weniger.

Tabelle 13. Stückzeiten, dargestellt in Zahl der Spindelumdrehungen bei 2 Vorschubwechselradpaaren im Eingriff und Vorschubabhängigkeit von der Spindelumdrehung

| Zähnezahlen der Wechselräder | | | | Stückzeit, ausgedrückt in Spindelumdrehungen[1] |
| 1. Räderpaar | | 2. Räderpaar | | |
treibend	getrieben	treibend	getrieben	
23	49	23	49	1300
23	49	25	47	1150
23	49	27	45	1030
25	47	27	45	915
29	43	25	47	815
29	43	27	45	730
31	41	27	45	660
31	41	29	43	590
33	39	29	43	533
33	39	31	41	483
39	33	27	45	420
41	31	27	45	396
43	29	27	45	360
39	33	33	39	325
45	27	29	43	295
43	29	33	39	268
45	27	33	39	244
41	31	39	33	225
43	29	39	33	207
43	29	41	31	190
45	27	41	31	173
45	27	43	29	160
47	25	43	29	147
47	25	45	27	137
49	23	45	27	127
49	23	47	25	118
49	23	49	23	110

Die getriebliche Lösung der drehzahlunabhängigen Steuerwellenbewegung zeigt Abb. 231. Die über ein Kegelradpaar abgeleitete Drehbewegung der Antriebsscheibe wird entweder über ein Stirnradpaar direkt der Eilgangkupplung EK oder über 2 Wechselräderpaare und einige feste Übersetzungen der Überholkupplung $ÜK$ zugeleitet. Letztere dreht die Steuerwelle ständig zwangläufig. Beim Einschalten der Eilgangkupplung EK wird aber deren höhere Drehzahl der Steuerwelle zugeleitet, bis die Kupplung wieder ausgeschaltet wird. Die praktische

---

[1] In Verbindung mit 21 Spindeldrehzahlen ergeben sich $21 \times 27 = 567$ Stückzeiten, die sich aber teilweise stark überdecken!

Ausführung dieses Teiles des Antriebskastens zeigt Abb. 181, die auch noch den Steuerwellenantrieb durch Schnecke und Schneckenrad erkennen läßt.

Früher wurden die verschiedenen Steuerwellendrehzahlen vielfach über Nortongetriebe geschaltet. Davon ist man aber abgegangen, da die

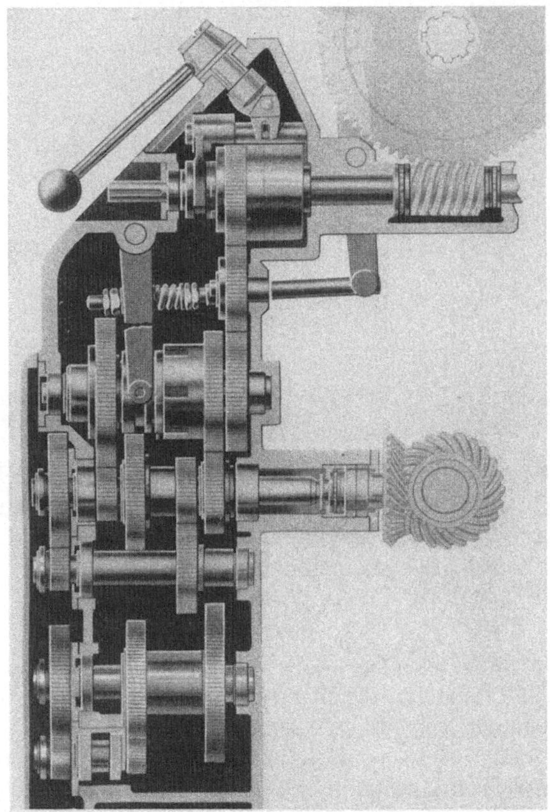

Abb. 181. Antriebskasten mit Haupt- und Vorschubantrieb

Getriebeform nicht sehr günstig ist. Soll nicht allein mit Wechselrädern gearbeitet werden, können andere Getriebeformen vorkommen. In einem Fall wird beispielsweise die Schaltung von 18 Vorschubstufen über ein Schieberädergetriebe mit

$$2 \cdot 3 \cdot 3 = 18$$

vorgenommen. Eine Schaltungstabelle und die erzielten Steuerwellendrehzahlen zeigt Tab. 14.

Tabelle 14. Stückzeiten, dargestellt in Zahl der Spindelumdrehungen bei einem 18stufigen Schieberädergetriebe und Vorschubabhängigkeit von der Spindelumdrehung Getriebe: 1 Doppelblock A B; 1 Dreierblock C D E; 1 Dreierblock F G H

Schaltung der Räderblöcke			Stückzeit, ausgedrückt in Steuerwellenumdrehungen[1]
Doppelblock	Dreierblock	Dreierblock	
A	C	F	635
A	C	G	525
A	C	H	458
A	D	F	405
A	D	G	336
A	D	H	295
A	E	F	272
A	E	G	225
A	E	H	199
B	C	F	175
B	C	G	147
B	C	H	131
B	D	F	114
B	D	G	98
B	D	H	86
B	E	F	81
B	E	G	70
B	E	H	60

Teilweise werden im Steuerwellenantrieb auch bereits elektromagnetische Kupplungen verwendet, die einfaches, schnelles Schalten des gewünschten Arbeitsganges gestatten, so daß ein beliebiger Drehweg mit einstellbarer Geschwindigkeit durchlaufen werden kann.

4.34 Werkzeugantriebe

Verschiedene Werkzeuge müssen bei Mehrspindelautomaten wegen der stets gleichbleibenden Drehgeschwindigkeit der Werkstückspindeln einen zusätzlichen Antrieb erhalten, sei es nun, weil die Drehspindeldrehzahl nicht ausreicht, so daß durch gegenläufige Bohrerdrehung eine höhere Schnittgeschwindigkeit erzielt wird, sei es, daß für das Gewindeschneiden eine zwar gleichlaufende aber gegenüber der Drehspindel zeitweise schnellere, zeitweise langsamere Drehzahl des Gewindewerkzeuges benötigt wird.

Für Werkzeugantriebe muß aus dem Antriebskasten vorwiegend eine Drehbewegung zur Verfügung gestellt werden für

Gewindeschneideinrichtungen
Gewindestrehleinrichtungen
Schnellbohreinrichtungen
Synchrone Werkzeugdrehung.

---

[1] In Verbindung mit 24 Spindeldrehzahlen ergeben sich $18 \times 24 = 432$ Stückzeiten, die sich aber teilweise stark überdecken!

Dazu können noch spezielle Drehbewegungs-Anforderungen kommen. Allen diesen Bewegungen ist aber gemeinsam, daß sie in Abhängigkeit von der Spindeldrehzahl sein müssen. Dementsprechend finden wir auch im Getriebeplan (Abb. 174) die Bewegungsableitung von der zentralen

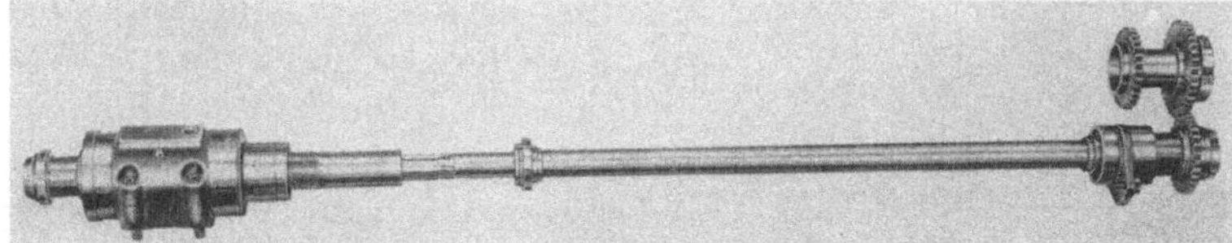

Abb. 182. Schnellbohreinrichtung mit Wechselräderantrieb

Drehspindelantriebswelle, also nach der Bewegungsdurchleitung durch die Drehspindelwechselräder.

Die Schnellbohreinrichtung erhält nur eine Bewegungsableitung mit einem zwischengeschalteten Wechselräderpaar, um die Bohrspindeldrehzahl individuell regeln zu können. Abb. 182 zeigt die Schnellbohreinrichtung. Die Zahl der Stufen je Spindeldrehzahl richtet sich nach der Zahl der Wechselräderpaare.

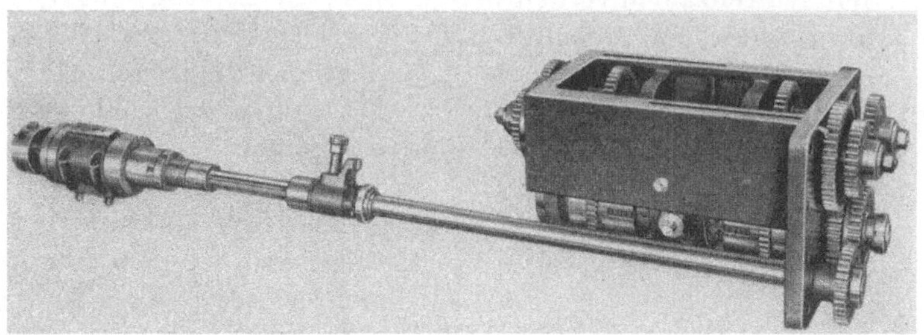

Abb. 183. Gewindeschneideinrichtung mit besonderem Getriebekasten und Wechselrädern

Schwieriger wird die Steuerung der Gewindeschneideinrichtung. Die Drehrichtung der Gewindeschneidspindel ist die gleiche wie die der Werkstückspindeln. Die Drehzahl dagegen ist abweichend. Der Unterschied in den Drehzahlen von Werkstückspindel und Gewindeschneidspindel ergibt die Drehzahl zum Gewindeschneiden. Beim Schneiden von Rechtsgewinde beispielsweise läuft die Gewindespindel beim Schneiden langsamer als die Werkstückspindel, beim Ablaufen schneller. Bei Linksgewinde muß es genau umgekehrt sein.

Für die Gewindeschneideinrichtung ist im Antriebskasten eine Lamellenkupplung eingebaut. Durch Wechselräder wird die Drehzahl der Gewindeschneidspindel der zulässigen Schnittgeschwindigkeit angepaßt, durch die Lamellenkupplung zwischen Gewindeschneiden und Werkzeugrücklauf geschaltet.

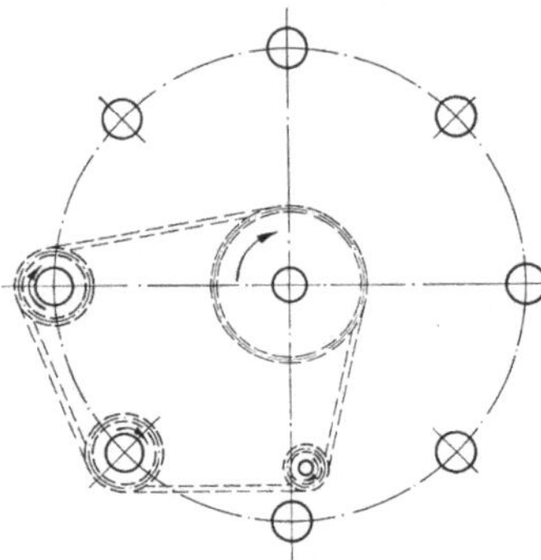

Abb. 184. Kettenantrieb für Schnellbohreinrichtung von der Zentralwelle aus

Vielfach wird die Gewindeschneideinrichtung im Antriebskasten in einem besonderen Gehäuse eingesetzt (Abb. 183), um sie leicht auf die verschiedenen Spindelstellungen umsetzen zu können.

Bekannt ist auch die Bauform, daß Schnellbohreinrichtungen über Kette entweder von der zentralen Antriebswelle (Abb. 184) oder auch von einem besonderen Antrieb von außen her (Abb. 185) angetrieben werden. Dabei ist es nicht schwierig, zwei oder mehr Spindelstellungen gleichzeitig mit Schnellbohreinrichtung auszurüsten und anzutreiben. Durch verschieden große Abtrieb-Kettenräder auf den Schnellbohreinrichtungen lassen sich diesen verschiedene Drehzahlen leicht zuteilen.

Die Drehzahlgestaltung beim Gewindeschneiden bei den verschiedenen Spindeldrehzahlen verdeutlicht Tab. 15. Sie zeigt sowohl Rechts- wie Linksgewinde, die sich durch die Vorzeichen unterscheiden, ob

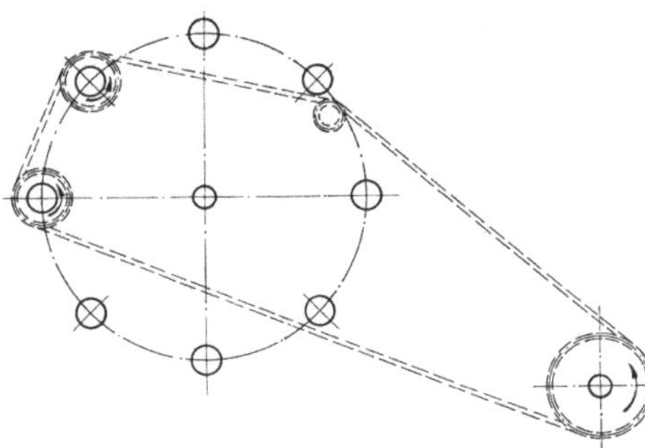

Abb. 185. Kettenantrieb für Schnellbohreinrichtung von besonderem Antrieb aus

nämlich die Drehzahl zur Drehspindeldrehzahl addiert oder von ihr subtrahiert werden muß.

Der Gewindestrehleinrichtung wird lediglich eine konstante, über ein Wechselräderpaar geregelte Drehzahl zugeleitet, da die eigentliche Bewegungsumsetzung im Strehlergehäuse erfolgt (vgl. Abschn. 6.54).

4.35 Bauformen der Wechselrädergetriebe

Da bei Mehrspindelautomaten praktisch alle Drehzahlstufungen über Wechselrädergetriebe geschaltet werden, soll etwas über deren Gestaltung und optimale Räderauswahl gesagt werden.

Voraussetzung ist dabei, daß die aus Wechselrädern gebildeten Drehzahlreihen eine lückenlose geometrisch gestufte Reihe darstellen sollen. Große Stufenzahl mit kleiner Räderzahl ist anzustreben.

Tabelle 15. Drehzahlen der Gewindeschneidspindel, gegenüber der Drehspindel über-holend bzw. verzögert je nach Rechts- oder Linksgewinde, Vorlauf oder Rücklauf

Drehzahl der Drehspindel Uml./min	Rechtsgewinde				Linksgewinde		
	Vorlauf			Rücklauf	Vorlauf		Rücklauf
	Zähnezahlen der Wechselräder						
	33 / 39	30 / 42	24 / 48	44 / 28	39 / 33	42 / 30	28 / 44
315	265	223	155	497	373	445	198
355	299	251	175	560	420	500	223
400	337	285	198	630	473	560	252
450	379	319	222	710	532	630	285
500	422	355	250	785	590	700	315
560	470	395	275	880	662	785	350
630	530	445	312	990	745	880	400
710	600	505	352	1115	840	995	450
800	675	570	400	1255	945	1120	510
900	760	640	450	1410	1062	1260	570
1000	845	710	500	1570	1180	1400	635
1120	945	800	560	1760	1320	1565	710
1250	1050	890	615	1965	1480	1750	785
1400	1180	995	700	2200	1650	1950	890
1600	1350	1145	810	2500	1880	2220	1020
1800	1520	1290	910	2810	2120	2500	1150
2000	1690	1430	1010	3120	2360	2780	1275
2240	1890	1600	1120	3510	2640	3125	1425
2500	2110	1780	1250	3920	2955	3495	1585
2800	2370	2000	1400	4400	3310	3920	1780
3150	2670	2250	1575	4950	3720	4400	2000

Eine geometrisch gestufte Drehzahlenreihe mit einer eingeleiteten Drehzahl n_0, die wieder ausgeleitet und ins Schnelle und Langsame umgeformt werden kann, wird beispielsweise bei 5 Drehzahlstufen sein:

$$n_0 \times \varphi^{-2}, \quad \varphi^{-1}, \quad \varphi^0, \quad \varphi^1, \quad \varphi^2.$$

Wenn die eingeleitete Drehzahl nicht wieder ausgeleitet werden muß, kann die Reihe, jetzt mit 6 Stufen, auch geschrieben werden

$$n_0 \times \varphi^{-2,5}, \quad \varphi^{-1,5}, \quad \varphi^{-0,5}, \quad \varphi^{0,5}, \quad \varphi^{1,5}, \quad \varphi^{2,5}.$$

Der Stufensprung mit seinem Exponenten gibt die Übersetzung des Wechselräderpaares an, das Vorzeichen, ob das Räderpaar ins Schnelle oder ins Langsame treibt. Da der Stufensprung nach Festlegung des gewünschten Stufensprunges konstant bleibt, kann die vereinfachte Form der Schreibweise gewählt werden, bei der nur die Exponenten angegeben werden. Die beiden oben angeführten Drehzahlreihen schreiben sich dann wie folgt:

$$-2, \quad -1, \quad 0, \quad 1, \quad 2;$$
$$-2,5, \quad -1,5, \quad -0,5, \quad 0,5, \quad 1,5, \quad 2,5.$$

Es muß also stets bestimmt werden, ob die eingeleitete Drehzahl auch ausgeleitet werden muß, da in diesem Fall ein Räderpaar, eben das mit Exponent 0, nur eine Drehzahl ergibt. Die Stufenzahlen der Reihen „mit 0" werden also durchweg um eine Stufe kleiner sein als die Reihen „ohne 0", wie die späteren Tabellen auch zeigen.

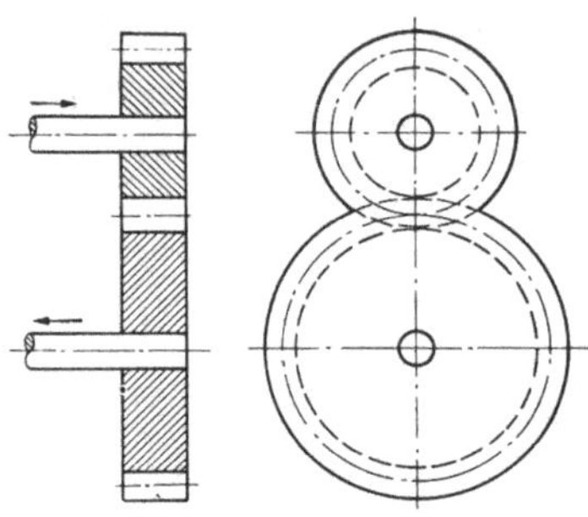

Abb. 186. Wechselrädergetriebe mit einem Räderpaar

Für die weitere Behandlung sind die verschiedenen Bauformen der Wechselrädergetriebe wichtig. Es müssen hierbei unterschieden werden:

1. Getriebe mit festem Achsenabstand, bei denen das treibende und das getriebene Stirnrad unmittelbar ineinandergreifen. Die Summe der Teilkreisdurchmesser und damit die Summe der Zähnezahlen ist immer gleich groß.

2. Getriebe mit Zwischenrad, bei denen zwischen dem treibenden und dem getriebenen Zahnrad ein Zwischenrad liegt, dessen Achse je nach den Zähnezahlen der treibenden und getriebenen Räder ortsveränderlich ist, etwa in einer Wechselradschere.

Für die hier vorliegende Aufgabe kommen nur Getriebe der erstgenannten Form mit direktem Eingriff in Betracht, denn diese eignen

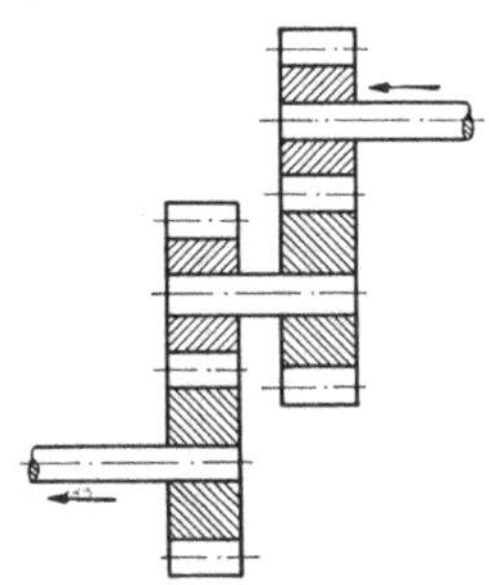

Abb. 187. Wechselrädergetriebe mit zwei Wellenpaaren, gleichem Achsabstand und direktem Eingriff, auf drei Wellen angeordnet

sich für die Übertragung großer Kräfte, weil die einzelnen Getriebewellen fest gelagert sind. Ein bei dieser Getriebeform genannter Exponent kennzeichnet ein bestimmtes Räderpaar.

Die einfachste Bauart ist das Wechselrädergetriebe mit 2 Wellen und einem im Eingriff stehenden Wechselräderpaar (Abb. 186).

Es können 2 Räderpaare gleichzeitig im Eingriff sein. Dabei sollen hier nur die Getriebeformen betrachtet werden, bei denen beide Wellenabstände gleich groß sind, so daß jedes Räderpaar wahlweise zwischen einem der beiden Wellenpaare arbeiten kann. Diese Getriebeform ist möglich mit 3 Wellen ohne feste Zwischenübersetzungen, so daß auf der mittleren Welle stets 2 Wechselräder angeordnet sein müssen (Abb. 187). Die Bauform läßt sich verändern in ein Zweiwellengetriebe, das aber mit einer Hohlwelle ausgerüstet ist, so daß Bewegungseinleitung und -ausleitung achsengleich liegen (Abb. 178). Diese Bauform fanden wir bereits in dem Getriebeplan Abb. 174. Endlich kann das Getriebebild mit 4 Wellen aufgebaut werden (Abb. 188), wobei zwischen der zweiten und dritten Welle eine feste Übersetzung vorzusehen ist. Auch diese Getriebeform fanden wir bereits in Abb. 176.

Die Zahl der hintereinander angeordneten Wechselräderpaare läßt sich auch auf drei und mehr erhöhen, entsprechend mit höherer Wellenzahl. Auf die Behandlung dieser Bauformen kann hier aber verzichtet werden, da die Stufenzahlen sehr groß werden und im Mehrspindelautomatenbau praktisch keine Bedeutung haben.

Bei einem Wechselrädergetriebe mit direktem Eingriff und einem Wellenpaar (Abb. 186) lassen sich mit jedem Wechselräderpaar zwei Übersetzungen erreichen. Die Stufenzahl wird also doppelt so groß wie die Zahl der Räderpaare. Die Möglichkeiten und die Exponenten der einzelnen Räderpaare sind in Tab. 16 zusammengestellt.

Bei einem Getriebe mit direktem Eingriff und mehreren Wellenpaaren gleichen Achsabstandes (Abb. 188) kann jedes Wechselräderpaar auf jedem Wellenpaar eingesetzt werden. Hierbei erhöhen sich die Stufenzahlen teilweise beträchtlich. In Tab. 17 und 18 sind die erreichbaren Stufenzahlen und die notwendigen Räderpaarübersetzungen zusammengestellt.

Die praktisch erreichbare Stufenzahl wird nun dadurch begrenzt, daß die Einzelübersetzungen der Räderpaare besonders beim Übersetzen

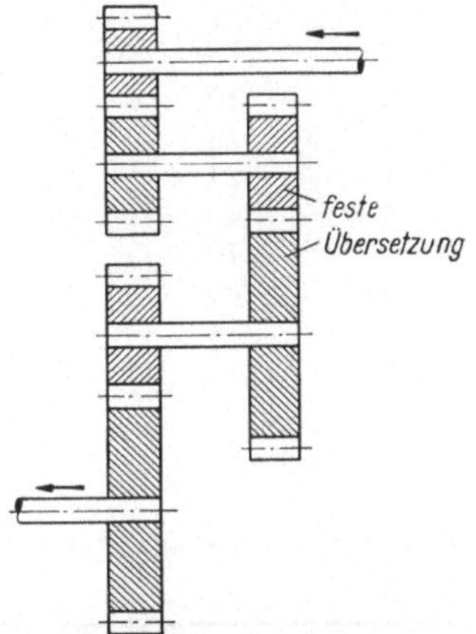

Abb. 188. Wechselrädergetriebe mit zwei Wellenpaaren, verschiedenem Achsabstand der Wellenpaare und direktem Eingriff. Verbindung der beiden Wellenpaare durch ein festes Räderpaar

Tabelle 16. Wechselrädergetriebe mit direktem Eingriff und einem Wellenpaar

Zahl der Räderpaare	Stufenzahl theor. erreichbar	Stufenzahl prakt. erreicht	Übersetzungen der einzelnen Räderpaare, ausgedrückt in Exponenten								
1	2	2	0,5								
2	4	4	0,5	1,5							
3	6	6	0,5	1,5	2,5						
4	8	8	0,5	1,5	2,5	3,5					
5	10	10	0,5	1,5	2,5	3,5	4,5				
6	12	12	0,5	1,5	2,5	3,5	4,5	5,5			
7	14	14	0,5	1,5	2,5	3,5	4,5	5,5	6,5		
8	16	16	0,5	1,5	2,5	3,5	4,5	5,5	6,5	7,5	
9	18	18	0,5	1,5	2,5	3,5	4,5	5,5	6,5	7,5	8,5

Tabelle 17. Wechselrädergetriebe mit direktem Eingriff und gleichem Wellenabstand. Zwei Wellenpaare

Zahl der Räderpaare	Stufenzahl theor. erreichbar	Stufenzahl prakt. erreicht	Übersetzung der einzelnen Räderpaare, ausgedrückt in Exponenten									
2	4	4	0,5	1,0									
3	12	7	1,0	1,0	2,0								
3	12	8	0,5	1,5	2,0								
4	24	15	1	3	3	4							
4	24	16	0,5	1,5	2	6							
5	40	23	1	3	5	5	6						
5	40	24	0,5	1,5	2,5	3	9						
6	60	36	0,5	1,5	2,5	3	9	15					
7	84	51	2	6	10	10	11	12	13				
8	112	67	2	6	10	14	14	15	16	17			
9	144	83	2	7	12	17	17	18	19	20	21		
10	180	103	2	7	12	17	22	22	23	24	25	26	

Tabelle 18. Wechselrädergetriebe mit direktem Eingriff und gleichem Wellenabstand. Drei Wellenpaare

Zahl der Räderpaare	Stufenzahl theor. erreichbar	Stufenzahl prakt. erreicht	Übersetzungen der einzelnen Räderpaare, ausgedrückt in Exponenten							
3	8	8	0,5	1	2					
4	32	27	1	3	4	8				
5	80	45	3	5	6	7	9			
6	160	81	3	9	11	12	13	15		
7	280	131	2	11	18	19	20	21	24	
8	448	185	2	11	20	27	28	29	30	33

ins Schnelle nicht beliebig erhöht werden können. Im Rahmen der bei Mehrspindelautomaten vorkommenden Stufenzahlen und Gesamtübersetzungen verbleiben aber vertretbare Werte, so daß die optimalen, d. h. kleinsten Räderpaarzahlen nach obigen Tabellen verwendet werden können.

4.4 Die Werkzeugträger

Zur Aufnahme der Werkzeuge für Mehrspindelautomaten mit umlaufenden Werkstücken dienen Werkzeugschlitten, Schwinghebel oder Pinolen.

Es sind 2 Bewegungsrichtungen der Werkzeuge zu unterscheiden und von den Werkzeugträgern durchzuführen.

1. Bewegungen in Richtung der Drehachse der Werkstücke, die stets geradlinig sein müssen.

2. Bewegungen in einer Ebene senkrecht zur Drehachse der Werkstücke, die geradlinig durch Schlitten bzw. Schieber oder bogenförmig durch Schwinghebel durchgeführt werden können.

4.41 Zahl und Anordnung der Werkzeugträger

Wichtig für die Leistungsfähigkeit eines Mehrspindelautomaten ist die Zahl der Werkzeugträger. Gerade die Vielzahl der Werkzeuggruppen schafft die Möglichkeit günstiger Bearbeitungspläne, diese Vielzahl

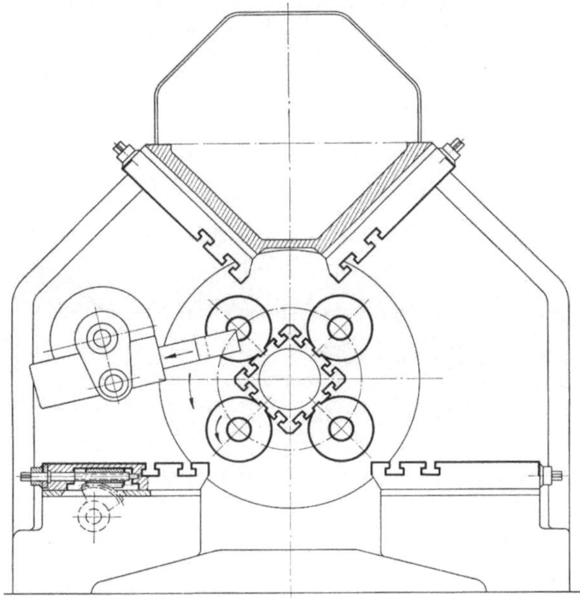

Abb. 189. Vierspindelautomat. Schlittenschema

macht eine entsprechende Zahl von Spannmöglichkeiten nötig. Es muß theoretisch gefordert werden, daß zu jeder Drehspindel mindestens ein längs und ein radial arbeitender Werkzeugträger vorhanden ist und daß jeder dieser Werkzeugträger eine unabhängige Bewegung erhält, so daß er hinsichtlich seiner Weglänge und Vorschubgröße frei eingestellt werden kann.

In der Praxis läßt sich aus Platzgründen diese Forderung nicht voll verwirklichen, und es müssen Beschränkungen in Kauf genommen werden, wenn man den Spindelabstand und den Arbeitsraum allgemein nicht übergroß gestalten will.

Einfach ist die Situation noch beim Vierspindelautomaten. Abbildung 189 läßt zwischen den 4 Spindeln den vierseitigen Block mit

Längsbewegung erkennen, der allerdings für alle Spindeln den gleichen Weg und Vorschub hat. Über die Gestaltung dieses Blockes mit Einzelschiebern für jede Spindel wird später berichtet. Jede Drehspindel hat einen unabhängigen Querschlitten, die Abstechspindel oben links sogar einen zusätzlichen Abstechschlitten.

Bei dem Sechsspindelautomaten (Abb. 190) finden wir entsprechende Verhältnisse, zwischen den 6 Drehspindeln einen sechsseitigen Längsblock und radial arbeitend sechs unabhängige Querschlitten, von denen einer als Abstechschlitten (Mitte links) ausgebildet ist.

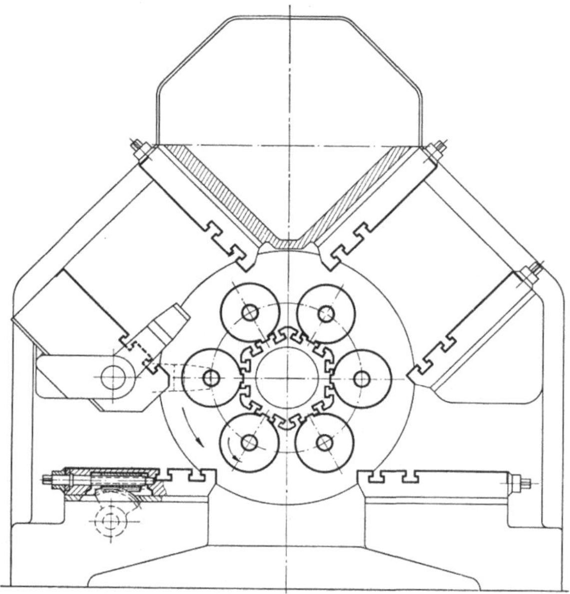

Abb. 190. Sechsspindelautomat. Schlittenschema

Schwieriger werden die Platzverhältnisse bei dem Achtspindelautomaten (Abb. 191). Zwar kann der mittlere Längsschlitten achtseitig ausgebildet werden, so daß zu jeder Spindel eine Blockseite für Längswerkzeuge vorhanden ist, aber die Anordnung von 8 Querschlitten ist räumlich nicht möglich, und in dem Beispiel sind nur 5 Querschlitten vorgesehen, zu denen ein weiterer Abstechschlitten treten kann.

Es lassen sich zahlreiche andere Lösungen finden. Es wird später noch beschrieben, daß an den Querbalken zwischen Spindelstock und Antriebskasten zwei weitere Längsschlitten in Plattenform angesetzt werden, es ist auch bei schmaler Konstruktion die Anordnung weiterer Querschlitten denkbar. Die räumlichen Schwierigkeiten lassen sich aus den Abbildungen aber schon klar erkennen, und es darf nicht vergessen werden, daß jeder unabhängige Werkzeugträger auch einen besonderen Antriebsmechanismus benötigt, so daß beim Sechsspindelautomaten

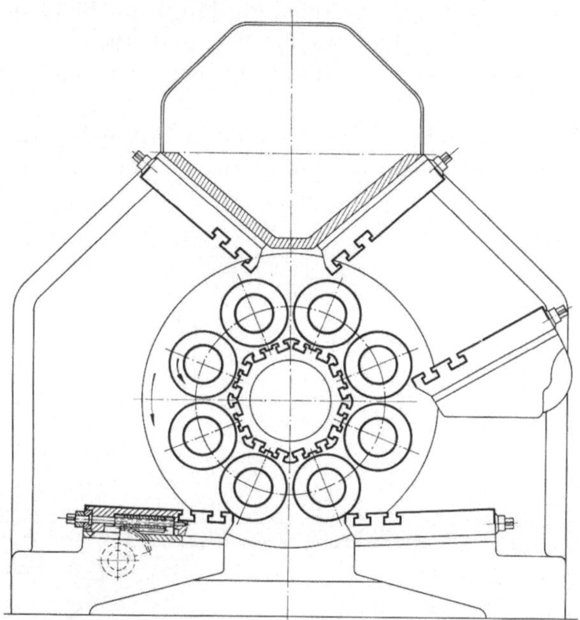

Abb. 191. Achtspindelautomat. Schlittenschema. Hier kann ein Abstechschlitten hinzukommen

nach Abb. 36 unter der Annahme gesonderter Längsschieber auf dem zentralen Block bereits 6 Antriebsmechanismen für Längsbewegungen und sechs weitere Querbewegungen erforderlich werden. Die Anordnung der Werkzeugträger ist also nicht allein eine Frage ihrer eigenen Unterbringung zwischen und an den Drehspindeln, sondern ebenso der Unterbringung ihrer Antriebseinrichtungen, auf die im Abschnitt Steuerung eingegangen werden muß.

Die Zahl der unabhängigen Werkzeugschlittenbewegungen

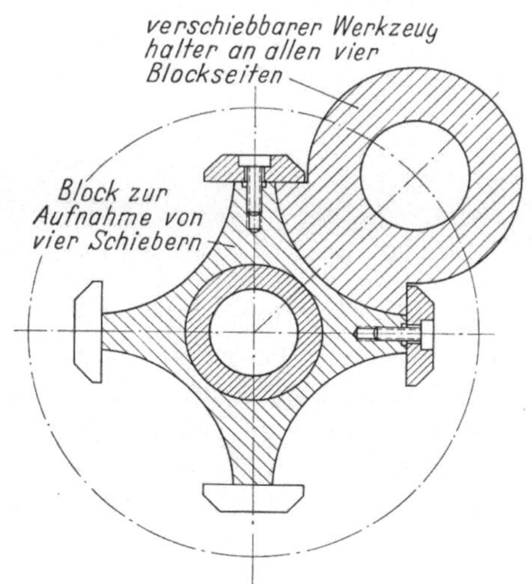

Abb. 192. Längswerkzeugträger als Block mit verschiebbaren Werkzeughaltern

wird beträchtlich größer, wenn der Längswerkzeugträger nicht als Einstückblock (Abb. 189 bis 191) ausgebildet wird, sondern auf jeder seiner Seiten einen für sich unabhängig längsverschieblichen Schieber bzw. Werkzeughalter erhält (Abb. 192 und 194). Diese Bauweise finden wir bei einem einzigen Fabrikat bei Vier- und Sechsspindelautomaten.

Bei einem senkrechten Halbautomaten mit 6 bis 12 Werkstückspindeln zeigt sich eine unsymmetrische Anordnung der Längs-

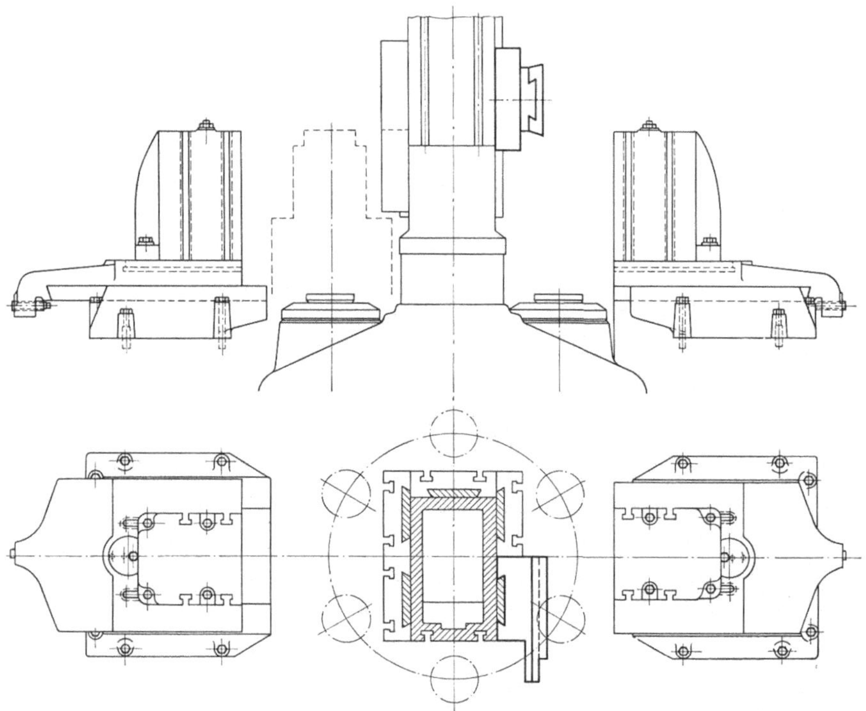

Abb. 193. Längs- und Querschlittenanordnung bei einem senkrechten Halbautomaten

schlitten (Abb. 193). Jede der im Bild gezeigten 6 Drehspindeln hat zwar einen besonderen Längsschlitten, die zusammen zu einem zentralen Rechteckblock zusammengebaut sind. Dieser hat aber an je zwei einander gegenüberliegenden Seiten einmal zwei und dann wieder nur einen Werkzeugträger. Einer dieser längsbeweglichen Werkzeugträger kann zusätzlich radial bewegt werden. Für die Radialbearbeitung stehen außerdem 2 Doppelseitenschlitten zur Verfügung.

4.42 Längswerkzeugträger

Längswerkzeugträger von Mehrspindelautomaten sind fast ausschließlich zentrale, zwischen den Drehspindeln angeordnete Blöcke, sog. Gridleyblöcke, die auf einem Stahlrohr gleiten, welches auf der einen

Abb. 194. Längswerkzeugträger gleitend auf einem Rohr in der Spindeltrommel

Seite in die Spindeltrommel eingepreßt ist und sich auf der Gegenseite im Antriebskasten abstützt. So wird eine genau zentrische Lage des Werkzeugträgers sichergestellt. Die früher vielfach verwendeten, auf

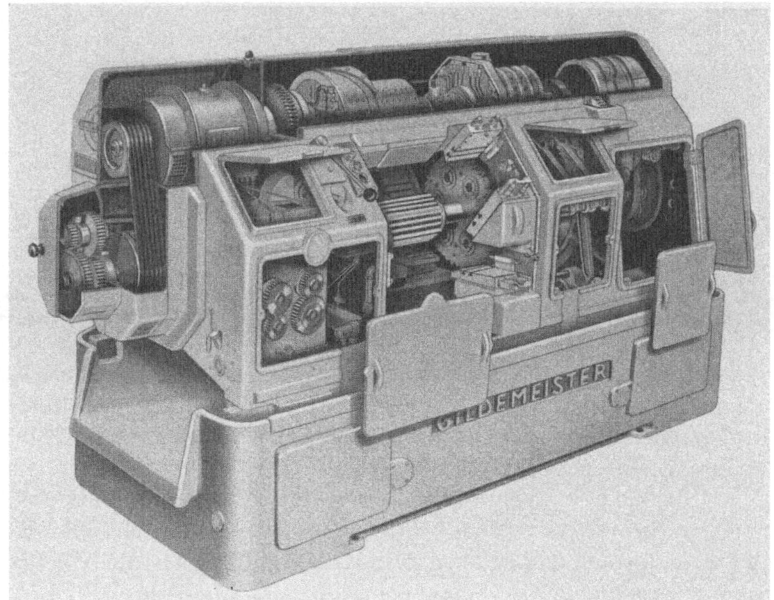

Abb. 195. Mehrspindelautomat mit festem Werkzeugblock

einem Bett stehenden oder am Querbalken hängenden Längsschlitten sind praktisch ganz verschwunden.

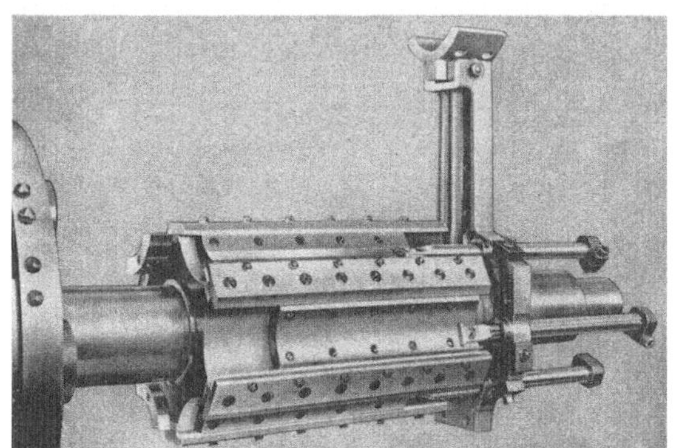

Abb. 196. Werkzeugblock mit 6 Einzelschiebern

Die Urform des Gridleyblockes, beim Einspindelautomaten bekannt geworden, hat auf jeder Blockseite einen Schieber, und der Block führte die Schaltbewegung gegen die eine Drehspindel aus. Aus schon genannten Platzgründen ist daraus bei Mehrspindelautomaten der feste Block

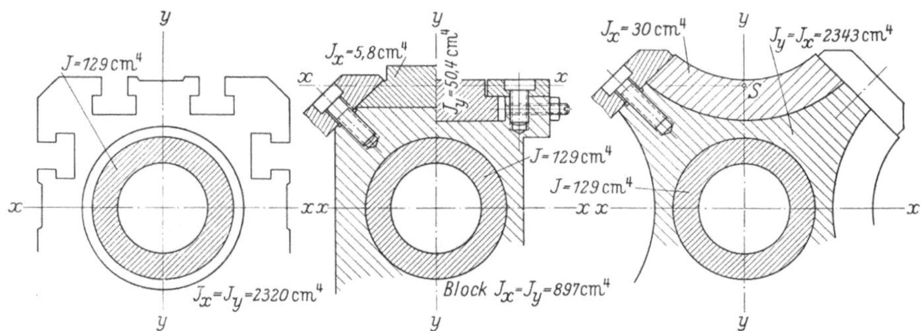

Abb. 197 Stabiler Werkzeug-block ohne Einzelschieber   Abb. 198. Block mit prisma-tischen Einzelschiebern   Abb. 199. Block mit bogen-förmigen Einzelschiebern

geworden, den Abb. 195 erkennen läßt. Auf den einzelnen Blockseiten können Werkzeuge unmittelbar oder in aufgeschraubten Haltern gespannt werden. Sie führen alle zusammen den gleichen Weg (Eil- und Arbeitsweg) mit gleichem Vorschub aus.

Der Block kann auch ortsfest ausgeführt und die Seitenflächen können so gestaltet werden, daß sie nicht unmittelbar die Werkzeuge tragen, sondern Schieber aufnehmen, auf denen die Werkzeuge gespannt werden. Diese Schieber (Abb. 192 und 196) können nun eine unabhängige Bewegung über die rechts erkennbaren Schubstangen erhalten, so daß bei dieser Bauform zu jeder Drehspindel ein Längswerkzeugträger mit unabhängigem Längsweg und unabhängiger Vorschubgröße zur Verfügung steht.

Die Formgebung des Längswerkzeugblockes für unabhängige Schieber ist eine entscheidende Frage, und daran ist die Einführung vielfach gescheitert. Erst die schon gezeigte Gestaltung, eine patentierte Lösung, brachte den vollen Erfolg. In den Abb. 197 bis 199 sind drei verschiedene Querschnittsformen einander gegenübergestellt. Der links gezeichnete Block (Abb. 197) ohne Einzelschieber, also ein stabiler Block, hat ein

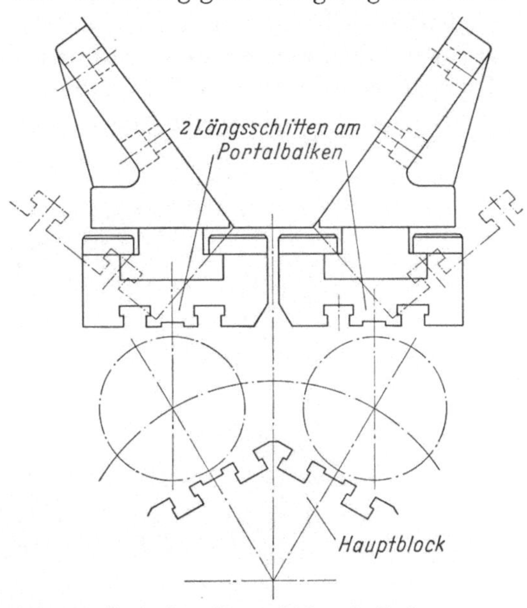

Abb. 200. Zwei obere Längsschieber als Ergänzung zum Hauptblock

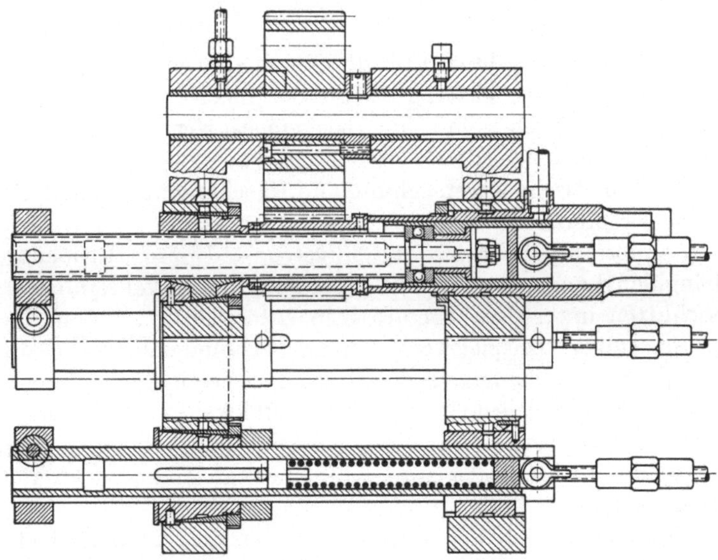

Abb. 201. Pinolen als Ersatz für einen Längsschlitten. Für jede Werkstückspindel ist eine besondere Pinole vorgesehen, die in einem Gehäuse unabhängig längsverschieblich gelagert ist. Die obere Pinole wird zusätzlich gedreht

Trägheitsmoment $J_x = J_y = 2320\ \text{cm}^4$. Die zunächst versuchte Längsschieberlösung — klassische, prismatische Querschnittsform (Abb. 198) — kommt nur auf ein Trägheitsmoment von $J = 897\ \text{cm}^4$, also wesentlich weniger als die erste Ausführung. Bei diesem geringen Trägheitsmoment war die Verwendung von Einzelschiebern nicht zu rechtfertigen. Bei der endgültigen, heute verwendeten Querschnitts-

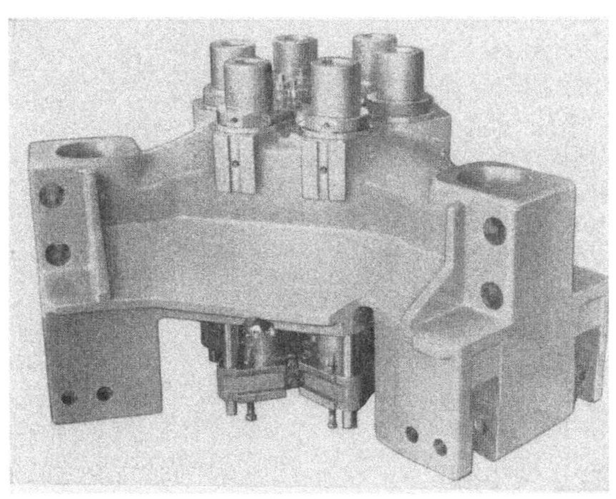

Abb. 202. Sechs längsverschiebliche Pinolen als Längswerkzeugträger

form nach Abb. 199 ergibt sich für den Block aber ein Trägheitsmoment von $J = 2343\ \text{cm}^4$, also gleich groß wie der Block ohne Schieber. Diese Rechnung verdeutlicht, daß nur bei günstigster Querschnittsform Einzelschieber auf den Blockseiten angewendet werden dürfen und daß nur systematische Untersuchung und Durchrechnung zu zufriedenstellenden Ergebnissen führen können.

Eine andere Möglichkeit der wenigstens teilweisen Erhöhung der unabhängigen Längsbewegungen ist die Anordnung von ein oder zwei Längsschlitten unter dem Portalbalken (Abb. 200) über dem Hauptblock. So stehen beispielsweise einem Sechsspindelautomaten doch wenigstens drei unabhängige Bewegungen zur Verfügung.

Neben den vorwiegend verwendeten Blöcken werden aber auch Längsschlitten verwendet. Ein oben blockartig ausgebildeter Schieber (Abb. 219) nimmt 6 Blöcke zur Aufnahme von Werkzeugen für die 6 Spindeln auf.

Unabhängige Längsbewegungen für jede einzelne Drehspindel lassen sich außer durch Einzelschieber auch durch die Auflösung des Längswerkzeugträgers in einzelne Pinolen erreichen, wie es früher schon in Einzelfällen ausgeführt wurde (Abb. 201). Die Anordnung wird bei einem senkrechten Mehrspindelautomaten benutzt, dessen Werkzeuge von unten nach oben arbeiten. In dem von 3 Säulen getragenen,

Abb. 203. Sechsspindelautomat mit Längswerkzeugpinolen

feststehenden Gußstück sind 6 Pinolen längsverschieblich angeordnet (Abb. 202) und haben unabhängige Antriebe.

Auch bei dem Sechsspindler (Abb. 203) erkennen wir diese Ausführungsform.

4.43 Querwerkzeugträger

Die Grundsätze für die Anordnung der Querwerkzeugträger wurden schon dargelegt und in den Abb. 189 bis 191 verdeutlicht. Ergänzend sei noch die unsymmetrische Anordnung der Querschlitten bei einem Fünfspindelautomaten gezeigt (Abb. 204). Aus der Anordnung der Querschlitten möglichst dicht am Spindelkopf ergibt sich die Notwendigkeit, sie radial um die Drehspindeln herum am Spindelstock anzuordnen. Jeder einzelne Querschlitten fährt radial geradlinig bis gegen eine Anschlagschraube am Umfang der Spindeltrommel, so daß er in seinem Weg einstellbar begrenzt ist.

Auf dem Querschlitten selbst ist jeweils ein Halter mit einer Einstellspindel angeordnet (Abb. 205), die beim Arbeitsgang gegen die feste Anschlagschraube anläuft. Diese sitzen in einem Ring an der Spindeltrommel, und zwar zu jeder Spindel so viele Schrauben wie Querschlitten vorhanden sind (Abb. 206). Diese Anschlagschrauben werden auf genau

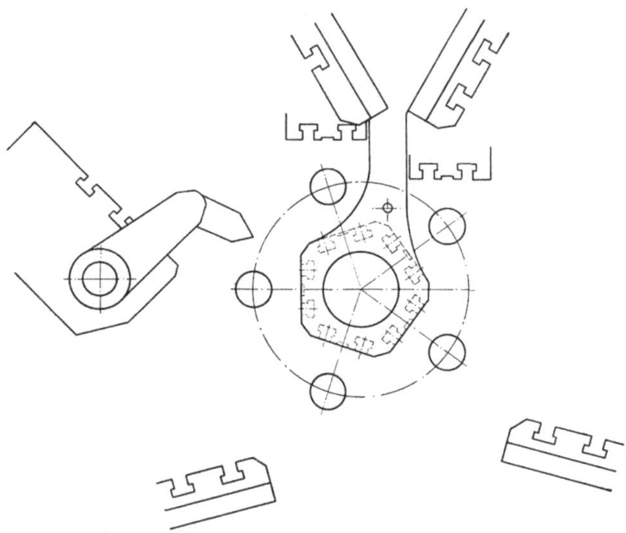

Abb. 204. Unsymmetrische Längs- und Querschlittenanordnung bei einem Fünfspindelautomaten

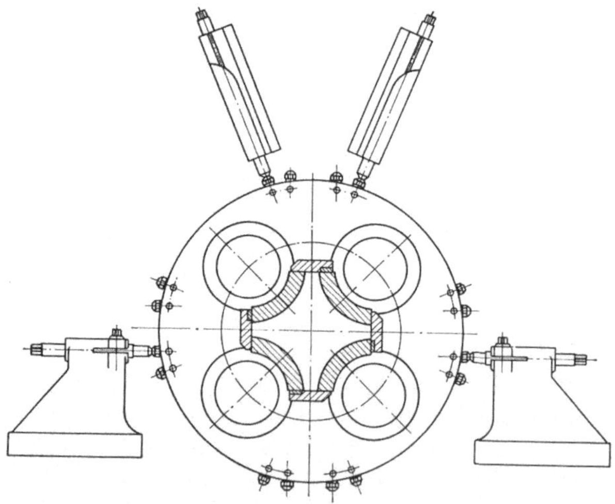

Abb. 205. Spindeltrommel mit Anschlagschrauben und Anschlägen auf den Querschlitten

gleiche Höhe eingestellt und von der Stirnseite der Trommel aus gegen Verstellen gesichert.

Bei senkrechten Mehrspindelautomaten kann die Anordnung der Querschlitten einfacher gestaltet werden, da die Unsymmetrie „unten“

oder ,,oben" wegfällt. Die einfache, sich daraus ergebende Anordnung bei einem Sechsspindelautomaten zeigt Abb. 207.

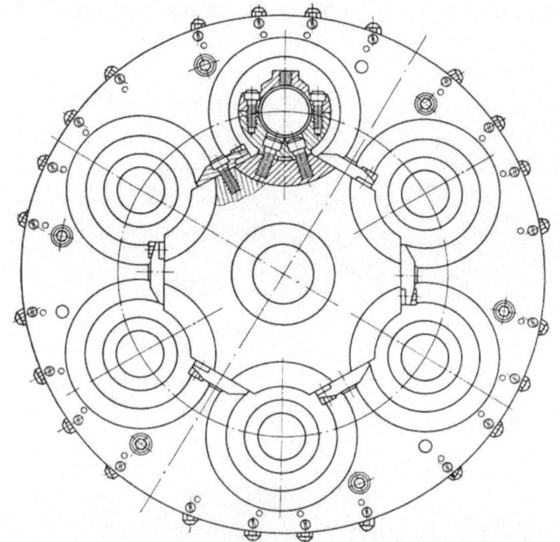

Abb. 206. Spindeltrommel mit Anschlagschrauben

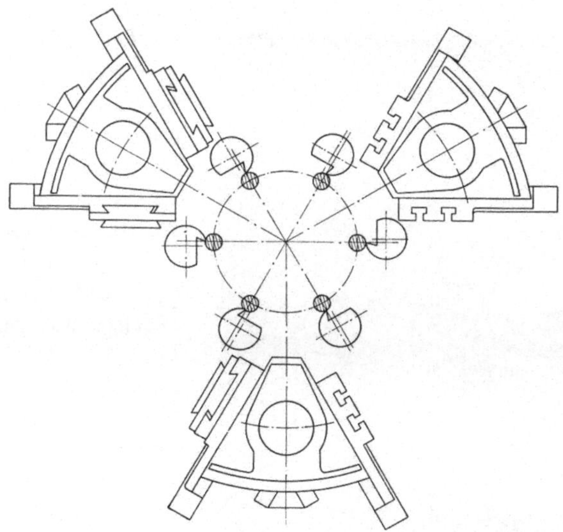

Abb. 207. Querschlittenanordnung bei einem senkrechten Sechsspindelautomaten

Die Zahl der möglichen Querschlitten bei verschiedenen Spindelzahlen läßt sich nicht genau festlegen. Man wird im allgemeinen etwa die Werte der Tab. 19 annehmen dürfen.

Tabelle 19. Querschlittenzahlen bei verschiedenen Drehspindelzahlen

Spindelzahl	4	5	6	8
Zahl der Querschlitten	4 bis 5	4 bis 5	5 bis 6	5 bis 6

Abb. 208. Vierspindelautomat mit Schwinghebeln als Querwerkzeugträger

Abb. 209
Schwinghebel mit Werkzeug von der Maschine Abb. 208

Die Lage der Querschlitten im Raum, also ob untereinander parallel angeordnet oder strahlenförmig, wie es auf den Schemabildern gezeigt wurde, ist eine Frage der Anordnungsmöglichkeit und der Gleichheit der Werkzeuge. Man wird die Querschlitten nach Möglichkeit so anordnen, daß jedes Werkzeug an jeder Spindelstellung gebraucht werden kann. Das setzt aber voraus, daß die Spannfläche jedes einzelnen Querschlittens in gleichem Abstand von der Spindelmitte und auf der gleichen Seite der Spindelmitte, in Spindeldrehrichtung gemessen, vorbeigeht. Ist das nicht erreichbar, so sollte man sich auf 2 Richtungen und Abstände beschränken.

Eine Sonderform der Querwerkzeugträger stellen Schwinghebel dar, die (außer als Abstechstahlhalter oder Zusatzwerkzeughalter) nur bei einer einzigen Automatentype angewendet werden. Abb. 208 zeigt diesen Automaten, der oben und bei Bedarf unten je zwei solcher Schwinghebel hat, von denen wenigstens einige eine Längsbewegung ausführen können. Zu beachten ist, daß diese Werkzeugträger nicht geradlinig, sondern bogenförmig auf das Werkstück zu bewegt werden. Stahlhalter beliebiger Form können aufgeklemmt werden, wie Abb. 209 erkennen läßt.

4.44 Betätigung der Werkzeugträger

Die Werkzeugträger werden im Eilgang bis in Arbeitsstellung gebracht, wobei der Übergangspunkt zwischen Eilgang und anschließendem

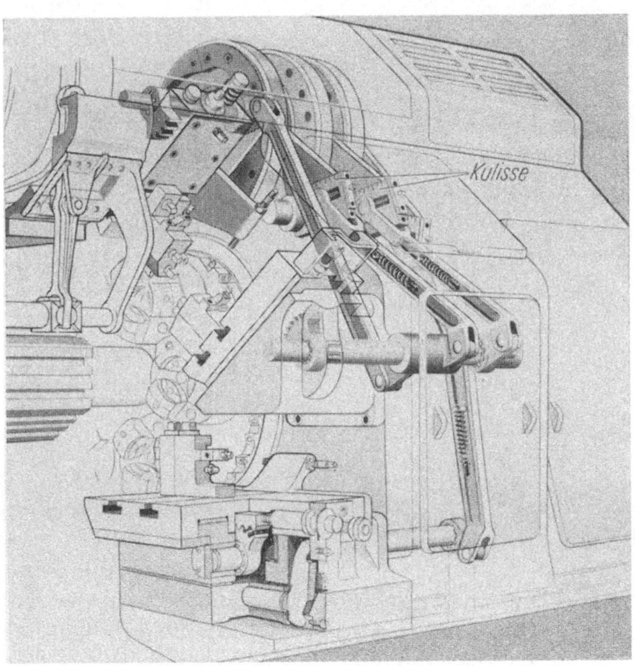

Abb. 210. Einstellkulisse im Querschlittenantrieb

Arbeitsgang von dessen Länge und Lage abhängig ist, da die hinterste Werkzeugträgerlage stets gleich ist. Der Arbeitsweg muß in seiner Länge und Vorschubgröße regelbar sein. Dann erfolgt Eilrücklauf bis in die rückwärtigste Stellung.

Diese Bewegungen wurden früher durch unmittelbare Kurventriebe gesteuert, bei denen der Schlittenweg in einer Kurve (Trommelkurve oder Scheibenkurve) festgelegt war. Jede Änderung des Schlittenweges bedingte daher eine Änderung der Kurvenform.

Von dieser Bewegungsform ist man meistens abgegangen und hat zwischen Kurventrieb und Werkzeugträger mindestens eine einstellbare Kulisse eingeschoben (Abb. 210), die bei der gleichen Kurve verschiedene Wegeinstellungen stufenlos zuläßt. Dadurch können Änderungen innerhalb einer Einstellung und vielfach sogar von einer Einstellung auf eine andere ohne Kurvenwechsel oder Kurvennacharbeit durchgeführt werden. Einzelne Automaten arbeiten sogar schon mit einer Einheitskurve, welche die Grundbewegung steuert, während alle Einzeleinstellungen in Gestängen vorgenommen werden.

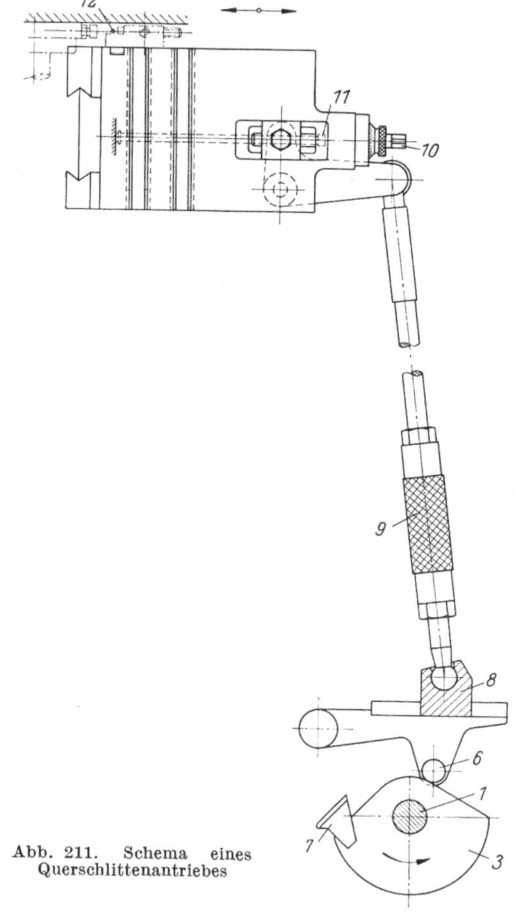

Abb. 211. Schema eines Querschlittenantriebes

Schematisch für einen Querschlitten ist eine solche Einstellung in Abbildung 211 gezeigt. Die Kurvenrolle *6* führt immer die gleiche Hubbewegung nach dem Bewegungsgesetz der Kurve *3* aus, die Länge des von der Übertragungsstange *9* auf den Schlitten *11* geleiteten Weges ist aber von dem Angriffspunkt *8* dieser Übertragungsstange abhängig, der radial zum Drehpunkt des Hebels *1* verstellbar ist. Die Bewegungsaufnahme für die Querschlitten an der Steuerwelle läßt Abb. 212 erkennen, die Form der verwendeten Kurvenscheiben Abb. 213.

Durch Bewegungsableitung von einer zusätzlichen Kurvenscheibe und eine weitere Bewegungsübertragung zum Querschlitten kann die-

sem noch eine Zusatzbewegung, etwa eine Axialbewegung zugeführt
werden, so daß er radial und axial bewegt werden kann. Einen so aus-
gestatteten Querschlitten zeigt Abb. 214. Bei Mehrspindelautomaten
werden die Kulisseneinstellungen für die verschiedenen Querschlitten
zweckmäßig nebeneinan-
der angeordnet und durch
Skalen gekennzeichnet, so
daß ein rasches und ein-
faches Einstellen möglich
ist. Die Anordnung für
einen Sechsspindelautoma-
ten zeigt als Gruppe für
die 3 Querschlitten der
einen Maschinenseite Ab-
bildung 215. Es darf na-
türlich nicht übersehen
werden, daß zahlreiche
Gestänge notwendig sind,
um die Bewegung von der

Abb. 212
Antrieb von 3 Querschlitten entsprechend Abb. 211

Steuerwelle bzw. den auf ihr sitzenden Kurven über die Kulissen zum
Querschlitten zu leiten. Dies ließ auch schon Abb. 210 erkennen.

Während bei den hier beschriebenen Betätigungen mit Gestänge-
zwischenschaltung stets Scheibenkurven verwendet wurden, ist auch die
Trommelkurvenverwendung und die unmittelbare Übertragung auf die
Querschlitten im Gebrauch, wie
es Abb. 216 zeigt. Auf die dafür
notwendige, besonders starke Verästelung der Steuerwelle wird im
nächsten Abschnitt eingegangen.

Die Steuerung des Längs-
werkzeugträgers kann unmittelbar
von einer Trommelkurve aus erfolgen, wie es Abb. 217 erkennen
läßt. Vielfach werden aber andere

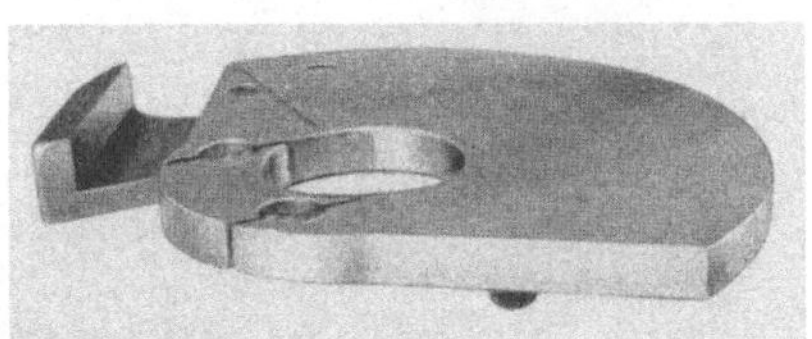

Abb. 213. Kurvenscheibe zum Querschlittenantrieb Abb. 212

Wege beschritten, um die oft langen Wege günstiger in Eilvorlauf
und Arbeitsweg aufteilen zu können. Ein Beispiel dafür ist in
Abb. 218 gezeigt. Mit der doppelten Scheibenkurve arbeiten zwei
Kurvenrollen zusammen. Die oberste Stellung zeigt den Längswerkzeugträger in seiner rückwärtigsten Stellung, fertig zum Eilvorlauf. Für den
Eilgang wird nur das Ritzel zwischen den beiden Zahnstangen vorgeschoben. Da die obere Zahnstange stillsteht, rollt das Ritzel auf dieser
ab, und die untere Zahnstange, die mit dem Längswerkzeugträger verbunden ist, macht den doppelt so großen Eilvorlaufweg, doppelt so groß

wie der Ritzelweg, den die Kurve steuert. Beim Ende des Eilvorlaufes rastet der oben sitzende Indexbolzen in den Schieber, der das Ritzel trägt, und blockiert dabei dessen Bewegung. Damit ist der Eilvorlauf

Abb. 214. Querschlitten mit zusätzlicher Längsbewegung

Abb. 215. Einstellskala für 3 Querschlitten eines Sechsspindelautomaten

Abb. 216a—c. Kurventrommeln für direkten Querschlittenantrieb

beendet. Für den Arbeitsweg nun — unterste Zeichnung der Abbildung — wird die obere Zahnstange durch die andere Kurvenscheibe zurückgezogen. Sie überträgt dabei ihre Bewegung über das Ritzel, das an seinem Platz blockiert ist, auf die untere Zahnstange, die sich um den gleichen Betrag nach links bewegt und damit den Längswerkzeugträger im Arbeitsvorschub bewegt. Die Anordnung ermöglicht es, bei gleicher Kurvensteigung an der Kurvenscheibe den doppelten Eilweg, aber den einfachen Arbeitsweg zu haben, sie ergibt weiterhin eine Trennung zwischen Eilgangkurve und Arbeitswegkurve.

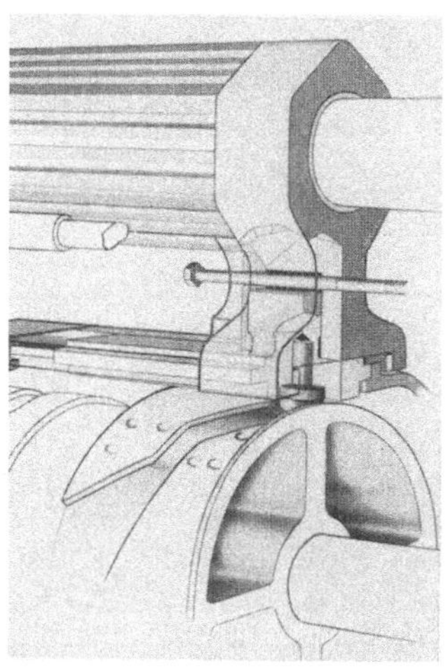

Abb. 217. Längswerkzeugblock mit direktem Kurvenantrieb

Auch kurvenlose Betätigung eines Längswerkzeugträgers ist möglich. Eine solche Anordnung, den Werkzeugträger selbst oben und das Bewegungsgetriebe unten, zeigt Abb. 219. Wir haben es hier mit einem Zahnstangenwendegetriebe zu tun, dessen speziellen Aufbau entsprechend Abb. 219 die Zeichnung 220 wiedergibt, während der grundsätzliche Getriebeaufbau in Abb. 221 dargestellt wird. Diese Getriebe werden auch als Mangelgetriebe bezeichnet. Das Antriebsrad 1 ist auf weniger als die Hälfte seines Umfangs verzahnt und kämmt abwechselnd mit der Verzahnung $2'$ und $2''$ des Abtriebgliedes, also des Längswerkzeugträgers. Zur Aufrechterhaltung des Zahneingriffes in den Endstellungen dient eine Rolle 4 am Hebel 3, der mit dem Rad 1 verbunden ist. Diese Rolle 4 führt sich auf der Kurve 5 und bewirkt die Umlenkung von Vor- auf Rücklauf. Die Zähne der Zahnstangen müssen an den Enden in ihrer Höhe verkürzt werden, damit bei der Bewegungsumkehr der bis dahin wirksame Eingriff ausgelöst werden kann. Bei einem solchen Mangelgetriebe ist Vor- und Rücklauf gleich schnell. Man kann aber für Vor- und Rücklauf auch unterschiedliche Übersetzungen wählen, so daß bei der Bewegungsumkehr nicht das gleiche Rad 1 mit der Gegenzahnstange in Eingriff kommt, sondern ein neben Rad 1 liegendes Rad $1'$. Diese Bauform ist in Abb. 220 gewählt.

Bewegungstechnisch schwieriger wird es, wenn nicht der ganze Längswerkzeugträger zusammen, sondern auf ihm einzelne Schieber, beispielsweise 6 Stück für einen Sechsspindelautomaten, bewegt werden müssen.

Abb. 222 zeigt einen solchen sechsseitigen Block mit den 6 Zug- und Druckstangen, die in einem Gehäuse im Antriebskasten zusammen-

gefaßt sind und über Winkelhebel von je einer seitlich liegenden Kurvenscheibe mit Kulisseneinstellung im Übertragungsgestänge bewegt wer-

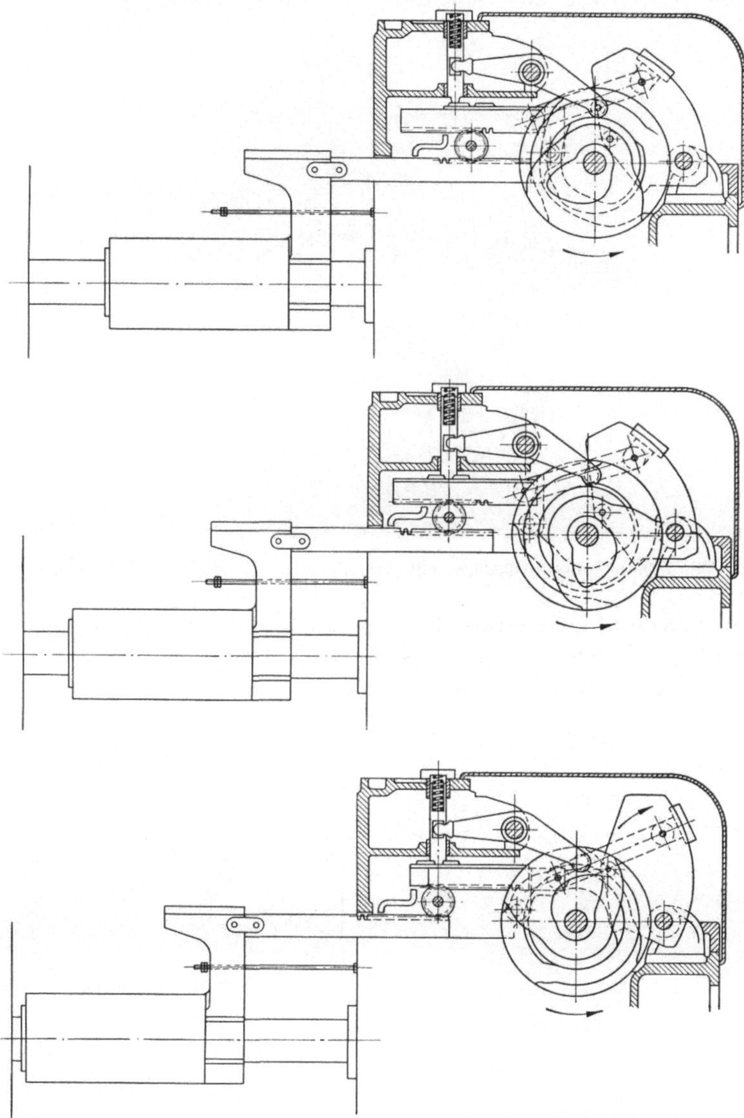

Abb. 218. Längswerkzeugträger mit Antrieb durch doppelte Scheibenkurve.
Oben: Eilvorlauf;   Mitte: Arbeitsvorlauf;   Unten: Beginn des Rücklaufes

den. Abb. 223 läßt drei solche Kulissen auf der einen Ständerseite erkennen, auf der anderen Seite liegen ebenfalls 3 Kulissen.

Hier sind für jedes einzelne Längswerkzeug je vier untereinander auswechselbare Arbeitskurvenstücke (Abb. 224) vorgesehen, die sich in ihrer Steigung unterscheiden. Mit diesen 4 Kurven, der Kulisse

Abb. 219. Längswerkzeugträger mit Antrieb durch ein Zahnstangenwendegetriebe

(Abb. 225) und zwei wahlweise einstellbaren Drehpunkten im Winkelhebel lassen sich nach Tab. 20 alle Schlittenwege zwischen 5,6 und 100 mm stufenlos bei starker Überdeckung der 8 Reihen einstellen. In jedem Fall ist bei einem Werkstück noch eine genügende Verstellmöglichkeit erreichbar. Muß beispiels-

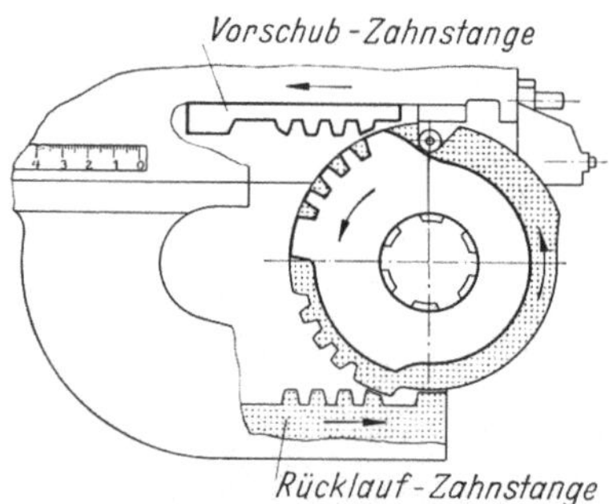

Abb. 220. Zahnstangenwendegetriebe (Mangelgetriebe) von Abb. 219

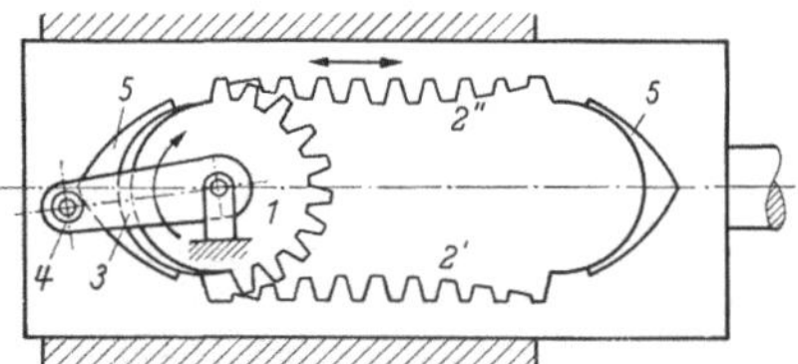

Abb. 221. Schema eines Mangelgetriebes

weise der Arbeitsweg 9,4 mm eingestellt werden, so wählt man nicht diesen Wert mit der Kurve 40 (zweite Spalte), da der Wert dann ganz am Rande liegt, sondern man benutzt die Kurve 25 nach Spalte 1 und behält so einen Verstellwert zwischen 5,6 und 13,4 mm, bei dem 9,4 mm gerade in der Mitte liegt.

Tabelle 20. Schlittenwege bei verschiedenen Kulissenstellungen, Hebeldrehpunkten und Kurvenhöhen (nach Abb. 225)

Drehpunkt	Kulisse in Stellung	Schlittenwege in mm bei Kurvenhöhe in mm			
		25	40	63	100
I	0	5,6	9,4	15,2	24,5
I	2	7,1	11,7	18,8	30,3
I	4	8,4	13,9	22,3	35,8
I	6	9,5	15,9	25,6	41,2
I	8	10,6	17,8	28,8	46,5
I	10	11,9	19,9	32,2	52,0
I	12	13,4	22,2	35,8	57,8
II	0	9,3	15,5	25,0	40,3
II	2	11,7	19,3	31,0	49,8
II	4	14,2	23,3	37,2	59,6
II	6	16,1	26,7	42,9	69,0
II	8	18,4	30,4	48,9	78,5
II	10	21,3	34,7	55,7	88,5
II	12	25,0	40,0	63,0	100,0

Da an der Kulisse alle Zwischenstellungen zwischen 0 und 12 eingestellt werden können, ist bei konstantem Drehpunkt und Kurvenhöhe stufenlose Schlittenwegeinstellung möglich.

Die Betätigung der Pinolen eines senkrechten Automaten ist in Abb. 226 gezeigt. Auch hier finden wir eine Kulisseneinstellung der

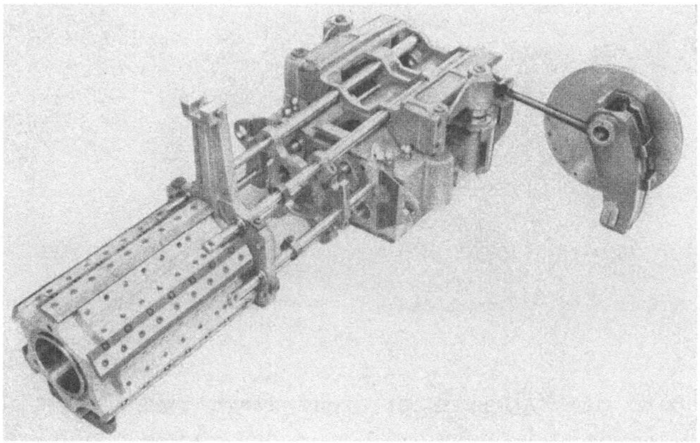

Abb. 222. Antriebseinrichtung für die 6 Einzelschieber eines Längswerkzeugträgers

Schubstange und 2 Drehpunkte I oder II für den Übertragungshebel, sonst aber einen getrieblich sehr einfachen Aufbau.

Bei Querschlittenbewegungen liegen die Verhältnisse ähnlich. Abbildung 210 ließ bereits erkennen, daß die Kurvenscheiben der obenliegenden Steuerwelle durch Hubbewegungen von Kulissen und Schubstangen die Drehbewegung von Wellen bewirken, die über Zahnsegmente die einzelnen Querschlitten betätigen. Auch bei den Querschlitten kann natürlich das bereits für den Längsschlitten dargestellte Verfahren mit

Abb. 223. Kulissen und Übertragungsteile für 3 Querschlitten

2 Kurven getrennt für Eilgang und Arbeitsgang Anwendung finden (Abb. 227). Die oberste Teilabbildung zeigt einen Querschlitten in rückwärtigster Stellung. Für den Eilvorlauf wird nun zunächst der Winkelhebel a in eine gestreckte Stellung bewegt, wobei er einen Zug auf Hebel b

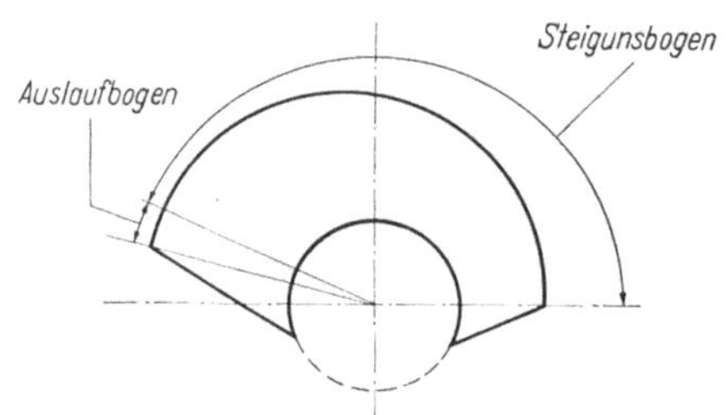

Abb. 224. Schema einer Kurvenscheibe

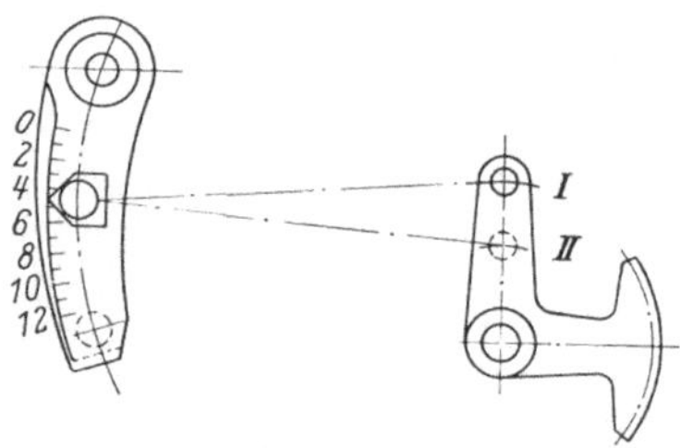

Abb. 225. Anordnung der Kulisse eines Querschlittenantriebes mit 2 Drehpunkten am Zahnsegment

ausübt und so das Zahnsegment dreht. Dann verbleibt dieser Hebel in Ruhe, und eine andere Kurve bewegt den Hebel c nach unten, wodurch das Zahnsegment weitergedreht wird, welches den Schlitten im Arbeitsweg bis in seine vorderste, durch Anschlagschraube begrenzte Lage bringt.

Diese getrieblichen Lösungen sollen nur zeigen, welche Wege gegangen werden können, ohne alle möglichen oder zur Anwendung kommenden Getriebeformen erwähnen oder darstellen zu wollen.

Ein Wort muß noch über die Bewegungsgesetze gesagt werden, nach denen die Bewegung auf die Werkzeugträger übertragen wird. Für das Verhalten der Schlitten ist sehr wichtig, daß sie stoß- und ruckfrei arbeiten, daß also keine Unstetigkeiten im Geschwindigkeits- oder Beschleunigungsverlauf eintreten. Danach müssen die Laufbahnen der Kurvenscheiben bestimmt werden. Darüber wird im Abschn. 4.5 noch eingehend berichtet.

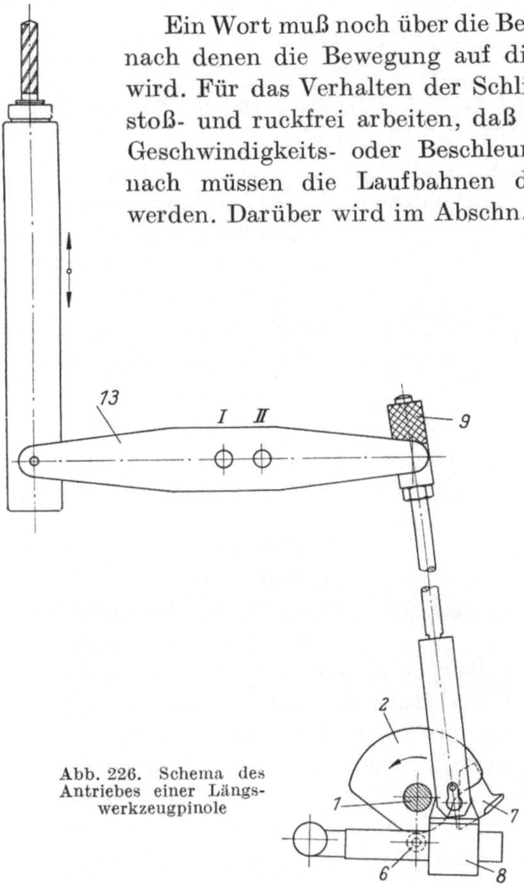

Abb. 226. Schema des Antriebes einer Längswerkzeugpinole

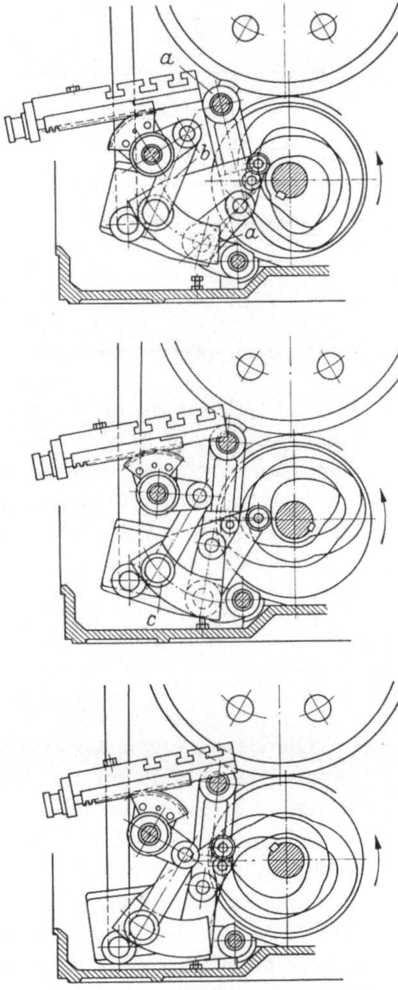

4.5 Steuerung der Mehrspindelautomaten

4.51 Aufgaben der Steuerung

Die Steuerungseinrichtung eines Mehrspindelautomaten hat den Zweck, alle für die Herstellung eines Werkstückes erforderlichen periodisch wechselnden Bewegungen zu bewirken, sofern diese selbsttätig, also ohne menschliches Zutun ablaufen. Dabei muß die Steuerung eine doppelte Aufgabe lösen.

1. Die Bewegungen sind in dem Zeitpunkt einzuleiten, der durch die

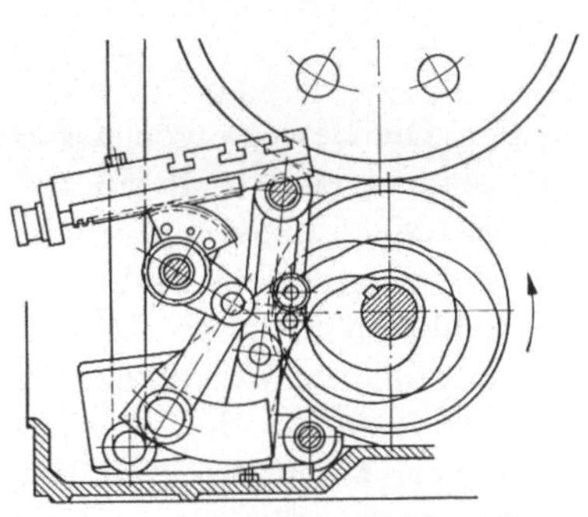

Abb. 227. Querschlittenantrieb mit 2 Kurvenscheiben
Oben: Rückwärtigste Stellung;
Mitte: Beginn des Arbeitsganges;
Unten: Vorderste Stellung

technologischen Forderungen der Maschine bedingt ist. Dabei ist die genaue Einhaltung jeder Bewegung sowie deren Reihenfolge von Bedeutung.

2. Die Bewegungen sollen in der erforderlichen Größe, Richtung, sowie der zur Verfügung stehenden Zeit ablaufen.

Wir kennen die Bewegung solcher Maschinenteile, die zur Bearbeitung eines Werkstückes dienen und nach Größe, Dauer und Folge diesem angepaßt werden müssen, damit für jedes Werkstück die kürzeste Bearbeitungszeit erzielt wird. Es sind dies die Bewegungen der Hauptzeit. Davon zu unterscheiden sind die Bewegungen solcher Maschinenteile, die zur Vorbereitung der Bearbeitungsperiode dienen: die Nebenzeitbewegungen. Bei diesen

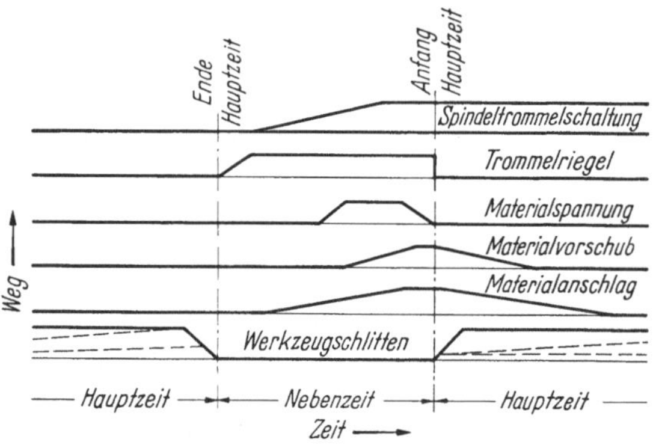

Abb. 228. Bewegungsschaubild eines Stangenautomaten

ist der Ablauf jeder einzelnen Bewegung sowie deren Reihenfolge unabhängig von dem jeweiligen Werkstück und für eine Automatenbauart und Größe unveränderlich und genau vorherbestimmbar.

Als Grundlage für den Aufbau der Steuerung dient ein Bewegungs-Zeit-Schaubild (Abb. 228), welches die einzelnen Bewegungen, deren Beginn, Verlauf und Ende bzw. bei veränderlichen Bewegungen die Grenzen dieser Werte zeigt. Zur Aufstellung eines solchen Schaubildes ist genaue Kenntnis der einzelnen Bewegungen erforderlich.

4.52 Die Bewegungen der Hauptzeit

Die Bewegungen der Hauptzeit umfassen in erster Linie die Werkzeugträger, soweit sie zur Bearbeitung eines Werkstückes nötig sind. Bei Mehrspindelautomaten mit umlaufenden Werkstücken sind dies die Bewegungen eines oder mehrerer Längsschlitten oder Pinolen, der Querschlitten oder Schwinghebel, sowie besonderer Werkzeugträger, die zusätzlich am Maschinengestell angesetzt werden, während bei Maschinen mit feststehenden Werkstücken lediglich die Bewegung des die Werkstücke tragenden Revolverschlittens in Frage kommt. Denn die Erzeugung der Planflächen sowie alle Radialbewegungen werden von den Werkzeugen ausgeführt, wozu diese ihren Antrieb von der Revolverschlittenbewegung ableiten.

Die aufgeführten Werkzeugträger müssen aus der Anfangsstellung heraus in langsamer, regelbarer Vorschubgeschwindigkeit den Arbeitsweg wechselnder Länge zurücklegen und im vordersten Punkt für die Dauer einiger Werkstückumdrehungen stillstehen, damit die Werkzeuge sich frei schneiden. Erst dann erfolgt der Eilrücklauf der Schlitten in ihre rückwärtigste Stellung, in welcher sie während der Nebenzeit bzw. während deren größtem Teil verbleiben, um dann im Eilgang wieder bis in Arbeitsstellung vorzugehen. Die Eilbewegungen erfolgen dabei in stets gleicher, vom Werkstück unabhängiger Geschwindigkeit.

Es liegt im Wesen der nachstehend näher beschriebenen Steuerungen, daß die einzelnen Bewegungen entsprechend ihrem Zeitschaubild (Abb. 228) auf den Umfang oder einen Teil des Umfangs einer Steuerwelle entsprechend ihrem prozentualen Zeitbedarf verteilt werden. Das bedingt aber für die Bewegungen der Werkzeugträger, daß die Vorschubgeschwindigkeit bei gleich langem Arbeitsweg durch Regelung der Drehgeschwindigkeit erfolgt, während die wechselnde Länge des Arbeitsweges durch die von der Steuerung beeinflußten Getriebe erreicht wird. Da als solche, wie später noch gezeigt wird, vorwiegend Kurventriebe verwendet werden, erfolgt die Regelung der Arbeitswege durch Auswechseln der Kurvenstücke, deren verschiedene Höhe bei gleicher Länge bzw. gleichem Umfassungswinkel um die Steuerwelle ein Maß für die Weglänge ist. Würde man dagegen Kurvenstücke gleicher Steigung verwenden, so bedingt ein längerer Arbeitsweg eine längere Kurve, d. h. die Kurve würde die Steuerwelle weiter umfassen. Das bedeutet aber, daß bei jeder Änderung eines Arbeitsweges die Aufteilung der Steuerwelle, kurzum die ganze Steuerung geändert werden muß, was zwar bei einer Einzweckmaschine durchführbar ist, nicht aber bei einem Mehrspindelautomaten, der in kurzer Zeit von einem Werkstück auf ein anderes umstellbar sein soll.

Es kommen also für die Arbeitswege stets Kurven gleicher Länge bzw. gleichen Umfassungswinkels in Frage, die bei verschiedener Höhe verschiedene Steigungen aufweisen. Bei gleicher Ablaufgeschwindigkeit bzw. gleicher Steuergeschwindigkeit sind für solche Kurven verschiedene Vorschubgeschwindigkeiten, bezogen auf die Zeiteinheit oder die Werkstückumdrehung nötig. Die Vorschubgeschwindigkeit wird also nicht allein durch die Geschwindigkeit der Steuerwelle, sondern ebenso durch die Steigung der Arbeitskurve bedingt, während ihre Regelung lediglich durch eine Regelung der Steuerwellengeschwindigkeit erfolgt. Die Erzeugung verschiedener Steuerwellengeschwindigkeiten war bereits im Abschnitt 4.3 behandelt worden. Das hierfür zur Anwendung kommende Wechselrädergetriebe muß feinstufig sein, um die Geschwindigkeitsdifferenz bzw. Stückzeitdifferenz zwischen zwei aufeinanderfolgenden Stufen klein halten zu können.

Die Ableitung der Drehbewegung für die Steuerwelle von den Spindelbewegungen bedingt einen schwierigen Getriebeaufbau, da gleichzeitig eine gleichförmige Drehbewegung für die Nebenzeit von der Antriebswelle abgeleitet werden muß. Es erscheint daher besonders günstig, die Steuerwellenbewegung unmittelbar von der Antriebswelle abzuleiten und damit von der Spindeldrehzahl unabhängig zu machen Die einzelnen schon erwähnten Stufen des regelbaren Vorschubgetriebes sind damit allerdings nicht mehr mit einer Drehzahl oder einer Geschwindigkeit, sondern unmittelbar mit der erreichten Stückzeit zu bezeichnen. Dies hat so viele Vorteile für Bau und Betrieb des Mehrspindelautomaten, daß viele Bauarten darauf übergegangen sind.

Glaubte man früher, im Interesse schneller Anpassung der Stückzeit an Werkstoffunterschiede oder Betriebszustand der Maschine ein Stufengetriebe nötig zu haben, so hat die Praxis hier anderes gelehrt. In den Werkzeug-Leistungsmöglichkeiten stecken so viele Reserven, daß den Werkzeugen vorübergehend höhere Belastungen zugemutet werden können. Dadurch wird die Geschwindigkeitseinstellung über Wechselrädergetriebe (Abb. 181) ausreichend und ist allgemein durchgeführt.

Der Eilrücklauf der Werkzeugträger sowie deren Eilvorlauf bis in Arbeitsstellung sind keine eigentlichen Hauptzeitbewegungen mehr. Sie werden aber trotzdem in diesem Zusammenhang behandelt, da sie durchweg von den gleichen Getrieben wie die reinen Hauptzeitbewegungen gesteuert werden. Es sind aber auch andere Lösungen bekannt, wie bereits im Abschnitt 4.4 behandelt wurde.

4.53 Die Bewegungen der Nebenzeit

Die allen Mehrspindelautomaten gemeinsame und sie kennzeichnende Bewegung der Nebenzeit ist die Schaltung der Spindeltrommel bzw. des Revolverkopfes. Dieser Vorgang wird eingeleitet durch den Rückzug der Verriegelung und Lösung vorhandener Klemmeinrichtungen. Dies kann noch mit dem Rücklauf der Schlitten in ihre rückwärtige Stellung zusammenfallen, da dann die Werkzeuge schon nicht mehr arbeiten, so daß evtl. kleine Lageänderungen der Werkstücke ohne Einfluß bleiben.

Daraufhin setzt die Schaltbewegung ein, durch welche die Werkstücke zu den Werkzeugen der nächsten Bearbeitungsstufe geführt werden. Die Drehung des Werkstückträgers erfolgt dabei genau um den vorgeschriebenen Betrag. Nach Bewegungsende bleibt der Werkstückträger ruhig stehen, bis der Trommelriegel einspringt und die genaue Arbeitsstellung in der schon beschriebenen Art bewirkt.

Nach dem Verriegeln werden Klemmeinrichtungen des Werkstückträgers, wenn solche vorhanden sind, festgezogen, und zwar zunächst für die axiale und dann erst für die radiale Klemmung, da erstere noch eine axiale Trommelbewegung zur Folge haben kann.

Außer der Werkstückschaltung muß während der Nebenzeit die Versorgung der Werkstückspindeln mit neuem Material erfolgen. Diese Vorgänge unterscheiden sich bei den verschiedenen Mehrspindelautomaten-Arten so erheblich, daß sie getrennt behandelt werden müssen.

Materialzuführung bei Mehrspindel-Stangenautomaten. Bei Mehrspindel-Stangenautomaten sind für die Versorgung mit neuem Material 3 Bewegungsgruppen erforderlich.

1. Betätigung der Materialstangen-Spanneinrichtung,
2. Betätigung der Materialstangen-Vorschubeinrichtung,
3. Betätigung des Materialstangen-Anschlages.

Als erste Bewegung erfolgt das Öffnen der Stangenspanneinrichtung durch Verschieben eines Spannsteines. Da jede Werkstückspindel eine Spannmuffe trägt, von denen beim Vorschub an einer Spindel nur jeweils eine bewegt werden darf, muß diese bei der Schaltung auf einen Spannstein auflaufen, nachdem diesen die Spannmuffe der vorgehenden Spindel verlassen hat (Abb. 229). Nach diesem Wechsel kann der Spannschieber mit dem Spannstein und der Spannmuffe seinen Weg ausführen, und zwar wird dies stets noch mit dem letzten Teil der Bewegung der Spindeltrommel zusammenfallen. Die Größe des bereits zurückgelegten Trommelweges wird für jeden einzelnen Fall zeichnerisch genau bestimmt.

Für den Beginn der Rückbewegung des Spannschiebers ist, da die Spanneinrichtung stets weiter als der Stangendurchmesser geöffnet ist, der Leerweg entscheidend, den die Spannpatrone zu-

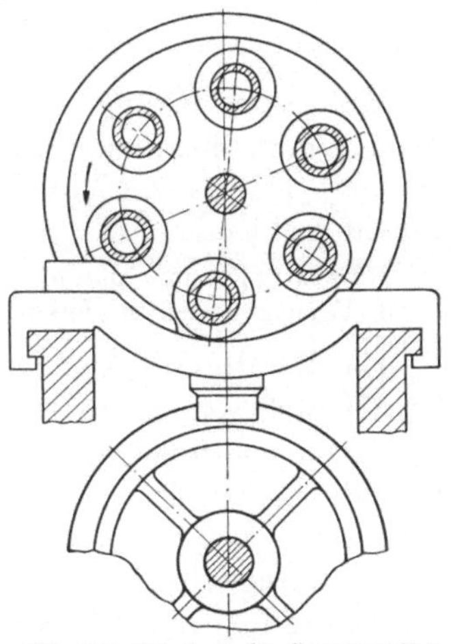

Abb. 229. Wechsel der Spannmuffen auf dem Spannstein eines Stangenautomaten bei der Spindeltrommelschaltung. Der halbe Schaltweg ist zurückgelegt und der Wechsel gerade erfolgt

rücklegen muß, bevor sie das Material faßt. Um diesen Betrag, der bis zu 30% des gesamten Spannweges ausmachen kann, darf die Rückbewegung des Spannschiebers mit dem Materialvorschub zusammenfallen. Dagegen wird der gleiche Leerweg beim Öffnen der Spannpatrone nicht für den Materialvorschub benutzt, da die Spannbacken noch auf den Materialstangen kleben können, so daß der Vorschubwiderstand größer als die Haftkraft der Vorschubpatrone wäre, d. h., daß der Materialvorschub nicht voll ausgeführt würde.

Der Materialvorschub setzt nach voller Öffnung der Spannung ein. Der Rückzug der Spannpatrone, während dem die Materialstange in der

Spanneinrichtung gehalten wird und sich nicht axial bewegt, erfolgt nach Beendigung der Schließbewegung der Spanneinrichtung und kann zeitlich mit den wieder vorgehenden Werkzeugträgern oder gar mit der Bearbeitung zusammenfallen.

Eine besonders genaue Einhaltung der Vorschublänge durch die Vorschubeinrichtung ist nicht erforderlich, da der Materialanschlag die Begrenzung der Länge vornimmt. Nur muß der Vorschubweg mindestens so lang sein wie der Vorschub verlangt wird, damit die Materialstange auch mit Sicherheit gegen den Anschlag zu liegen kommt.

Der Materialanschlag wird kurz vor Beendigung des Vorschubes vor die betreffende Spindel geführt und bleibt dort stehen, bis nach geschlossener Spannung eine Endbewegung des Materials nicht mehr erfolgen kann. Der Beginn der Anschlagbewegung kann mit dem Rückgang der Werkzeugträger zusammenfallen, sein Ende muß erreicht sein, ehe die Werkzeuge wieder in vorderster Stellung angekommen sind.

Materialzuführung bei Mehrspindel-Magazinautomaten. Bei den Mehrspindel-Magazinautomaten sind für die Versorgung der Werkstückspindeln mit neuem Material vier verschiedene Bewegungen zu unterscheiden:

1. Betätigung der Spanneinrichtung,   2. Auswerfen des fertigen Werkstückes,
3. Vorbringen eines neuen Rohteiles,   4. Einstoßen eines neuen Rohteiles.

Die Betätigung der Spanneinrichtung erfolgt in gleicher Weise wie bei den Mehrspindel-Stangenautomaten, da ja auch gleiche oder ähnliche Spanneinrichtungen benutzt werden. Nach dem Öffnen der Spannung wird das fertige Teil von einer in der Spindel angeordneten Stange herausgeworfen. Die Auswerfbewegung ist außerordentlich kurz und beginnt im Augenblick der vollen Öffnung der Spanneinrichtung, Hin- und Rückgang folgen unmittelbar aufeinander, um den Raum für das neue Werkstück freizugeben.

Mit dem Rückweg des Auswerfers kann schon das Vorbringen eines neuen Werkstückes in der Magazineinrichtung zusammenfallen. Diese wird mit dem Schlitten, auf dem sie aufgebaut ist, vorbewegt, bis ein Werkstück zentral vor der Spindel liegt. Dann kommt eine Stoßstange und schiebt das Rohteil in die Spanneinrichtung bis gegen einen Anschlag, der durch die rückwärtige Stellung des Ausstoßes gebildet werden kann. Der Einstoßer hält das Werkstück so lange, bis die Spanneinrichtung geschlossen ist, dann erst gehen Magazin und Einstoßer in ihre Ausgangsstellung zurück. Das Schließen der Spanneinrichtung kann mit dem letzten Teil der Einstoßbewegung zusammenfallen, wenn genügend Leerweg der Spannbacken vorhanden ist.

Materialzuführung bei Mehrspindel-Halbautomaten mit umlaufenden Werkstücken. Bei Mehrspindel-Halbautomaten mit umlaufenden Werkstücken sind zur Versorgung der Werkstückspindeln mit neuem Material nur 2 Bewegungen notwendig:

1. Aus- und Einrücken des Drehantriebes der Spannspindel,
2. Ausrücken der Steuerwellenbewegung.

Das Aus- und Einspannen der Werkstücke und das Einrücken der Steuerwellenbewegung wird von Hand vorgenommen, es sind dies also Nebenzeitbewegungen, die nicht selbsttätig erfolgen.

Nach Beendigung der Bearbeitung an der Spannspindel wird deren Drehbewegung ausgeschaltet. Dies fällt noch in die Hauptzeit, da die Bearbeitung an der Spannspindel früher beendet ist als an den anderen Spindeln. Das Ausrücken erfolgt durch Verschieben einer Kupplungsmuffe auf der betreffenden Spindel (Abb. 230) von einem Schieber aus, ähnlich wie die Betätigung der Spanneinrichtung bei Mehrspindel-Stangenautomaten (Abb. 229). Die Kupplung bewirkt, daß das Spindelantriebsrad sich leer auf der Spindel drehen kann, ohne diese mitzunehmen. Um auch bei hohen Drehzahlen einen schnellen Stillstand der Spindel zu gewährleisten, wird die andere Seite der Kupplung als Spindelbremse ausgebildet, die nach dem Entkuppeln von der Verschiebemuffe aus in Tätigkeit gesetzt wird (Abb. 230). Da an den anderen Werkstückspindeln noch gearbeitet wird, läuft die Steuerwelle weiter, bis alle Hauptzeitbewegungen beendet und die Werkzeugträger in ihre hinterste Stellung zurückgelaufen sind. Dann wird der Steuerwellenantrieb ausgerückt, indem ein Kurvenstück die Antriebskupplung löst. Damit sind alle erforderlichen Nebenzeitbewegungen erledigt. Nach Beendigung des Einspannens von Hand wird die Kupplung wieder eingerückt und der automatische Arbeitszyklus setzt wieder ein.

Die Halbautomatendrehspindel (Abb. 230) hat am Spindelende 2 Zahnkupplungen, eine äußere Haltekupplung und eine innere Spannkupplung. Letztere dient zum Antrieb der Spannmutter. Beim Anlassen des Spannmotors fällt die Spannerkupplung in das Gegenstück ein, während die Lamellenbremse die Werkstückspindel gegen Drehung festhält. Ist das Bremsmoment nicht ausreichend, so dreht sich die Werkstückspindel weiter, bis die Haltekupplung eingefallen ist. Die innere Spindelmutter kann jetzt zum Entspannen oder Spannen vom Motor angetrieben werden. Von einer längsbeweglichen Gewindespindel und einem sich anschließenden federbelasteten Gestänge wird die axiale Kraft durch das Futter in eine radial wirkende Spannkraft umgewandelt.

Soll die Werkstückspindel nach dem Auskuppeln und Abbremsen in einer bestimmten Winkellage fixiert werden, so wird die Elektrospanneinrichtung mit einem Schleichgang zum Drehen der Werkstückspindel ausgerüstet. Der Antrieb des Schleichganges erfolgt durch den Motor des Elektrospanners. Der Steuer- und Schaltvorgang ist folgender:

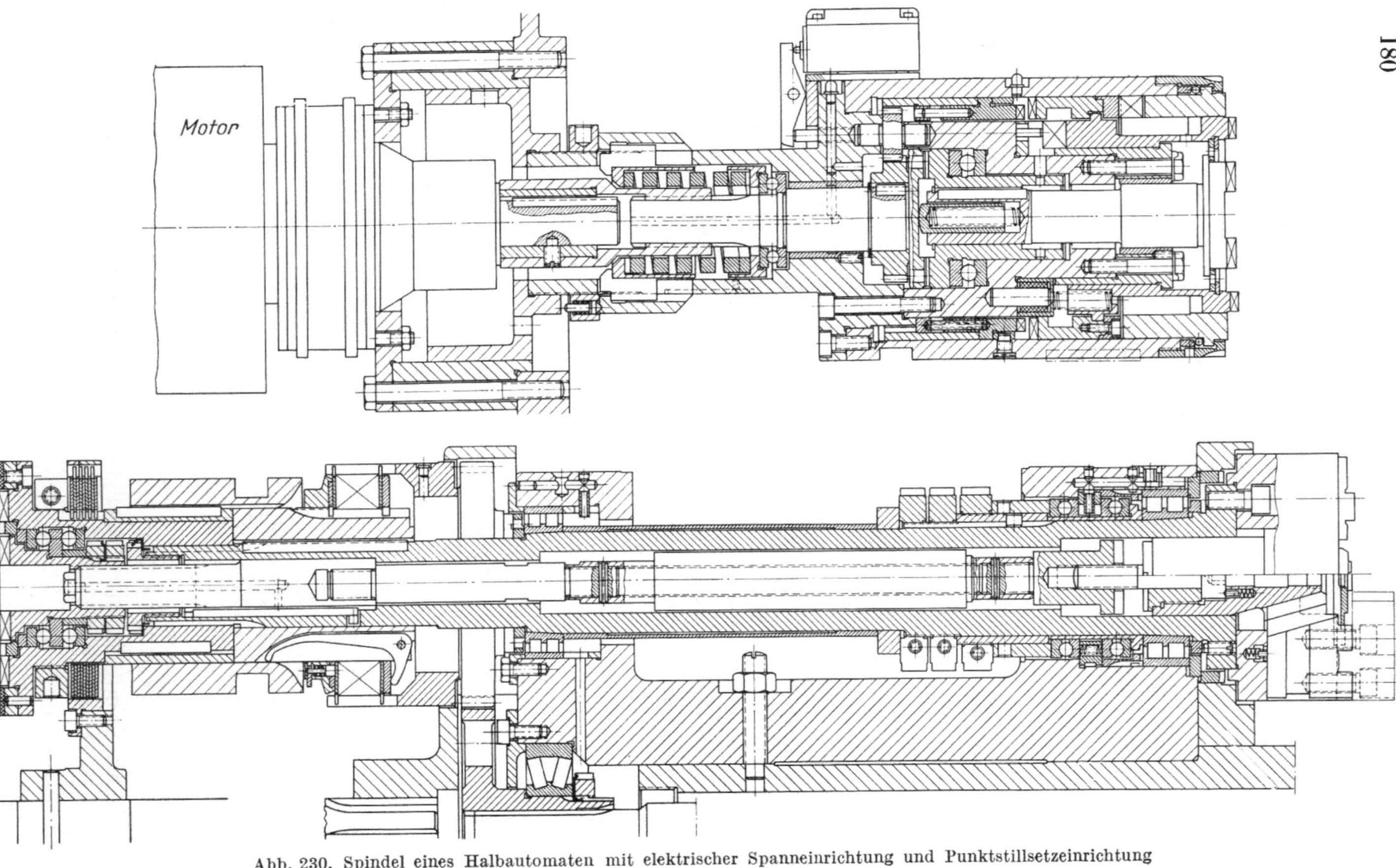

Abb. 230. Spindel eines Halbautomaten mit elektrischer Spanneinrichtung und Punktstillsetzeinrichtung

Die Werkstückspindel wird nach dem Schalten in die Ladeposition wie bei der einfachen Spanneinrichtung ausgekuppelt und bis zum Stillstand abgebremst. Beim Vorschieben des Elektrospanners weicht die Haltekupplung zurück, wenn sie nicht in die Lücken des Gegenstückes einfallen kann, und nimmt dabei über eine Scheibe auch die Spannerkupplung des Elektrospanners mit zurück. Gleichzeitig wird eine Reibscheibe federnd gegen den Flansch der Werkzeugspindel gedrückt.

Die zurückweichende Spannkupplung schaltet über einen Stößel den Spannmotor zum Antrieb des Schleichganges ein. Die Reibscheibe treibt die Werkstückspindel so lange an, bis die Haltekupplung in die Lücke des Gegenstückes einfällt. Sogleich wird der Spannmotor abgeschaltet und der Reibscheibenantrieb entkuppelt.

Jetzt ist die Spannerkupplung freigegeben und der Spann- und Entspannvorgang kann eingeleitet werden.

Für die einfache Spanneinrichtung und für die Spanneinrichtung mit Spindelfixierung kann eine Handeinrückung eingebaut werden. Diese ermöglicht es, die Werkzeugspindel von Hand zum Probelauf einzurücken, um den Rundlauf des Werkstückes zu kontrollieren. Bei ungenügendem Rundlauf kann diese Spindel stillgesetzt und das Werkstück in einer anderen Lage gespannt werden.

4.54 Die Steuerungssysteme

Zur Herstellung eines Werkstückes muß ein Mehrspindelautomat alle Bewegungen selbsttätig in einer bestimmten Reihenfolge ausführen. Dann ist eine Periode beendet, die aus einer Hauptzeit und einer Nebenzeit besteht.

Die Reihenfolge der einzelnen Bewegungen während des Arbeitsspieles ist eindeutig festgelegt und in dem Bewegungsschaubild (Abbildung 228) dargestellt. Die Steuerungseinrichtung hat nun den Zweck, die Bewegungen der einzelnen Maschinenteile zu bewirken und die Einhaltung der richtigen Bewegungsfolge zu sichern. Derartige Aufgaben sind im Werkzeugmaschinenbau viel bekannt. Sie können mit Programmsteuerungen und verschiedenen Folgesteuerungen gelöst werden, bei denen die Erreichung einer bestimmten Stellung eines Maschinenteiles die nächste Bewegung auslöst, die bis dahin blockiert war. Für Mehrspindelautomaten mit ihrer Vielzahl von Bewegungen und der Notwendigkeit schnellen Umrichtens haben sich dagegen die Steuerungen mit Steuerwelle eingeführt. Sie sollen hier besprochen werden.

Die einfachste Form der Steuerung ist eine Steuerwelle, auf der alle Kurvenscheiben oder Getriebeantriebe sitzen, so daß eine Umdrehung dieser Steuerwelle eine Periode des Automaten steuert. Eine Teildrehung, beispielsweise 180°, also eine halbe Umdrehung, dient dabei zur

Steuerung der Nebenzeitbewegungen, die andere Umdrehungshälfte zur Steuerung der Hauptzeitbewegungen. Die Nebenzeitbewegungen müssen mit einer gleichmäßigen, schnellen Bewegung ablaufen. Während dieser Zeit muß also der Steuerwelle eine gleichmäßig schnelle Drehbewegung zugeleitet werden. Die Drehbewegung für die Hauptzeitbewegungen muß der Arbeitszeit des Werkstückes angepaßt sein, sie ist durch ein Wechselrädergetriebe in ihrer Größe einstellbar.

Die zur Zuleitung dieser beiden Drehbewegungen nötige Getriebeanordnung zeigt Abb. 231. Von der Antriebswelle wird die Bewegung über Kegelräder auf das Vorschubgetriebe geleitet. Sie läuft für die Hauptzeitbewegung über Räder, Wechselräder und einen Räderblock auf die Antriebswelle, mit der sie über eine Überholkupplung ÜK verbunden ist. Die Bewegung der Antriebswelle kann aber auch unmittelbar auf die Eilgangkupplung EK geleitet werden, bei deren Einrücken diese überlagerte höhere Geschwin-

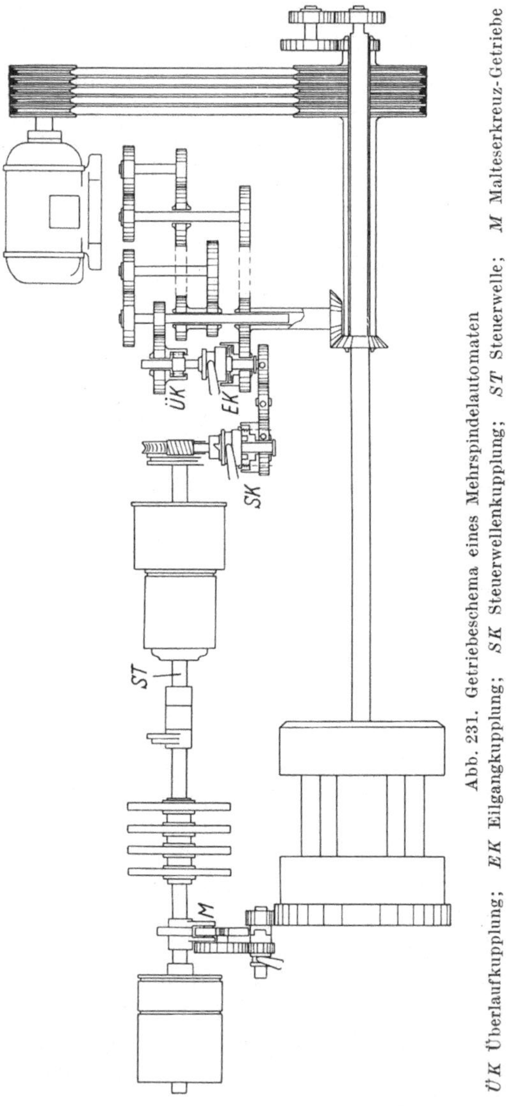

Abb. 231. Getriebeschema eines Mehrspindelautomaten. ÜK Überlaufkupplung; EK Eilgangkupplung; SK Steuerwellenkupplung; ST Steuerwelle; M Malteserkreuz-Getriebe

digkeit auf die Antriebswelle kommt. Beide Drehbewegungen, die einstellbare langsame und die konstant schnelle, werden dann über eine Sicherheitskupplung SK und einen Schneckentrieb auf die Steuerwelle übertragen.

Die Anordnung einer solchen Steuerwelle oben in einem Mehrspindelautomaten zeigt Abb. 195. Von dieser einen Steuerwelle werden alle Bewegungen abgeleitet.

Wenn hier von einer Steuerwelle gesprochen wird, so ist es nicht unbedingt notwendig, daß es sich wie in Abb. 195 wirklich um eine einzige Welle handelt. Sie kann auch aus mehreren Ästen bestehen, die über Kegelräder so miteinander verbunden sind, daß sie genau die gleiche Drehbewegung ausführen. Solche Anordnungen lassen Abb. 232 und 233 erkennen, bei denen von der obenliegenden Steuerwelle Äste senkrecht nach unten gehen zum Antrieb des oberen Querschlittens und ein weiterer Ast unten horizontal liegt zum Antrieb des unteren Querschlittens.

Das kinematische Vorhandensein einer Kurvenwelle wird auch nicht dadurch gestört, daß, wie bei dem Mehrspindelautomaten (Abb. 234), unten, vorn und hinten je eine durchgehende Steuerwelle und im Antriebskasten oben nochmals vorn und hinten je eine Steuerwelle, zusammen also 4 Wellen vorhanden sind, die jede mit einem besonderen Schneckenantrieb angetrieben werden. Da zwischen den Schneckentrieben Gleichlauf vorliegt, ist die Wirkung dieser 4 Steuerwellen genau wie die einer einzigen Welle.

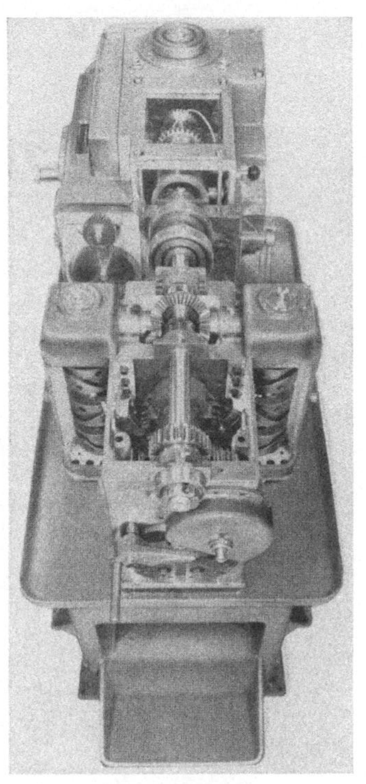

Abb. 232. Steuerwellenanordnung in einem Mehrspindelautomaten

Bei einem anderen, senkrechten Automaten sind 3 Steuerwellen für die Hauptzeitbewegungen auf 3 Seiten der Maschine angeordnet (Abb. 235) und laufen synchron mit einer Steuerwelle für die Nebenzeitbewegungen. Auch hier erfolgt die Drehung aller Kurvenwellen während der Nebenzeit beschleunigt.

Die Schnecke *10* wird abwechslungsweise durch die Kupplung *9* mit einer erhöhten Drehzahl über 180° der Kurven während der Nebenzeiten und durch die Kupplung *11* mit einer kleinen Drehzahl über 180° der Kurven während der Hauptzeit angetrieben.

Der Übergang vom Arbeitsgang zum Schnellgang und umgekehrt, d. h., das gleichzeitige Aus- und Einrücken der 2 Kupplungen *9* und *11* erfolgt augenblicklich durch den Beschleuniger *6*, welcher von

2 Kurven *7* und *8* auf dem treibenden Zahnrad der Hilfssteuerwelle betätigt wird.

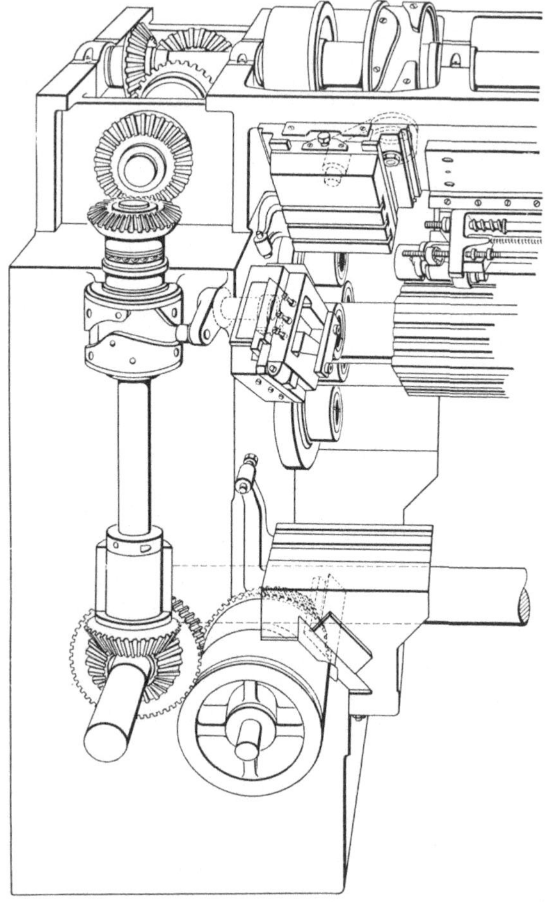

Abb. 233. Verzweigung der Steuerwelle über Kegeltriebe für den Querschlittenantrieb

Abb. 234. Sechsspindelautomat mit mehreren parallelen Steuerwellen

Der Drehwinkel der Steuerwelle für die Nebenzeit und der Drehanteil für die Hauptzeit sind je nach der Maschinenkonstruktion verschieden. Tab. 21 gibt dafür einige Zahlenwerte.

Ein Beispiel für die Steuereinrichtung eines Vollautomaten zeigt Abb. 236. Die Steuerwelle besteht aus mehresen Teilen $X\,a$ bis c, die

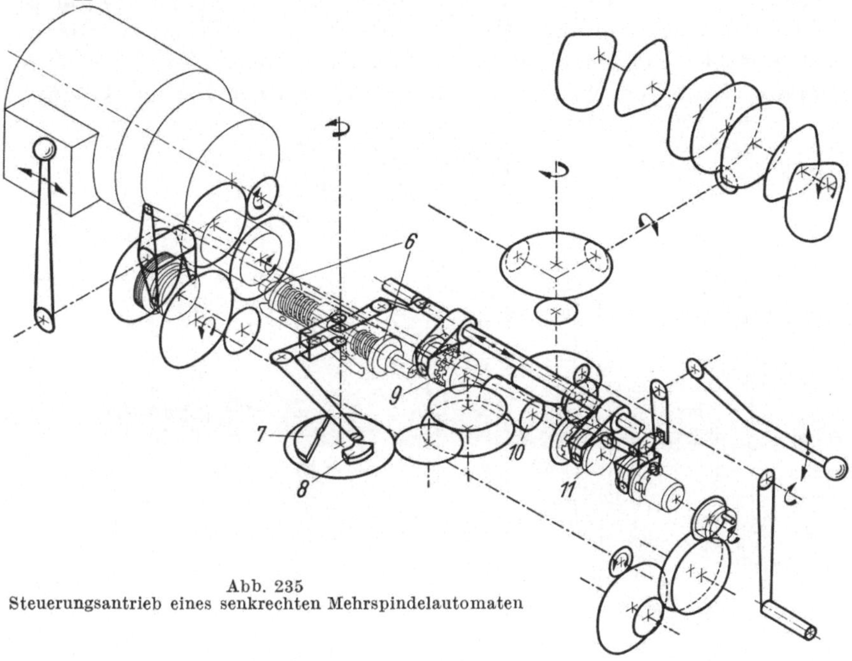

Abb. 235
Steuerungsantrieb eines senkrechten Mehrspindelautomaten

Tabelle 21. Aufteilung der Steuerwellendrehung für verschiedene Bewegungen bei drei Automatentypen

Art der Bewegung	Benötigte Steuerwellendrehung in Grad bei dem Automaten		
	A	B	C
Schaltung der Spindeltrommel	90	70	90
Trommelriegel zu	22	14	25
Trommelriegel auf	25	18	30
Spanneinrichtung auf	27	25	25
Spanneinrichtung zu	20	30	25
Stangenvorschub vor	50	63	48
Stangenvorschub zurück	90	208	35
Werkstoffanschlag vor	40	30	45
Werkstoffanschlag zurück	27	30	45
Werkzeugschlitten:			
Eilgang	48	45	45
Arbeitsgang	150	180	170
Eilrückzug	72	45	40

untereinander so verbunden sind, daß sie synchron miteinander drehen. Die Wellen tragen die einzelnen Nocken und Kurven für die Einleitung der verlangten Bewegungen. Für jeden Längs- und jeden Querschlitten ist eine besondere Kurventrommel *16a* bis *d* vorgesehen, ebenso eine Trommel *17* für Spannung und Vorschub, Trommel *18* für den Trommelriegel, Scheibe *19* für den Materialanschlag und Getriebe *20* für die Spindeltrommelschaltung. Eine weitere Trommel *21* ist für die Bewegungsableitung von Sonderwerkzeugen vorgesehen. An der Kurventrommel *16a* ist ein Nocken *22* angebracht, welcher über ein Gestänge

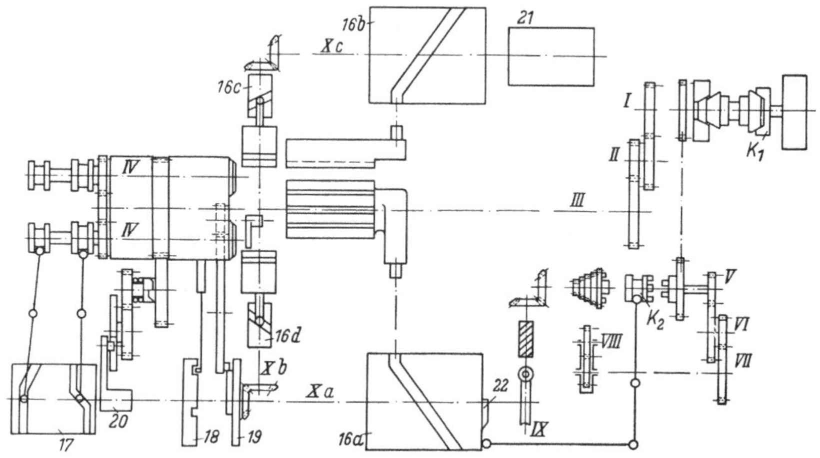

Abb. 236. Schema einer Steuerung mit Hauptsteuerwelle

die Schnellschaltkupplung K_2 bewegt. Von der genauen Einstellung der beiden für Ein- und Ausrücken nötigen Nocken *22* ist die Dauer der Stückzeit beeinflußt. Denn je länger die Steuerwelle im Schnellgang läuft, um so kürzer wird die Zeit für eine Umdrehung. Andererseits muß der Arbeitsgang im Augenblick des Arbeitsbeginnes bereits mit Sicherheit eingeschaltet sein, ebenso wie beim Ende der Arbeitszeit der Schnellgang noch nicht eingerückt sein darf.

Die Bewegungsenergie der Spindeltrommel bei der Schaltung kann bewirken, daß die Steuerwelle von der Spindeltrommel aus angetrieben wird und über Schneckenrad *14* und Schnecke *13* auf das Getriebe bis zum Antrieb hin beschleunigend einwirkt. Um dieser Möglichkeit, die eine Unsicherheit in den Bewegungsablauf hineinbringt, so weit wie möglich entgegenzuarbeiten, ist eine Abbremsung der Trommelwucht zusätzliche zu der Selbsthemmung des Schneckentriebes *13, 14* vorgesehen, die jedes schnellere Drehen der Steuerwelle vermeidet. Diese Bremse ist an der Schneckenwelle angeordnet. In dem Augenblick, wenn der Antrieb rückwärts von der Spindeltrommel her einsetzt, erfolgt ein Druckwechsel in dem Schneckentrieb *13, 14* (Abb. 237), so daß sich die axiale Kraftkomponente der Schnecke, die von dem Drucklager *23* aufgenommen wird, umkehrt und die Schneckenwelle mit dem

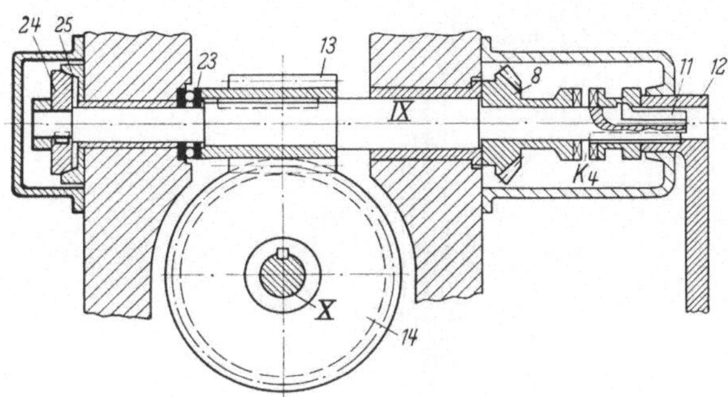

Abb. 237. Schneckenwelle zum Steuerungsantrieb mit Kegelbremse

Bremskegel *24* in den Gegenkonus *25* hineinzieht, so daß durch die Reibung zwischen *24* und *25* eine Vernichtung der Trommelwucht unterstützt wird. Diese Reibung wirkt, bis der Antrieb der Schneckenwelle

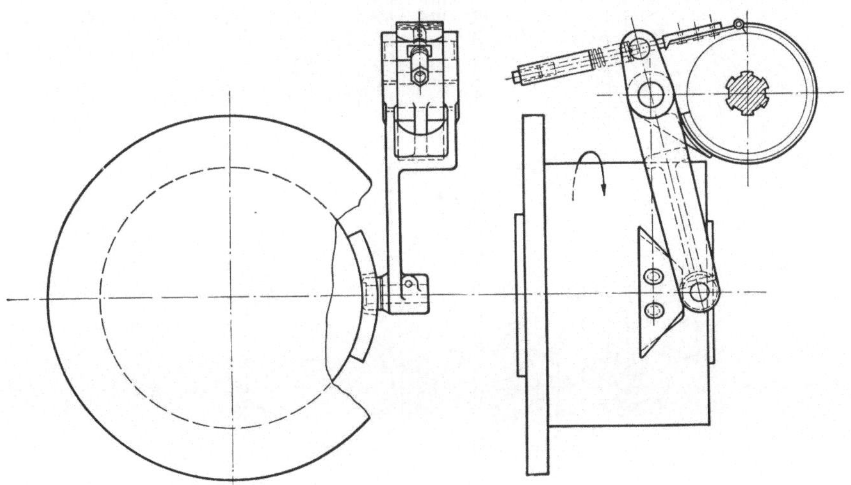

Abb. 238. Bandbremse

wieder von dem Kegelrad *8* aus erfolgt und der Druck die alte Richtung einnimmt.

Die Bremse kann ebenso in anderer Ausführung, beispielsweise als Bandbremse, eingebaut werden. Das Bremsband (Abb. 238) wird über einen Bremshebel angezogen, der seinerseits von einem Kurvenstück auf

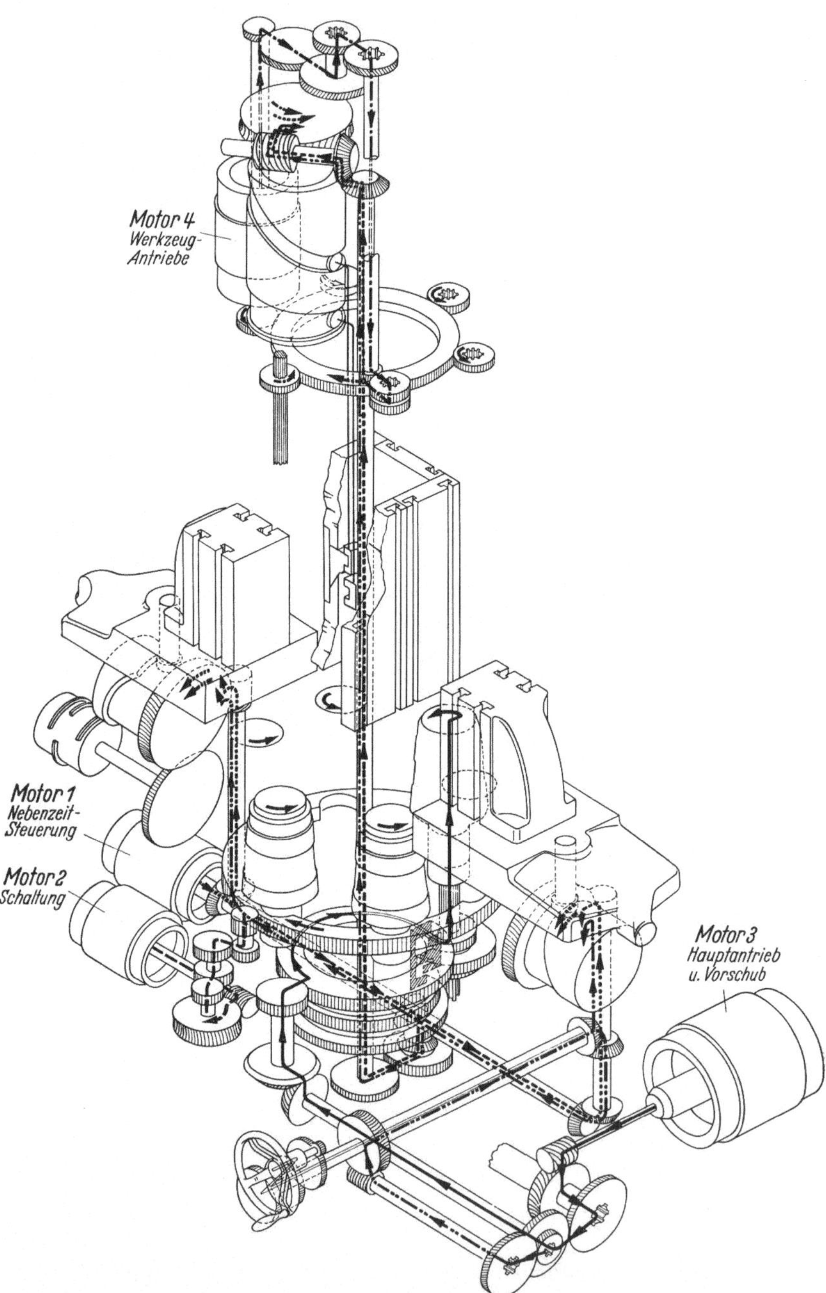

Abb. 239. Steuerung eines senkrechten Mehrspindelautomaten mit 4 verschiedenen Motoren

der Steuerwelle in dem Augenblick betätigt wird, wenn die schnelle Steuerwellendrehung für den Arbeitsgang verlangsamt werden muß.

Bei der Steuerung des Senkrechtautomaten nach Abb. 239 werden Bewegungen an vier verschiedenen Stellen von 4 Elektromotoren eingeleitet, je einem für Spindelantrieb und Arbeitsvorschübe, einem besonderen für die Eilbewegungen der Werkzeugträger, einem weiteren für die Spindeltrommelschaltung und endlich einem Motor für Werkzeugantriebe, etwa Bohreinrichtungen.

Es versteht sich, daß bei dieser Bewegungsaufteilung nicht mehr von der normalen Steuerung gesprochen werden kann. Hier liegt eine Folgesteuerung vor, bei welcher der Anlauf eines Motors über Endschalter von der Erreichung einer bestimmten Stellung, etwa der Werkzeugträger, gesteuert wird. Der Motor für Spindeltrommelschaltung darf erst anlaufen können, wenn die Werkzeugträger in ihrer rückwärtigsten Stellung sind und eine Spindeltrommelschaltung nicht mehr behindern. Solche gegenseitigen Verriegelungen bereiten keine wesentlichen Schwierigkeiten, sind aber schwerer zu überblicken als eine Steuerwelle. Im vorliegenden Fall wurde eine elektro-hydraulische Maschinenüberwachung gewählt. Hydraulisch betätigt werden Ein- und Ausschalten von Kupplungen und Spindelantrieb, Betätigung einer Spindelbremse in der Spannstellung, Genaueinstellung der Spindeltrommel nach dem Schalten, Verriegeln der Spindeltrommel während der Bearbeitung. Alle übrigen Betätigungen erfolgen über elektrische Kontakte, und der Bedienungsmann hat nur wenige Schaltknöpfe zu drücken, wenn er außer der Reihe Schaltungen veranlassen will. Im Arbeitszyklus hat er nur nach jedem Aus- und Einspannen den Zyklus elektrisch wieder einzurücken.

Es sind noch zahlreiche andere Steuerungsmöglichkeiten gegeben. Wenn hier auf eine ausführliche Darstellung verzichtet wird, dann weil der praktische Wert dieser Bauweisen gering ist, und fast alle vorkommenden Maschinen nach dem im Grundaufbau gleichen Steuerungsprinzip gebaut werden.

4.55 Einfügung der Steuerung in den Aufbau des Automaten

Die Hauptsteuerwelle erscheint vielfach als eine durchgehende Welle, die (Abb. 195) beispielsweise oberhalb der Maschine angeordnet ist. Diese Steuerwelle trägt alle Kurventrommeln bzw. Kurvenscheiben und Getriebeglieder, unter denen besonders der Treiber für die Malteserkreuzschaltung zu erwähnen ist. Der Steuerwellenantrieb erfolgt über eine Kupplung für Arbeitsgang und Schnellgang (Abb. 240), die über Nocken automatisch oder wahlweise von Hand geschaltet wird. Die Steuerwelle kann auch unterhalb der Maschine angeordnet werden. Hier werden weitere Wellen abgezweigt, um den einzelnen Querschlitten unmittelbar Kurventrommeln zuteilen zu können. Der Antrieb der ganzen Steuereinrichtung erfolgt aber über ein einziges Schneckenrad, die Verästelung setzt erst später ein.

Bei dem Automaten (Abbildung 234) sind dagegen 4 Steuerwellenäste vorhanden, die jeder über einen eigenen Schneckentrieb bewegt werden, wobei allerdings Synchronlauf der 4 Schnecken vorhanden ist. Die Bewegungszuleitung erfolgt bei diesen Automaten jedoch von einem einzigen Motor aus. Bei allen diesen Steuerungen, von denen ein Schema in Abb. 241 gezeigt wird, muß die Aufteilung der Steuerwellendrehung in den Anteil der Hauptzeit und der Nebenzeit sowie der Winkelanteil jeder einzelnen Bewegung vorgenommen werden, was zweckmäßig in einem Diagramm mit Winkeleintragung (Abb. 242) durchgeführt wird. Hieraus können dann alle

Abb. 240
Kupplungsstücke für Schnellgang/Arbeitsgang

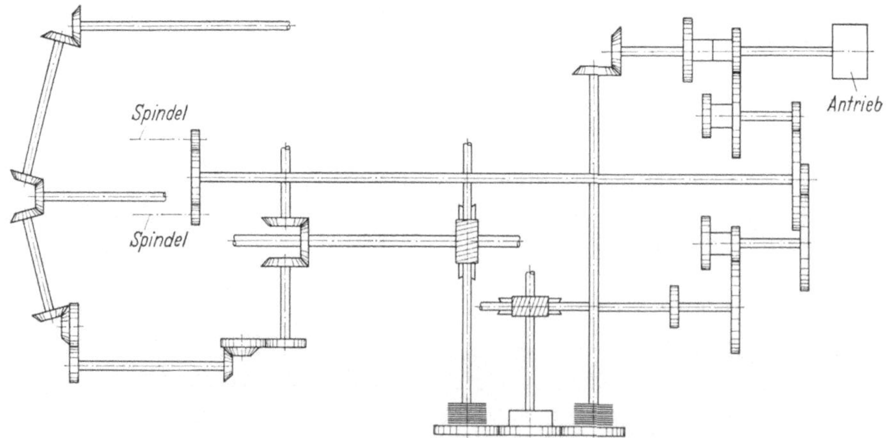

Abb. 241. Steuerungsantrieb für eine verzweigte Steuerwelle

Daten für die Entwicklung der Getriebe, Kurventrommeln und Kurvenscheiben entnommen werden.

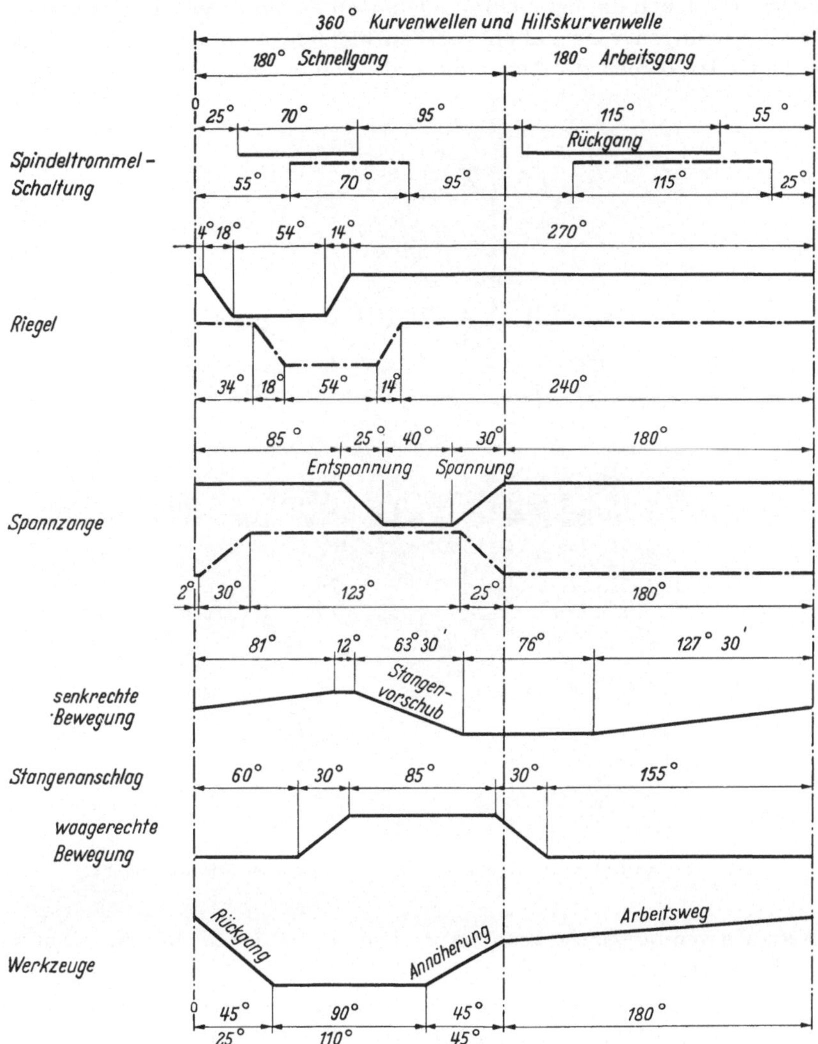

Abb. 242. Aufteilung der Steuerwellendrehung auf die verschiedenen Bewegungen

Die Verwirklichung einer solchen Steuerung, also die Anordnung in einer Maschine, zeigt an dem Beispiel eines senkrechten Sechsspindelautomaten Abb. 243.

4.56   Steuerung der selbsttätigen Bewegungen

4.56.1 Getriebeauswahl. Aus der großen Zahl verschiedenartiger Getriebe, mit denen die bei Mehrspindelautomaten notwendigen selbsttätigen Bewegungen verwirklicht werden können, kommen nur einige bestimmte Bauformen zur Anwendung, die den besonderen Anforderungen

Abb. 243. Ansicht eines Automaten mit Steuerung nach Schema Abb. 242

dieses Verwendungszweckes entsprechen. Dabei ist bei der Auswahl zu beachten, daß

1. die Getriebe den verlangten Bewegungsverlauf genau steuern und daß diese Genauigkeit auch nach längerer Betriebsdauer erhalten bleibt oder wieder eingestellt werden kann;

2. die Herstellung der Getriebe mit der erforderlichen Genauigkeit möglich ist und keine außergewöhnlichen Baukosten verursacht, welche den Preis des Mehrspindelautomaten belasten;

3. für die Ableitung der Bewegung vielfach nur ein sehr kleiner Drehwinkel der Steuerwelle zur Verfügung gestellt wird, und daß ein großer

Anteil dieses kleinen Drehwinkels noch auf Bewegungspausen entfällt, wie die Tab. 22 erkennen läßt.

Diese Forderungen schränken die Zahl der zur Auswahl stehenden Getriebe bedeutend ein, besonders die Bedingung, den Bewegungsablauf mit der verlangten Genauigkeit zu erzielen. Es war in anderen Abschnitten dargelegt worden, daß für bestimmte Bewegungen ganz bestimmte Weg-Zeit-Zusammenhänge erforderlich sind, um eine störungsfreie Wirkungsweise zu erreichen. Bei vielen Getrieben ist die Auswahl des Bewegungsablaufes aber nicht möglich, da das Getriebe nur einen bestimmten Ablauf zuläßt. Bei anderen Bauformen wieder hängt der Bewegungsablauf von der Genauigkeit der Herstellung ab.

Die einzelnen Getriebearten sind deshalb auf ihre Verwendbarkeit bei Mehrspindelautomaten zu prüfen. Dabei müssen vielfach die Berechnungsweisen dargestellt werden, sofern sie nicht als bekannt vorauszusetzen sind.

Eine Reihe von Getrieben fällt für die Verwendung bei Mehrspindelautomaten vollkommen aus, obwohl sie bei anderen Maschinen, auch Werkzeugmaschinen, mit Erfolg angewendet werden. Hydraulische Getriebe zur Erzeugung geradliniger hin und her gehender Bewegungen sind in der Herstellung teuer, haben aber den Vorteil schnellster Umstellbarkeit von einer Geschwindigkeitsstufe auf jede andere sowie einfachster Hubeinstellung. Diese Vorteile lassen sich aber bei Mehrspindelautomaten, die lange Zeit ohne jede Änderung der Einstellung arbeiten sollen, nicht ausnutzen, so daß durch den Einbau solcher Getriebe die Maschinen verteuert werden, ohne daß ihre Brauchbarkeit entsprechend steigt. Ausnahmen kommen bei Bewegungen vor, die sehr weit von der Steuerwelle entfernt gebraucht werden, da eine einzige Druckleitung lange Gestänge ersparen kann, die wegen Lager- und Zapfenspiel und Durchbiegung Ungenauigkeiten zur Folge haben. Ein solcher Ausnahmefall ist beispielsweise die Klemmung der Spindeltrommel in dem Spindeltrommelgehäuse, wozu eine auf dem Spindelstock sitzende Spindel etwas gedreht werden muß, damit die Druckpuppe die Trommel festspannt. Hier kann die Anwendung eines hydraulischen Zwischengliedes vorteilhaft sein, da die Bewegung von einer Steuerwelle abgeleitet wird, die meistens unten in der Maschine liegt.

Auch Koppelkurvengetriebe, die auf der Vier- und Sechsgelenkkette aufbauen und denen vielfach eine große Zukunft als Ersatz für Kurventriebe vorausgesagt wird, lassen sich bei Mehrspindelautomaten nur ausnahmsweise erfolgreich verwenden. Bei den gesuchten Getrieben handelt es sich meistens um Formen, welche eine stete Folge von Bewegungs- und Rastzeiten steuern. Nun ist es zwar möglich, mit Koppelrastgetrieben zwei und sogar drei Rastzeiten auf eine Kurbelumdrehung zu erzielen, die Dauer der Rasten ist aber gegenüber den Bewegungsperioden kurz,

Tabelle 22. Einfluß der verschiedenen Steuerungsarten auf die Steuerung der Nebenzeitbewegungen bei Mehrspindelstangenautomaten

Bezeichnung der Bewegung	Art der Bewegung	Bewegungsgesetz (Form der Wegkurve)	die Nebenzeit				I eine Hauptsteuerwellendrehung				II eine Schaltwellendrehung				III getrennte Bewegungen		Getriebeauswahl
			Hin %	Rast %	Zurück %	Rast %	Hin %	Rast %	Zurück %	Rast %	Hin %	Rast %	Zurück %	Rast %	Hin u. zurück %	Rast %	
Schaltung der Spindeltrommel	aussetzend drehend	Sinoide	60	40	—	—	17	83	—	—	33	67	—	—	100	0	Rädertrieb-Schaltwerke mit Zusatzgetrieben
Bewegung des Trommelriegels	geradlinig hin und zurück	ohne Einfluß	14	86	plötzlich	0	4	24	plötzlich	72	8	48	plötzlich	44	14	86	Kurventrieb (Scheibenkurve)
Betätigung der Stangen-Spanneinrichtung	geradlinig hin und zurück	ohne Einfluß	14	26	14	46	4	7	4	85	8	14	8	70	52	48	Bei I und II: Kurventrieb (Trommelkurve) Bei III: Koppelrastgetriebe
Werkstoffvorschub und Rückzug des Vorschubrohres	geradlinig hin und zurück	Parabel	32	14	Teilweise außerhalb der Nebenzeit		9	4	19	68	18	8	39	35	88	12	Bei I und II: Kurventrieb (Trommelkurve) Bei III: Koppelrastgetriebe
Bewegung des Werkstoffanschlages	bogenförmig hin und zurück	ohne Einfluß	70	22	Teilweise außerhalb der Nebenzeit		20	6	20	54	39	12	39	10	86	14	Bei I: Kurventrieb (Scheibenkurve) Bei II und III: Koppelrastgetriebe
Gesamte Nebenzeit	—	—	100	—	—	—	28	72	—	—	56	44	—	—	100	—	—

und die Genauigkeit teilweise gering. Der Grund hierfür liegt in der Erzielung der Rast, die dadurch zustande kommt, daß auf einer Koppelkurve, welche zeitweise einen fast gleichmäßigen Krümmungsradius hat, ein Lenker von der Länge dieses Radius geführt wird. Jede Abweichung des Krümmungsradius von der Lenkerlänge bedeutet aber eine Rastungenauigkeit. Neben der Schwierigkeit, mit Koppelgetrieben die verlangte Bewegung mit ausreichender Genauigkeit zu erzielen, kommt noch hemmend für die Verwendbarkeit die vielfach sperrige Bauart dieser Getriebe hinzu. Aus den Bewegungs- und Pausenbedingungen ergibt sich die Größe der einzelnen Getriebeglieder, und es muß versucht werden, diese in dem vorhandenen knappen zur Verfügung stehenden Raum unterzubringen. Jeder Konstrukteur, der schon einmal mit Koppelgetrieben gearbeitet hat, kennt die Schwierigkeiten, die die Gestaltung bietet und die bei Mehrspindelautomaten ganz besonders hervortreten. Diese Momente haben zur Folge, daß die Koppelgetriebe sich bei Mehrspindelautomaten kaum durchsetzen können.

Das gleiche gilt für die Koppeltriebschaltwerke, deren Anwendung zur Spindeltrommelschaltung auf den ersten Blick sehr vorteilhaft zu sein scheint. Die erzielbaren Rastzeiten sind aber gegenüber den Bewegungszeiten außerordentlich kurz, während bei der Spindeltrommelschaltung gerade der umgekehrte Fall vorliegt. Auch die Anwendung von Schaltgetrieben aus Laufgesperren oder Greifertrieben, die ihre Bewegung mit einer endlichen Geschwindigkeit, also mit einem Stoß, beginnen, sind praktisch wegen dieses Bewegungsablaufes nicht verwendbar. Die Zahl der verwendbaren Getriebe wird dadurch sehr klein, es bleiben nur noch

1. für die hin und her gehende Bewegung Kurventriebe,
2. für die Schaltbewegung
   a) Kurventriebschaltwerke,
   b) Rädertriebschaltwerke.

Die weitere Untersuchung kann sich deshalb auf diese Getriebe beschränken.

4.56.2 Kurventriebe und ihre Bewegungsgesetze. Es sind 3 Arten von hin und her gehenden Bewegungen zu unterscheiden:

1. Bewegungen mit zeitweise gleichförmiger Geschwindigkeit in einer Bewegungsrichtung, stoßfreier Bewegungsumkehr und schnellem Rücklauf. Der in gleichförmiger Geschwindigkeit zurückgelegte Arbeitsweg ist vom Werkstück abhängig. Die Bewegungsform wird für die Werkzeugschlitten der Mehrspindelautomaten gebraucht.

2. Bewegungen mit stets gleich langem, vom Werkstück unabhängigem Weg, bei denen der Weg-Zeit-Zusammenhang technologischen Forderungen angepaßt wird. Als Beispiel sei die Bewegung der Einstoßstange

eines Magazinautomaten oder der Spannmuffe einer Stangen-Spanneinrichtung erwähnt. Bei der Bewegung wird auf stoß- und ruckfreie Umsteuerung, aber auch auf kleine Werte der Größtgeschwindigkeit und Größtbeschleunigung gesehen.

3. Bewegungen, die ähnlich wie die unter 2. genannten ablaufen müssen, bei welchen aber die Weglänge dem Werkstück abgepaßt wird, wie dies bei der Stangenvorschubeinrichtung der Fall ist.

Bei der Gestaltung der Kurventriebe für diese Aufgaben sind 3 Gesichtspunkte zu berücksichtigen:

1. die Kurvenform, 2. die Kurvengröße, 3. die Gestaltung der Kurven.

Die Kurvenform. Die verschiedenartigsten Bewegungsgesetze entsprechen den Forderungen des Mehrspindelautomatenbetriebes. Jedes Bewegungsgesetz erfordert aber eine andere Kurvenform. Um aus der Vielzahl der Bewegungsabläufe den für jeden einzelnen Fall günstigsten auswählen zu können, ist eine Gegenüberstellung mit den wichtigsten Merkmalen erforderlich. Hierbei sind zu nennen:

1. die Form der Weg-, Geschwindigkeits- und Beschleunigungskurve in Abhängigkeit von der Zeit;
2. die Abhängigkeit des Bewegungsablaufes von der Zeitstrecke, d. h. der Kurvenlänge;
3. die Größtwerte der Geschwindigkeit und Beschleunigung;
4. die Anfangswerte der Geschwindigkeit und Beschleunigung;
5. der Zeitpunkt der Erreichung der Größtbeschleunigung;
6. die Möglichkeit mechanischer Erzeugung einer Wegkurve.

Um einen Vergleich zu erleichtern, werden alle Gesetze auf den gleichen Fall zurückgeführt. Es wird angenommen, daß in der Zeit T der Weg S so zurückgelegt wird, daß zur Zeit $t = T/2$ der Weg $s = S/2$ erreicht ist und daß der positive und der negative Ast der Beschleunigungskurve symmetrisch sind. Würde der Weg S mit gleichförmiger Geschwindigkeit v zurückgelegt, so wäre diese $v = v_m = 1\,S/T$. Ist der Weg S und die Zeit T zahlenmäßig bekannt, so läßt sich die wirkliche Größtgeschwindigkeit sofort errechnen. In dieser Weise wird stets die Geschwindigkeit in S/T und die Beschleunigung in S/T^2 angegeben.

Ein Beispiel soll einen solchen Rechnungsgang verdeutlichen. Ein Weg $S = 18$ cm wird in der Zeit $T = 0{,}3$ Sekunden zurückgelegt. Die Größtgeschwindigkeit wird

$$v_m = 1{,}23\,S/T, \text{ (Annahme)}$$
$$v_m = 1{,}25 \cdot (18/0{,}3)\,\mathrm{cm}/s,$$
$$v_m = 75\,\mathrm{cm}/s.$$

Die Größtbeschleunigung ist

$$b_m = 12{,}5\,S/T^2, \text{ (Annahme)}$$
$$b_m = 12{,}5 \cdot (18/0{,}3^2)\ \mathrm{cm}/s^2,$$
$$b_m = 2500\ \mathrm{cm}/s^2.$$

Parabolisches Bewegungsgesetz. Wenn eine Höchstbeschleunigung b_m nicht überschritten werden darf und die Bewegung in möglichst kurzer Zeit ablaufen soll, so erreicht man dies mit einem Bewegungsablauf, bei welchem die Beschleunigung während der ganzen Bewegungszeit ihren Höchstwert beibehält, der nach halbem Weg $s = S/2$ von dem positiven auf den negativen Wert springt (Abb. 244). Es ergeben sich hierfür die Beziehungen

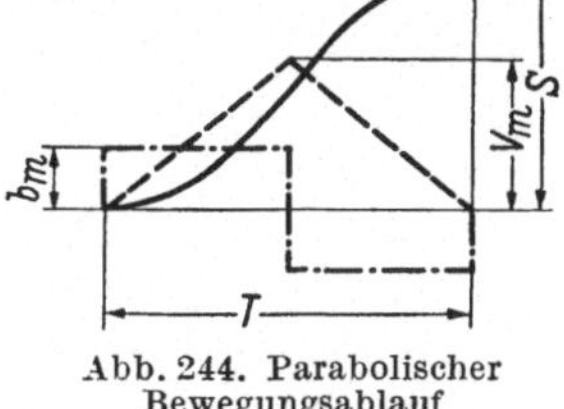

$$b = b_m,$$
$$v = b_m t,$$
$$s = \frac{b_m t^2}{2}.$$

Abb. 244. Parabolischer Bewegungsablauf

Aus der Gleichung für s ergibt sich die Größtbeschleunigung an der Stelle

$$s = S/2$$

zu $\qquad\qquad\qquad b_m = 4\,S/T^2$

und damit die Größtgeschwindigkeit an der gleichen Stelle aus der Gleichung für v zu

$$v_m = 2\,S/T.$$

Ist die zulässige Größtbeschleunigung vorgeschrieben, so wird die zum Weg S gebrauchte Zeit T

$$T = 2\,\sqrt{S/b_m}.$$

Dieses parabolische Bewegungsgesetz, dessen Weg-Zeit-Kurve aus zwei Parabelästen besteht, die beim halben Weg tangential ineinanderlaufen (Abb. 244), ist unabhängig von der Wahl der Werte S und T, wenn T bei einer metallischen Kurve durch eine Strecke L verwirklicht wird, die mit der Geschwindigkeit v_k an der Abtriebrolle vorbeigleitet. Die Bewegungsgrößtwerte bleiben also gleich, unabhängig davon, ob zur Erzielung des Weges S (Abb. 245) eine lange metallische Kurve mit großer Geschwindigkeit oder eine ebensolche kurze Kurve mit kleiner Geschwindigkeit berollt wird. Dies ist sehr wichtig, da die Festlegung der Kurve unabhängig von dem Durchmesser der Kurventrommel oder Kurvenscheibe erfolgen kann und nur Rücksicht auf die Drehgeschwindigkeit der die Kurven tragenden Steuerwelle zu nehmen ist. Für die Auswahl der Kurvendurchmesser werden dann Fragen des Übertragungswinkels entscheidend.

Wenn das parabolische Bewegungsgesetz als An- und Ablauf einer in ihrem Hauptteil geradlinigen Wegkurve (Abb. 246) verwendet wird, so wirkt auf das so bewegte Maschinenteil nur zeitweise eine Beschleunigung, die den Betrag mT der ganzen Bewegungszeit ausmacht. Dann werden die Bewegungsgrößtwerte v_{ma} und b_{ma}

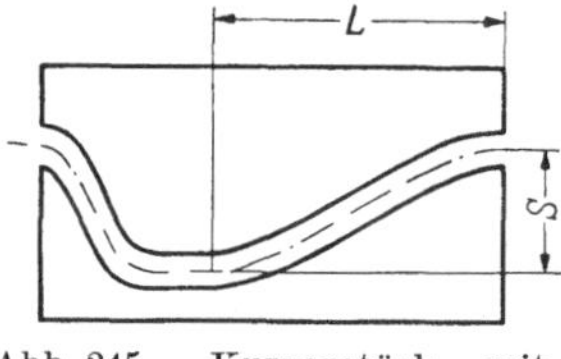

Abb. 245. Kurvenstück mit Weg S bei einer Länge L

$$v_{ma} = 2/(2 - m) \quad S/T,$$
$$b_{ma} = 4/(2 - m^2) \quad S/T^2.$$

Abb. 247 zeigt die Bewegungswerte dieses Gesetzes.

Die Herstellung einer metallischen Kurve nach einem parabolischen Gesetz bietet insofern große Schwierigkeiten, als es keine Möglichkeit zur zwanglaufmechanischen Fertigung gibt. Es läßt sich also nicht vermeiden, das Kopierverfahren anzuwenden, wenn man nicht gar nach Anriß arbeitet

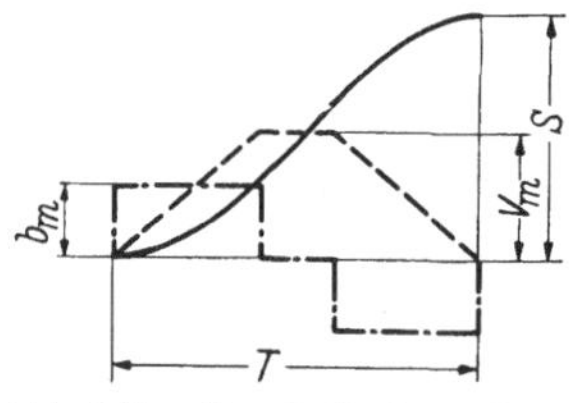

Abb. 246. Parabolischer Bewegungsablauf mit verkürzter Beschleunigungszeit

und dann noch vorhandene Fehler mit der Meßuhr ermittelt und nacharbeitet. Beide Methoden haben den Nachteil, daß eine Herstellung mit genügender Genauigkeit schwer möglich ist. Denn gerade im An- und Ablauf der Kurve tritt bei kleinster Abweichung von der gewünschten Form, wenn sie auch nur wenige Zehntelmillimeter beträgt, bereits ein beträchtlich anderer Verlauf der Geschwindigkeit und Beschleunigung ein. Diese Herstellungsschwierigkeiten sind ein Nachteil des parabolischen Bewegungsgesetzes.

Gesetz mit einer Wegkurve aus Kreisbögen. In der Praxis wird häufig eine aus Kreisbögen zusammengesetzte Wegkurve angewendet. Dabei darf aber nicht übersehen werden, daß außerordentlich hohe Größtwerte der Geschwindigkeit und Beschleunigung sowie erhebliche Rucke un-

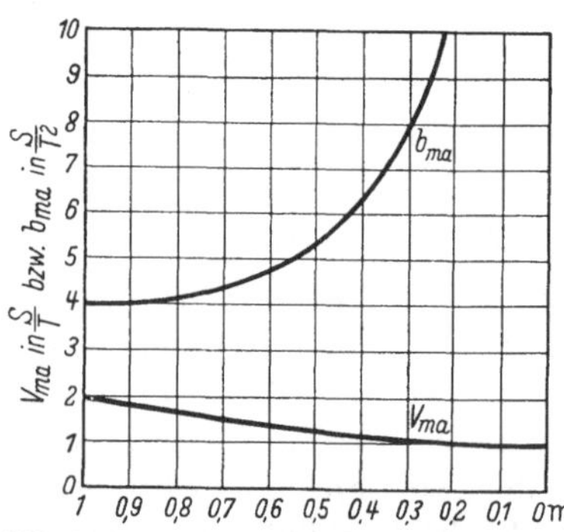

Abb. 247. Zusammenhang zwischen den Bewegungsgrößtwerten und der Verkürzung der Beschleunigungszeit für einen parabolischen Bewegungsablauf

vermeidlich sind. Es ist deshalb notwendig, die Bewegungsverhältnisse klarzulegen, da sonst die Gefahr besteht, daß die Anwendung aus Unkenntnis der Verhältnisse bei ruckempfindlichen Maschinengliedern erfolgt, was Fehlschläge unvermeidlich macht. Eine Vorberechnung der auftretenden Geschwindigkeiten und Beschleunigungen bietet die Möglichkeit, diese in der Herstellung einfachen Getriebe da anzuwenden, wo es ohne Schaden geschehen kann.

Die Bewegungswerte eines Gesetzes aus Kreisbögen sind nicht allein von Weg und Zeit abhängig, sondern im Gegensatz zu dem parabolischen Gesetz ganz wesentlich von der Kurvenlänge, die in der Bewegungszeit berollt wird. Bei der Berechnung eines Kurventriebes muß daher der Trommel- oder Scheibendurchmesser bekannt sein, um die wirklichen Bewegungswerte zu erhalten. Es ist zu den Werten S und T noch ein Wert c erforderlich, welcher das Verhältnis des Kurvenhubes S zur

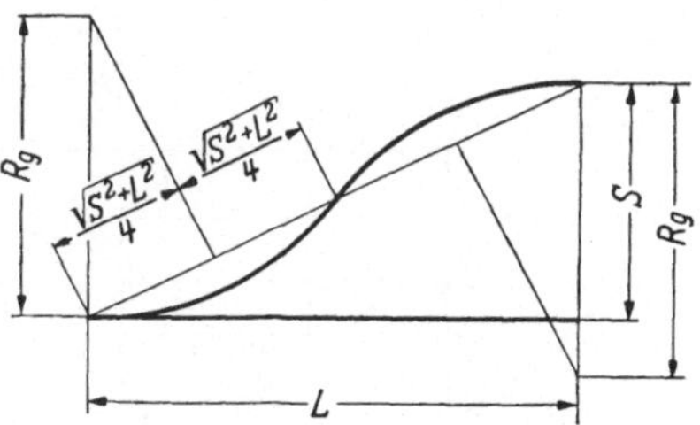

Abb. 248. Wegkurve aus Kreisbögen

Kurvenlänge L (Abb. 245) angibt. Da die Kurvenlänge aus der Kurvengeschwindigkeit v_k und der Bewegungszeit T errechnet werden kann, wird

$$c = S/L = v_k\, S/T.$$

Weiterhin wird auch die Größe des Radius R der benutzten Kreisbögen im Verhältnis zum Weg S angegeben.

Bei dem Grundgesetz (Abb. 248), bei welchem die Wegkurve aus 2 Kreisbögen besteht, die beim halben Weg tangential ineinanderlaufen, ergeben die geometrischen Zusammenhänge die Länge des Radius R_g:

$$R_g = \frac{c^2 + 1}{4\,c^2}\, S.$$

Diese Abhängigkeit (Abb. 251) zeigt die Kurve $m = 1$.

Es werden die mit der Zeit t veränderlichen Werte, Weg s, Geschwindigkeit v und Beschleunigung b aus den

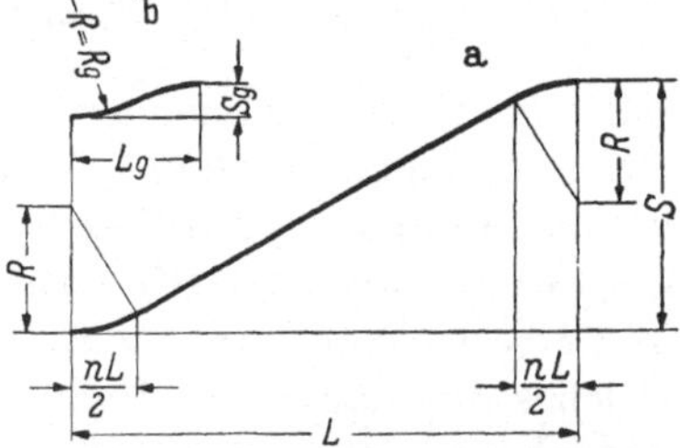

Abb. 249. a) Wegkurve aus Kreisbögen mit zeitweilig geradlinigem Weg; b) Grundgesetz hierzu

geometrischen Zusammenhängen errechnet und daraus die Größtwerte v_m, b_m und die Anfangsbeschleunigung b_0. Es wird

$$v_m = 2/(1 - c^2)\quad S/T,$$

$$b_m = 4\,\frac{(1 + c^2)^2}{(1 - c^2)^3}\quad S/T^2,$$

$$b_0 = 4/(1 + c^2)\quad S/T^2.$$

Aus diesen Grundgesetzen entsteht eine ganze Gruppe von Bewegungsgesetzen, wenn zwischen die Kreisbögen (Abb. 249a) eine gemeinsame Tangente gelegt wird, welche die Dauer der Beschleunigung

auf mT verkürzt. Durch Weglassen der Tangente und Aneinanderfügen
der beiden Kreisbögen (Abb. 249 b) entsteht das zugrunde liegende Grundgesetz mit dem Faktor c_g, dessen Bewegungswerte bestimmt und von c_g
auf c umgerechnet werden können. Es wird

$$v_m = v'_m/c \qquad S/T,$$
$$b_m = b'_m/mc \qquad S/T^2.$$

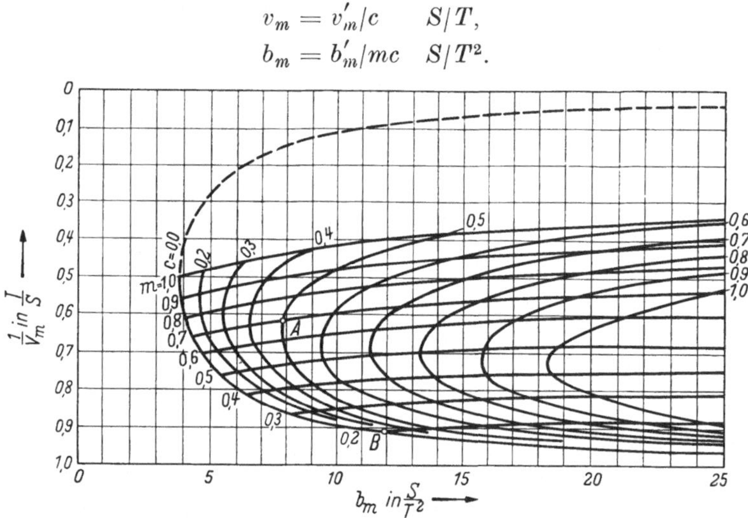

Abb. 250. Zusammenhang zwischen Bewegungsgrößtwerten, Verkürzungsfaktor m und Faktor c
für Kreisbogengesetze

Zur Lösung vorkommender Aufgaben wird Abb. 250 und 251 benutzt.
Die eingezeichneten Kurven für m und c lassen die Festlegung jedes beliebigen Punktes durch diese beiden Werte zu, wenn die zulässige Höchstgeschwindigkeit und Höchstbeschleunigung gegeben ist. Der durch m
und c bestimmte Punkt wird dann im Schaubild (Abb. 251) aufgesucht,
welches die Länge des Radius R zeigt. Ebenso kann die umgekehrte
Aufgabe gelöst werden, bei der R und c gegeben sind, während v_m und
b_m gesucht wird. Dann ergibt sich aus Abb. 251 zu R und c der Wert m
und aus Abb. 250 hierzu v_m und b_m. Abb. 252 veranschaulicht den Verlauf einiger Geschwindigkeits- und Beschleunigungskurven bei einem
solchen Bewegungsgesetz.

Beispiele. Der Gang einer Berechnung mit Hilfe der beiden Schau-
bilder Abb. 250 und 251 wird an 2 Beispielen verdeutlicht.

Es wird ein Gesetz mit einer Wegkurve aus Kreisbögen gesucht, bei
welchem die Größtgeschwindigkeit $v_m = 1{,}6\,S/T$ und die Größtbeschleunigung $b_m = 8\,S/T^2$ wird. Der reziproke Wert der Größtgeschwindigkeit
wird $1/v_m = 0{,}625\,T/S$. Damit ergibt sich in Abb. 250 Punkt A, für
welchen $m = 0{,}7$ und $c = 0{,}5$ abgelesen wird. Der Schnittpunkt dieser
beiden Linien wird in Abb. 251 mit A bezeichnet, man liest den Radius
$R = 1{,}08\,S$ ab, während für das Grundgesetz $c_g = 0{,}365$ wird. Durch

den Radius liegt nunmehr die Wegkurve fest, mit welcher die verlangten Bewegungsgrößtwerte erreicht werden.

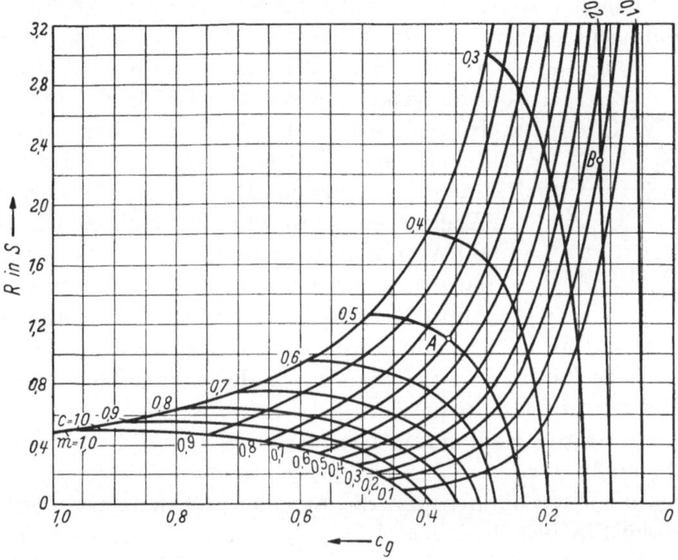

Abb. 251. Zusammenhang zwischen Bogenradius und den Kennwerten des Kreisbogengesetzes

Bei der umgekehrten Aufgabe, zu einem durch die Wegkurve gegebenen Bewegungsgesetz die Bewegungsgrößtwerte zu bestimmen, sei $c = 0,2$ und der Radius $R = 2,3\ S$ gegeben. Es ergibt sich (Abb. 251) Punkt B, für den der Abkürzungsfaktor $m = 0,2$ ist. Der Schnittpunkt von $c = 0,2$ und $m = 0,2$ wird in Abb. 250 bestimmt und mit B bezeichnet, es ergibt sich $1/v_m = 0,9$ oder umgerechnet

$$v_m = 1,1\ S/T$$

und

$$b_m = 12\ S/T^2.$$

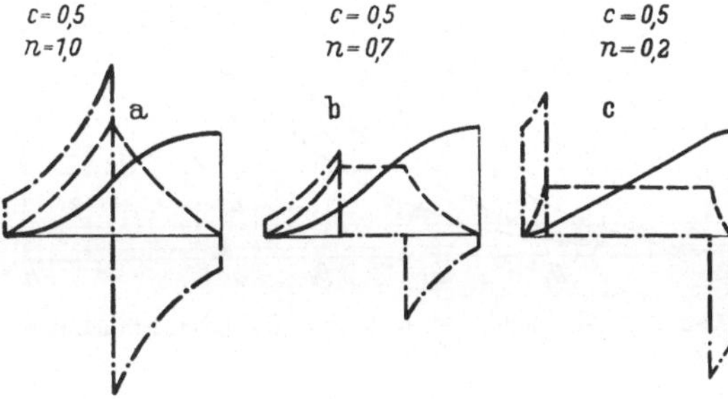

Abb. 252 a—c. Verschiedene Bewegungsabläufe des Kreisbogengesetzes

Geneigte Sinuslinien[1]. Der Bewegungsablauf nach einer geneigten Sinuslinie erfolgt stoß- und ruckfrei. Er ist deshalb für viele Aufgaben der Steuerung besonders wertvoll. Abb. 253 zeigt einen der vielen möglichen Fälle.

---

[1] DRP. 637037.

Zunächst wird die Konstruktion der Weglinie klargelegt. Jede einzelne Weglinie ist eine Sinuslinie in einem schiefwinkligen Koordinatensystem. Demnach stehen zur Erreichung des Weges $S/2$ in der Zeit $T/2$ unendlich viele solcher geneigter Sinuslinien zur Verfügung, je nachdem,

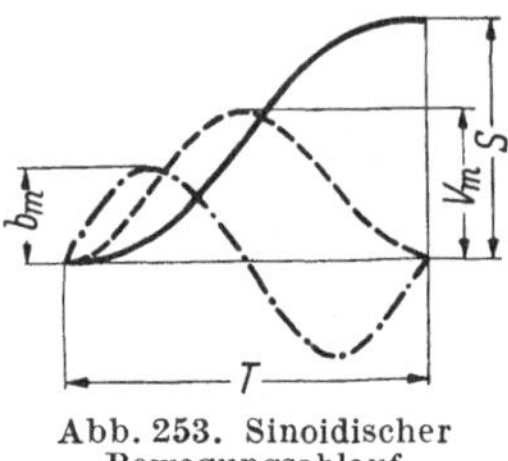

Abb. 253. Sinoidischer Bewegungsablauf

unter welchem Winkel das Koordinatensystem schiefgestellt wird. Die Größe der erreichbaren Höchstgeschwindigkeit sowie Lage und Größe der Höchstbeschleunigung sind bei allen Weglinien verschieden. Die Konstruktion derartiger Wegkurven ist in Abb. 254 dargestellt. Sie zeigt ein Weg-Zeit-Schaubild, in dem allerdings nur das Kurvenstück vom Anfangspunkt A bis zum Punkt der steilsten Tangente V gezeichnet ist.

Die Konstruktion ist hier für 3 Kurven durchgeführt. An jedes dieser Kurvenstücke kann nach Belieben ein anderes angeschlossen werden, das nicht unbedingt symmetrisch sein muß, es wird hier aber so angenommen, da die Bedingung des halben Weges $S/2$ zur halben Zeit $T/2$ aufgestellt wurde.

A ist mit V verbunden und die Strecke in C halbiert. Jede dieser Hälften wird in beispielsweise drei gleiche Teile geteilt. Zur Zeitachse

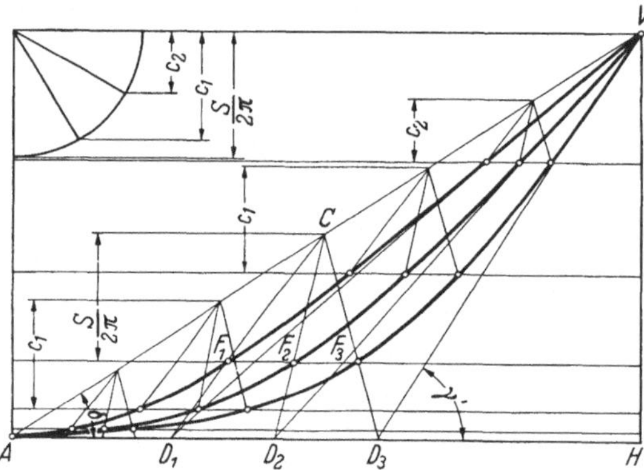

Abb. 254. Konstruktion mehrerer geneigter Sinuslinien

werden 5 Parallelen gezogen, deren Lage aus der Hilfsfigur oben links ermittelt wird. Dann wird für jede der geneigten Sinuslinien auf der Zeitachse ein Punkt D_1, D_2, D_3 angenommen, der mit C verbunden wird. Diese 3 Verbindungslinien werden mit der mittleren der fünf waagerechten Parallelen in den Punkten F_1, F_2, F_3 zum Schnitt gebracht, die bereits Punkte der gesuchten Kurven sind. Vier weitere Punkte jeder Kurve werden dadurch gefunden, daß durch die einzelnen Teilpunkte der Strecken AC und CV jeweils die Parallelen zu CD_1, CD_2, CD_3 gezogen und zum Schnitt mit den zugehörenden Parallelen zur Zeitachse gebracht werden.

Bei diesem Bewegungsgesetz sind die Größtwerte der Geschwindigkeit abhängig von dem Verhältnis $c = S/T$, d. h. also von der Kurvenlänge, wie dies auch schon bei dem Gesetz mit einer Wegkurve aus Kreis-

bögen der Fall war. Weiter besteht eine Abhängigkeit der Bewegungsgrößtwerte von dem Winkel γ, den die Linien DC mit der Zeitachse bilden. Für γ besteht die Bedingung

$$\delta \leqq \gamma \leqq \pi - \delta.$$

Der Spezialfall $\gamma = \pi/2$ stellt die
Sinoide nach BESTEHORN (Abb. 253)
dar, während das Gesetz mit
$\gamma = \pi/2 + \delta$ als geneigte Sinuslinie
von ALT bekannt ist.

Die Größtgeschwindigkeit v_m ergibt sich aus Abb. 254, mit

$$v_m = VH/DH.$$

Werden hierbei die Strecken VH
in S und DH in T ausgedrückt, so
ist die Größtgeschwindigkeit wie bei den früheren Bewegungsgesetzen
auf S/T zurückgeführt.

Die Konstruktion der Beschleunigung eines beliebigen Punktes P
einer Weglinie zeigt Abb. 255[1]. Es wird am einfachsten mit einem zeich-
nerisch-rechnerischen Verfahren gearbeitet. Der Punkt P ist ein beliebiger Punkt der gezeichneten Sinuslinie, dem der Winkel α zwischen
0 und π entspricht. Um den
Endpunkt der Wegkurve B
wird ein Halbkreis mit dem
Radius BC gezeichnet und in
B an BC der Winkel α an-
getragen, dessen freier Schen-
kel den Kreis im Punkt K
schneidet. Von K wird nun das
Lot auf die Verlängerung von
CB gefällt, und von diesem
Punkt das Lot auf die Verlängerung von AC, wobei der
Punkt L gefunden wird. Mit
AL ist die Länge w und mit QP
die Länge u bekannt. Beide
werden praktisch nicht in cm oder mm, sondern in S ausgedrückt.

Nunmehr wird rechnerisch weiter vorgegangen. Die gesuchte Beschleunigung b_m wird bei Einführung einer Konstanten k

$$b_m = k\,u/w^3.$$

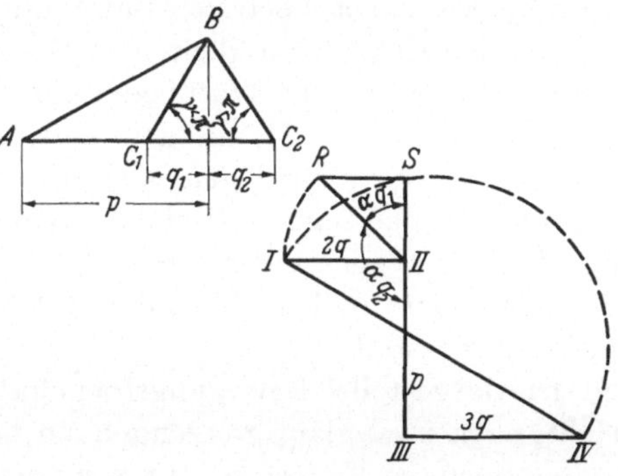

Abb. 255. Konstruktion der Beschleunigung
eines beliebigen Punktes P eines sinoidischen
Bewegungsgesetzes

Abb. 256. Konstruktion des Winkels a_g der Stelle
der Größtbeschleunigung eines sinoidischen
Bewegungsablaufes

____

[1] SAUER, Hubbeschleunigung für die geneigte Sinuslinie. RM.-AfG 6 (1938)
S. R 1.

Bedeutet d den senkrechten Abstand des Punktes A von BC, ausgedrückt in S, und v_k die Geschwindigkeit, mit welcher die Kurve berollt wird, ausgedrückt in S/T, so wird die Konstante k

$$k = 4\,\pi^2\,v_k^2\,d\,.$$

Wichtiger als ein beliebiger Beschleunigungswert ist der Größtwert b_m, zu dessen Errechnung der zugehörige Winkel α_q bekannt sein muß. Auch dieser läßt sich durch eine einfache Konstruktion ermitteln. Abb. 256 zeigt je eine geneigte Sinuslinie mit $\gamma < \pi$ und $\gamma > \pi$, wobei die geometrische Bedeutung der Werte p und q angegeben ist. Aus diesen wird nun jeweils die rechtwinklige Treppe I, II, III, IV gezeichnet, I mit IV verbunden, der Halbkreis darübergezeichnet und dessen Schnittpunkt S mit der Verlängerung von III über II hinaus bestimmt. Es wird nun in S an $S\,II$ ein rechter Winkel angelegt und zum Schnitt gebracht mit einem Kreis um II mit dem Radius II—I. Der Schnittpunkt R wird mit II verbunden, und es ergibt sich dann der Winkel α_q, der je nach der Größe von γ über oder unter der Linie R—II liegt. Mit dem so gefundenen Winkel läßt sich der Wert der Größtbeschleunigung nach dem zuerst beschriebenen Verfahren (Abb. 255) ermitteln.

Prüft man in dieser Weise verschiedene Kurvenzüge der geneigten Sinuslinie, so findet man, daß eine außerordentlich große Vielfältigkeit von Bewegungswerten erreicht werden kann, je nach der Wahl der Werte δ und γ. Einmal ergeben sich Bewegungabläufe mit sehr geringen Größtwerten der Geschwindigkeit und Beschleunigung, dann wieder solche, wo einer dieser beiden Werte oder gar beide sehr groß werden. Weiterhin hat man es in der Hand, den Zeitpunkt der Erreichung der Größtbeschleunigung festzulegen, also ob diese sehr bald nach Bewegungsbeginn, oder nach einem Viertel der Zeit, oder gar erst kurz vor Erreichung des halben Weges eintreten soll. Ein Bewegungswert der geneigten Sinuslinie ist in Tab. 23 anderen Bewegungsgesetzen zum Vergleich gegenübergestellt.

Die dargestellte Bewegungsform hat die Eigenschaft, sich durch Vorrichtungen zwangläufig erzeugen zu lassen. Man ist also nicht auf das stets ungenaue Kopierverfahren angewiesen, bei dem eine Gewähr für die Erzielung der Kurvenform in allen Feinheiten niemals gegeben ist. Die Möglichkeit zwangläufiger Herstellung erhöht den Wert des Bewegungsablaufes für die Praxis ganz beträchtlich.

Kurvengröße und Kurvengestaltung. Die Kurvengröße ist wichtig für den in dem Kurventrieb auftretenden Übertragungswinkel, d. h. den Winkel zwischen der Kurvennormalen und der Senkrechten zur Bewegungsrichtung im Berührungspunkt. Je größer eine Kurve — gleichgültig ob Trommel- oder Scheibenkurve — bei gleichem Hub wird, um so günstiger gestaltet sich der Übertragungswinkel, dessen Bestwert bei 90°

Tabelle 23. Werte für verschiedene Bewegungsgesetze

Lfd. Nr.	Bewegungsart	Form der Beschleunigung	max v S/T^2	max b S/T	Bemerkungen
1	Konst. Geschwindigkeit		1,0	∞	Anfang und Ende mit Stoß
2	Konst. Beschleunigung, Parabelgesetz		2,0	4,0	Stoßfrei, Anfang, Mitte und Ende mit Ruck
3	Kubische Parabel		3,0	12,0	Ein Ruck in der Mitte
4	Sonderfall der Parabel		1,5	6,0	Anfang und Ende mit Ruck
5	Sonderfall der Parabel		2,0	8,0	Ruckfrei
6	Sinoide von RINGWALD		1,6	4,9	Anfang und Ende mit Ruck
7	Sinoide von BESTEHORN		2,0	6,3	Ruckfrei
8	Sinoide von WILDT Ein Fall		1,75	5,88	Ruckfrei. Zwangläufig herstellbar
9	Malteserkreuz $n = 3$, $i = 0,5$		3,2	16,4	Anfang und Ende mit Ruck

liegt. Als Kleinstwert darf meistens 45° nicht unterschritten werden, wenn man nicht Gefahr laufen will, Klemmungen in das Getriebe zu bekommen. Bei der Bestimmung des Übertragungswinkels spielt nicht allein das gewählte Bewegungsgesetz eine große Rolle, sondern auch die Art, wie die Kurve berollt wird. Es ist also ein Unterschied, ob die Bahn des Abtriebgliedes gerade ist und durch die Drehachse der Kurve geht, ob der Abtrieb bogenförmig konzentrisch oder gar exzentrisch erfolgt. Auch die Drehrichtung des Kurventriebes spielt besonders bei

Verwendung von Schwinghebeln eine große Rolle. Die einzelnen Fälle sind in der Literatur[1] reichlich behandelt, so daß eine weitere Erörterung sich erübrigt.

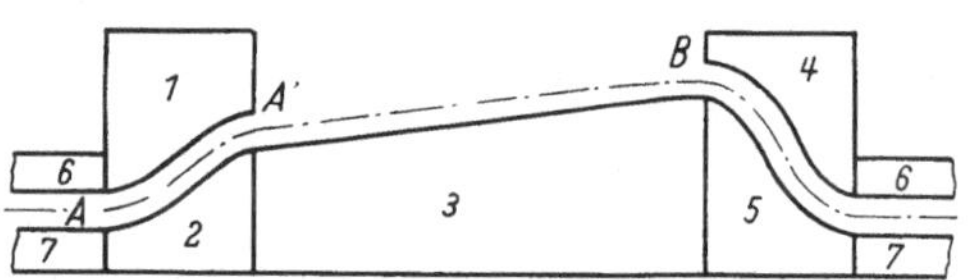

Abb. 257. Zusammensetzung einer Kurvenbahn aus mehreren Kurvenstücken. *1* und *2* Kurven und Gegenkurven für den Eilvorlauf. *3* Kurve für den Arbeitsgang. *4* und *5* Kurve und Gegenkurve für den Eilrücklauf. *6* und *7* Führungsstücke für die untere Rast

Ebenso wie bei dem Übertragungswinkel sind auch bei der Kurvengestaltung die Arten der Bewegungsabnahme zu berücksichtigen. Denn das einmal gewählte Bewegungsgesetz bezieht sich fast immer auf das bewegte Maschinenglied, die Weg-Zeit-Linie dieses Gliedes ist aber nur in seltenen Fällen zugleich die Wegkurve an der Kurventrommel oder Kurvenscheibe. Es muß die Art der Bewegungsabnahme berücksichtigt und von dieser ausgehend die Wegkurve an dem Kurventrieb entwickelt werden.

Weiterhin ist wichtig, ob die Kurven bei allen Werkstücken verwendet werden können und stets auf der Maschine bleiben, wie etwa die Kurve für den Materialanschlag, oder ob ein Auswechseln bei Werkstückänderung nötig wird. Während in ersterem Fall die Kurve genau nach getrieblichen Rücksichten gebaut wird, ist bei allen Kurven für Werkzeugträger die Frage der Austauschbarkeit und Lagerhaltung zu berücksichtigen. Zu jeder Kurve, die einen Arbeitsweg (Abb. 257) von A nach B steuert, ist ein Eilvor- und Rücklauf erforderlich, die in der Herstellung ungleich schwieriger sind, als das Kurvenstück $A'B$ selbst, da bei diesem die Kurve eine Gerade ist. Aus diesem Grunde ist anzustreben, daß die Rückzugkurve vielfach verwendbar ist, indem verschiedene Kurvenwege mit der gleichen Rücklaufkurve vereinigt werden. Das bedingt aber einen stets verschieden großen

Tabelle 24. *Gestaltung der Kurven für einen Längsschlitten*

Längs-schlitten-arbeitsweg in mm	Anlauf bei einem Schlittenweg und Rücklaufweg von			
	40 mm	75 mm	125 mm	160 mm
6	34			
8	32			
10	30			
12	28			
15	25	60		
20	20	55		
25	15	50		
30	10	45	95	
35	5	40	90	
40		35	85	
50		25	75	
60		15	65	
70		5	55	90
80			45	80
90			35	70
100			25	60
120			5	40
150				10

---

[1] FLOCKE, VDI Forschungsheft 345.

Eilvorlauf, da Eilvorlauf und Arbeitshub zusammen dem Eilrücklauf entsprechen. Es wird deshalb zu jedem einzelnen Weg AB eine besondere Kurve mit Eilvorlauf und Arbeitsweg hergestellt. Um die Lagerhaltung in erträglichen Grenzen zu halten, werden die Kurven nach dem Arbeitshub gestuft (Tab. 24). Dabei geht man davon aus, daß besonders bei Werkstücken mit längerer Stückzeit ein Überhub von nur wenigen Millimetern

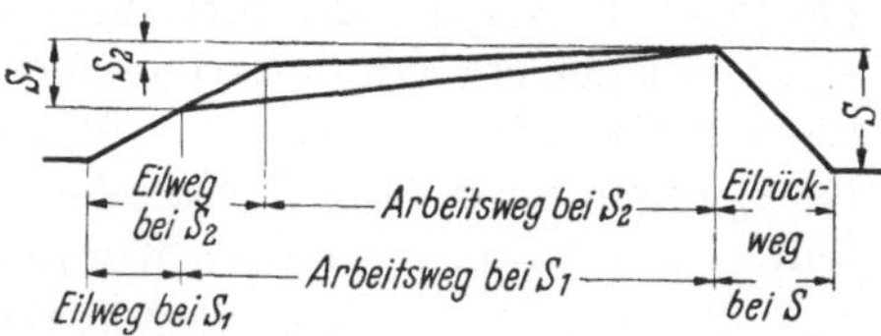

Abb. 258. Arbeitswege verschiedener Größe (S_1 bzw. S_2) bei gleichem Rücklauf S. Infolge gleicher Steigung der Eilvorlaufkurve ist die Dauer des Eilweges verschieden

im Zeitbedarf kaum ins Gewicht fällt, zumal ja doch mit einem gewissen Überhub stets gerechnet werden muß. Abb. 258 zeigt eine nach diesen Gesichtspunkten entwickelte Kurve mit zwei verschieden langen Arbeitshüben in der Abwicklung.

4.56.3 Schaltgetriebe. Als einzige Schaltbewegung kommt bei Mehrspindelautomaten die Spindeltrommelschaltung in Frage, an welche ganz besondere Genauigkeitsanforderungen zu stellen sind. Aus der großen Zahl von Schaltgetrieben kommen deshalb nur 2 Gruppen in Betracht.

Kurventriebschaltwerke. Kurventriebschaltwerke sind sehr betriebssicher und arbeiten bei richtiger Gestaltung bewegungstechnisch einwandfrei. Dabei ist Voraussetzung, daß die verwendete Kurvenscheibe

1. dem Abtriebsglied eine stoß- und ruckfreie Bewegung erteilt;
2. in ihrem Übertragungswinkel so bemessen ist, daß an keiner Stelle unzulässig hohe Keilkräfte auftreten;
3. so gearbeitet ist, daß sie das einmal gewählte Bewegungsgesetz auch lange Zeit hindurch steuert, d. h., daß keine starke Abnutzung an Stellen großer Beanspruchung auftritt;
4. zum Abtriebsglied Formschluß hat, so daß das Schaltgetriebe auch dann noch zwangsläufig arbeitet, wenn zeitweise der Antrieb statt von der Steuerwelle von der Spindeltrommel aus erfolgt.

Zwei in ihrer Form bemerkenswerte und in der Praxis bewährte Kurventriebschaltwerke sollen aus der Vielzahl der möglichen Bauarten herausgegriffen und beschrieben werden.

Bei dem in Abb. 259 gezeigten Getriebe sind auf der Steuerwelle g zwei nebeneinanderliegende Kurvenscheiben f_1 und f_2 aufgekeilt, die mit der Welle umlaufen. Um die Steuerwelle herum greift ein um d drehbarer Schwinghebel e, welcher 2 Kurvenrollen h_1 und h_2 trägt, wobei die Rolle h_1 mit der Kurvenscheibe f_1 und die Rolle h_2 mit f_2

zusammenwirkt. Bei einer vollen Umdrehung der Steuerwelle g erteilt nun die Doppelkurvenscheibe dem Schwinghebel e eine hin und her pendelnde Bewegung, die durch geeignete Bemessung der Kurvenscheibe so ist, daß der Hingang während der für die Trommelschaltung zur Verfügung stehenden Drehung der Steuerwelle erfolgt, während die Rückbewegung auf den ganzen restlichen Teil der Steuerwellendrehung verteilt werden kann. Die beiden Kurvenscheiben sind nun so gestaltet und aufeinander abgestimmt, daß sie jederzeit beide mit je einer Kurvenrolle h zusammenwirken. Da diese Rollen h auf verschiedenen Seiten der Steuerwelle g liegen, ist eine formschlüssige Bewegung des Schwinghebels e gegeben. Es darf aber nicht verkannt werden, daß die Form der beiden Kurvenscheiben bei den gestellten Bedingungen außerordentlich verwickelt ist, so daß eine Herstellung große Schwierigkeiten bereitet.

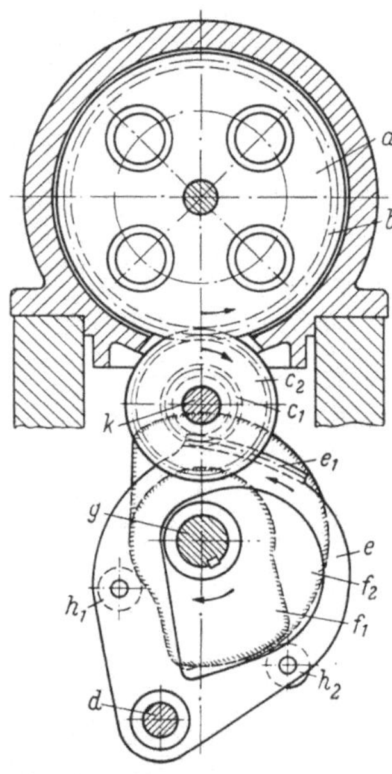

Abb. 259. Kurventriebschaltwerk mit zwei umlaufenden Kurvenscheiben f_1 und f_2 und einem pendelnden Zahnsegment e

Der Schwinghebel e trägt an seiner oberen Seite ein Zahnsegment e_1, welches mit einem Ritzel c_1 in Eingriff steht, das sich auf der Welle k drehen kann. Dieses Ritzel führt daher entsprechend dem Schwinghebel e eine rechts- und linksdrehende Bewegung aus. Auf der gleichen Welle k sitzt ein zweites Ritzel c_2, welches mit der außenverzahnten Spindeltrommel a im Eingriff ist, so daß diese bei einer Drehung von c_2 durch die Verzahnung b mitgedreht wird. Zwischen den beiden Ritzeln c_1 und c_2 ist nun eine Freikupplung derartig vorgesehen, daß die eine Drehrichtung des Ritzels c_1 auf c_2 übertragen wird, während letzteres bei der entgegengesetzten Drehung von c_1 stillsteht. Das Ritzel c_2 führt also bereits eine abgesetzt drehende Bewegung aus. Die Zähnezahlen e_1, c_1, c_2 und b müssen so aufeinander abgestimmt sein, daß die Spindeltrommel bei einer Schwingbewegung des Schwinghebels e gerade um eine Spindelteilung weitergeschaltet wird. Das gleiche Getriebe läßt sich also für Vier-, Fünf- oder Sechsspindelautomaten verwendbar machen.

Bei einem Kurventriebschaltwerk nach Abb. 260[1] wird die Bewegung unmittelbar von der umlaufenden Kurvenscheibe in eine abgesetzt

---

[1] DRP. 474526.

drehende Bewegung umgesetzt. Mit der Steuerwelle g dreht sich eine Scheibe f, auf welcher 3 Kurvenstücke f_1, f_2 und f_3 befestigt sind. Zwischen diesen Kurvenstücken bleibt ein Kanal frei, durch welchen eine der 3 Rollen e_1, e_2 und e_3 hindurchgehen kann. Diese Rollen sind an einem um die Welle k drehbaren Zahnrad c befestigt, welches mit der Außenverzahnung b der Spindeltrommel a in Eingriff steht.

Bei dem Schaltvorgang tritt die Steuerrolle e_1 in den Kanal bei 1 infolge der Drehung der Kurvenscheibe f mit der Steuerwelle g ein und geht zwischen den schräg verlaufenden Flächen 2 und 3 hindurch. Wenn die schräg verlaufende Fläche 4 an die Rolle e_1 stößt, wird die Scheibe f das Rad c zu drehen beginnen, so daß die Schaltung der Spindeltrommel a einsetzt. Die schräg verlaufende Fläche 5 läuft parallel zu der Fläche 4, wenn demzufolge die Fläche 4 auf die Rolle c_1 trifft, so wird die gegenüberliegende Fläche 5 ebenfalls mit der Rolle in Eingriff kommen und letztere an der Fläche 4 halten, derart, daß die der Spindeltrommel innewohnende Bewegungsenergie nicht die Drehbewegung der Scheibe f beschleunigen kann. Wenn diese sich weiterdreht, werden die Flächen 6 und 7 in eine Stellung gebracht, in der sie mit den Steuerrollen e_2 und e_3 in Eingriff treten. Die Weiterdrehung des Rades c erfolgt

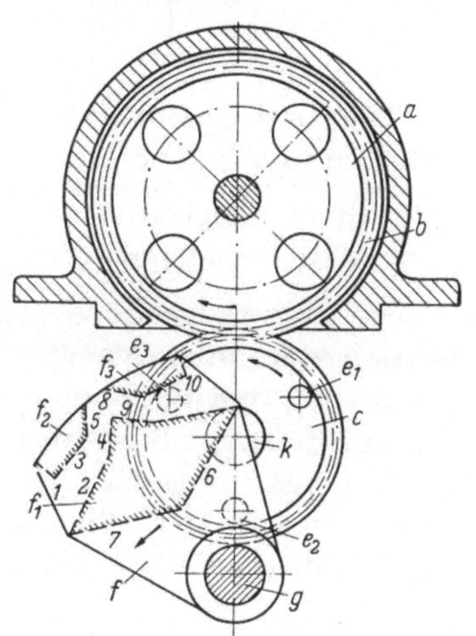

Abb. 260. Kurventriebschaltwerk mit einer umlaufenden Kurvenbahnscheibe f und einem Rollenzahnrad e als Abtriebglied

jetzt durch die Fläche 7 und Rolle e_3, während 6 und e_2 den Gegenhalt bilden, bis die Rolle e_1 in den Kanal zwischen den Flächen 8 und 9 eingetreten ist, wobei 8 die Bewegung und 9 den Gegenhalt an der gleichen Rolle übernimmt. Dabei kommen die Rollen e_2 und e_3 außer Eingriff. Die Schaltbewegung ist beendet, sobald die Rolle e_1 die Kreisfläche 10 erreicht hat, da dann eine Bewegung des Rades c nicht mehr erfolgt. Während des weiteren Teiles der Steuerwellendrehung g mit der Scheibe f bleibt das Rad c stehen. Bei dem nächsten Schaltvorgang übernimmt dann Rolle e_2 die Führung, die jetzt für e_1 beschrieben wurde. Die Übersetzung zwischen c und b muß wiederum der Spindelzahl angepaßt werden, um ein allgemein verwendbares Getriebe zu haben. Tab. 25 zeigt die bei richtiger Kurvengestaltung erreichbaren Bewegungswerte für verschiedene Spindelzahlen.

Tabelle 25. Bewegungswerte für Kurventriebschaltwerke bei einer Drehgeschwindigkeit ω_t in s^{-1} der Schaltkurve und einem Bewegungsgesetz mit $v_m = 1{,}75\ S/T$ und $b_m = 5{,}88\ S/T^2$. Wegkurve ist eine geneigte Sinuslinie

Spindeltrommel-teilung		Drehung der Kurve während der Schaltung					
		60°		90°		120°	
m	$2\,\psi_g$ Grad	$\dfrac{v_m}{\omega_t}$	$\dfrac{b_m}{\omega_t^2}$	$\dfrac{v_m}{\omega_t}$	$\dfrac{b_m}{\omega_t^2}$	$\dfrac{v_m}{\omega_t}$	$\dfrac{b_m}{\omega_t^2}$
3	120	3,5	11,2	2,33	5,0	1,75	2,8
4	90	2,6	8,4	1,75	3,75	1,31	2,1
5	72	2,1	6,75	1,4	3,0	1,05	1,7
6	60	1,75	5,6	1,17	2,5	0,88	1,4
8	45	1,31	4,2	0,88	1,87	0,66	1,05

Rädertriebschaltwerke. Bei den Rädertriebschaltwerken sind zwei Arten zu unterscheiden:

1. Sternradgetriebe,
2. Maltesergetriebe.

Das Sternradgetriebe[1] stellt ein außerordentlich anpassungsfähiges Getriebe dar, mit welchem zu jeder beliebigen Steuerwellendrehung jede gewünschte Sterndrehung erreichbar ist. Demgegenüber steht aber ein recht ungünstiger Bewegungsablauf, der sich durch große Werte sowohl der Anfangs- wie auch der Größtbeschleunigung auszeichnet (Tab. 26). Zudem ist die Herstellung teuer, da auf die genaue Einhaltung der epizykloidischen Form der Ein- und Auslaufschlitze großer Wert gelegt

Tabelle 26. Bewegungswerte für Sternradgetriebe

m	$2\,\varphi_g$ Grad	$2\,\psi_g$ Grad	i	μ	max $\dfrac{\omega_\psi}{\omega_\varphi}s^{-1}$	max $\dfrac{\varepsilon_\psi}{\omega_\varphi^2}s^{-2}$	Austritt $\dfrac{\varepsilon_\psi}{\omega_\varphi^2}s^{-2}$
1	60	360	0,17	0,15	6,7	65	54
2	60	180	0,33	0,28	3,6	21	18
3	60	120	0,5	0,39	2,6	12	10,5
4	60	90	0,67	0,5	2,0	8,0	7,2
5	60	72	0,83	0,59	1,7	6,0	5,5
6	60	60	1,0	0,69	1,5	4,7	4,4
8	60	45		geht nicht mehr			
1	120	360	0,33	0,3	6,6		65
2	120	180	0,67	0,56	3,6		24
3	120	120	1,0	0,83	2,4		13,4
4	120	90	1,33	1,08	1,9		9,4
5	120	72	1,66	1,32	1,5		7,2
6	120	60	2,0	1,55	1,3		6,0
8	120	45	2,66	2,08	1,05		4,2

[1] Hoecken, Z. VDI Bd. 74 (1930) S. 265ff.

werden muß, denn diese Schlitze bewirken gerade Bewegungsbeginn und -ende. Diese Nachteile machen die praktische Verwendbarkeit der Sternradgetriebe als alleiniges Schaltgetriebe fast unmöglich, während es als Zusatzgetriebe gute Dienste leistet, wie in den folgenden Ausführungen gezeigt wird.

Maltesergetriebe. Das Malteserkreuz (Abb. 146) zeichnet sich durch einfachen Aufbau und Betriebssicherheit aus, unterliegt aber einer baulichen Beschränkung, wenn stoßfreier Bewegungsablauf des Sternes verlangt wird, da dann der Treiber tangential in die Sternnuten ein- und auslaufen muß. Es besteht dadurch der Zusammenhang

$$\varphi_g = \frac{\pi\,(m-2)}{2\,m}.$$

Es muß auch angestrebt werden, daß der Schaltwinkel $2\psi_g = 2\pi/m$ ganzzahlig in 360° oder einem Vielfachen davon aufgeht, wobei die Fälle mit ganzzahligem m die baulich einfachsten Getriebe liefern. Für m besteht die Grenzbeziehung

$$2 < m < \infty.$$

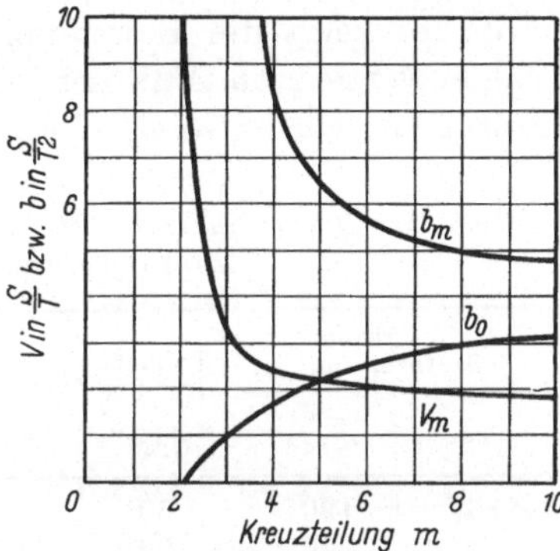

Abb. 261. Zusammenhang zwischen den Bewegungsgrößtwerten eines Malteserkreuzes und seiner Kreuzteilungen m

Werden die Bezeichnungen der Abb. 146 angenommen und als Abkürzung

$$\lambda = \sin\frac{\pi}{m}$$

eingeführt, so ergeben sich für den Bewegungsablauf des Sternes folgende Beziehungen

$$\operatorname{tg}\psi = \frac{\lambda\sin\varphi}{1-\lambda\cos\varphi},$$

$$\omega_\psi = \frac{\lambda\cos\varphi - \lambda^2}{1 - 2\lambda\cos\varphi + \lambda^2}\,\omega_\varphi.$$

$$\varepsilon_\psi = \frac{(\lambda - \lambda^3)\sin\varphi}{[1 - 2\lambda\cos\varphi + \lambda^2]^2}\,\omega_\varphi^2.$$

Der Größtwert der Winkelgeschwindigkeit wird bei $\varphi = \varphi_g/2$

$$\max\omega_\psi = \frac{\lambda}{1-\lambda}\,\omega_\varphi.$$

Die Beschleunigung zu Beginn und Ende der Sternbewegung, der sog. Ruck, wird

$$\varepsilon_0 = \operatorname{tg}\frac{\pi}{m}\,\omega_\varphi.$$

Die Sternbeschleunigung erreicht ihren Größtwert an der mit m veränderlichen Stelle φ_m. Es wird

$$\cos \varphi_m = \frac{1 + \lambda^2 - \sqrt{(1 + \lambda^2)^2 + 32\,\lambda^2}}{4\,\lambda}.$$

Bei $m \to \infty$ erreicht φ_m den Grenzwert

$$\lim_{m \to \infty} \varphi_m = \frac{\pi\,(m-2)}{2\,m},$$

d. h. die Größtbeschleunigung liegt zu Beginn und Ende der Bewegung. Abb. 261 zeigt die Bewegungswerte in Abhängigkeit von m, Tab. 27, Zahlenwerte zum Maltesergetriebe bezogen auf den Weg S und die Zeit T. Es wird also $\omega_\varphi = v_m \mid \varepsilon_\varphi = b_m$ und $\varepsilon_0 = b_0$.

Tabelle 27. Bewegungswerte für ein Malteserkreuz-Schaltgetriebe, bei einer Treiberdrehung mit der Geschwindigkeit ω_t in s^{-1}

Malteserkreuz-Sternteilung		Treiber-drehung	Bewegungswerte			
m	$\frac{2\,\psi_g}{\text{Grad}}$	Grad	ω_t in v_m	b_0 (Eintritt) in ω_t^2	b_m in ω_t	Winkel zu b_m
3	120	60	6,46	1,78	31,4	4,75
4	90	90	2,41	1,00	5,4	11,46
5	72	108	1,43	0,73	2,3	17,6
6	60	120	1,00	0,58	1,35	22,9
8	45	135	0,62	0,41	0,70	31,2

Dem Malteserkreuz haften als Schaltgetriebe einige Mängel an. Neben der Begrenzung in der Wahl von φ_g sind es vor allem die Geschwindigkeitsgrößtwerte sowie die Rucke.

Verbesserung des Bewegungsablaufes. Eine Verbesserung des Bewegungsablaufes kann erreicht werden, wenn die Treiberrolle radial verschiebbar gestaltet und durch eine Kurvenscheibe gesteuert wird[1]. Dann ist es möglich, dem Stern jeden gewünschten Bewegungsablauf bei frei wählbarem Treiberschaltwinkel zu geben. Praktisch wird man als Bewegungsablauf eine Sinoide (Abb. 253) wählen, da diese bei ruckfreier Bewegung zwanglaufmechanisch erzeugt werden kann. Eine solche Getriebeanordnung zeigt Abb. 147.

Eine andere Lösung der gleichen Aufgabe ergibt sich aus der Anwendung eines Maltesergetriebes (Abb. 262), bei dem die Treiberkurbel durch eine Viergelenkkette ersetzt ist[2], so daß die Treiberrolle eine Koppelkurve beschreibt. Diese muß dabei so ermittelt werden, daß die Treiberrolle bei tangentialem Ein- und Auslauf ein günstiges Bewegungs-

---

[1] Amer. Pat 1224714.
[2] DRP. 592709.

gesetz steuert. Die wesentlichste Aufgabe ist also die Auswahl einer Koppelkurve mit einer in der Gestaltung einfachen Viergelenkkette,

Genügt der Bewegungsablauf des Malteser-kreuz-Sternes den gestellten Forderungen, nicht aber der Treiberwinkel dem Steuerungsdiagramm, so muß zwischen Treiber und Steuerwelle ein Getriebe geschaltet werden, welches auf eine volle Steuerwellendrehung eine volle Treiber-drehung erzeugt, gleichzeitig aber während des Schaltvorganges einen vom Treiberwinkel ver-schiedenen Steuerwellenwinkel. Dies würde ein Ellipsenräderpaar (Abb. 263) erfüllen, durch welches der Treiber eine periodisch wechselnde Winkelgeschwindigkeit bei gleichförmiger An-triebsgeschwindigkeit erhält. Je nachdem, in wel-chen Bereich nun die Schaltung gelegt wird, kann die Treiberdrehung während der Schaltperiode größer oder kleiner als die Steuerwellendrehung α

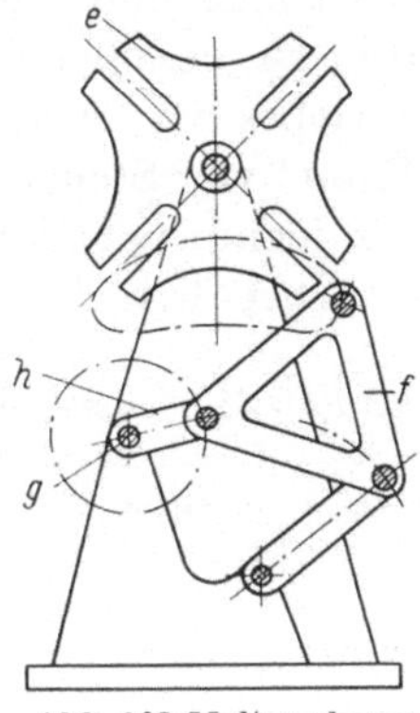

Abb. 262. Malteserkreuz-Schaltgetriebe, bei dem die Treiberrolle von der Koppel einer Viergelenk-kette geführt wird

sein. Die notwendige numerische Exzentrizität der Ellipsenräder wird

$$e = \frac{\sin \varphi_g - \sin \alpha}{\sin (\varphi_g + \alpha)}.$$

Allerdings haften diesem Vorschaltgetriebe (Abb. 154) 2 Mängel an.

1. Der Bewegungsablauf des Sternes wird durch die periodisch schwankenden Winkelgeschwindigkeiten des Treibers verändert.

2. Die Herstellung von Ellipsenrädern ist teuer und schwierig, eine einwandfreie Ver-zahnung unmöglich[1]. Die getrieblich gleich-wertigen Antiparallelkurbelgetriebe sind sehr sperrig.

Eine Lösung für die häufigsten Fälle, in denen die Steuerwellendrehung kleiner als die Treiberdrehung ist, beruht darauf, daß der Treiber während der Schaltung mit erhöhter, aber konstanter Geschwindigkeit umläuft, um dann zeitweise stillzustehen. Dies kann durch ein Sternradgetriebe mit einer Raste erreicht werden[2] (Abb. 152), wobei sich der Bewegungsablauf des Sternes nicht verändert. Die Herstellung des Stern-

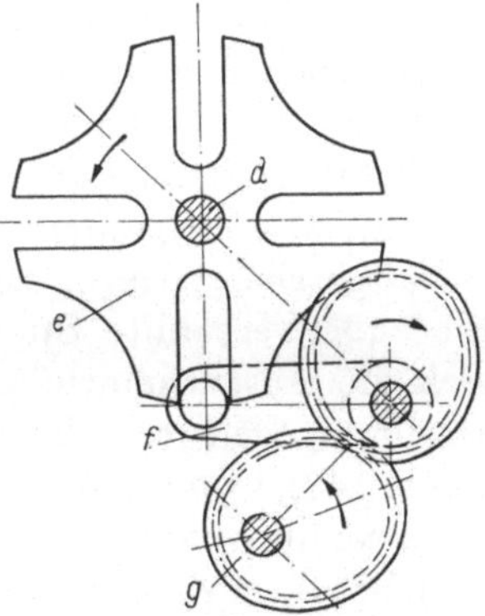

Abb. 263. Malteserkreuz-Schalt-getriebe, bei dem der Treiber durch ein Ellipsenräderpaar an-getrieben wird

<hr>

[1] Hoecken, Verfahren zum Verzahnen unrunder Räder. Maschinenbau Bd. 17 (1938) S. 349 ff.

[2] DRP. 597 772.

radgetriebes verlangt nicht allzuviel Sorgfalt, da während des Schaltvorganges eine normale Stirnradverzahnung im Eingriff ist, während Triebstock und Nute lediglich den frei laufenden Treiber abzubremsen bzw. zu beschleunigen haben. Bei der Bemessung dieses Vorschaltgetriebes ist zu beachten, daß sich die Stirnradteilradien wie die Winkel von Steuerwelle und Treiber verhalten.

Es ist nun noch festzulegen, wie bei einem Malteserkreuz-Schaltgetriebe der Über- bzw. Unterhub berücksichtigt werden kann, da m ganzzahlig sein soll oder höchstens einen sehr einfachen unechten Bruch darstellen darf. Durch Einhaltung des tangentialen Eintrittes der Treibrolle in die Sternnuten und geringe Veränderung des Achsabstandes von Trommel zu Treiber wird der Schaltweg der Trommel etwas verändert, so daß der Treiber bei der nächsten Schaltperiode nicht in eine Nute treffen würde. Um den dort fehlenden oder zuviel geschalteten Winkel dreht aber der Trommelriegel die Trommel und damit auch den Stern, so daß dieser zum Schaltbeginn stets wieder richtig steht. Zahlenwerte für die Veränderung des Achsabstandes zeigt Tab. 28.

Tabelle 28. Achsabstandveränderungen beim Malteserkreuz-Schaltgetriebe zur Erreichung eines Überhubes von etwa 20′ entsprechend 1—2 mm am Spindeltrommelumfang

Malteserkreuzteilung m	Schaltwinkel $2\psi_g$ Grad	Normaler Achsabstand in % der Treiberlänge	Achsabstandsverkleinerung in % der Treiberlänge bei Überhub
3	120	116	0,35
4	90	141	0,43
5	72	170	0,8
6	60	200	1,0
8	45	261	1,3

In vielen Fällen ist es beim Einstellen der Mehrspindelautomaten praktisch, wenn man die Spindeltrommel von dem Schaltgetriebe trennen kann, so daß sie sich frei drehen läßt, damit man nach Wunsch eine oder mehrere Spindeln vor- oder zurückdrehen kann. Ist nun das Schaltgetriebe so angeordnet, daß die Bewegung von einem Zahnrad auf die außenverzahnte Spindeltrommel geleitet wird (Abb. 153), so läßt sich die Ausrückeinrichtung meistens gut an diesem Rad anbringen. Greift dagegen das Schaltgetriebe unmittelbar in die Spindeltrommel ein (Abb. 143), so muß die Ableitung der Schaltbewegung an der Steuerung abgetrennt werden, wobei die Verbindung zwischen Spindeltrommel und Schaltgetriebe erhalten bleibt. Das hat aber den Nachteil, daß es nicht möglich ist, die Trommel von Hand weiter- bzw. zurückzudrehen, wie dies im Verlaufe der Einstellung wünschenswert wäre. Aus diesen Gründen ist ein Schaltgetriebe vorzuziehen, welches die Trommel über Zahnräder weiterschaltet.

Das Schaltungsantriebsrad an der Spindeltrommel muß so gelegt sein, daß es die Trommel von der unteren Trommelgehäuseseite abhebt.

Das ist der Fall, wenn das Antriebsrad unter der Trommel oder seitlich an der aufwärtsdrehenden Seite angeordnet ist (Abb. 153). Bei direkt in die Trommel eingreifenden Schaltgetrieben (Abb. 143) wird der bestgeeignete Angriff von Fall zu Fall bestimmt.

4.6 Spann- und Zuführeinrichtungen

Entscheidend ist das zuverlässige Festhalten eingespannter Werkstücke bzw. Werkstoffstangen während der ganzen Dauer des Arbeitsvorganges. Insbesondere darf kein Werkstück sich unter dem Einfluß der Schnittkräfte in axialer Richtung verschieben oder in der Spanneinrichtung drehen. Das bedingt einen während der Bearbeitungsdauer gleichbleibenden Spanndruck, der von der momentanen Stellung der Spannorgane unabhängig ist. Diese Organe, wie Spannbacken oder Spannpatronen, dürfen nicht selbsthemmend gegen die Werkstücke gedrückt werden, da sich sonst die Werkstücke bei Erschütterung oder beim Eindrücken der Spannzähne in die Oberfläche lockern oder gar herausgerissen werden könnten (Abb. 264). Bei gleichmäßigem Spanndruck dagegen werden die Spannzähne sich nur tiefer in die Oberfläche eindrücken und das Werkstück festhalten.

4.61 Einrichtungen an Stangenautomaten

Bei Stangenautomaten werden die Werkstoffstangen durch die hohlen Drehspindeln durchgeführt und stehen nach hinten weit heraus. Hier werden sie in Stangenhaltern geführt. In den Drehspindeln befinden sich teleskopartig ineinander ein Spannrohr und ein Vorschubrohr

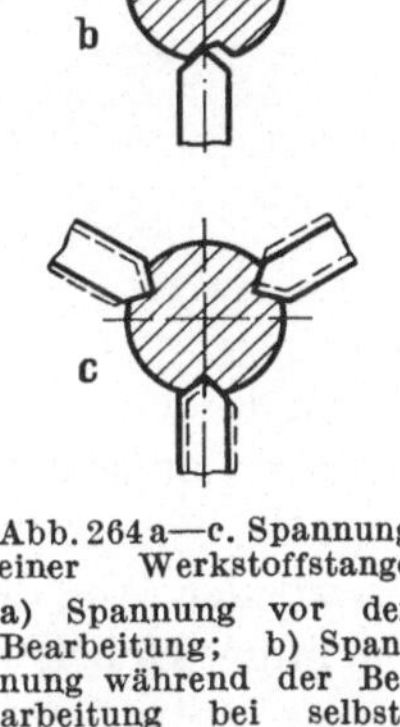

Abb. 264 a—c. Spannung einer Werkstoffstange a) Spannung vor der Bearbeitung; b) Spannung während der Bearbeitung bei selbsthemmenden Spannbacken. Das Werkstück kann sich lockern; c) Spannung bei Dauerdruckeffekt. Die Spannbacken dringen tiefer in das Werkstück ein

(Abb. 164), die je am vorderen Ende eine Spann- bzw. eine Vorschubpatrone tragen (Abb. 265), um die Werkstoffstange unmittelbar an dem Spindelkopf zu spannen bzw. dahin vorzuschieben. Die Betätigung der Spann- bzw. Vorschubrohre verfolgt vom hinteren Ende des Spindelstocks aus. Für die Vorschubbegrenzung ist Materialanschlag im Arbeitsraum vorgesehen.

4.61.1 Spann- und Zuführeinrichtung und ihre Betätigung. Die
Werkstoffstangen werden in geschlitzten, federnden Spannpatronen gehalten, deren Bohrung dem Stangendurchmesser angepaßt ist. Spann-

patronen werden entweder aus einem Stück gefertigt mit einem einzigen Spanndurchmesser (Abb. 266), oder es werden auswechselbare Spann-

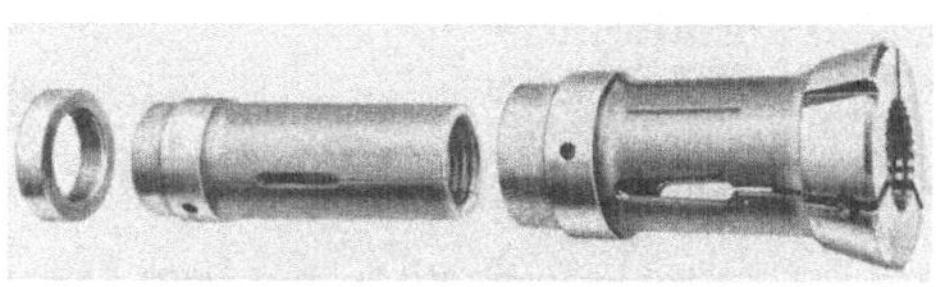

einsätze verwendet (Abbildung 267), um die Patrone für mehrere Durchmesser verwenden zu können.

Die Spannpatronen, die an ihrem hinteren Ende in der Spindel geführt werden

Abb. 265. Spann- und Vorschubpatrone

können, haben vorne eine Kegelfläche, welche in Verbindung mit einer Gegenfläche im Spindelkopf die Klemm-Spannwirkung hervorbringt. Je nachdem dies durch Hineindrücken oder Hineinziehen der Spannpatrone in den Spindelkopf erreicht wird, unterscheidet man

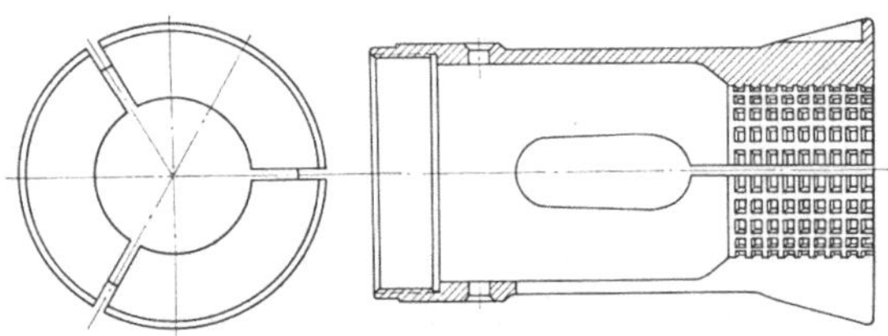

Abb. 266. Spannpatrone aus einem Stück

Druck- oder Zugspannung (Abb. 268). Die Spannpatronen sind an Spannrohren angeschraubt, welche vom Spindelende aus durch eine Spannmuffe bewegt werden. Um den notwendigen Spanndruck zu erhalten, wird der Weg der Spannmuffe, ein Axialweg (Abb. 269), über ungleicharmige Hebel, sog. Spannfinger, auf das Spannrohr übertragen. Ein

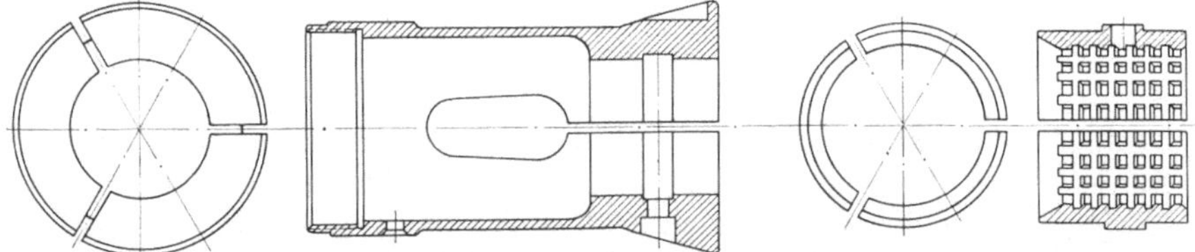

Abb. 267. Spannpatrone mit Spanneinsätzen

dazwischengeschaltetes Federkissen sorgt für dauernden Spanndruck. Die Spannmuffe führt einen ständig gleich langen Weg aus, der von der Werkstückeinstellung unabhängig ist.

Bei der Wahl zwischen Zug- und Druckspannung, die in ihrer Wirkung ziemlich gleichwertig sind, sprechen Festigkeitsgründe entscheidend mit. Bei Druckspannung würde die Spannpatrone in einen auf den

Spindelkopf aufgeschraubten Deckel hineingedrückt und zudem noch entgegen dem Schnittdruck, so daß eine entsprechend größere Druckkraft aufzuwenden wäre. Das Spannrohr stände unter Druckbeanspruchung, die ungünstiger als Zugbeanspruchung ist. Zugspannung (Abb. 270) wird daher vorwiegend verwendet. Die zwar nur geringfügige, aber vorhandene Axialbewegung der Spannpatrone zieht beim Schließen die Werkstoffstange etwas von dem Stangenanschlag ab, so daß dieser beim Zurückdrehen nicht mehr unter Druck steht.

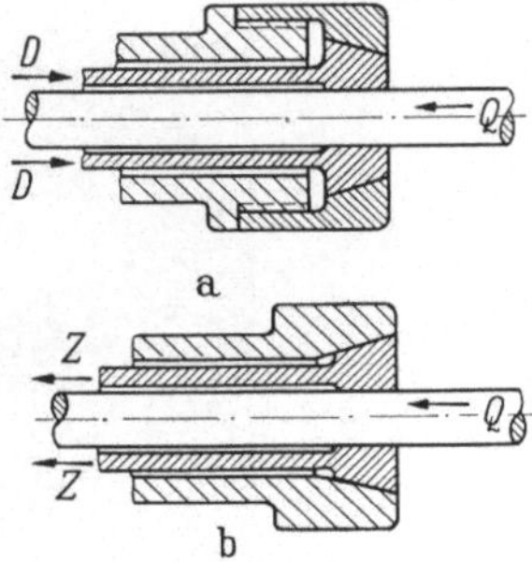

Abb. 268. Anordnung der Spannpatronen

a) Druckspannung; b) Zugspannung

Eine etwas abweichende Bauart zeigt Abb. 270. Die Spannpatrone ist lose in dem Spannrohr geführt, welches unter Druck steht und an seinem anderen Ende einen Kegel trägt, dessen Längsbewegung die lose Spannpatrone entlang der innen senkrechten Stirnfläche der Kappe auf der Spindelnase schließt. Allerdings wirkt der Spanndruck damit auf die Kappen und erst über deren Gewinde auf die Spindel.

Die Anordnung der Spannfinger wird (Abb. 269) so gewählt, daß die langen Hebelarme beim Spannen entgegen der Zentrifugalkraft zusammengedrückt werden. Beim Öffnen durch Zurückziehen der Spannmuffe

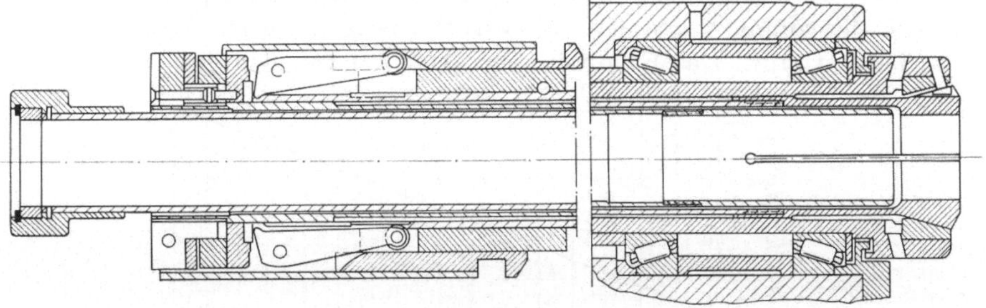

Abb. 269
Spanneinrichtung in der Drehspindel mit Spannmuffe, Spannfinger, Spann- und Vorschubrohr

wird dann die Zentrifugalkraft ein sofortiges Öffnen der Spannfinger und damit Lösen der Spannung zur Folge haben. Die Spannmuffen müssen also glockenförmig mit innenliegendem Spannkonus ausgebildet sein.

Die Kraft zum Bewegen des Spannschiebers setzt sich zusammen aus

a) Reibkraft aller bewegten Teile, also der Spannmuffe auf dem Spindelende, der Spannfinger auf ihren Bolzen und in der Spannmuffe, dem Spannrohr mit Spannpatrone in der Spindel und dem Gegenkonus.

b) Beschleunigungskraft der sehr schnell bewegten Teile Spannmuffe, Spannfinger, Spannrohr.

c) Kraft zum Zusammendrücken des Federpaketes, dessen Spannung nach der notwendigen Spannkraft bemessen werden muß.

Abb. 270. Auswechseln einer Spannpatrone

Die Werte lassen sich aus vorliegenden konstruktiven Daten leicht errechnen.

Der Zusammenhang zwischen der Zugkraft im Spannrohr und einer bestimmten axialen Werkstückbelastung wurde durch Versuche bestimmt. Das Ergebnis zeigt Abb. 271 für eine gut gearbeitete

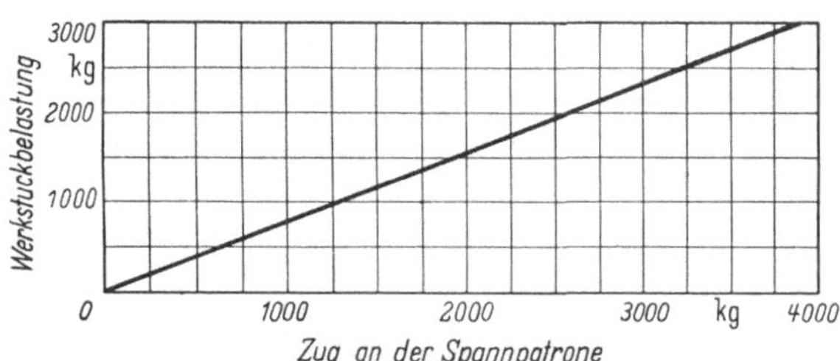

Abb. 271. Zusammenhang zwischen Zugkraft im Spannrohr und Werkstückbelastung

Spannpatrone auf gezogenem Stangenmaterial handelsüblicher Stahlsorten.

Innerhalb des Spannrohres befindet sich das Vorschubrohr, das an seinem vorderen Ende die Vorschubpatrone und an seinem hinteren Ende einen Bund für die Längsbewegung des Rohres trägt. Die federnde Vorschubpatrone kann ähnlich wie die Spannpatrone aus Vollmaterial

hergestellt sein (Abb. 272), oder sie wird mit auswechselbaren Einsätzen
versehen (Abb. 273). Die durch die Federung erzielte Klemmkraft der
Vorschubpatrone muß so bemessen sein, daß die Werkstoffstange bei
geöffneter Spannung durch
eine Bewegung der Vorschubpatrone mitgenommen wird,
ohne in ihr zu gleiten, während
bei geschlossener Spannung
die Patrone über die Stange
zurückgleiten muß. Die Länge
des Vorschubweges wird dem

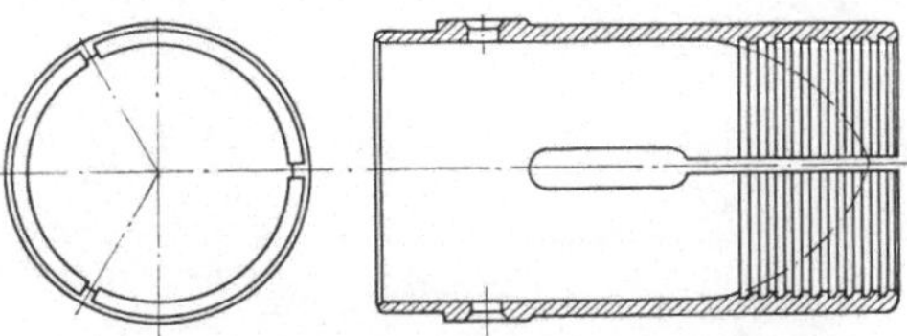

Abb. 272. Vorschubpatrone aus einem Stück

jeweiligen Werkstück angepaßt. Der Zeitbedarf ist für lange Wege
ebenso bemessen wie für kurze, die Beanspruchungen und Klemmkräfte

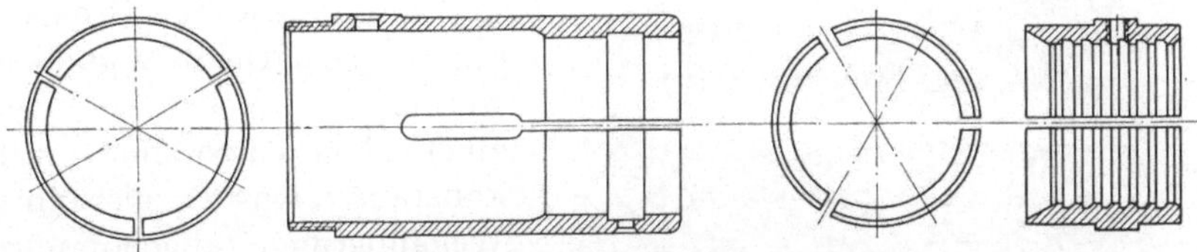

Abb. 273. Vorschubpatrone mit Einsätzen

müssen also für den höchstzulässigen Vorschubweg bemessen sein, da
dies hinsichtlich der Belastungen den ungünstigsten Fall darstellt.

Die Werkstoffstange wird zunächst beschleunigt, dann wieder
verzögert und bei Be-
wegungsende durch den
Werkstoffanschlag in
einer weiteren Bewegung
begrenzt. Die Haftkraft
der Vorschubpatrone muß
also größer sein als
Stangenmasse mal Stan-
genbeschleunigung. Die
Haftkraft setzt sich wie-

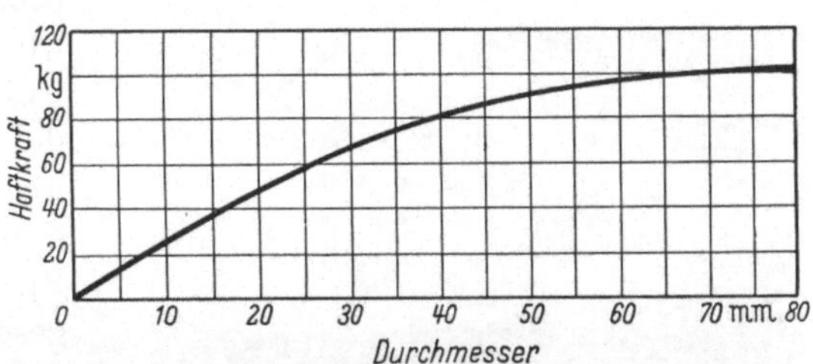

Abb. 274. Zusammenhang zwischen Haftkraft der Vorschubpatrone und Werkstückdurchmesser

der zusammen aus der Klemmkraft und dem Reibungskoeffizienten
der Patrone auf der Werkstoffstange.

$$\text{max. Beschleunigung} = \frac{\text{Haftkraft}}{\text{Stangenmasse}}.$$

Aus dieser Beziehung kann bei bekannter Klemmkraft bzw. Haftkraft
die zulässige Beschleunigung errechnet werden, oder, wenn diese aus der
Zeit für den Stangenvorschub, dem Vorschubweg und dem Bewegungsgesetz bekannt ist, die notwendige Klemmkraft errechnet werden.
Den durch Versuche ermittelten Zusammenhang zwischen der

Haftkraft einer Vorschubpatrone auf gezogenem Stangenmaterial und dem Stangendurchmesser zeigt Abb. 274.

Abb. 275
Kurventrommel für Stangenspannung und Vorschub

Abb. 276. Bewegungszuleitung über Spannschieber
auf Spannmuffe

Die Betätigung der Spann- und Vorschubeinrichtung erfolgt am hinteren Spindelende. Der dafür vorgesehene Zeitbedarf und die gegenseitige Abhängigkeit ergibt sich aus dem Steuerungsdiagramm (Abb. 242). Der Spannweg hat konstante Länge, der Vorschubweg muß dem Werkstück angepaßt und dafür in weiten Grenzen regelbar sein. Die Bewegungen werden beispielsweise von einer Kurventrommel mit konstanten Kurven, also ohne Wegänderung, abgenommen (Abb. 275). Die Spannbewegung wird, wie es auch Abb. 276 erkennen läßt, auf einen Spannschieber und von diesem auf einen Spannstein übertragen, der an der Spann-Spindelstellung in der Nute der betreffenden Spannmuffe gleitet. Es wird also bei der Schieberbewegung nur eine Spannmuffe geöffnet und geschlossen. Durch die Spindeltrommelschaltung gleitet jeweils eine Spannmuffe von dem Stein ab und die nächste auf.

Der Vorschubschieber, der in Abb. 275 auf Rundführungen gleitet, erhält seine Bewegung über einen Kulissenhebel, an dem der Vorschubweg stufenlos einstellbar ist. Natürlich ist auch eine feste Kupplung ohne Kulissenschieber denkbar, bei der die Vorschubkurve ausgewechselt werden muß (Abb. 277).

Auch ganz andere Methoden des Stangenvorschubes werden verwendet. Eine amerikanische Ausführung arbeitet mit Preßluft-Stangenvorschub, wobei die Preßluft am Ende des Stangenhalters in die Stangenführungsrohre gegeben wird. Über die Bewährung dieser Einrichtung können keine Angaben gemacht werden.

4.61.2 Stangenhalter. Die am hinteren Ende der Drehspindeln aus den Vorschubrohren herausragenden Werkstoffstangen werden in Stangenhaltern geführt (Abb. 278), die waagerecht oder senkrecht (Abb. 41) angeordnet sein können und die aus geräuscharmen Führungsrohren und Flanschen zusammengebaut sind und durch die Spindeltrommel bei ihrer Schaltung zwangläufig mitgenommen werden, so daß jede Beanspruchung der Spindeln oder

Abb. 277. Feste Übersetzung zwischen Kurventrommel und Spann- und Vorschubschiebern

Stangen auf Biegung vermieden ist. Das Stangenhaltersystem muß in sich starr und stabil sein, bei großer Länge sind mehrere Tragscheiben und nötigenfalls eine weitere Unterstützung in der Mitte vorgesehen.

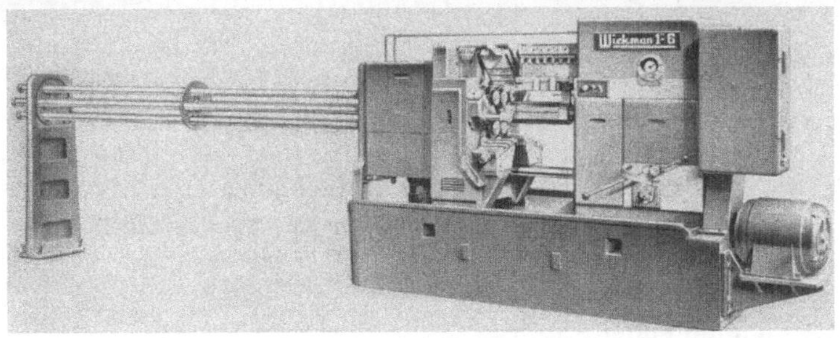

Abb. 278. Stangenhalter eines Sechsspindelautomaten

Um das Einlegen neuer Werkstoffstangen während der Arbeitszeit möglich zu machen und um die Vorschubrohre leicht herausziehen zu können, wenn Vorschubpatronen gewechselt werden müssen, kann der

Abb. 279. Zurückziehbarer Stangenhalter

Stangenhalter zurückgezogen werden (Abb. 279). Er ist dabei von der Mitnahme bei der Schaltung abgekuppelt.

Die Führungsrohre selbst sollen eine möglichst geräuscharme Führung der Werkstoffstangen möglich machen und zugleich die Oberfläche

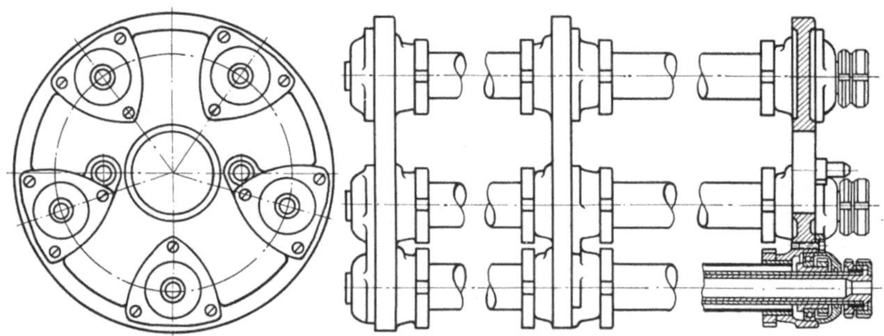

Abb. 280. Stangenhalter mit festen Außenrohren und kugelgelagerten Innenrohren

des oft gezogenen Werkstoffes nicht beschädigen. Man kann zu diesem Zweck die Führungsrohre in den Lagerscheiben drehbar anordnen (Abb. 280), so daß sie die Drehbewegung der Werkstoffstangen mitmachen. Zusätzlich können sie innen mit einer Isoliermasse ausgefüttert werden.

Außer umlaufenden Führungsrohren sind besonders feststehende gebräuchlich. Sie besitzen gewöhnlich eine schwingungs- und geräuschdämpfende Innenauskleidung, wie z. B. das in Abb. 281 gezeigte Führungsrohr. Als Innenauskleidung, die in Abb. 281 aus einer Schraubenfeder mit veränderlichem Durchmesser besteht, werden auch Gummimetall- und Kunststoff-Dämpfungselemente oder ein Sandmantel zwischen dem Führungsrohr und einem konzentrischen Innenrohr verwendet. Die Ge

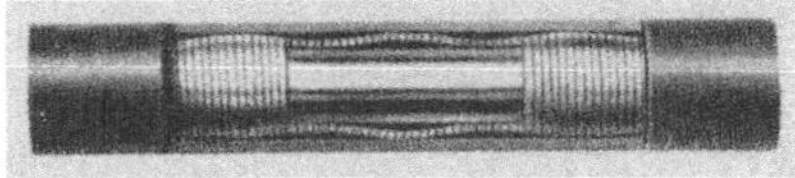

Abb. 281
Federeinlage in einem Materialführungsrohr

räuschdämpfung, die durch solche Maßnahmen erreicht wird, ist sehr unterschiedlich, wie die Schallpegel-Oktavspektren in Abb. 282 zeigen, wobei sich die ausgezogene Kurve auf das abgebildete Führungsrohr bezieht.

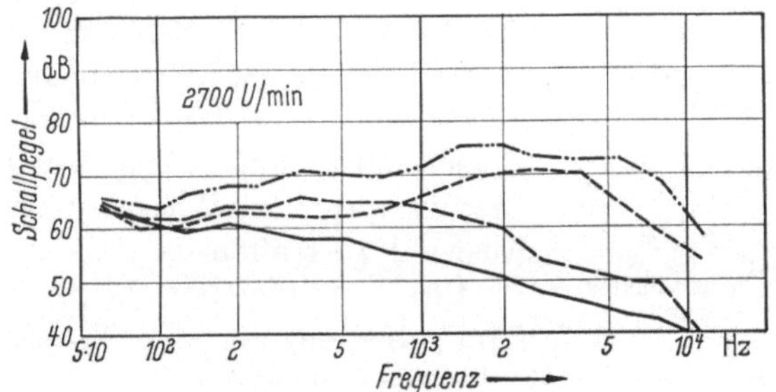

Abb. 282
Zusammenhang zwischen Automatengeräusch und anteiligem Geräusch der Materialführung

Ein gutes Führungsrohr ist geräuscharm und in schwingungstechnischer Hinsicht ohne nennenswerten Einfluß auf die Werkzeugmaschine;

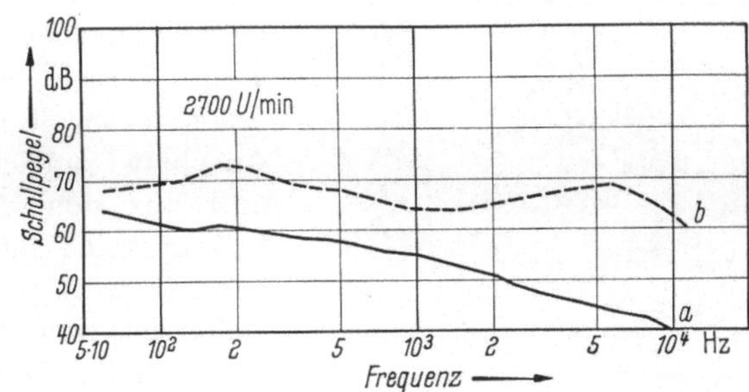

Abb. 283. Geräuschuntersuchung an einem Materialführungsrohr

es vermeidet Beschädigungen des Stangenmaterials und ist trotzdem haltbar und verschleißfest. Damit das Führungsrohr diese Anforderungen erfüllen kann, sollte es zur Arbeitsspindel gut ausgerichtet sein, die vor-

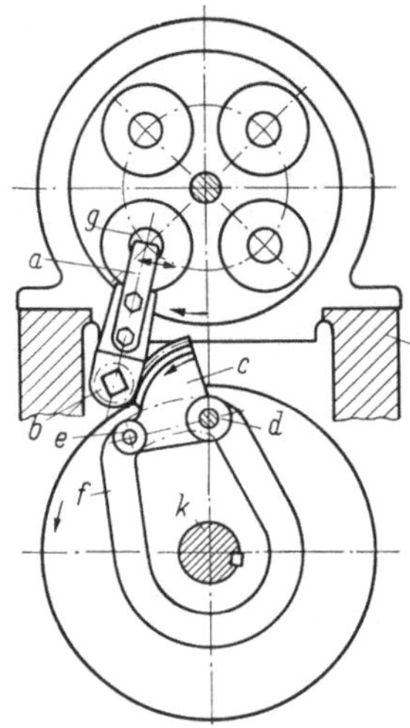

Abb. 284. Materialanschlag
a) Materialanschlag;   *b* Anschlagwelle mit Ritzel;   *c* Zahnsegment;   *d* Drehzapfen des Segmentes;   *e* Kurvenrolle; *f* Kurvenscheibe;   *g* Werkstückspindel;   *h* Automatenbett;   *k* Steuerwelle

geschriebene Wartung erhalten, von Verunreinigungen durch Abrieb und schmutziges Stangenmaterial befreit werden und einen maximalen Durchlaß von höchstens dreifachem Stangendurchmesser haben.[1]

Aus Abb. 283 ist ersichtlich, wie stark beispielsweise der Schallpegel schon bei falscher Handhabung *eines* Führungsrohres anwächst. Mehrere solcher Führungsrohre an einem Mehrspindelautomaten oder in einem Automatensaal können erhebliche Geräusche verursachen.

Es zeigt sich also, wie wichtig es ist, das Führungsrohr nicht als nebensächliches Bauteil zu betrachten, sondern unter Beachtung seiner schwingungsdämpfenden Eigenschaften und seiner Bedeutung für den Geräuschpegel der Werkstatt eine vorsichtige Auswahl zu treffen.

4.61.3 Stangenanschlag. Zur genauen Längenbegrenzung der Vorschubbewegung der Werkstoffstangen ist ein Materialanschlag erforderlich, der während des Stangenvorschubes vor diejenige Spindel geführt wird, an welcher der Vorschub erfolgt. Hierfür kann der Anschlag eine Bewegung in einer Ebene senkrecht zur Drehachse ausführen oder auch noch eine zusätzliche Längsbewegung. Nach dem Anschlagen der vorgeschobenen Stange wird der Anschlag zurückgeschwenkt und aus dem Arbeits- und Spänebereich möglichst weit herausbewegt, etwa bis an den Spindelständer heran. Hierfür dient die zusätzliche Axial-

Abb. 285. In Längsrichtung einstellbarer Materialanschlag

---

[1] Nach Untersuchungen von Dipl.-Ing. Georg Beduhn in Fa. Index-Werke, Eßlingen.

bewegung. Die Bewegungssteuerung kann von der Steuerwelle aus vorgenommen werden, die dafür eine Kurve, beispielsweise eine Scheibenkurve (Abb. 284) trägt.

Der Anschlag muß auf Länge einstellbar sein (Abb. 285). Er wird zudem vielfach federnd gestaltet, um ihn zum Herausnehmen von Stangenresten von Hand zurückschwenken zu können. Beim Loslassen federt er dann in seine Anschlagstellung zurück.

Wenn der Anschlag beim Hochschwenken gegen ein Werkstück trifft, weil dieses etwa nicht abgestochen wurde, erfolgt durch eine Sicherheitsauslösung ein Stillsetzen.

4.61.4 Stangenmagazineinrichtungen. Die Versorgung von Automaten mit neuen Werkstoffstangen wird vor allem dann problematisch,

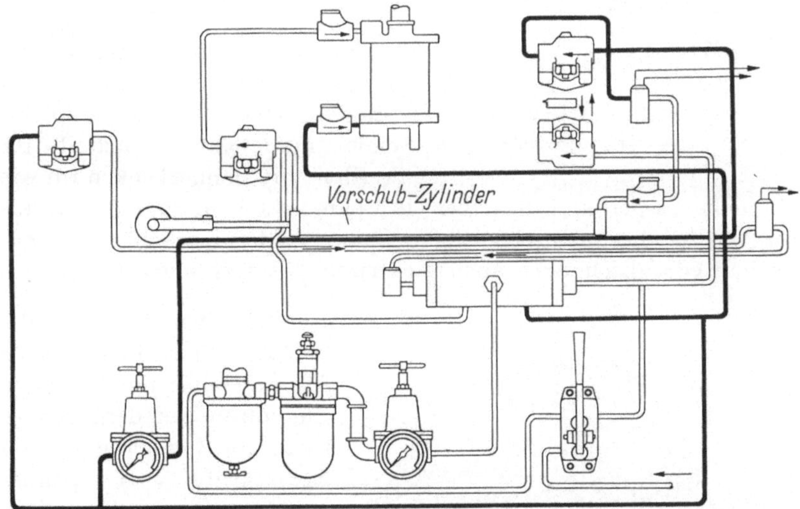

Abb. 286. Pneumatische Steuerung eines Stangenmagazins für einen Mehrspindelautomaten

wenn sehr lange Werkstücke in kurzen Arbeitszeiten gefertigt werden, so daß selbst lange Werkstoffstangen schnell verbraucht werden. Es hat daher nicht an Versuchen gefehlt, Stangenhalter aus einem Magazin mit neuen Stangen zu versorgen. Bei Einspindelautomaten haben sich dabei zuverlässige Möglichkeiten ergeben, es darf aber nicht verkannt werden, daß die Verhältnisse auch viel einfacher sind, da nur ein einziges Vorschubrohr versorgt werden muß, während beim Mehrspindelautomaten 4 bis 8 versorgt werden müssen.

In der letzten Zeit ist nun ein Stangenmagazin auch für Mehrspindelautomaten bekannt geworden. Über die Arbeitsweise, die eine Preßluftsteuerung enthält (Abb. 286), können keine Angaben gemacht werden, aber schon die Abbildung zeigt, daß es sich um eine aufwendige Einrichtung handeln muß, und die Preise, die genannt werden, sind beträchtlich. Die Wirtschaftlichkeit einer solchen Zusatzanlage muß also sehr sorgfältig überprüft werden. Immerhin sollte an dieser Möglichkeit des automatischen Zuführens neuer Stangen zum Stangenhalter nicht vorbeigegangen werden.

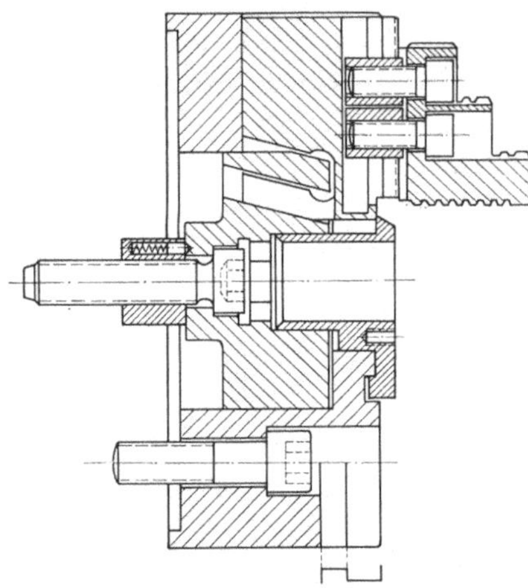

Abb. 287. Zugbetätigtes Dreibackenfutter

4.62   Einrichtungen an Futterautomaten

Bei Futterautomaten liegt eine ganz andere Art der Spanneinrichtung vor. Die am vorderen Spindelende aufgebauten Spannfutter werden mit Sonderbacken für die Werkstücke ausgerüstet und über ein Spannrohr vom Spindelende aus betätigt. Hier sitzt der eigentliche Spanner, der mechanisch, pneumatisch, hydraulisch oder auch elektrisch betätigt werden kann.

4.62.1 Spannfutter. Kraftbetätigte Spannfutter haben fast übereinstimmend einen Zugbolzen, der dem Spannfutter die Zugbewegung und Spannkraft vom Spanner zuleitet. Dieser Zugbolzen bewegt beispielsweise (Abbildung 287) über ein Zugstück mit schrägen Schlitzen radial bewegliche Grundbacken, auf die Aufsatzbacken beliebiger Form aufgesetzt werden können (Abb. 288). Aber auch die Grundbacken lassen sich sehr einfach durch einen Bajonettverschluß lösen und herausnehmen, so daß mit dem Futterkörper bereits eine Vielseitigkeit erreicht ist. Auch Zweibackenfutter (Abb. 289) werden vielfach

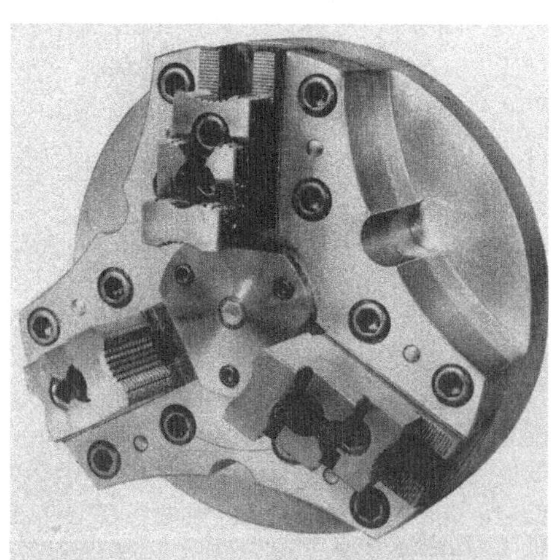

Abb. 288. Dreibackenfutter mit Aufsatzbacken

benutzt, besonders wenn es sich um die Bearbeitung unregelmäßig geformter Werkstücke handelt.

Die Zahl der Spannbeispiele ließe sich beliebig vermehren. Es werden Spannfutter mit Patronen, Spanndorne und andere Formen eingesetzt, stets aber wird durch die Einleitung einer axialen Bewegung der Spanneffekt erzielt. Abb. 290 läßt den Anbau von Zweibackenfuttern an einen Mehrspindelautomaten erkennen.

Die Formgebung der Aufsatzbacken muß individuell festgelegt werden.

4.62.2 Spannfutterbetätigung.

Die am vorderen Ende der Drehspindel aufgesetzten Spannfutter

Abb. 290. Zweibackenfutter an einem Mehr-spindelautomaten

Abb. 289. Zweibackenfutter

werden durch die hohle Spindel hindurch von deren rückwärtigem Ende aus betätigt. Dabei muß ein Dauerspanneffekt erreicht werden, d. h. jedes Spannfutter muß ständig unter Spanndruck stehen, bis es durch die Spindeltrommelschaltung in die Spannspindelstellung gelangt und dort die Spanneinrichtung geöffnet wird. Dieser Dauerdruckeffekt kann dadurch erreicht werden, daß jede Drehspindel mit einem eigenen Spanner ausgerüstet wird, der die Spannung aufrechterhält, oder es wird von einem einzigen Spanner aus jeweils in Spannstellung die Spanneinrichtung geschlossen und dabei ein Federpaket unter Spannung gesetzt, das dann während der Bearbeitung den Dauerspanneffekt aufrechterhält.

Für die Spannfutterbetätigung gibt es vier verschiedene Möglichkeiten

Handspanneinrichtung,
Preßluftspanneinrichtung,
Hydraulische Spanneinrichtung,
Elektrische Spanneinrichtung.

Mechanische Spannfutterbetätigung kommt praktisch nicht mehr vor.

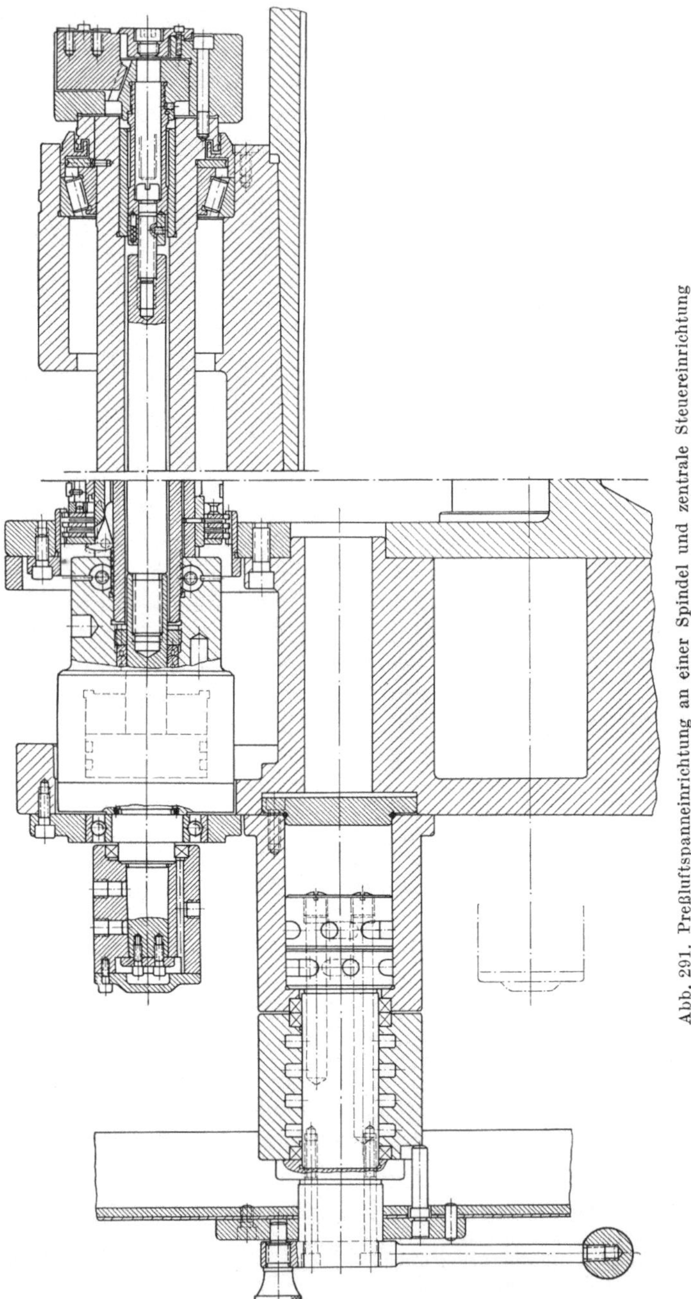

Abb. 291. Preßluftspanneinrichtung an einer Spindel und zentrale Steuereinrichtung

Preßluft- und hydraulische Spanneinrichtungen unterscheiden sich wesentlich nur durch das Spannmedium, einmal Luft, einmal Öl. Bei beiden Einrichtungen erhält jede Drehspindel einen eigenen Spannzylinder, wie die Spindelschnittzeichnung (Abb. 291) erkennen läßt. Das Spindelantriebszahnrad ist nicht fest mit der Drehspindel verbunden, sondern über eine Lamellenkupplung, die in ausgeschalteter Stellung über eine Lamellenbremse für schnellen Spindelstillstand sorgt. Hinter der Kupplungseinrichtung ist der Spannzylinder aufgesetzt, der über eine durch die Hohlspindel gehende Zugstange das Spannfutter betätigt. Die Gestaltung eines solchen Spannzylinders läßt Abb. 292 erkennen.

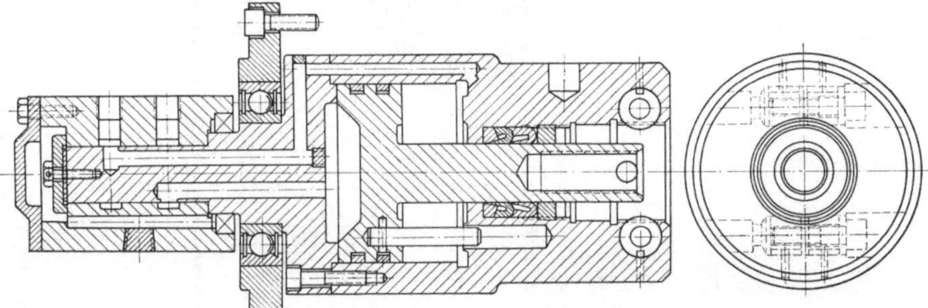

Abb. 292. Spannzylinder zur Einrichtung Abb. 291

In Verlängerung der Spindeltrommeldrehachse ist das Hauptverteilungsstück angeordnet, dessen Gehäuse mit der Spindeltrommelschaltung gedreht wird, während der Zapfen festgehalten wird. Dieses Hauptverteilungsstück leitet das Spannmedium zu den einzelnen Spannzylindern und schaltet die jeweils in Spannstellung stehende Drehspindel an das Ein- und Ausspannsteuerorgan.

Die Hydraulikeinrichtung dieser Maschine verdeutlicht Abb. 293, sie dient zum Ein- und Auskuppeln der Spannspindel, zum Öffnen und Schließen der Spanneinrichtung in Spannstellung sowie zur Aufrechterhaltung des Dauerspanneffektes an den Drehspindeln, die nicht in Spannstellung sind.

Von der Doppelölpumpe führen 2 Ölleitungen über ein Sicherheitsventil zum Hydrauliksystem. Die eine Leitung führt über ein Druckmindererventil, an dem der Spanndruck eingestellt werden kann, und von dort über ein Magnet-Vierwegeventil zu einem Spannzylinder, der mit einem Spannstein die jeweils in Spannstellung stehende Kupplungsmuffe bewegen kann. Durch elektrischen Kontakt wird von Hand das Magnetventil betätigt, es gibt einen Ölstrom frei, der den Spannkolben nach links bewegt, so daß die Drehbewegung ausgeschaltet und abgebremst wird. Nach vollendeter Spannung wird der Stromimpuls auf das Magnetsteuerventil gelöscht, das Ventil geht unter Federdruck in

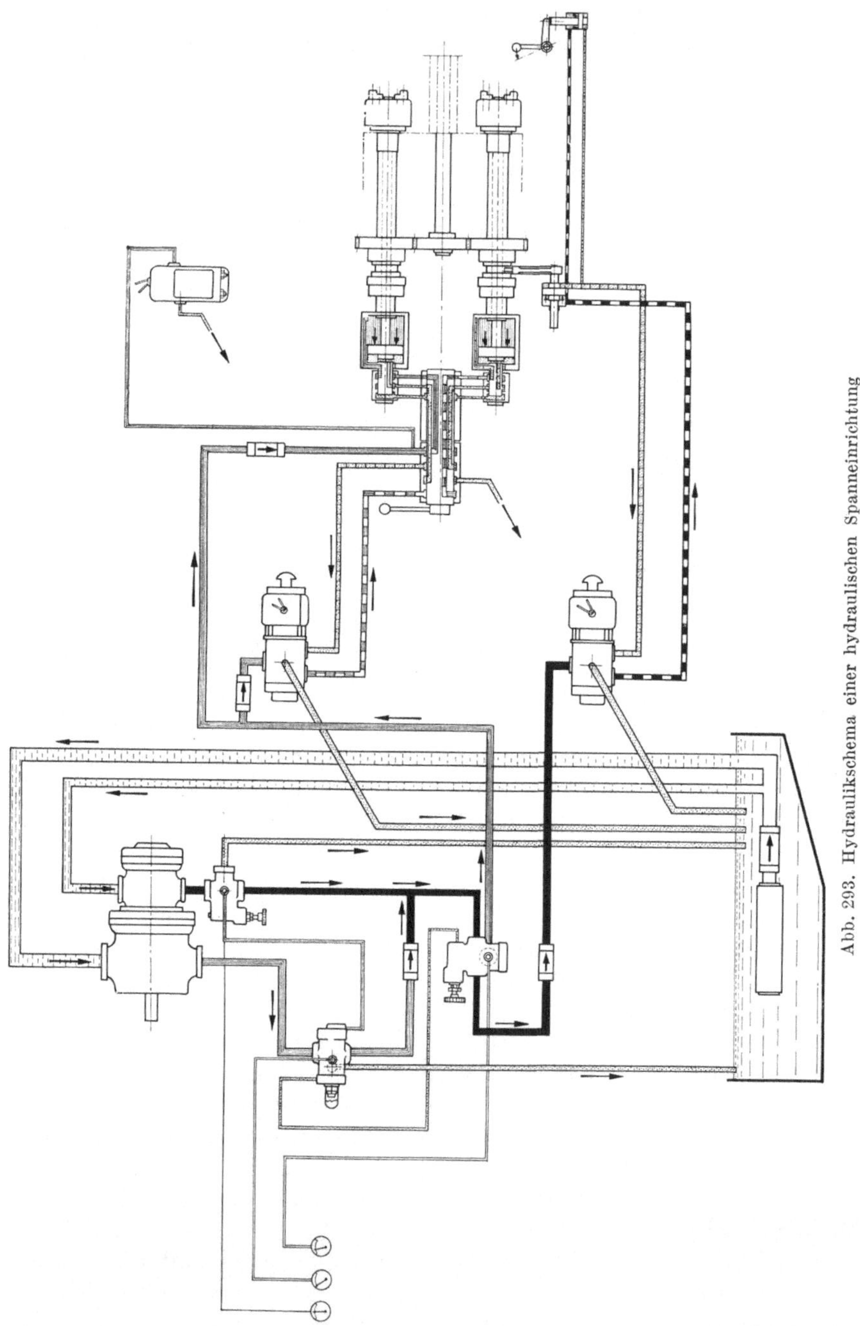

Abb. 293. Hydraulikschema einer hydraulischen Spanneinrichtung

Ausgangsstellung zurück und bewegt den Spannkolben wieder nach rechts, so daß der Drehantrieb der Spindel eingeschaltet ist.

Das Hauptverteilungsstück im Zentrum der Spindeltrommel ist mit 3 Leitungen an das Hydrauliksystem angeschlossen. Eine davon liegt unter ständigem Druck und leitet diesen auf die fünf in Arbeitsstellung stehenden Spannzylinder, die dadurch ständig unter Zug stehen, wie es

Abb. 294. Spanneinrichtung an einem Sechsspindelautomaten

die Abbildung erkennen läßt. Die beiden anderen Leitungen gehen über ein Vierwege-Magnetventil und dienen wechselweise als Druck- und Rücklaufleitung, je nachdem, ob gespannt oder entspannt wird.

An die Spannstellung (in der Zeichnung die untere Spindel) sind diese beiden Leitungen angeschlossen. Das Vierwege-Magnet-Federventil wird durch eine Stromeinschaltung umgelegt. Dieser Strom fließt nur, wenn die Drehspindel bereits zum Stillstand gekommen ist, so daß ein Entspannen bei auch nur noch langsam laufender Spindel nicht möglich ist. Durch die Umschaltung des Steuerventils gegen seinen Federdruck kommt Öl auf die linke Kolbenseite, und die rechte ist an den Abfluß geschaltet. Der Kolben bewegt sich nach rechts und öffnet das

Spannfutter. Nach Ausschalten des Stromes für das Magnetsteuerventil geht dieses durch seine Federeinwirkung in die Ausgangsstellung zurück, gibt Öldruck auf die rechte Kolbenseite und schließt die linke Seite an den Abfluß. Dadurch wird die Spannung wieder geschlossen.

Das Hauptverteilungsstück auf der Spindeltrommelachse macht es möglich, wahlweise an jeder beliebigen Drehspindel das Spannfutter zu betätigen, ohne die Spindel erst in die Spannstellung schalten zu

Abb. 295. Spanneinrichtung an einem Sechsspindelautomaten

müssen. Es muß für diese beim Einrichten vorkommende Betätigung eine Verschiebung von Hand vorgenommen werden. Dadurch kann viel Zeit beim Einrichten oder bei Störungen gespart werden.

Bei Doppelschaltung der Spindeltrommel, wenn also die Maschine als doppelter Dreispindler mit 120° Spindeltrommelschaltung verwendet wird, muß ein besonderes Hauptverteilungsstück verwendet und ein weiteres Vierwege-Magnet-Federventil vorgesehen werden. Dann werden in Ladestellung beide Drehspindeln gleichzeitig stillgesetzt, die Spannfutterbetätigung erfolgt aber über die getrennten Magnetventile nacheinander.

Die Hydraulikeinrichtung ermöglicht also zahlreiche Schaltungen, je nach der Ausnutzung der Maschine. Bei Magazinmaschinen kann auch vollautomatisch gearbeitet werden, wobei die Handbetätigung lediglich durch Nockensteuerung übernommen wird.

Ausgeführte Preßluft- bzw. Hydraulik - Spanneinrichtungen zeigen die Abb. 294 und 295. Dabei ist es durch entsprechende Schaltung auch möglich, den Spanndruck etwa an den beiden letzten Spindelstellungen herunterzusetzen. Dem Hauptverteilungsstück müssen dann an Stelle der einen zwei ständige Druckleitungen zugeführt werden, deren eine über ein Druckmindererventil geleitet wird. Die betreffenden Fertigbearbeitungs - Spindelstellungen werden dann durch das Hauptverteilungsstück an diesen reduzierten Spanndruck geschaltet. So wird ein Verspannen empfindlicher Werkstücke vermieden.

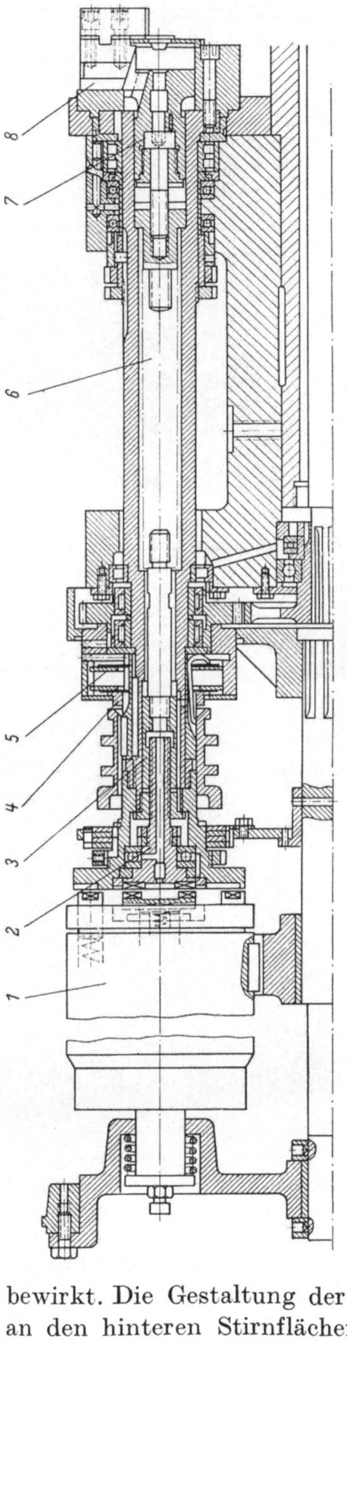

Bei Elektrospanneinrichtungen wird vornehmlich mit einem Spannmotor gearbeitet, der an der Spannstelle angeordnet wird und über eine Zahnkupplung die betreffende Drehspindel bzw. deren Spanneinrichtungen betätigt. Abb. 296 zeigt eine Drehspindel in Spannstellung, aber mit noch nicht eingekuppeltem Spannmotor. Der Dauerdruckeffekt wird durch eine Zugfeder in der Hohlspindel aufrechterhalten. Nach seiner Kupplung mit der Drehspindel treibt der eingeschaltete Elektrospanner eine Gewindespindel, welche die Spannmutter verschiebt und dabei das Öffnen

Abb. 296. Elektrospanneinrichtung an einer Drehspindel

1 Spannmotor; 2 Spanngewinde; 3 Spannmutter; 4 Kupplungsgehäuse für Antriebsrad; 5 Kupplungslamellen; 6 Spannstange; 7 Spannkonus; 8 Spannbacke

und Schließen der Spanneinrichtung bewirkt. Die Gestaltung der Einrichtung mit den Zahnkupplungen an den hinteren Stirnflächen der einzelnen Drehspindel zeigt Abb. 297. Auch hier lassen sich leicht elektrische Sicherungen einbauen, daß der Spannmotor nicht anlaufen kann, solange die Drehspindel sich noch dreht.

Abb. 297
Elektrospanneinrichtung mit einem Spannmotor und Zahnkupplungen an den Spindelenden

4.63 Einrichtungen an Magazinautomaten

Bei Magazinautomaten werden die Drehspindeln aus einem Vorratsmagazin mit neuen Werkstückrohteilen versorgt. Diese werden

Abb. 298. Rutschenmagazin

durch die Magazineinrichtung der Spannspindelstelle zugeführt. Nach dem Auswerfen des fertiggestellten Werkstückes schiebt ein Einstoßer ein Werkstück aus dem Magazin in die leere Spanneinrichtung und hält es dort, bis die Spanneinrichtung wieder geschlossen ist. Dann geht er ebenso wie das Magazin selbst aus dem Arbeitsbereich zurück.

Abb. 299. Rutschenmagazin

Abb. 300. Kettenmagazin

Magazine selbst wie auch die Einstoßeinrichtungen müssen weitgehend der speziellen Form der Werkstücke angepaßt werden. Einige Arbeitsbeispiele sollen, ohne daß damit eine Vollständigkeit erzielt werden kann, einen Eindruck von der Magazingestaltung geben.

Man wird bei Mehrspindelautomaten meistens damit rechnen können, daß die Werkstücke geordnet einer Magazineinrichtung aufgegeben

Abb. 301. Kettenmagazin mit Werkstückhalteeinrichtung

werden. Aber auch für den Fall, daß die Teile nur in einen Behälter gefüllt und aus diesem nach dem Ordnen zum Magazin gelangen, gibt es Lösungsmöglichkeiten. Sie haben aber mit dem Mehrspindel-

Abb. 302. Ausrichtung von Polgehäusen in einer Magazineinrichtung

automaten nur noch mittelbar zu tun und sollen deshalb hier nicht behandelt werden.

Die am häufigsten verwendete Magazinform dürfte das Rutschenmagazin sein. Eine schräge, in ihrer Form dem Werkstück angepaßte Rinne (Abb. 298 und 299) nimmt die Werkstücke auf, die dabei auch auf ihrer schmalen Seite laufen können, da sie seitlich gehalten werden. Diese Magazinform setzt voraus, daß die Werkstücke achssymmetrisch sind und deshalb der Spannspindel zurollen können.

Abb. 303. Trommelmagazin

Abb. 304. Kettenmagazin

Kompliziertere Teile werden mit Kettenmagazinen (Abb. 300) zugeführt. Auf der Kette sind besondere Halter geschraubt, die die Werkstücke aufnehmen (Abb. 301). Ähnlich ist die Kettenzuführung, wenn die Teile in einer bestimmten Lage der Spanneinrichtung zugeführt werden müssen. Abb. 302 läßt erkennen, daß an den Polgehäusen alle Schlitze in der gleichen Lage sind, wie es die Spanneinrichtung erfordert.

Eine andere Form des Magazins ist das Trommelmagazin (Abb. 303), bei dem die eingelegten Werkstücke durch Federn gehalten und hydraulisch eingeführt werden. Trommelmagazine werden auch in Teller-

Abb. 305. Hinterendmagazin

form hergestellt, da dann die Beschickung mit neuen Rohteilen besonders einfach ist.

Ein sehr weites Gebiet sind die reinen Kettenmagazine. Abb. 304 vermittelt einen Eindruck von der Kette mit den darin eingelegten Werkstücken. Man kann erkennen, wie das Werkstück über eine Rutsche dem Einstoßer zugeführt wird, der es dann in die Spanneinrichtung bringt.

Auch Hinterendmagazine (Abb. 305) werden benutzt, also Magazine, die am Spindelende untergebracht sind. Die eingeführten Werkstücke müssen dann allerdings erst durch die ganze Spindellänge geschoben werden, bis sie in die Spanneinrichtung gelangen. Dafür wird im Arbeitsraum kein Platz für das Magazin in Anspruch genommen.

Die gezeigten Beispiele vermitteln einen genügenden Eindruck, um die Gestaltungsgrundsätze der Magazine erkennen zu lassen.

4.7 Sicherheitseinrichtungen

Schon ein geringfügiger Schaden kann an einer vielspindligen automatischen Werkzeugmaschine eine nachhaltige Betriebsstörung und umfangreiche Zerstörungen zur Folge haben. Die Betriebssicherheit erfordert es daher, daß weitgehende Sicherungen eingebaut werden. In der eigentlichen Steuerung, die normalerweise von einer einzigen Steuerwelle ausgeht, können zwar keine Störungen auftreten, die man bei unabhängiger Steuerung durch Endschalter gegeneinander absichern müßte, wohl aber können Bewegungen eingeleitet werden, obwohl der vorhergehende Arbeitsgang nicht ordnungsgemäß ausgeführt wurde, ein abzustechendes Werkstück nicht abgestochen wurde, eine zu kurze Werkstoffstange nicht mehr einwandfrei gespannt werden kann, eine Spannmuffe nicht fest geschlossen ist oder ähnliches. Die Spannung kann erst geöffnet werden, wenn die Drehspindel eines Halbautomaten stillgesetzt ist, die Drehspindel kann nur laufen, wenn die Spannung geschlossen und genügend Spanndruck, bei Hydraulik beispielsweise Öldruck, vorhanden ist. Dazu gehört auch gegenseitiges Verriegeln der Bedienungsknöpfe an Vorder- und Rückseite einer Maschine.

Es ist eine Maßfrage, wie weit man diese Sicherungen führen will. Eine Reihe Sicherheitseinrichtungen sind jedenfalls zweckmäßig und notwendig, und es sollen einige Hinweise darauf gegeben werden. Dabei werden übliche Einrichtungen, wie etwa eine Überlastungskupplung im Vorschubantrieb, übergangen, da sie als Allgemeingut des Werkzeugmaschinenbaus angesehen werden können. Das ist auch der Fall, wenn beispielsweise das Ansprechen dieser Kupplung über einen Endschalter den Stromkreis des Antriebsmotors unterbricht und damit die ganze Maschine stillsetzt, während häufig ja nur ein Überschnappen der Kupplung während der Überlastungsperiode vorgesehen ist.

4.71 Sicherheitseinrichtung am Stangenanschlag

Wird ein Werkstück an der Abstechspindel aus irgendeinem Grund nicht abgestochen, so schlägt der Stangenanschlag bei seiner Einschwingbewegung gegen dieses Werkstück und kann nicht bis vor die betreffende Spindel gelangen. In diesem Augenblick würde ein weiterer, an sich folgender Werkstoffvorschub Schaden bringen, der zu verhindern ist.

Ein Hebel zum Stangenanschlag ist nun zweiteilig ausgebildet, beide Teile durch eine Feder gegeneinandergehalten und dazwischen ein Endauslöser angeordnet. Bei der geschilderten Hemmung kann sich der obere Anschlagteil nicht weiterbewegen (Abb. 306), der untere wird aber über die Kurvenscheibe weiterbewegt. Die Teile öffnen sich gegen den Federdruck, und damit spricht der Endauslöser an und unterbricht den Antriebsstromkreis.

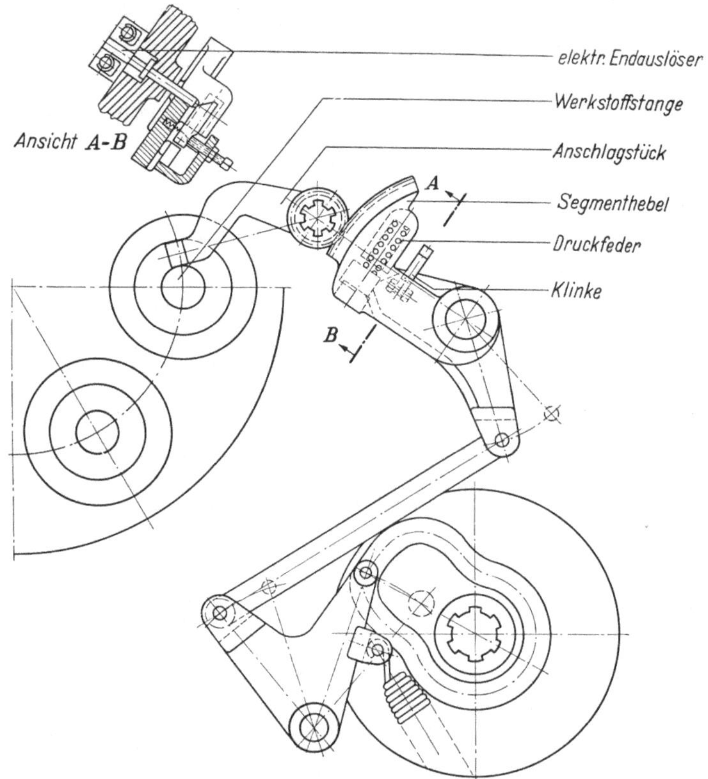

Abb. 306. Sicherheitseinrichtung am Stangenanschlag verhindert Stangenvorschub bei nicht abgestochenen Werkstücken

4.72   Sicherung gegen Vorschub bei Werkstoffmangel

Wenn eine Werkstoffstange so weit aufgebraucht ist, daß die Vorschubzange beim Zurückbewegen vom Stangenrest abgleitet (Abb. 307), würde ein ausreichender Vorschub nicht mehr möglich sein und die Gefahr ungenügenden Spannens des Reststückes bestehen.

Das verhindert eine Tast- und Stillsetzeinrichtung, die bei nicht genügender Werkstoffstange die Vorschubeinrichtung ausrückt, so daß die Spannzange mit dem Stangenrest geschlossen bleibt. Vor dem Spann- und Vorschubvorgang versucht ein Taststück über eine Druckfeder und die Vorschubmuffe die Vorschubzange zurückzubewegen, jedoch ist die Federkraft nicht ausreichend, dies gegen die Klemmkraft der Vorschubpatrone auf dem Werkstoff zu tun. Da die Druckfeder (Abb. 308) während der Unterbrechung der Scheibenkurve den Hebel nicht bewegen kann, bleibt die Kurvenrolle auf ihrer Kreisbahn.

Hat die Vorschubzange aber das Stangenreststück nicht mehr gefaßt (Abb. 309), so kann der Kurvenhebel mit seiner Rolle in die Kurven-

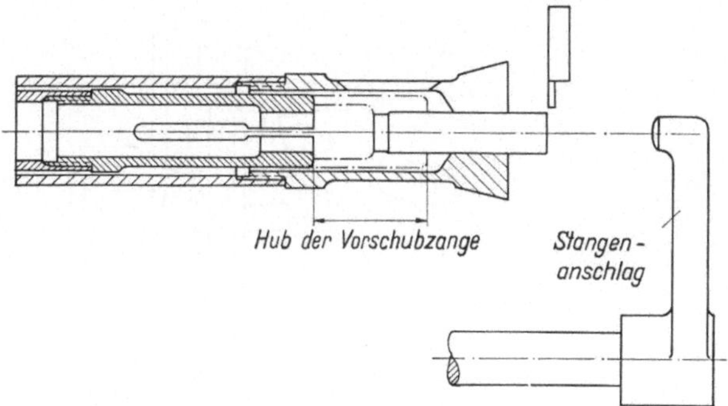

Abb. 307. Sicherung gegen ungenügenden Stangenvorschub

aussparung einlaufen, da die Vorschubmuffe unter der Federkraft bewegt wurde. Dieses Einlaufen der Rolle in die Kurvenvertiefung bewirkt nun mittelbar ein Ausschalten der Betätigung von Spannung und Vorschub für den nächsten Arbeitstakt. Nunmehr kann eine Rolle in die Bahn eines Nockens auf der Kupplungsscheibe geraten

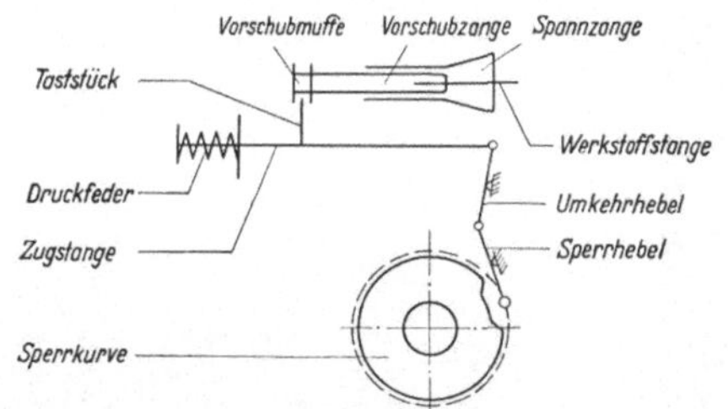

Abb. 308. Schema zu Abb. 307 bei Vorschubzange auf Werkstoffstange

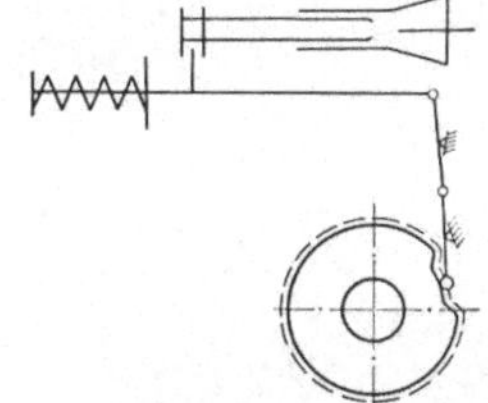

Abb. 309. Schema zu Abb. 307, wenn Vorschubzange Werkstoff nicht faßt

(Abb. 310) und eine Kupplung ausrücken, so daß die Spannzange gespannt bleibt.

Wenn auch die nächste Spindelstellung wieder nicht genügend Werkstoff hat, wiederholt sich der gleiche Vorgang, ist genügend Werkstoff vorhanden, folgt ein normaler Spann- und Vorschubvorgang.

Jede Ausrückung der Spanneinrichtung wird auf ein Zählwerk übernommen. Wenn alle Spindeln ohne Werkstoff sind, wenn also das Zählwerk so oft gezählt hat wie Spindeln an der Maschine sind, wird die ganze Maschine stillgesetzt. Es kann aber auch so geschaltet werden, daß bereits eine Spindel ohne Werkstoff den Maschinenstillstand bewirkt.

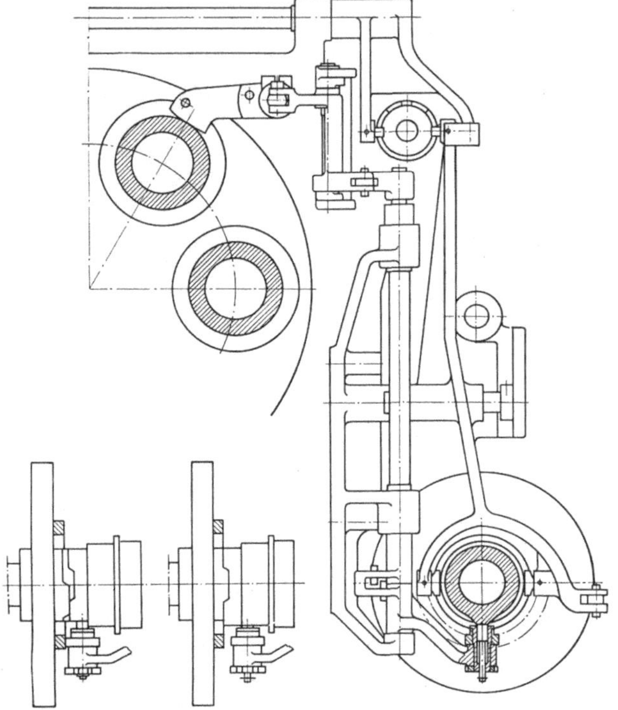

Abb. 310. Gestaltung der Sicherheitseinrichtung zu Abb. 307—309

Abb. 311. Tastteller zur Verhinderung ungenügender Spannung

Abb. 312. Fühlerabtastung der Spannmuffe gegen ungenügende Spannung

4.73 Sicherung gegen ungenügende Spannung

Wenn etwa durch Abnutzung der Spannklaue eine Spannmuffe nicht genügend geschlossen ist, kann sie während der Bearbeitung aufspringen und das herausfallende Werkstück schweren Schaden anrichten. Hier kann ein Tastteller (Abb. 311) Abhilfe schaffen, der durch eine nicht ausreichend geschlossene Spannmuffe nach rechts bewegt wird und einen Endauslöser betätigt, der die Maschine stillsetzt. Es kann auch die Spannmuffe in radialer Richtung von einem Fühler abgetastet werden (Abb. 312) und wiederum bei nicht ganz geschlossener Spannmuffe ein Endschalter die Maschine unterbrechen.

Es lassen sich also zahlreiche Sicherheitseinrichtungen vorsehen, die weitgehend gegen Unregelmäßigkeiten absichern.

5 Mehrspindelautomaten mit feststehenden Werkstücken

Bei diesen Automaten führen die Werkstücke zwar zusammen mit den Spanneinrichtungen, von denen sie gehalten werden, an einer Schalttrommel die Schaltbewegung von Werkzeuggruppe zu Werkzeuggruppe aus, sie drehen sich aber nicht um die eigene Achse. Die Hauptbewegung zur Erzielung der notwendigen Schnittgeschwindigkeit zwischen Werkzeug und Werkstück wird von den Werkzeugen übernommen. Die Möglichkeit der Anordnung der Werkstücke an der Spannplatte innerhalb des Schaltkreises wird wesentlich vielseitiger, wenn die Werkstücke keine Drehbewegung ausführen, da sperrige Teile sich dabei noch unterbringen lassen (Abb. 313).

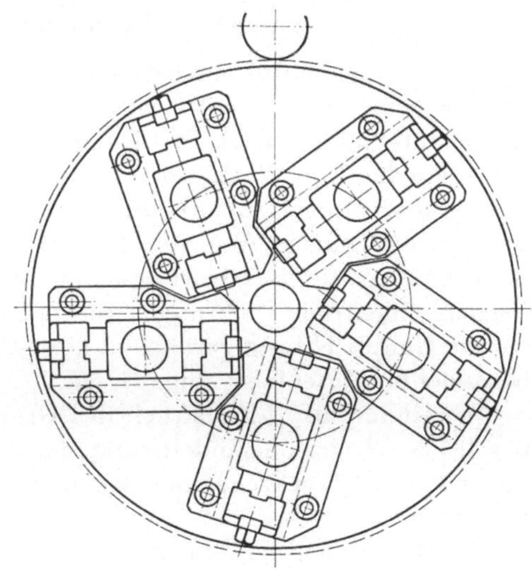

Abb. 313. Anordnung der Werkstücke an der Spannplatte bei feststehenden Werkstücken

Die Vorschubbewegung kann entweder von den Werkstücken zusammen mit ihrer Schalttrommel gegen die Werkzeuge oder auch von den Werkzeugen übernommen werden. Letzteres ist praktischer, wenn man die Möglichkeit im Auge behält, die Werkstücke von mehreren Seiten gleichzeitig zu bearbeiten, was baulich einfacher zu gestalten ist, wenn die Werkstücke an ihrem Platz bleiben und die Werkzeuge außer der Hauptbewegung auch die Vorschubbewegung übernehmen. Über einige Maschinen gibt Tab. 29 Auskunft.

Tabelle 29. Zusammenstellung ausgewählter Mehrspindelautomaten mit feststehenden Werkstücken

Fabrikat	21	21	21	22	23	23
Anzahl der Werkstückspindeln	4	4	5	2×3	9	10
Anzahl der Spannfutter	5	5	6	4	10	10
Drehdurchmesser .... mm	130	160	138	184	120	60
Drehlänge .... mm	150	180	150	150	110	60
Antriebsleistung KW	4,5	6,5	22		22	5
Anzahl der Werkzeugspindel-geschwindigkeit..................	12	12	12			
kleinste .... Uml/min	180	140	75	180		
größte .... Uml/min	1360	1000	2900	1800		
Stückzeiten:						
Anzahl	24	24	56			
kleinste .... sec	5,8	7,8	6			
größte .... sec	65	125	150			

5.1   Allgemeiner Aufbau

Der allgemeine Aufbau der Mehrspindelautomaten mit feststehenden Werkstücken unterscheidet sich von den bisher behandelten Mehrspindelautomaten durch die Umkehrung der Bewegungszuteilungen. Bei feststehenden Werkstücken kann zwar mit umlaufenden Werkzeugen bearbeitet werden, nicht aber vom Querschlitten aus. Wir finden also eine veränderte Anordnung der Werkzeugträger. Auf der anderen Seite können die Bearbeitungsspindeln mit den umlaufenden Werkzeugen in mehreren Richtungen angeordnet werden, man ist keineswegs auf die Hauptrichtung parallel zu den Drehspindeln, wie bei den bisher behandelten Maschinen, angewiesen.

Wir finden also hinsichtlich des Grundaufbaus Maschinen mit nur parallelen Werkzeugspindeln und einer einzigen Vorschubachse. Bei diesen können Werkzeuge und Werkstücke die Vorschubbewegung ausführen.

Daneben finden wir Maschinen mit einigen parallelen Spindeln und einigen radial um die Schalttrommel angeordneten Werkzeugspindeln, bei denen praktisch die Werkstücke nur die Schaltbewegung, aber keine Vorschubbewegung ausführen.

Eine Abart der bisher behandelten Maschinen sind die doppelseitig arbeitenden Automaten, bei denen die in der Mitte angeordneten Werkstücke von beiden Seiten gleichzeitig bearbeitet werden.

Alle diese Maschinen haben die horizontale Hauptachse, sie können aber ebensogut senkrecht angeordnet werden, und diese Bauform wird

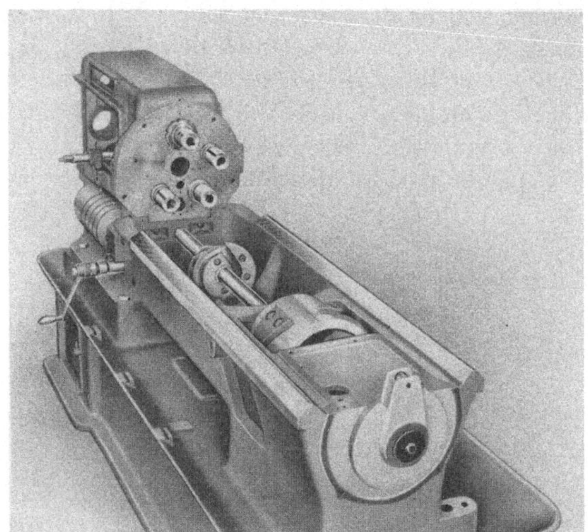
Abb. 314. Automat mit Bett, Spindelstock und Steuereinrichtung

vor allem bei sehr großen Spannstellenzahlen (entsprechend großen Spindelzahlen) bevorzugt.

Der allgemeine Aufbau solcher Mehrspindelautomaten mit feststehenden Werkstücken wird durch die Bauart beeinflußt. Ganz allgemein finden wir zwar auch das Bett bzw. den Rahmen, der alle

Abb. 315. Bettschlitten mit schaltender Trommel und Spanneinrichtungen

gemein finden wir zwar auch das Bett bzw. den Rahmen, der alle Maschinenteile aufnimmt, den Antriebskasten, der die eingeleitete Drehzahl verästelt und den Werkzeugspindeln zuführt, wir finden die Werk-

zeugspindeln selbst entweder im Antriebskasten unmittelbar gelagert
oder in einem besonderen, die Vorschubbewegung ausführenden Schlitten, wir finden die Schalttrommel mit den Spanneinrichtungen und die
Steuereinrichtung, welche den automatischen Ablauf ermöglicht.

Bei der ältesten Bauart dieser Maschinen, bei der die Werkstücke
mit ihrer Schalteinrichtung die Vorschubbewegung ausführen, finden
wir ein Bett ähnlich einem Drehbankbett als Grundstock der Maschine
(Abb. 314) und auf diesem Bett fest angeordnet den Antriebskasten
mit den Werkzeugspindeln. Im Maschinenbett ist die Steuereinrichtung

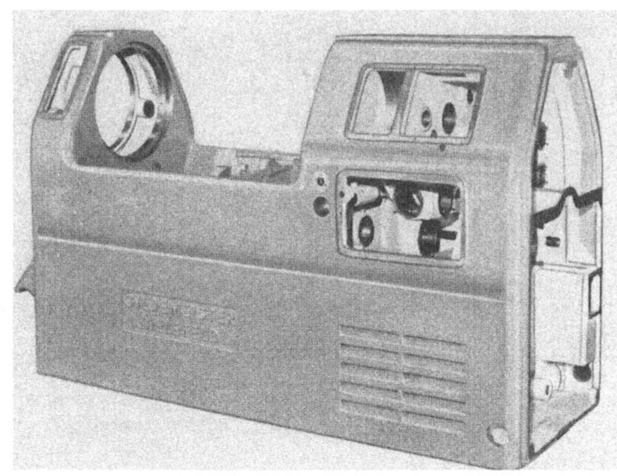

Abb. 316. Geschlossener Rahmen

in Form einer Steuerwelle untergebracht. Auf dem Bett, das an der
Oberseite Prismenführungen zeigt, gleitet ein langgeführter Schlitten
mit einer schaltenden Trommel, an der die Spanneinrichtungen befestigt sind (Abb. 315). Das Bett selbst hat normale Drehbankbettform,
eine geräumige Spänefangschale ist angegossen.

Bei dem Mehrspindelautomaten-Modell, dessen Werkzeuge auch
die Vorschubbewegung übernehmen, finden wir bereits einen geschlossenen Maschinenkörper (Abb. 316), der das Bett, den schmalen
Ständer für die schaltende Spanntrommel und im Vordergrund den
kräftigen Antriebskasten mit den Werkzeugspindel-Antrieben zeigt.
Ein kräftiger Querbalken kann Schaltständer und Antriebsständer ver-
binden, wodurch eine geschlossene Portalbauweise entsteht.

Halbautomaten mit senkrechter Hauptachse sind um eine Säule
herum angeordnet, die zusammen mit einem Fuß den Rahmen der
Maschine bildet, und um die sich alle Bauteile gruppieren (Abb. 317).

Doppelseitige Mehrspindelautomaten (Abb. 50) haben auf dem
durchgehenden Bett zwei getrennte Antriebskästen an den beiden

Außenseiten. Jeder dieser Antriebskästen hat eigenen Antrieb und dreht je 3 Werkzeugspindeln, die in 3 Schlitten, je zwei auf dem Bett und eine unter dem Oberbalken, gelagert sind. In der Mitte der Maschine ist der Revolverkopf mit 4 Spanneinrichtungen angeordnet.

Abb. 317. Mehrspindelhalbautomat senkrechter Bauart

5.2 Antriebskasten und Werkzeugspindeln

Im Antriebskasten werden die Drehzahlen umgeformt und auf die Werkzeugspindeln übergeleitet. Es ist vorteilhaft, wenn die verschiedenen Spindeln unterschiedliche Drehzahlgrößen bekommen können und eine sogar über eine Umkehrkupplung zwei verschiedene Drehrichtungen zum Gewindeschneiden.

5.21 Maschinen mit Werkstück-Längsvorschub

Die Werkzeugspindeln können fest im Antriebskasten eingebaut sein, da die Werkstücke die Längsvorschubbewegung ausführen.

Im Antriebsständer sind die Antriebselemente für die Zentralwelle zum Spindelantrieb und für den Steuerwellenantrieb untergebracht. Die eingeleitete Drehzahl wird über Wechselräder abgestuft, so daß an der zentralen Antriebswelle beispielsweise 12 Drehzahlen zur Verfügung stehen. Diese werden (Abb. 318) auf die Werkzeugspindeln — in der Abbildung auf drei — übertragen. Erfordert das zu bearbeitende Werkstück in besonderen Fällen etwa wegen stark unterschiedlicher Durchmesser, die bearbeitet werden sollen, verschiedene Drehzahlen der einzelnen Werkzeugspindeln untereinander, so können auf der mittleren Antriebswelle mehrere Antriebsräder verschiedenen Teilkreises angeordnet werden. Dadurch vervielfacht sich die Zahl der zur Verfügung stehenden Grunddrehzahlen.

Abb. 318. Übertragung der Drehbewegung von der zentralen Antriebswelle auf die Werkzeugspindeln

Von der zentralen Antriebswelle aus werden auch die Wechselräder für die Steuerwellendrehung angetrieben. Die Vorschubwechselräder wirken über eine Lamellenkupplung und Schneckentrieb auf die Steuerwelle und eine mit dieser synchron laufende kleine Steuertrommel (Abb. 319), von der aus die Kupplungen im Antriebskasten geschaltet werden.

Die Arbeitsspindeln sind als Dreh- und Bohrspindeln ausgebildet, die Werkzeuge können sowohl in der Spindelbohrung als auch außen auf der Spindelnase befestigt werden (Abb. 320). Die 4 Werkzeugspindeln liegen auf einem konzentrischen Kreis, aber mit 72° Teilung den 5 Spanneinrichtungen gegenüber, so

Abb. 319. Steuerwellenteil für die Schaltung der Kupplungen im Antriebskasten

daß stets an einer Stellung ent- und wieder gespannt werden kann.

Eine der 4 Werkzeugspindeln ist als Gewindeschneidspindel vorgesehen. Ihr Antrieb erfolgt über Lamellenkupplungen, die ebenfalls im Antriebskasten untergebracht sind und über Knaggen gesteuert werden.

5.22 Maschinen mit Werkzeug-Längsvorschub

Antrieb und Bewegungsverästelung entspricht der

Abb. 320
Spindelnasen der Werkzeugspindeln

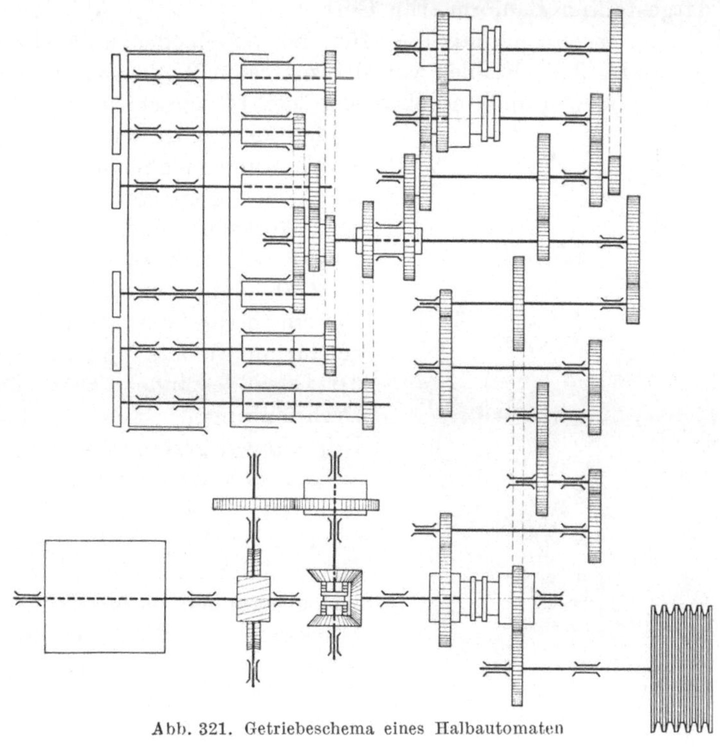

Abb. 321. Getriebeschema eines Halbautomaten

Tabelle 30. *Spindeldrehzahlen der Werkzeugspindeln bei einem Wechselradpaar zur zentralen Welle und verschiedenen Wechselrädern zwischen zentraler Welle und Werkzeugspindeln*

Zähnezahlen Zahlen der Hauptwechselräder	Drehzahlen der Werkzeugspindeln in Uml./min bei den Spindelwechselrädern							
	$\frac{32}{76}$	$\frac{40}{68}$	$\frac{46}{62}$	$\frac{52}{56}$	$\frac{56}{52}$	$\frac{62}{46}$	$\frac{68}{40}$	$\frac{76}{32}$
25 : 64	75	110	135	170	200	250	315	440
28 : 61	90	130	160	200	235	295	370	520
31 : 58	105	150	190	235	275	340	430	600
34 : 55	120	175	220	270	315	395	500	700
37 : 52	140	200	255	315	365	455	575	800
40 : 49	160	230	290	360	420	525	660	920
43 : 46	185	265	330	410	480	600	755	1060
46 : 43	215	300	375	470	550	685	865	1220
49 : 40	245	340	430	540	625	785	990	1380
52 : 37	280	390	495	620	720	900	1140	1580
55 : 34	320	450	570	715	830	1040	1310	1830
58 : 31	375	520	660	825	960	1200	1510	2110
61 : 28	435	605	765	960	1115	1400	1760	2450
64 : 25	510	720	900	1130	1310	1650	2080	2900

schon dargestellten Bauform. Ein Getriebeschema zeigt Abb. 321. Es läßt deutlich erkennen, daß hier für die verschiedenen Werkzeugspindeln ständig 3 Drehzahlen von der zentralen Welle abgeleitet zur Verfügung stehen. Damit ergeben sich bei 14 verschiedenen Drehzahlen der zentralen Welle und 8 Schaltungsmöglichkeiten zwischen der zentralen Welle und den Werkzeugspindeln 112 verschiedene Drehzahlen gemäß Tab. 30. Zum Gewindeschneiden ist ein besonderer Antrieb eingebaut mit Rechts- und Linkslauf der Gewindespindel. Die beiden Drehrichtungen werden durch Kupplungen gesteuert.

Für den Antrieb der Steuerwelle ist ein langsamer Arbeitsgang für die Hauptzeitbewegungen und ein Schnellgang für die Nebenzeitbewegungen vorgesehen. Die Stückzeit, also die Variation der langsamen Hauptzeitbewegung, wird über Wechselräder eingestellt. Einen Einblick in den

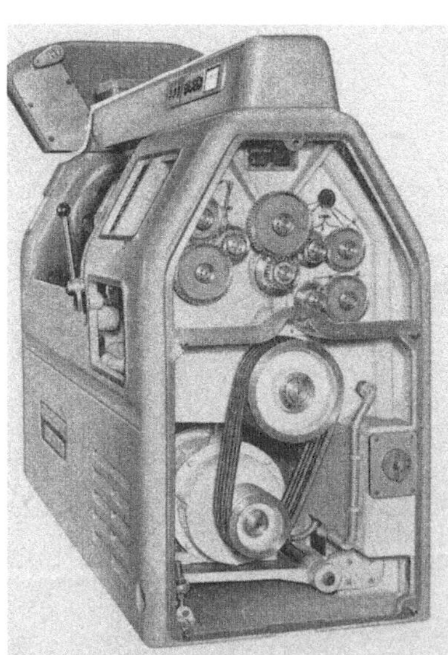

Abb. 322. Antriebsständer mit Wechselrädern

Antriebsständer eines solchen Automaten mit den Wechselrädern vermittelt Abb. 322.

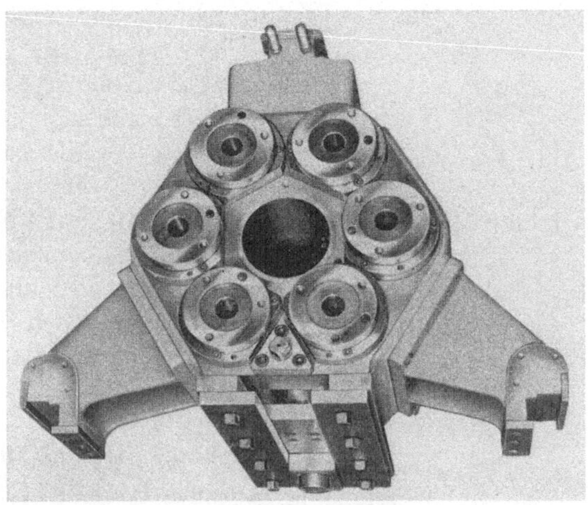

Abb. 323. Sechs Werkzeugspannstellen im Schlitten

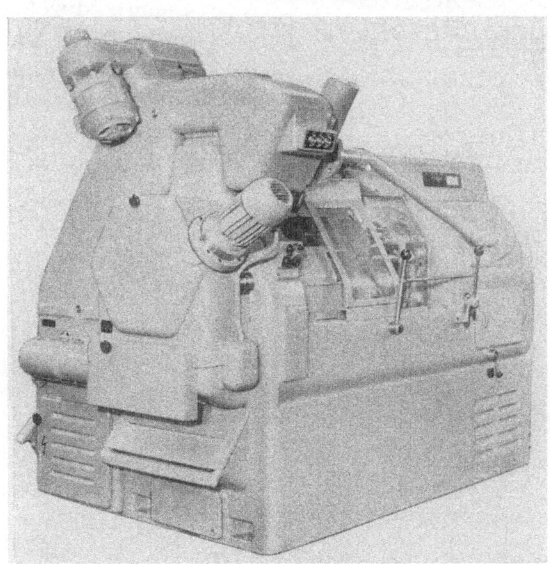

Abb. 324. Halbautomat mit zusätzlichen, radial angeordneten Werkzeugspindeln

Der Spindelschlitten nimmt die eigentlichen Werkzeugspindeln auf, die vom Antriebkasten her durch Teleskopspindeln angetrieben werden. Die hier gezeigte Maschine arbeitet mit 5 Werkzeugspindeln in 60°

Teilung (Abb. 323), denen 6 Spannfutter im Schaltkopf gegenüber-
liegen. Es kann jedoch auch in die sechste Bohrung des Werkzeug-
spindel-Längsschlittens eine Hilfsspindel eingebaut werden, wenn der Arbeitsgang wesentlich länger als die Spannzeit ist.

Eine gute Lagerung der Werkzeugspindeln im Spindelschlitten mit Rollenlagern und Scheibenrillenlagern sowie eine gute Schlittenführung sind wesentlich für die Arbeitsgenauigkeit der Ma-
schine.

5.23 Radial angeordnete Werkzeugspindeln

Bei Maschinen mit Längs-
vorschub durch die Werk-
zeugspindeln können radial
um den Schaltkopf mit Spanneinrichtungen und Werk-

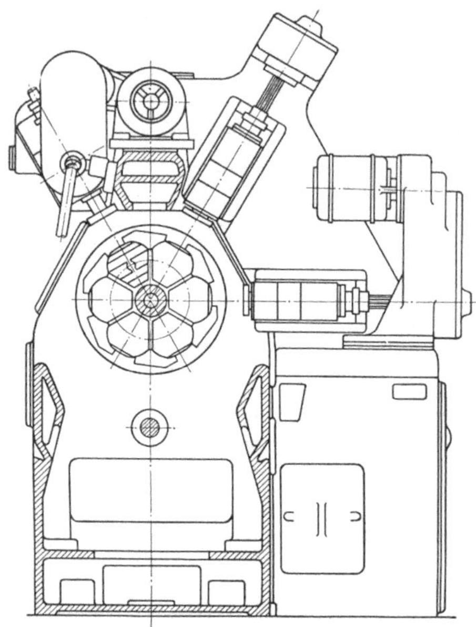

Abb. 325. Schnittzeichnung eines Automaten Abb. 324

stücken herum einige weitere Werkzeugspindeln vorgesehen werden, die
in einer Seitenmaschine zusammengefaßt sind. Diese Seitenmaschine

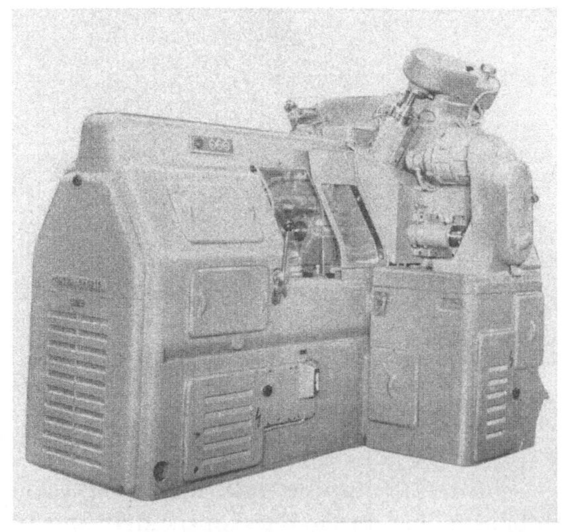

Abb. 326. Kupplung von Haupt- und Nebenteil des Automaten

wird an den einfachen Halbautomaten angeschraubt (Abb. 324)
und erweitert mit ihren 3 Werkzeugspindeln den Arbeitsbereich
der Maschine beträchtlich.

Abb. 327. Arbeitsstelle eines Automaten mit axialen und radialen Werkzeugspindeln

Die Seitenmaschine stellt eine in sich geschlossene Maschinen-
einheit dar, sie hat eigenen Antrieb und eine Steuerung, die mit der
Steuerwelle der Hauptmaschine
gekuppelt wird, um einen zu-
verlässigen Synchronlauf zu
sichern. Die Anordnung der
3 Werkzeugspindeln zeigt Abbildung 325.

Für die Radialarbeit stehen
zur Verfügung

2 Werkzeugspindeln für Drehen
  und Bohren,
1 Werkzeugspindel für Gewindeschneiden.

Abb. 328. Kardanantrieb der Gewindeschneideinrichtung einer Seitenmaschine

Die Spindeln erhalten ihren Drehantrieb von eigenen Motoren mit einstellbaren Drehzahlstufen. Der Vorschub erfolgt über die Steuerwelle, die mit der Hauptmaschine gekuppelt ist (Abb. 326). Vorschubbewegungen werden durch Scheibenkurven über Hebel auf die Spindelschlitten übertragen, so daß stufenlose Hubeinstellung möglich ist. Die Grundeinstellung der Seitenschlitten kann den Werkstücken angepaßt werden (Abb. 327).

Die Gewindeschneideinrichtung der Seitenmaschine erhält ihren Antrieb unmittelbar vom Antriebsständer der Hauptmaschine über eine Kardanwelle (Abb. 328), so daß hier Synchronlauf sicher ist.

5.24 Maschinen mit senkrechter Werkzeugachse

Die Werkzeugspindeln dieser Maschine sind teilweise von unten nach oben arbeitend im Maschinenfuß untergebracht (Abb. 329), teilweise oberhalb der Werstücke mit eigenem Elektroantrieb, wie es

Abb. 329. Werkzeugspindeln an einem Halbautomaten

Abb. 330 erkennen läßt. Die Spindeldrehzahlen sind in weiten Grenzen einstellbar (480 bis 2200 oder bei anderem Vorgelege 25 bis 480). An jeder Spindel können mehrere Werkzeuge auch geschwenkt gegeneinander untergebracht werden. Dadurch ergibt sich eine Vielzahl von Bearbeitungsmöglichkeiten. Den 10 Werkstückspanneinrichtungen an der Spindeltrommel stehen 9 Werkzeugspindeln von unten und nach Bedarf eine entsprechende Anzahl von oben gegenüber.

5.25 Doppelseitige Maschinen

Zwei gleichartige Antriebskästen auf beiden Maschinenseiten mit gesondertem Antriebsmotor verästeln die eingeleitete Drehbewegung

über Wechselräder auf je 3 Werkzeugspindeln. Der eine Antriebskasten leitet zudem die Bewegung zur Steuerwelle. Den Längsvorschub

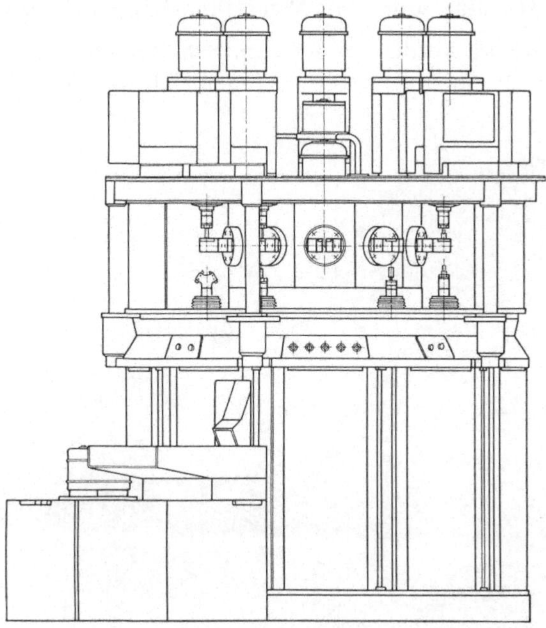

Abb. 330. Schema eines Halbautomaten mit Werkzeugspindeln von oben und unten

übernehmen drei unabhängige Werkzeugschlitten auf jeder Maschinenseite, zwei unten und einer oben (Abb. 331).

Abb. 331. Maschine mit Werkzeugspindeln auf beiden Werkstückseiten

5.3 Werkstückspann- und Schalteinrichtung

5.31 Maschinen mit Werkstück-Längsvorschub

Die Werkstücke werden an der zum Schalten eingerichteten Revol-
verkopfstirnfläche in besonderen Spanneinrichtungen gehalten, führen

Abb. 332. Revolverkopfschaltung über Malteserkreuz

mit dem Revolverkopf die Schaltbewegung von Werkzeuggruppe zu
Werkzeuggruppe aus, sowie mit Revolverkopf und Revolverkopf-
schlitten (Abb. 315) die Vorschubbewegung auf die Werkzeuge zu.

Der Revolverkopf hat eine lange Achse und ist in nachstellbaren
Lagern zweifach gelagert. Dadurch wird die erforderliche Maschinen-
arbeitsgenauigkeit erreicht und gesichert. Die Verriegelung des Revolverkopfes erfolgt an seinem äußeren Umfang durch einen Indexbolzen, der
in eine eingesetzte gehärtete Büchse eingreift. Zusätzlich wird der
Revolverkopf während der Arbeitszeit dadurch festgebremst, daß er
am äußeren Umfang einen großen Konus hat, der fest in den Gegenkonus des Schlittens gezogen wird. Das bewirkt eine Gewindemutter,
die über Hebel und Rolle von der Steuerwelle aus betätigt wird. Vor

dem Schalten des Revolverkopfes wird diese Bremse gelöst und der Indexbolzen herausgezogen.

Die Schaltung des Revolverkopfes erfolgt durch ein Malteserkreuz (Abb. 332), welches unmittelbar auf der Revolverkopfachse sitzt, während der Treiber von der Steuerwelle gedreht wird. Entsprechend der

Abb. 333. Spannfutter an dem Revolverkopf

Fünferteilung führt das Malteserkreuz eine 72° Schaltung aus und benötigt dafür 108° Steuerwellendrehung.

An der Stirnfläche des Revolverkopfes können beliebige Spannfutterformen angebaut werden. Vielfach finden Zweibackenfutter (Abb. 333) Verwendung, die sich auch ineinandergeschachtelt anordnen lassen, da sie sich ja nicht gegeneinander drehen.

5.32 Maschinen mit Werkzeug-Längsvorschub

Da der Revolverkopf keine Längsbewegung ausführen muß, kann er im Maschinengestell gegenüber dem Antriebskasten fest gelagert sein. Er ist zylindrisch und trägt an seinem äußeren Umfang einen Zahnkranz (Abb. 334), in den ein Ritzel vom Malteserkreuz-Stern eingreift. Eine direkte Malteserkreuzschaltung wie im vorhergehenden Fall wäre

Abb. 334. Revolverkopf mit Schalt-Zahnkranz

nicht möglich, da entsprechend der 60° Revolverkopfschaltung ein Treiberweg an der Steuerwelle von 120° in Frage gekommen wäre, der

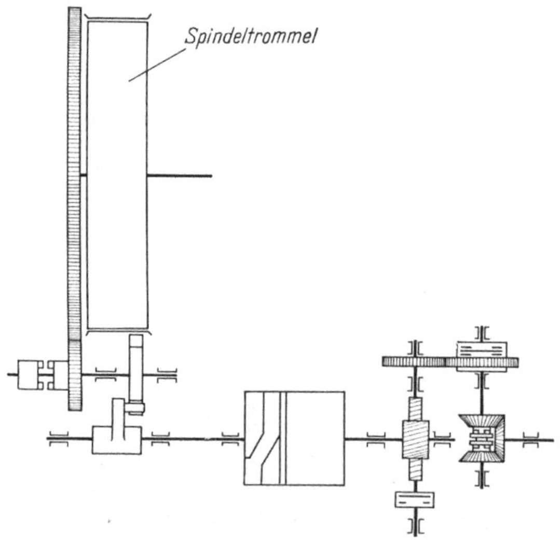

Abb. 335. Schaltanordnung eines Revolverkopfes

kaum noch unterzubringen ist. Die Schaltanordnung verdeutlicht Abb. 335.

Der Revolverkopf ist zur Aufnahme von 6 Spanneinrichtungen ausgerüstet. In einem Fall ist er in Wälzlagern gelagert, vierteilig mit Spanneinrichtungen, die das Werkstück nach beiden Seiten zur Bearbeitung freigeben (Abb. 336). Er wird geschaltet durch ein abgewandeltes Malteserkreuzgetriebe und mit Indexbolzen verriegelt.

Abb. 336. Revolverkopf für Doppelendbearbeitung

5.33 Spanneinrichtungen

Es werden verschiedene Möglichkeiten der Spannfutterbetätigung unterschieden. Die häufigsten sind Handschnellspannung und elektrische Spannung.

Abb. 337. Revolverkopf mit Handspanneinrichtung

1. Handschnellspanneinrichtung. Das Spannen und Lösen der Spannfutter am Revolverkopf erfolgt durch Betätigung eines leicht bedienbaren Handrades, das infolge seiner großen Übersetzung nur leicht

angezogen werden muß. Abb. 337 zeigt diese Anordnung. Beim Festklemmen des Revolverkopfes wird die Spannkupplung entkuppelt, so

Abb. 338. Revolverkopf mit Elektrospanneinrichtung

Abb. 339. Spanneinrichtungen mit Werkstücken an dem Revolverkopf

daß während der Bearbeitung keine Fehlspannung bzw. kein unbeabsichtigtes Öffnen eines Futters erfolgen kann.

Die Handspanneinrichtung hat besonders bei dünnwandigen Werkstücken den Vorteil, mit Gefühl bedient werden zu können, wenn auch

Abb. 340
Zweibackenfutter mit Schwenkbacken

Abb. 341
Spannvorrichtung mit Gewindedorn

diese manuelle Geschicklichkeit nicht unbedingt wünschenswert für einen Automatenbetrieb ist.

2. Elektrische Spanneinrichtung. Ein kleiner Elektromotor betätigt das Öffnen und Schließen der jeweils in Spannstellung befindlichen Spanneinrichtung (Abb. 338).

Die Regulierung des Spanndruckes erfolgt durch Federeinstellung und Sperrbolzen. Sie kann auf diese Weise dem Werkstück angepaßt werden. Durch auswechselbare Räder sind verschiedene Spanngeschwindigkeiten zu erzielen, so daß die Spannzeit der Backenform und der Bearbeitungszeit angepaßt werden kann.

An Stelle des Elektromotors läßt sich auch eine Preßlufteinrichtung verwenden, doch kommt diese immer mehr in Wegfall.

Die Gestaltung der Spanneinrichtungen ist sehr freizügig, besonders auch durch die Möglichkeit, sie beliebig an der Stirnfläche des Revolverkopfes anzuordnen (Abb. 339).

Abb. 342. Spannvorrichtung für Fitting mit Zange zum Festklemmen des Werkstückes

Aufsatzbacken auf dem Grundspanndorn werden der Werkstückform angepaßt. Es können aber auch Spanneinrichtungen mit Schwenkbacken (Abb. 340) oder Spezialzangen zum Festklemmen (Abb. 342) der Werkstücke oder Gewindespanndorne (Abb. 341) zur Anwendung kommen.

5.34 Maschinen mit senkrechter Werkzeugachse

Bei diesen Automaten nimmt die zentrale Spannsäule bis zu zehn Werkstückspanneinrichtungen auf, die individuell den Werkstücken angepaßt werden können. Als Besonderheit ist zu bemerken, daß die Werkstückspanneinrichtungen während der Schaltung von einer Werkzeuggruppe zur nächsten eine Schwenkbewegung ausführen können, so daß die Bearbeitung von mehreren Seiten möglich ist. Die Schwenkung ist dabei nicht an feste Winkel gebunden, sondern kann dem Werkstück angepaßt werden.

Die Hauptsäule, die zugleich die Teilbewegung ausführt und die Spannhydraulik für die schwenkbaren Futter trägt, enthält auch die Schwenkeinrichtung über Schwenkhebel, Zahnstangen und Zahnsegmente. Durch Auswechseln der Schwenkkurven kann einfach eine andere Einstellung gewählt werden. Die Spindeltrommel wird im Uhrzeigersinn geschaltet; hierfür ist ein besonderer Teilmotor vorhanden, der das Teilgetriebe und den Indexbolzen betätigt.

5.4 Steuereinrichtungen

Die Steuereinrichtung sichert den Arbeitsgang der Maschine, von ihr werden alle vorkommenden Bewegungen gesteuert oder eingeleitet.

5.41 Maschinen mit Werkstück-Längsvorschub

Es ist eine durch die ganze Maschine unterhalb der Spindeln durchlaufende Steuerwelle vorhanden. Sie wird im Antriebskasten mit zwei verschiedenen Geschwindigkeiten angetrieben, einer gleichbleibend schnellen für die Nebenzeitbewegungen und einer über Wechselräder einstellbaren langsameren für die Hauptzeitbewegungen, die in ihrer Geschwindigkeit den Werkstücken, Werkzeugen und dem Werkstoff angepaßt werden müssen. Der Wechsel zwischen beiden Antrieben erfolgt über Lamellenkupplungen, die durch Schaltknaggen von einer besonderen, mit der Steuerwelle synchron laufenden Trommel aus betätigt werden (Abb. 343).

Die Hauptsteuerwelle trägt den Schalthebel für das Malteserkreuz, die Kurventrommel für den Vorschub des Revolverschlittens mit den Werkstücken, und die Kurvenscheiben für die Betätigung des Indexbolzens und der Revolverkopfbremse. Alle übrigen Bewegungen, auch das Andrücken der Gewindeschneidspindel, erfolgt von der kleinen Steuertrommel aus.

Der langsame Arbeitsgang der Steuerwelle erfolgt von einem auf der Hauptantriebswelle sitzenden Zahnrad über Wechselräder des Vorschub-

getriebes, Kegelräder und Schneckentrieb auf die Steuerwelle und von
dieser über Stirnräder auf die kleine Steuertrommel. Der Schnellgang

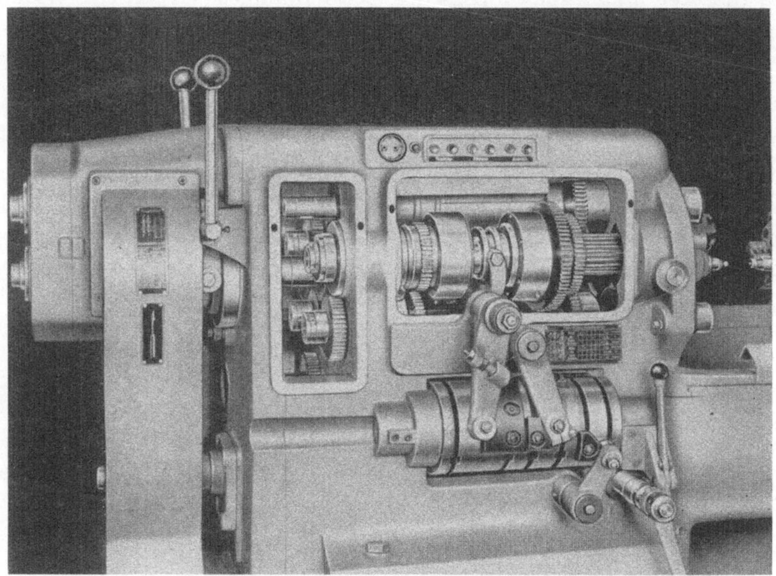

Abb. 343. Spindelstock mit Steuertrommel

Abb. 344. Spindelstock mit Vorschubgetriebe

der Steuerwelle, der die Nebenzeitbewegungen steuert, wird durch eine
Kupplung eingeleitet. Hierbei tritt eine Überholkupplung in Tätigkeit,

und die Antriebsbewegung der Arbeitsgeschwindigkeit bleibt eingeschaltet und treibt das langsam laufende Sperradgehäuse, Klinke und Sperrrad, die erst nach Auskuppeln des Schnellganges wieder zur Wirkung kommen (Abb. 344).

5.42 Maschinen mit Werkzeug-Längsvorschub

Hier ist die Steuerwelle oberhalb der Maschine in der Traverse untergebracht. Auch sie trägt alle Kurventrommeln, Nocken und Steuerorgane, die für den automatischen Ablauf erforderlich sind. Der Steuerwellenantrieb erfolgt über eine Rutschkupplung, die zugleich als Sicherheitskupplung bei Überlastung dient. Der Steuerwellenantrieb ist aus dem Getriebeschema (Abb. 321) erkennbar.

5.43 Maschinen mit senkrechter Werkzeugachse

Die Steuerung dieser Automaten ist elektrisch, während die einzelnen Bewegungen mechanisch-hydraulisch betätigt werden. Die dafür erforderliche Hydraulikeinrichtung, die zu jeder Spindel eine besondere

Abb. 345. Hydraulikeinrichtung eines senkrechten Halbautomaten

Pumpe und Ventileinrichtung hat, ist außerhalb der Maschine untergebracht (Abb. 345).

Die elektrische Steuerung und Schaltung erfolgt über Zeitrelais, Schaltschütze und Steuereinrichtungen. Gegenseitige Absicherung und

Einhaltung der richtigen Bewegungsfolge ist durch Endschalter erreicht. Der Teilantrieb erfolgt mechanisch über Schneckenrad und Schnecke mit Verriegelungsbolzen für die schaltende Spindeltrommel mit den Spanneinrichtungen. Der Antrieb dieser mechanischen Schalteinrichtung erfolgt von einem besonderen Elektromotor, der im Zuge der Steuerung seine Einschaltung bekommt.

Der Spindelvorschub erfolgt hydraulisch über Arbeitszylinder von der außenliegenden Hydraulik aus, der Spindelantrieb über Kette von einem besonderen Spindelantriebsmotor.

6 Werkzeuge und Sondereinrichtungen

6.1 Einfluß der Werkzeuggestaltung auf Stückzeit und Leistung

Die Möglichkeit der vollen Ausnutzung eines Mehrspindelautomaten ist weitgehend eine Frage der günstigen Werkzeugschaltung. Es genügt nicht, daß die Bearbeitung eines Werkstückes überhaupt möglich ist. Die Werkzeuge und Bearbeitungseinrichtungen müssen vielmehr so gestaltet sein, daß alle Eigenschaften einer Maschine, wie beispielsweise hohe Spindeldrehzahlen, auch wirklich ausgenutzt werden können. Die einzelnen Werkzeuge müssen dabei so bemessen und aufeinander abgestimmt sein, daß sie eine annähernd gleiche Standzeit haben. Durch diese Forderung kann es notwendig werden, am Umfang eines Werkstückes schneidende Werkzeuge mit Hartmetall zu bestücken, während die an der Nabe oder deren Bohrung schneidenden Werkzeuge aus Schnellstahl sind, da die geringere Schnittgeschwindigkeit an der Nabe auch bei Schnellstahlwerkzeugen eine ausreichende Standzeit ergibt.

Neben den Schneidwerkzeugen müssen auch deren Halter dem besonderen Verwendungszweck angepaßt sein, damit sie dem Schneidwerkzeug ausreichenden Halt und die erforderliche Schwingungsfestigkeit verleihen und durch ihre Gestaltung (Gegenführungen oder Lünetten!) ein Ausweichen unter dem Einfluß der Schnittkräfte verhindern.

Erst durch solche Werkzeuge ist es möglich, Höchstleistungen auf einem Mehrspindelautomaten zu erzielen. Zusammengefaßt ergeben sich folgende Forderungen:

1. durch richtige Werkzeuggestaltung wird die Ausnutzung der zur Verfügung stehenden Drehzahlen und Vorschübe ermöglicht und damit die Lauf- oder Hauptzeit und gleichzeitig die Stückzeit auf das geringste mögliche Maß verkürzt;

2. durch richtige Gestaltung der Werkzeughalter in Verbindung mit geeigneten Werkstoffen und Schnittwinkeln für die Werkzeuge wird

deren Standzeit so, daß notwendige Instandsetzungsarbeiten, wie Nachschleifen, die Stückleistung der Maschine nur gering beeinträchtigen;

3. durch richtiges Abstimmen der einzelnen Werkzeuge und deren Leistungen aufeinander wird die Lebensdauer gleichmäßig, so daß infolge gleichzeitiger Abstumpfung aller Werkzeuge eine gleichzeitige Instandsetzung möglich ist. So kann ein doch erforderlicher Stillstand der Maschine auch voll ausgenutzt werden. Die erreichte Verringerung der Zahl der Stillstände wirkt sich auch günstig auf die Stückleistung der Maschine aus.

Viele der auf Mehrspindelautomaten verwendeten Werkzeuge und Werkzeughalter unterscheiden sich überhaupt nicht von solchen für Revolverdrehbänke, Einspindelautomaten oder Vielstahlbänke. Sie sollen deshalb an dieser Stelle nicht weiter behandelt werden, da Aufbau und Benutzung als bekannt vorausgesetzt werden können. Es genügt, mit zwei Worten auf die Anwendungsmöglichkeit hinzuweisen. Eine eingehende Betrachtung finden nur solche Werkzeuge, die besonders für Mehrspindelautomaten entwickelt wurden, die vorwiegend auf diesen verwendet werden, oder deren Gestaltungsgrundsätze nicht als ausreichend bekannt vorauszusetzen sind, obwohl sie durch die Anwendung bei anderen Werkzeugmaschinen bekannt sein müßten. Letzteres gilt besonders für die Formscheibenstähle, die zwar sehr häufig angewendet werden, und die man vielfach sogar auf Drehbänken findet, deren Berechnung und Winkelgestaltung aber selten so zusammenfassend behandelt wurde, daß der einwandfreie Entwurf für jeden Betriebsingenieur möglich ist.

Ein besonderer Raum muß den Gewindeschneidmöglichkeiten auf Mehrspindelautomaten gegeben werden. Einmal wird durch diese Einrichtungen der Arbeitsbereich ganz wesentlich vergrößert, wenn betriebssichere Gewindeschneideinrichtungen in der kurzen zur Verfügung stehenden Zeit die Arbeiten ausführen. Denn bei den meisten Werkstücken liegt die Stückzeit und damit die Maschinenleistung durch die Unterteilung der Drehbearbeitung mit einer sehr kurzen Zeit fest und darf nicht durch das Gewindeschneiden verlängert werden. Hinzu kommt, daß Gewindeschneiden vielfach erst an der letzten Spindelstellung möglich ist, da dann das Werkstück erst ausreichend weit gedreht ist. An der letzten Spindelstellung muß der Schneidvorgang aber so früh beendet sein, daß das Werkstück noch genügend Verbindung mit der Materialstange hat, von der es abgestochen wird. Schon diese wenigen Ausführungen zeigen die Wichtigkeit einer eingehenden Behandlung dieser Einrichtungen. Die Schwierigkeit im Aufbau der Gewindeschneideinrichtung liegt nun darin, daß die Werkstückspindeln mit stets gleichbleibender Drehgeschwindigkeit umlaufen und für das Gewindeschneiden nicht in Drehrichtung oder Drehgeschwindigkeit verändert werden können, wie dies bei Einspindelautomaten der Fall ist. Dadurch gewinnt auch die Frage der zulässigen Schnittgeschwindigkeit beim Gewindeschneiden besondere Bedeutung.

Zu der Gruppe der Werkzeuge gehören auch die Spanneinrichtungen für die Werkstücke, also die Spann- und Vorschubpatronen für die Stangenautomaten, die Spannzangen der Magazinautomaten und die verschiedenartigst gestalteten Aufsatzbacken zu den Spannfuttern der Halbautomaten. Die Frage der Spanneinrichtungen ist aber so umfangreich, daß auf die Fachliteratur über dieses Gebiet verwiesen werden muß. Denn die Gestaltung der Spanneinrichtungen ist in gleichem Maße von der Gestalt und Formfestigkeit wie von dem Werkstoff der Werkstücke abhängig, und es sind so außerordentlich viele Gesichtspunkte zu berücksichtigen, daß der Raum zur Behandlung hier nicht ausreicht. In der Praxis ist der Weg auch dahin gegangen, daß sich Spezialfirmen für Spanneinrichtungen entwickelt haben, so daß diese Teile vielfach nicht mehr von den Werkzeugmaschinenfabriken gefertigt werden, sondern von eben diesen Spezialfirmen, die infolge ihres begrenzten Arbeitsgebietes über ungleich höhere Erfahrungen verfügen.

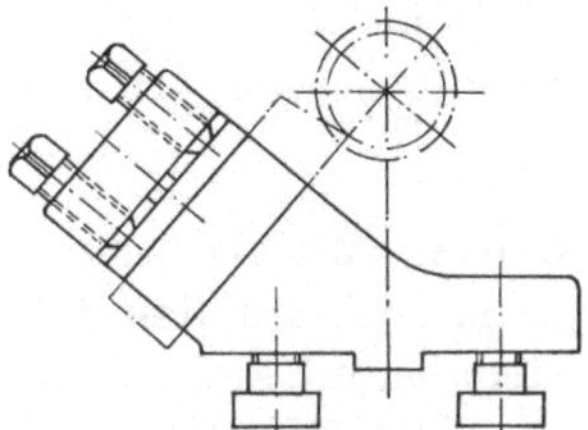

Abb. 346. Werkzeughalter für Langdreharbeit

6.2 Werkzeuge und Werkzeughalter

6.21 Drehwerkzeuge

Werkzeuge auf dem Längswerkzeugträger führen mit diesem eine Bewegung für die Längsbearbeitung von Werkstücken aus. Die Drehwerkzeuge werden dabei in Haltern befestigt, die unmittelbar auf die Spannflächen des Werkzeugträgers aufgeschraubt werden (Abb. 346 u. 347), oder sie haben einen zylindrischen Schaft und werden in der Bohrung eines aufgeschraubten Halters (Abb. 348) aufgenommen.

Zum Überdrehen dienen Langdrehstähle. Sie kommen in den verschiedensten Formen und Anordnungen vor. Grundsätzlich zu unterscheiden ist der Radialstahl und der Tangentialstahl. Abb. 349 zeigt einen Radialstahl, der mit üblichen Schnittwinkeln ausgestattet werden kann (Abb. 350). Diese Werkzeugform kann zum Langdrehen oder Einstechen und zum Kantenbrechen verwendet werden.

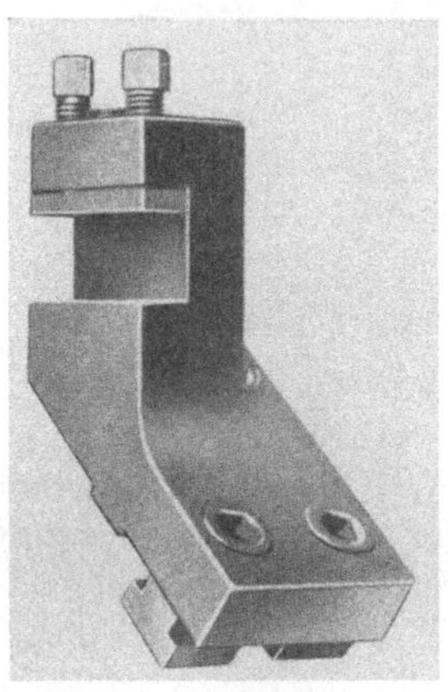

Abb. 347. Werkzeughalter für Langdreharbeit

Der Tangentialstahl wird so an dem Werkstück angesetzt, daß seine Stirnfläche Spanfläche ist (Abb. 351). Die Anwendung dieser Tangentialstähle hat den Vorteil, daß das Nachschleifen lediglich an der oberen Stirnfläche sehr einfach ist. Auch bieten sie mehr Widerstand gegen starke Schnittdrücke, da der Stahlquerschnitt nicht auf Biegung beansprucht wird. Es werden deshalb auf Mehrspindelautomaten sehr häufig Tangentialstähle zur Anwendung gebracht.

Abb. 348. Aufnahme für Werkzeughalter mit zylindrischem Schaft

Bei schweren Schnitten ist eine Abstützung der Werkstücke gegen den Schnittdruck fast immer notwendig, damit sie nicht ausweichen können. Man verwendet hierfür Rollengegenhalter, die entweder allein (Abb. 352) auf den Längswerkzeugträger aufgeschraubt sein können oder aber mit einem oder mehreren Drehstählen zusammen (Abb. 353) als komplette Werkzeuggruppe benutzt werden.

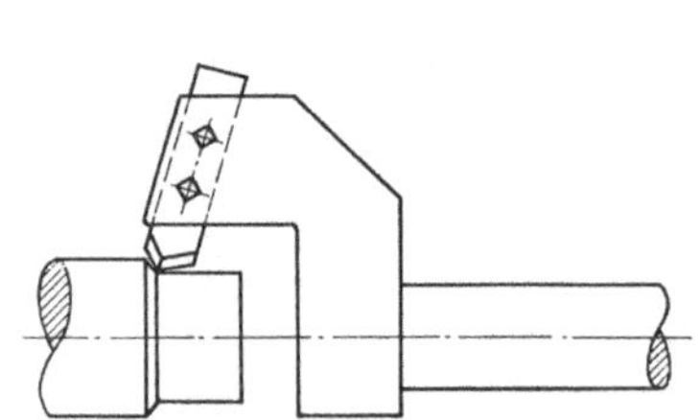

Abb. 349. Langdrehstahlhalter mit Radialstahl und zylindrischem Schaft

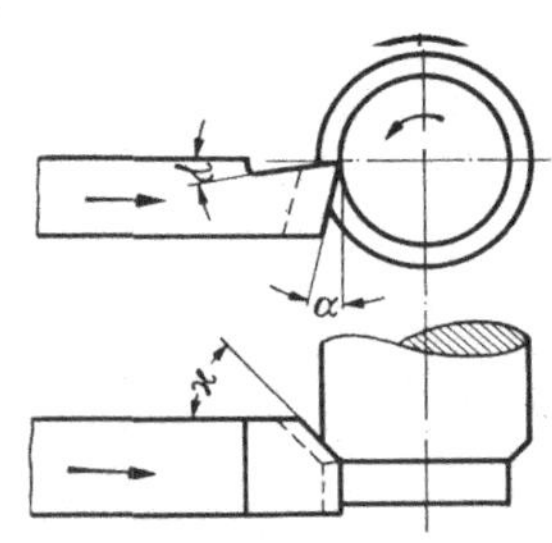

Abb. 350. Radialstahl. Wirkungsweise und Winkel. α Freiwinkel, γ Spanwinkel, $\varkappa$ Einstellwinkel

In den Werkzeughaltern auf dem Längswerkzeugträger werden auch Bohrwerkzeuge, besonders Spiralbohrer, aufgenommen, zu deren Befestigung Bohrerhalter benutzt werden, die außen zylindrischen Schaft haben und je nach Bedarf für Bohrer mit zylindrischem Schaft oder mit Morsekegelschaft geformt sind (Abb. 354). Die darin verwendeten Bohrwerkzeuge können normale Spiralbohrer sein. Vielfach muß mit Rücksicht auf die Einstellung aber auf Spezialbohrer, beispielsweise abgesetzte Bohrer, zurückgegriffen werden.

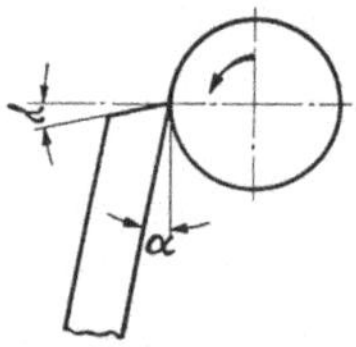

Abb. 351. Tangentialstahl. Wirkungsweise und Winkel α Freiwinkel, γ Spanwinkel

Fein einstellbare Ausdrehköpfe werden zum Ausbohren oder Ausdrehen von Paßbohrungen eingesetzt (Abb. 355). Eine Feineinstellschraube ermöglicht genaue Einstellung des Schneidwerkzeuges. Der Ausdrehkopf selbst kann zylindrischen Schaft oder Morsekegel erhalten.

Für Reibahlen und andere Werkzeuge kann es zweckmäßig sein, Bohrerhalter pendelnd auszuführen, so daß die Reibahle dem gebohrten Loch ohne Zwang folgen kann. Das kann bei Mehrspindelautomaten deshalb von besonderer Bedeutung werden, weil Bohrer und Reibahle an verschiedenen Spindelstellungen arbeiten und geringe Differenzen in den Achslagen unvermeidlich sind, die der Pendelhalter dann überbrückt.

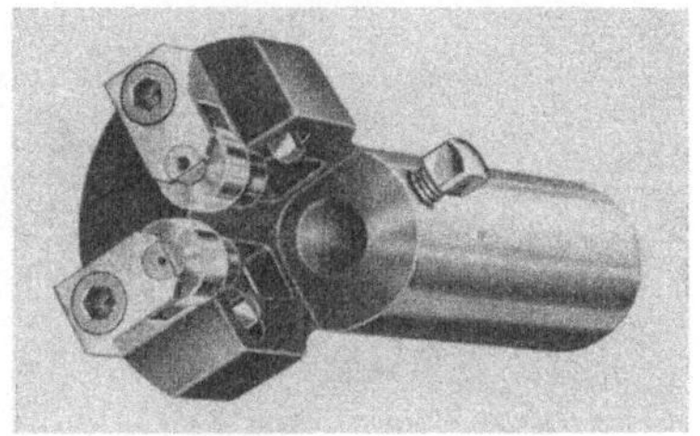

Abb. 352. Rollengegenhalter

Die zweite Hauptgruppe der Drehwerkzeuge stellen die mit den radial wirkenden Querschlitten zum Schnitt kommenden Werkzeuge dar. Hier sind Stahlhalter verschiedenster Formen notwendig, die auf die Querschlitten aufgesetzt werden und die Drehstähle für die Einstichbewegung führen. Es sind zunächst die breiteren Drehmeißelhalter (Abb. 356) oder schmalen Abstechstahlhalter zu nennen. Bei Drehmeißelhaltern kann die Höhenverstellung des Schneidwerkzeuges durch die Keilleiste, eine radiale Zustellung durch die Stellschraube vorgenommen werden. Das Werkzeug selbst ist stabil und breit genug, um im Halter unmittelbar gespannt zu werden. Anders liegen die Verhältnisse beim Abstechstahl. Dieser muß so schmal wie möglich gehalten werden, um geringsten Werkstoffverbrauch

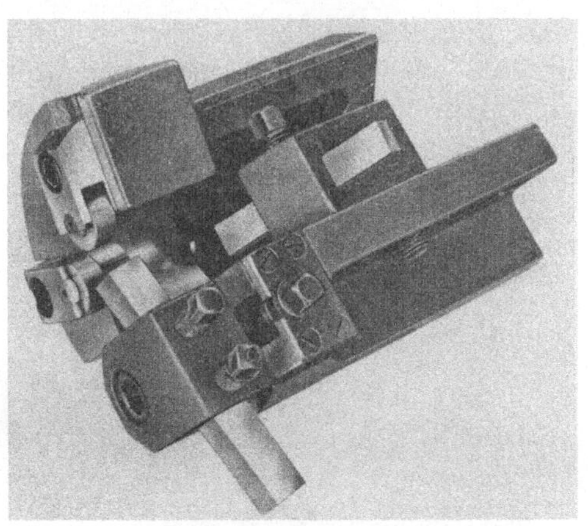

Abb. 353. Rollengegenhalter mit Drehstählen

beim Abstechen eines Werkstückes von der Werkstoffstange zu haben. Dieser schmale Abstechstahl muß daher zunächst in einem Klemmstück gefaßt und mit diesem zusammen im Abstechstahlhalter eingespannt werden (Abb. 357). Für die Höheneinstellung genügt die vorne erkennbare Schraube, die von unten gegen das Klemmstück drückt.

Diese Halter sind normalerweise so gebaut, daß sie in ihrer Höhe den Abstand von der Spannfläche bis zur Spindelmitte überbrücken. Bei höheren Spindelzahlen der Mehrspindelautomaten haben aber nicht alle Drehspindeln eigene Querschlitten, wie früher schon dargelegt wurde. In solchen Fällen kann es zweckmäßig sein, den Abstand von

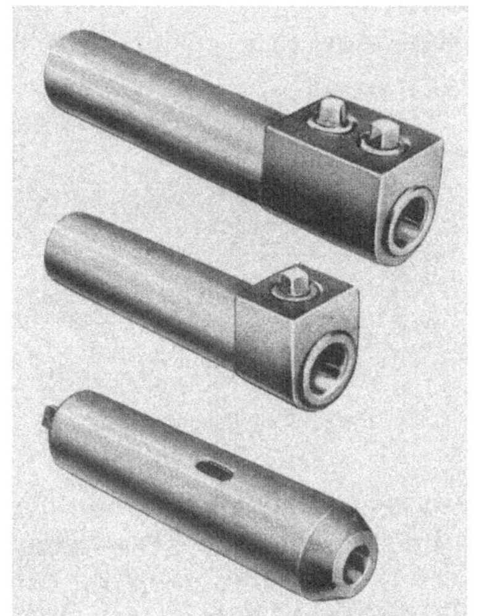

Abb. 354. Bohrerhalter mit zylindrischem Schaft

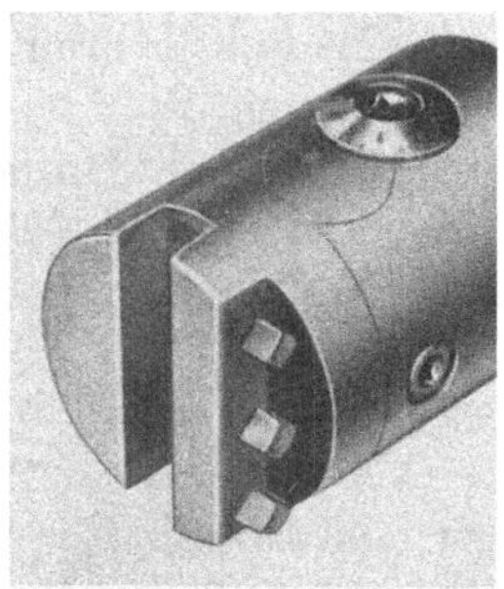

Abb. 355. Ausdrehkkopf mit Feineinstellung für den Drehstahl

einer Spindelmitte bis zur nächsten durch ein Zwischenstück zu überbrücken, wie es Abb. 358 erkennen läßt.

Gerade auf Querschlitten mit reiner Einstecharbeit können breite Einstechwerkzeuge wichtig sein. Sind sie aus mehreren Einzelwerk-

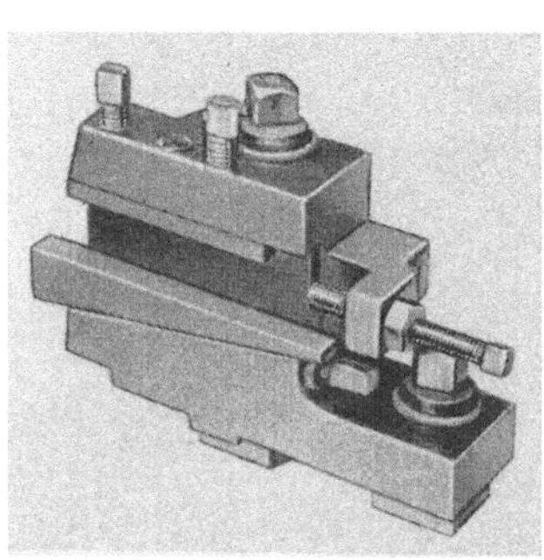

Abb. 356. Einstichstahlhalter

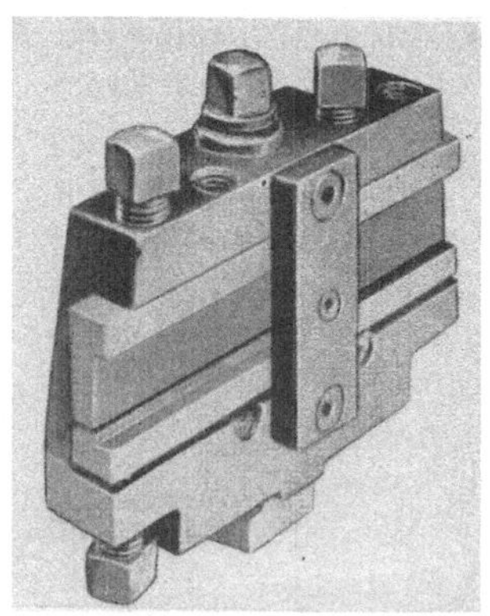

Abb. 357. Abstechstahlhalter

zeugen zusammengesetzt, so können Paketstahlhalter (Abb. 359) verwendet werden. In dem Paket werden die einzelnen Drehmeißel durch genau bemessene Zwischenstücke auf Abstand gehalten. Man kann das

Paket in sich geschlossen ausführen,
so daß ein zweites Paket außerhalb
der Maschine bereitgehalten werden
kann, um nach Abstumpfung ausgewechselt zu werden.

Tangentialstähle (Abb. 360) können sehr breit gehalten und leicht
der Form eines Werkstückprofils
angepaßt werden. Dadurch lassen
sich schwierige Werkstückformen
genau herausarbeiten. Theoretisch
könnte man das mit jedem Einstechstahl tun, die Instandhaltung
eines Radialprofilstahles wäre aber
so schwierig, daß dafür nur der
Tangentialstahl oder der Rundformstahl benutzt wird.

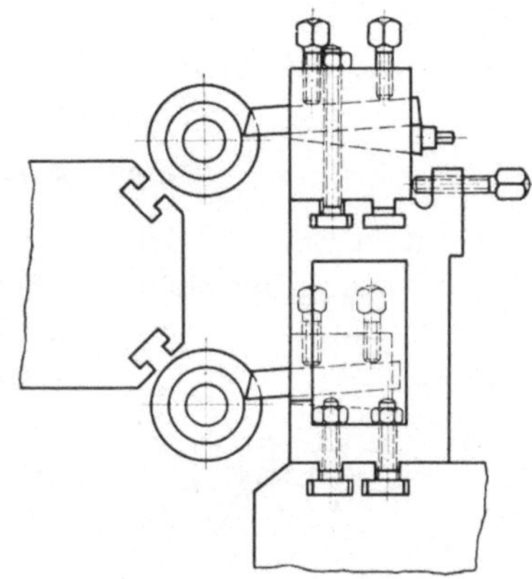

Abb. 358. Aufbaustahlhalter. Halter zur
gleichzeitigen Bearbeitung zweier Spindeln
von einem Querschlitten aus

Die Herstellung eines solchen Tangentialstahles (Abb. 360) durch
Hobeln und Schleifen an der Freifläche ist verhältnismäßig einfach und

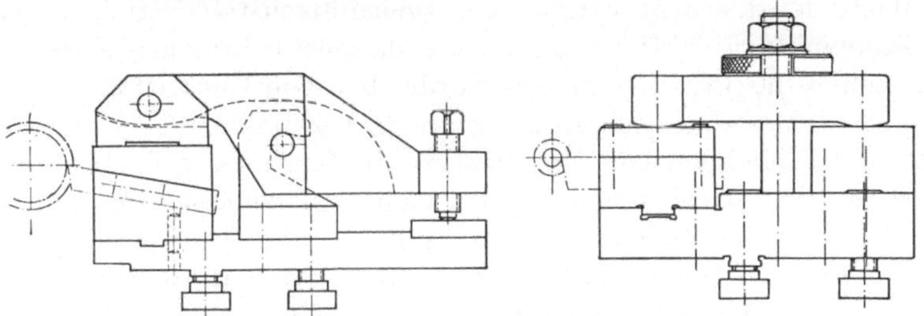

Abb. 359. Paketstahlhalter

wird für nicht zu komplizierte Werkstückformen durchgeführt. Als
Halter dient ein Tangential-Formstahlhalter (Abb. 361), in dem sich

der Tangentialstahl auf Höhe
einstellen läßt, wenn er an
seiner Stirnfläche nachge-
schliffen wurde.

Abb. 360. Tangentialstahl

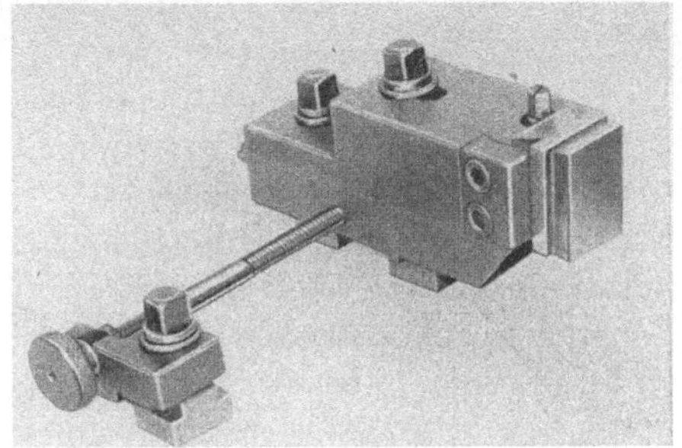

Abb. 361. Tangentialstahlhalter mit Stahl

Für sehr formgenaue Werkstücke werden Formscheibenstähle verwendet, die als um die Achse gewickelte Tangentialstähle anzusehen sind.

6.22 Formscheibenstähle

Bei dem Entwurf derartiger Formscheibenstähle (Abb. 362) ist auf die Einhaltung der richtigen Schnittwinkel besonderes Augenmerk zu

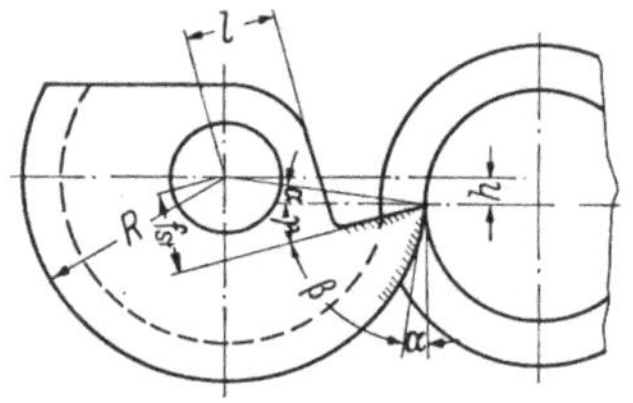

Abb. 362. Formscheibenstahl. Stahlwinkel, Stellung zum Werkstück und Stellung der Schneidkante

richten. Hierdurch ergibt sich nämlich, daß das Profil des Formscheibenstahles von dem Profil des Werkstückes abweicht, und zwar wird das Stahlprofil flacher als das Werkstückprofil. Diese Profilverzerrung muß bestimmt und bei der Herstellung berücksichtigt werden. Dabei ist aber zu beachten, daß ein für einen bestimmten Span- und Freiwinkel berechneter Formscheibenstahl bei anderen Winkeln nicht mehr genau das verlangte Profil liefert, er muß also stets mit den Winkeln verwendet werden, für die er berechnet wurde.

Weiter ist zu beachten, daß nicht wie bei Flachstählen an jede Fläche ein Freiwinkel geschliffen werden kann, da sonst bei einem Nachschleifen des Stahles das Profil verändert würde. Bei dem Entwurf eines Formscheibenstahles sind deshalb 2 Punkte zu beachten:

1. die Freiwinkel von Drehflächen, die fast oder vollständig senkrecht zur Drehachse stehen, werden kleiner als zulässig oder gar Null.

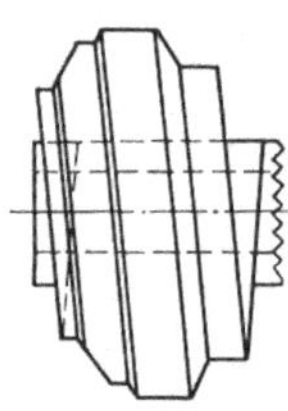

Abb. 363. Axial hinterdrehter Formscheibenstahl

In solchen Fällen müssen die Formscheibenstähle axial hinterdreht (Abb. 363) werden, wobei aber die Freiwinkel auf der der axialen Hinterdrehung entgegengesetzten Stahlseite kleiner als vorher werden;

2. das Profil der Formscheibenstähle wird infolge der Frei- und Spanwinkel gegenüber dem Werkstück verändert. Das verzerrte Profil muß bestimmt und bei der Herstellung berücksichtigt werden. Bei späterem Nachschleifen ist stets der der Berechnung zugrunde gelegte Span- und Freiwinkel einzuhalten, damit das von dem Stahl erzeugte Profil genau wird.

Zusammenhang zwischen Frei- und Einstellwinkel. Ein Schneidwerkzeug muß an allen schneidenden Kanten einen Freiwinkel α haben, um an dem Werkstück saubere Flächen drehen zu können. Bei einem Formscheibenstahl ist der Freiwinkel der Winkel zwischen der Tangente an den Formscheibenstahl und an das Werkstück im Berührungspunkt beider (Abb. 362). Dieser Freiwinkel α wird dadurch erzielt, daß die Mitte des Formscheibenstahles um einen Betrag h höher als die Werkstückachse gelegt wird. Es wird dann der Freiwinkel an einer parallel zur Drehachse verlaufenden Kante des Schneidstahles seinen Größtwert $\max\alpha$ haben, der in der Praxis zwischen $6°$ und $9°$ schwankt.

$$\sin(\max\alpha) = \frac{h}{R},$$

wenn R der Radius des Formscheibenstahles ist. Tab. 31 gibt Zahlenwerte für diese Zusammenhänge.

Bei jeder gegen die Drehachse um den Einstellwinkel $\varkappa$ geneigten Schneidkante verringert sich der Freiwinkel von $(\max\alpha)$ auf α. Es wird

$$\sin\alpha = \frac{h\cos\varkappa}{R}.$$

Wird nun ein kleinster Freiwinkel von etwa $\frac{1}{2}°$ zugelassen, so ergibt sich daraus der größte zulässige Einstellwinkel $\max\varkappa$, der nach vorstehender Formel errechnet werden kann.

Tabelle 31. *Zusammenhang zwischen Formscheibenstahl-Durchmesser, Freiwinkel und Stahlüberhöhung*

Formscheiben-stahl-durchmesser D	Stahlüberhöhung h für einen Freiwinkel α			
	$6°$	$7°$	$8°$	$9°$
50	2,6	3,0	3,5	3,9
60	3,1	3,7	4,2	4,7
70	3,7	4,3	4,9	5,5
80	4,2	4,9	5,6	6,3
90	4,7	5,5	6,3	7,0
100	5,2	6,1	7,0	7,8

Muß mit einem Formscheibenstahl eine Fläche senkrecht zur Drehachse oder eine Fläche, deren Freiwinkel kleiner als $\frac{1}{2}°$ würde, bearbeitet werden, so kann ein Formscheibenstahl mit axialer Hinterdrehung benutzt werden, da hierdurch der Freiwinkel vergrößert wird. Da die Hinterdrehung für alle Stahldurchmesser gleich groß ist, weil sie von einer Hinterdrehkurve abgeleitet wird, so nimmt der seitliche Freiwinkel α_h durch die Hinterdrehung bei kleiner werdendem Formscheibendurchmesser zu. Bei einer Hinterdrehkurve von b_h mm Höhe wird der Freiwinkel α_h an einer Fläche senkrecht zur Drehachse

$$\operatorname{tg}\alpha_h = \frac{b_h}{2\,R\,\pi}.$$

Steht die Fläche dagegen unter dem Einstellwinkel $\varkappa$ gegen die Drehachse geneigt, so ändert sich der Freiwinkel ebenso wie an der der axialen Hinterdrehung entgegengesetzten Stahlseite. Es kann deshalb mit einem hinterdrehten Formscheibenstahl eine Fläche an der entgegengesetzten Seite nicht immer gedreht werden, da der Freiwinkel durch die Hinterdrehung kleiner wird und schon früher die Grenze von $\frac{1}{2}°$ unterschreitet als bei einem nicht hinterdrehten Stahl. Der aus Stahlüberhöhung und Hinterdrehung resultierende Freiwinkel α_g wird

$$\sin\alpha_g = \left[\frac{h}{R} \pm \frac{b_h\operatorname{tg}\varkappa}{2\,R\,\pi}\right]\cos\varkappa.$$

Dabei gilt das Zeichen $+$ für die axial hinterdrehte Stahlseite, das Zeichen $-$ für die entgegengesetzte Seite. Der Freiwinkel α_g hat bei dem Vorzeichen $+$ stets einen Wert größer als $0°$, auf der anderen Seite nur, solange

$$\frac{h}{R} > \frac{b_h \, \mathrm{tg}\, \varkappa}{2\,R\,\pi}$$

wird. Ein Beispiel soll diese Rechnungen verdeutlichen.

Ein an der linken Seite axial hinterdrehter Formscheibenstahl (Abb. 363) hat folgende Maße:

$$\text{Größter Scheibenradius } R = 40 \text{ mm,}$$

$$\text{Stahlüberhöhung } \quad h = 5{,}6 \text{ mm,}$$

$$\text{Axiale Hinterdrehung } \quad b_h = 12{,}5 \text{ mm.}$$

An einer senkrecht schneidenden Fläche der linken Stahlseite ist bei diesen Maßen ein Freiwinkel von $3°$ vorhanden, der mit abnehmendem Einstellwinkel steigt. Auf der rechten Stahlseite fällt der Freiwinkel mit zunehmendem Einstellwinkel schnell ab und erreicht bei $\varkappa = 65°$ die Grenze von $\alpha_g = \frac{1}{2}°$. Den Verlauf des Freiwinkels zeigt Abb. 364, wobei vergleichsweise die (gestrichelte) Kurve des Freiwinkels für den nicht hinterdrehten Stahl eingetragen ist.

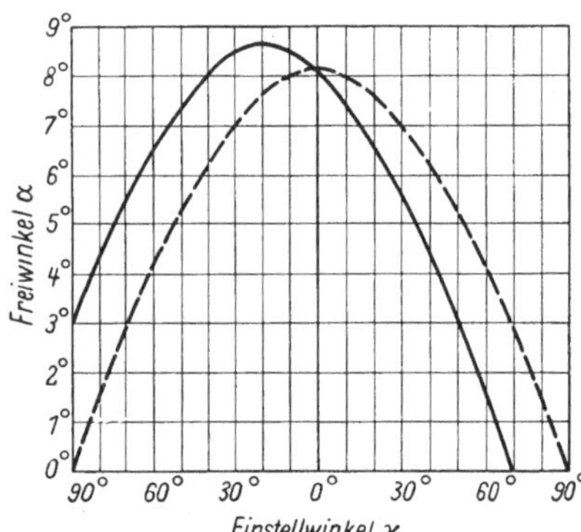

Abb. 364. Zusammenhang zwischen Freiwinkel und Einstellwinkel
—— Axial hinterdrehter Stahl
-------- Gerader Formscheibenstahl

Mit dem dargestellten axial hinterdrehten Formscheibenstahl ist die Zahl der Anwendungsmöglichkeiten keineswegs erschöpft, und es gibt noch andere Wege, um eine senkrechte Fläche schneiden zu können. So kann etwa die Formscheibenstahlachse gegen die Werkstückachse in der vertikalen oder der horizontalen Ebene geneigt werden, wodurch günstige Freiwinkel entstehen. Gleichzeitig haben diese Stahlstellungen aber auch einen Einfluß auf die Profilform, deren Verzerrung recht schwierig wird. Infolge der Herstellungsschwierigkeiten für solche Stähle ist deren Bedeutung für Mehrspindelautomaten gering. Auch sind genügend Unterlagen über die Gestaltung bekannt[1].

Der Spanwinkel. Der Spanwinkel γ ergibt sich bei einem Formscheibenstahl aus dem Anschliff (Abb. 362), d. h. aus dem senkrechten

---

[1] KARPINSKI, Formscheibenstähle. Werkstattstechnik 19. Jg. Heft 19.

Abstand f_{st} der Spanablauffläche von der Rundstahlmitte. Es wird

$$f_{st} = R \sin(\alpha + \gamma).$$

Tab. 32 zeigt Zahlenwerte für diesen Zusammenhang.

Tabelle 32. Schleifmaß f_{st} von Formscheibenstählen für verschiedene Scheibendurchmesser, Freiwinkel und Spanwinkel

Formscheibenstahl-durchmesser	Schleifmaß f_{st} beim Spanwinkel γ					
	12°		16°		20°	
	und einem Freiwinkel α					
D	6°	8°	6°	8°	6°	8°
50	7,7	8,6	9,4	10,2	11,0	11,7
60	9,3	10,2	11,2	12,2	13,1	14,0
70	10,8	12,0	13,1	14,2	15,3	16,4
80	12,4	13,7	15,0	16,3	17,5	18,8
90	14,0	15,4	16,9	18,3	19,7	21,1
100	15,5	17,0	18,7	20,4	21,9	23,5

Profilverzerrung. Freiwinkel und Spanwinkel haben zur Folge, daß der Formscheibenstahl ein anderes Profil haben muß als das Werkstück, welches mit dem Stahl gedreht wird. Denn die Schneidfläche des Formscheibenstahles verläuft nicht radial zum Werkstück, sondern schneidet dieses schräg an. Abb. 365 zeigt die Anordnung von Formscheibenstahl und Werkstück und die dadurch bedingte Profilverkürzung an dem Werkzeug, die aus der kleineren Länge der Strecke g gegenüber i

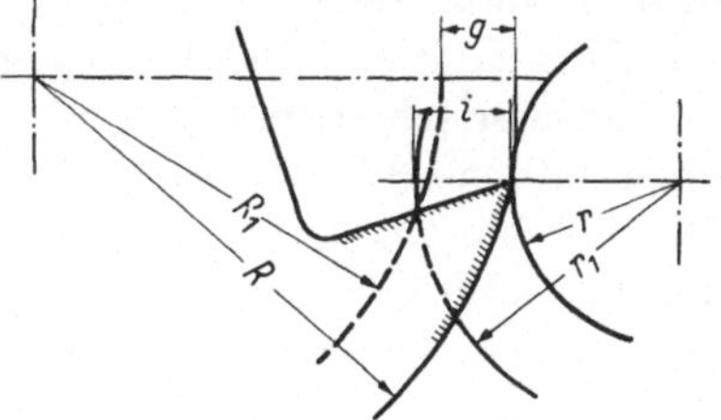

Abb. 365. Entstehung der Profilverzerrung eines Formscheibenstahles

ersichtlich ist. Die Durchmesserunterschiede am Formscheibenstahl werden also geringer als an dem Werkstück. Für die Ermittlung der Profilverzerrung gibt es 3 Wege:

1. Zeichnerische Ermittlung,
2. Rechnerische Ermittlung,
3. Ermittlung mit Apparat.

Zeichnerische Ermittlung. Man zeichnet mit einer von der verlangten Genauigkeit abhängigen Vergrößerung — praktisch 1 : 10 — das Werkstück in 2 Ansichten (Abb. 366) und zu dessen Seitenansicht auch den Mittelpunkt des Formscheibenstahles, der durch seinen größten Durchmesser und die Winkel festliegt. In der Seitenansicht erscheinen alle Werkstückdurchmesser als Kreise. An dem innersten Kreis wird der

Angriffspunkt des Werkzeuges eingetragen, und von diesem aus die Schneidfläche als Gerade gezogen. Die Schnittpunkte der einzelnen Kreise bzw. Werkstückdurchmesser mit der die Schneidfläche darstellenden Geraden sind bereits Punkte des Formscheibenstahles, die mit dem Stahlmittelpunkt verbunden die Werkzeugradien zur Herstellung des betreffenden Werkstückdurchmessers sind. Mit diesen Radien werden Kreise um den Werkzeugmittelpunkt gezogen, deren Schnitt mit einer Hauptebene des Formscheibenstahles dessen Profil ergeben. Dieses kann nun seitlich herausgezeichnet werden, da die Durchmesser bekannt sind

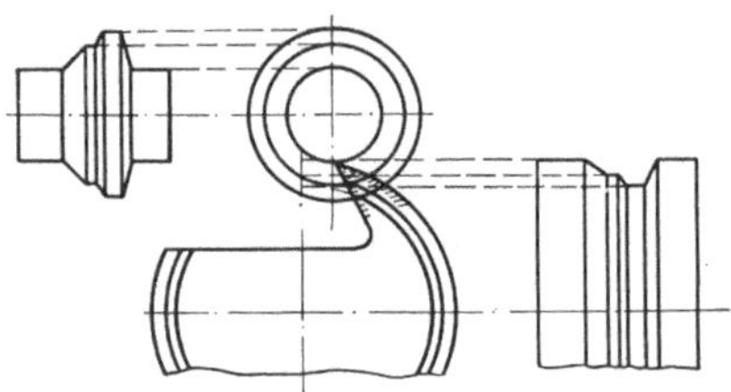

Abb. 366. Zeichnerische Ermittlung der Profilverzerrung eines Formscheibenstahles

und im Seitenabstand keine Verzerrung eintritt. Abb. 366 verdeutlicht diese Konstruktion. Das zeichnerische Verfahren ist außerordentlich einfach und gestattet schnellste Bestimmung einer Profilverzerrung. Es hat aber den Nachteil der bei Zeichnungen unvermeidlichen Ungenauigkeiten, die einmal in den Zeichnungsfehlern liegen, weiter aber auch in den Papierverzerrungen bei Lagerung, so daß schon wenige Tage nach Anfertigung der Zeichnung die Formscheibenmaße nicht mehr abgegriffen werden können.

Rechnerische Ermittlung. Die rechnerische Ermittlung ist bedeutend umständlicher, bietet dafür aber Gewähr für absolute Genauigkeit. Die Berechnung kann sowohl mit Hilfe der Trigonometrie wie auch durch analytische Geometrie erfolgen. Es wird nur die erstgenannte Methode beschrieben, da sie verständlicher und in der Handhabung sehr einfach ist.

Die Rechnung[1] wird an Hand der Abb. 367 erklärt. Es bedeutet:

R größter Radius des Formscheibenstahles,
r kleinerer, gesuchter Radius des Formscheibenstahles,
A größter Radius des Werkstückes,
a kleinerer Radius des Werkstückes,
h Stahlüberhöhung,
α Freiwinkel,
γ Spanwinkel,
O Mittelpunkt des Formscheibenstahles,
O_1 Mittelpunkt des Werkstückes.

Gesucht wird der Radius r, die anderen Werte sind gegeben. Geometrisch gesehen, muß die Strecke OB in dem Dreieck OBC bestimmt werden, von dem nur die Strecke $OC = R$ und der Winkel

---

[1] Diese Rechnung wurde m. W. erstmalig von Ingenieur GOTHE in den Schütte-Blättern veröffentlicht.

$OCB = (\alpha + \gamma)$ bekannt sind. Es muß also zunächst die Strecke BC errechnet werden, da dann die gesuchte Strecke durch den Kosinussatz zu finden ist.

Aus dem Sinussatz ergibt sich

$$\frac{A}{\sin\delta} = \frac{a}{\sin\psi},$$

$$\sin\psi = \frac{a\sin\delta}{A}.$$

Es ist aber auch

$$\sin\delta = \sin(180° - \gamma),$$

$$\varphi = 180° - (\psi + \delta).$$

Aus dem Dreieck O_1BC ergibt sich nun die Länge BC

$$BC = \frac{A\sin\varphi}{\sin\delta},$$

und damit wird endlich der gesuchte Radius r

$$r = \sqrt{R^2 + \overline{BC}^2 - 2R\,\overline{BC}\cos(\alpha + \gamma)}.$$

Die gestellte Aufgabe ist rechnerisch gelöst. Sind an einem Werkstück mehrere Durchmesser vorhanden, die bestimmt werden sollen, so ist für jeden einzelnen eine solche Rechnung durchzuführen, wenn das Formscheibenstahlprofil genau werden soll.

Ermittlung mit Apparat. Der Apparat zur Ermittlung der Profilverzerrung von Formscheibenstählen nach Prof. KARPINSKI (Abb. 368) geht von den wirklichen Verhältnissen aus, die in einer Vergrößerung von 1 : 10 durch Schienen und Schieber hergestellt werden. Man denke sich die waagerechte Achse des Werkstückes durch die Stange s dargestellt, die mit einer genauen Maßeinteilung versehen wird, die bei 1 beginnt, da dies der Werkstückmittelpunkt ist. Der Schieber 5 wird auf s auf den Abstand der Mitte des Formscheiben-

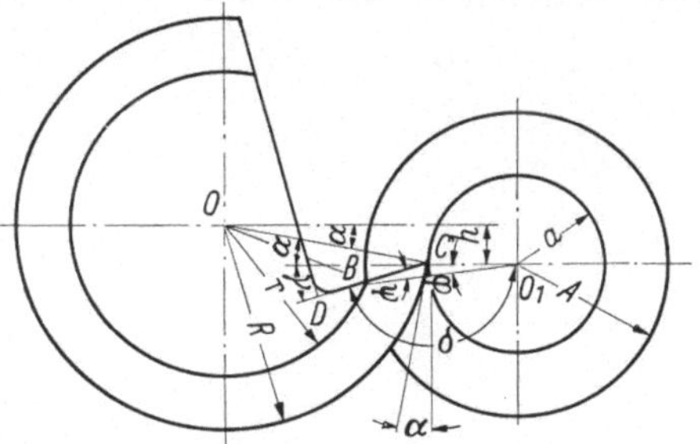

Abb. 367. Geometrische Verhältnisse zwischen Werkstück und Formscheibenstahl zur rechnerischen Ermittlung der Profilverzerrung

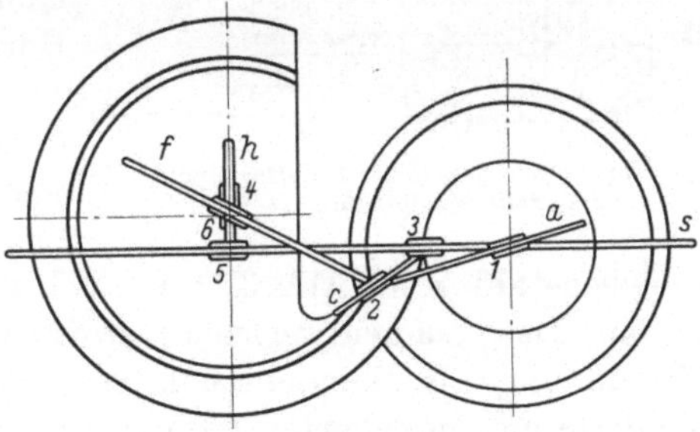

Abb. 368. Schematische Darstellung des Apparates zur schnellen Ermittlung eines Formscheibenstahles

stahles von dem Werkstück eingestellt. Schieber *4* wird nun auf der Stange *h*, die senkrecht zu *s* steht, bis zum Maß der Stahlüberhöhung verschoben, so daß Punkt *4* den Werkzeugmittelpunkt darstellt. Auf der Schiene *s* ist ein weiterer feststellbarer Schieber *3* angebracht, welcher die Stange *c* drehbar führt. Der Winkel zwischen *c* und *s* läßt sich genau einstellen und wird gleich dem Span-

Abb. 369. Rundformstahl

Abb. 370. Rundformstahlhalter

winkel γ gemacht. Stange *c* führt nun den Doppelschieber *2*, an welchem die Stangen *a* und *f* angelenkt sind, und zwar gleitet *a* im Schlitten *1* und *f* im Schlitten *6*, welcher drehbar mit *4* verbunden ist. Die Stangen *a* und *f* sind ebenfalls mit Millimetereinteilung versehen, deren gemeinsamer Nullpunkt *2* ist. Durch geeignete Bemessung und Maßeinteilung ist der Apparat nun so beschaffen, daß ich mit dem Schieber *3* auf *s* die verschiedenen Werkstückdurchmesser einstelle, und dann am Schieber *6* auf der Stange *f* die Werkzeugdurchmesser ablese. Die Ermittlung einer Profilverzerrung mit einem derartigen Apparat ist bei einiger Übung so einfach, daß er für jedes Büro zu empfehlen ist, das öfters derartige Aufgaben zu lösen hat.

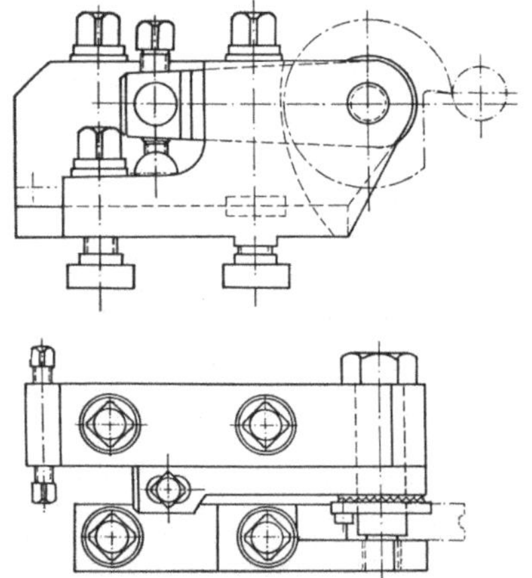

Abb. 371. Zeichnung eines Rundformstahlhalters mit Stahl

Zur Verdeutlichung der Werkzeuge, die hier behandelt wurden, zeigt Abb. 369 einen solchen Formscheibenstahl und Abb. 370 u. 371 den dazugehörenden Werkzeughalter. Das Schneidwerkzeug wird durch einen Bolzen gegen eine Verzahnung am Einstellstück gedrückt und auf diese Weise gegen Verdrehung gesichert. Zum Einstellen des Formscheibenstahles auf Werkstückmitte kann man die Zunge an der Zahnscheibe verstellen, wodurch die Zahnscheibe und bei gelöstem Bolzen auch das Schneidwerkzeug verdreht werden, wobei sich die Schneidkantenhöhe verändert. Da bei der Auslegung der Formscheibenstähle besondere Verzerrungen berücksichtigt wurden, ist die Mitteneinstellung besonders sorgfältig vorzunehmen.

Mit den bisherigen Ausführungen ist in großen Zügen ein Überblick über alle die Werkzeuge gegeben, die sich ohne zusätzliche Eigenbewegung lediglich mit den Werkzeugträgern gegenüber dem Werkstück bewegen. Meistens sind für Einstellungen aber auch Werkzeuge erforderlich, die Zusatzbewegungen ermöglichen.

6.3 Sondereinrichtungen zum Drehen

6.31 Langdrehschieber

Langdrehschieber werden zum Drehen zylindrischer oder ganz schwach kegeliger Werkstücke besonders hinter einem Bund vom Querschlitten aus verwendet. Der auf dem Querschlitten aufgebaute Langdrehschieber mit dem Drehstahl wird durch den Querschlitten radial

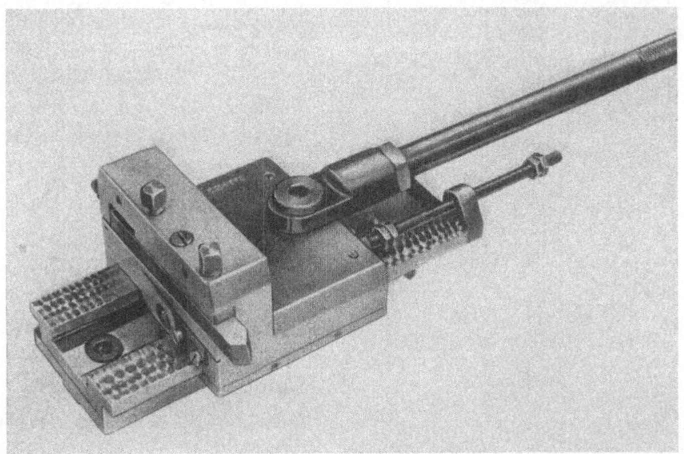

Abb. 372. Langdrehstahlhalter

an das Werkstück herangeführt, und kann so auch hinter einen Bund gelangen. Durch eine Druckstange wird der Oberschieber des Werkzeughalters (Abb. 372) vom Längswerkzeugträger aus bewegt. Sollen längere Wege erreicht werden als der Arbeitshub des Längswerkzeugträgers hergibt, so kann der Druckstangenangriff nicht unmittelbar am Oberschlitten, sondern über eine Hebeleinrichtung erfolgen (Abb. 373), die den Schieberweg oft auf die zweieinhalbfache Länge vergrößert. Man kann durch geeigneten Hebelansatzpunkt auch erreichen, daß die Schieberbewegung des Langdrehschiebers entgegengesetzte Richtung zum Längswerkzeugträger hat.

Die gleiche Kombination von zwei zueinander senkrecht stehenden Bewegungen kann auch für andere Wirkungen herangezogen werden, wie nachstehende Werkzeugbeispiele zeigen.

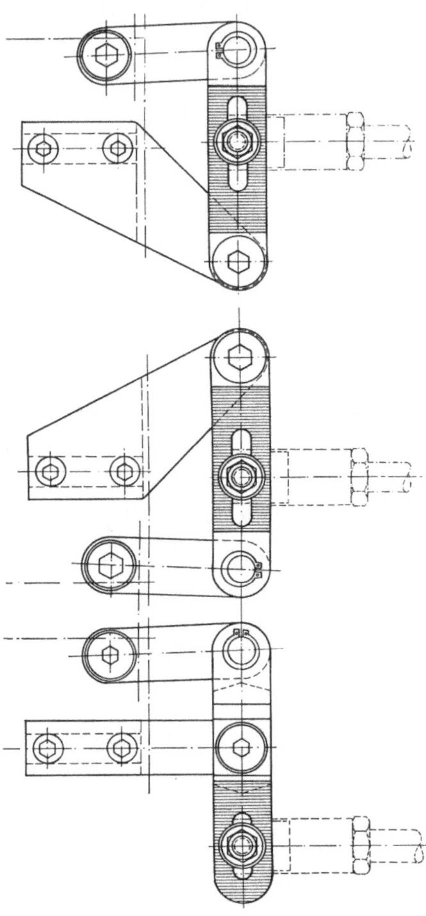

Abb. 373. Betätigung des Langdrehstahlhalters
Oben und Mitte: Langdrehschieber wird in gleicher Richtung wie Längswerkzeugträger bewegt; unten: Langdrehschieber wird entgegengesetzt zum Längswerkzeugträger bewegt

6.32 Einstech- und Plandrehschieber

Auch in Bohrungen kann das Ausdrehen hinter einer engeren Bohrungsöffnung notwendig werden. Das ist durch reine Längsbewegung nicht erreichbar, sondern das Werkzeug muß zunächst durch Längsbewegung in die Bohrung eingefahren und dann radial angestellt werden. Danach kann nach Bedarf eine weitere Längsbewegung notwendig sein. Derartige Inneneinstiche und Innenplanflächen können mit einem Einstech- und Plandrehschieber gedreht werden. Das Werkzeug (Abb. 374) ist auf dem Längswerkzeugträger aufgebaut, braucht aber dessen ganze Längsbewegung nicht mitzumachen, sondern kann über Anschläge vorher festgehalten werden. Der vordere, den Schneidstahl tragende Werkzeugteil ist als Querschieber ausgebildet. Dieser wird vom Seitenschlitten aus zusätzlich bewegt. Es ist also genaugenommen die Umkehrung des zuvor beschriebenen Langdrehschiebers.

Steht ein Querschlitten für die Steuerung der Radialbewegung des Querschiebers nicht zur Verfügung, so kann auch so vorgegangen werden, daß der Oberschieber des Werkzeuges auf dem keilförmigen Unterschieber gleitet. Zunächst machen beide die gleiche Bewegung, bis das Werkzeug in der Bohrung ist. Dann wird der Oberschieber festgehalten, während das keilförmige Unterteil mit dem Längswerkzeugträger die weitere Längsbewegung mitmacht. Dabei hebt es das festgehaltene

Abb. 374. Einstech- und Plandrehschieber

Oberteil, und das Werkzeug führt die verlangte Radialbewegung aus (Abb. 375).

Der Vollständigkeit halber seien noch einige weitere Sondereinrichtungen zum Drehen erwähnt.

Abb. 375. Einstech- und Plandrehschieber mit Keilfläche für Radialbewegung

6.33 Kugeldreheinrichtung

Zum Drehen von Kugelflächen wird eine Einrichtung auf den Querschlitten aufgebaut, bei der ein Oberschieber um einen Drehpunkt eine Schwenkbewegung ausführen kann. Dieser Oberschieber trägt das Drehwerkzeug und wird mit dem Querschlitten so weit radial vorgefahren, bis sein Drehpunkt in die Achsenrichtung der gewünschten Kugelform fällt. Die Drehbewegung kann auf verschiedene Art, beispielsweise durch

eine Zahnstange übertragen werden, die mit einem Ritzel am Oberschieber kämmt und von dem Längswerkzeugträger aus bewegt wird
(Abb. 376).

Durch Auswechseln des Drehwerkzeuges im Oberschieber gegen
Glattwalzrollen kann auch ein Glattwalzen (Prägepolieren) der Kugel-

Abb. 376. Kugeldreheinrichtung

fläche vorgenommen werden, oder beide Werkzeuge können gleichzeitig
aufgebaut hintereinander laufen, so daß die Kugel gedreht und anschließend glattgewalzt wird.

6.34   Exzenterdreheinrichtung

Exzenterdreheinrichtungen sind besonders wichtig bei zentrisch ge-
spannten und vorwiegend zentrisch gedrehten Werkstücken mit einer
exzentrischen Fläche bzw. einem exzentrischen Ansatz. Die Sonderein-

Abb. 377. Exzenterdreheinrichtung auf dem Längswerkzeugträger

richtung — sie kann auf dem Querschlitten ebenso untergebracht werden wie auf dem Längswerkzeugträger — besteht aus einem Kreuzschieber, dessen Oberschieber eine Zusatzbewegung so erteilt wird, daß das eingespannte Werkzeug die Exzenterform dreht. Dazu muß in der

Abb. 378. Exzenterdreheinrichtung auf dem Querschlitten

Sondereinrichtung ein Antrieb sein, der vom Antriebskasten abgeleitet sychron mit den Drehspindeln läuft. Da der Oberschieber auf eine Werkstückumdrehung eine volle Hin- und Herbewegung ausgeführt haben muß, deren Länge genau doppelt so groß wie die Exzentrizität ist, sollte die Einrichtung nicht bei zu hohen Spindeldrehzahlen zur Anwendung kommen. Die Abb. 377 und 378 zeigen die Einrichtung einmal auf dem Längswerkzeugträger, einmal auf dem Querschlitten und lassen den Synchronantrieb vom Antriebskasten her gut erkennen; siehe auch Abb. 402.

6.35 Mehrkantdreheinrichtung

Mehrkanteinrichtungen stellen eine Abart der Exzenterdreheinrichtung dar, wenn man einen Oberschieber eine Hin- und Herbewegung ausführen läßt. Der Unterschied liegt darin, daß die Hubbewegung wesentlich kleiner ist, dafür aber mehrfach auf eine Werkstückumdrehung ausgeführt werden muß.

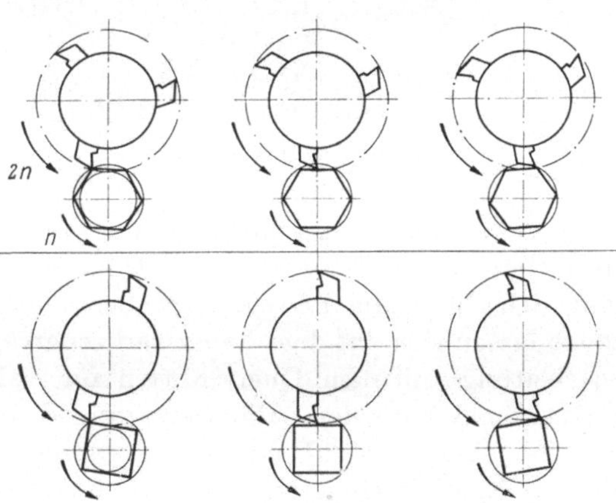

Abb. 379. Schema des Mehrkantdrehens

Es kann aber auch vom Querschlitten aus der andere Weg beschritten werden, daß man ein rotierendes Werkzeug mit halber Drehzahl des Werkstückes umlaufen läßt. Eine Schneide des Werkzeuges schlägt dann je zwei einander gegenüberliegende Flächen (Abb. 379), so daß beispielsweise ein Sechskant durch ein Werkzeug mit um 120° gegeneinander versetzten Schneiden gedreht werden kann. Die erzielten Sechskantflächen sind zwar nicht absolut gerade, aber der Fehler wird um so kleiner, je größer der Durchmesserunterschied von Werkzeug und Werkstück ist. Praktisch läßt sich der Ebenheitsfehler nicht feststellen.

6.36 Kegeldreheinrichtungen

Bei den bisher behandelten Werkzeugen war durchweg das Werkzeug von dem einen Werkzeugträger an die Arbeitsfläche herangeführt und vom anderen aus für den Arbeitsgang bewegt worden. Läßt man

Abb. 380. Kegeldreheinrichtung auf dem Längswerkzeugträger

beide Bewegungen zusammenkommen, so ergeben sich Kegellinien als Resultierende aus der Längs- und Querbewegung, und der Kegelwinkel läßt sich durch die Bewegungsgrößen regeln. Solche Kegeldrehwerkzeuge lassen sich auf dem Längswerkzeugträger vorwiegend für Innenbearbeitung, auf dem Querschlitten für Außenkegel und Kegel hinter einem Bund aufbauen. Die Bewegung des anderen Werkzeugträgers braucht nicht direkt übertragen zu werden, sondern kann durch Hebel ähnlich Abb. 373 eingestellt werden, so daß sich die gewünschte Kegelform genau regeln läßt, ohne die Werkzeugträgerwege ändern zu müssen. Eine Feinkorrektur ist auch durch eine geringfügige Schwenkung der Schieberführung auf dem Untergestell möglich, so daß ausreichende Feinfühligkeit gewährleistet ist. Abb. 380 zeigt eine solche Kegeldreheinrichtung für Innenkegel auf dem Längswerkzeugträger bzw. Abb. 381 auf dem Querschlitten.

Durch andere Kombinationen der Bewegungsgrößen lassen sich Kopierarbeiten, Innenausdrehen und zahlreiche Formen erreichen. Die Grundform solcher Werkzeuge ist nach vorstehenden Darlegungen verständlich.

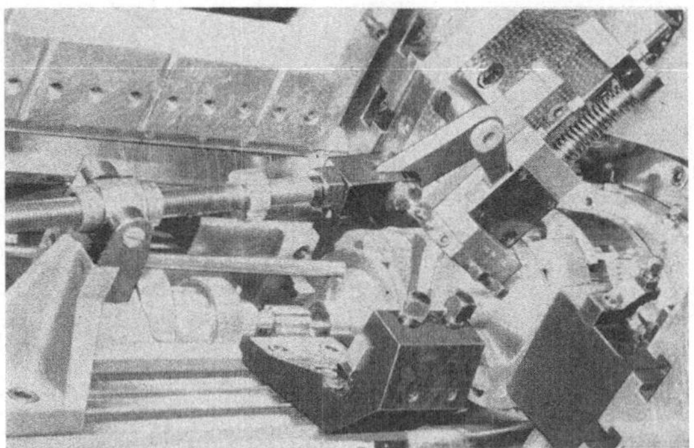

Abb. 381. Kegeldreheinrichtung auf dem Querschlitten

6.4 Einrichtungen zum Bohren und Reiben

Neben Bohrern in einfachen Haltern auf dem Längswerkzeugträger (s. Abschn. 6.21) werden auf Mehrspindelautomaten verschiedene Einrichtungen gebraucht, die aus den besonderen Arbeitsbedingungen dieser Maschinen folgen. So drehen sich beispielsweise alle Drehspindeln normalerweise gleich schnell, und die Schnittgeschwindigkeit wird auf einen mittleren Durchmesser abgestellt. Für kleine Bohrerdurchmesser ergibt das aber eine viel zu geringe Schnittgeschwindigkeit und mit normalem Vorschub einen viel zu großen Vorschub je Bohrerumdrehung. Umgekehrt kann für Reibarbeiten die Geschwindigkeit zu hoch sein. Ähnliche Schwierigkeiten können sich bei den Längswegen ergeben, besonders bei Maschinen mit festem Längswerkzeugträger (Abb. 195), bei denen alle Werkzeuge den gleichen Längsweg und die gleiche Vorschubgröße haben, sofern sie nicht eine Zusatzbewegung erhalten.

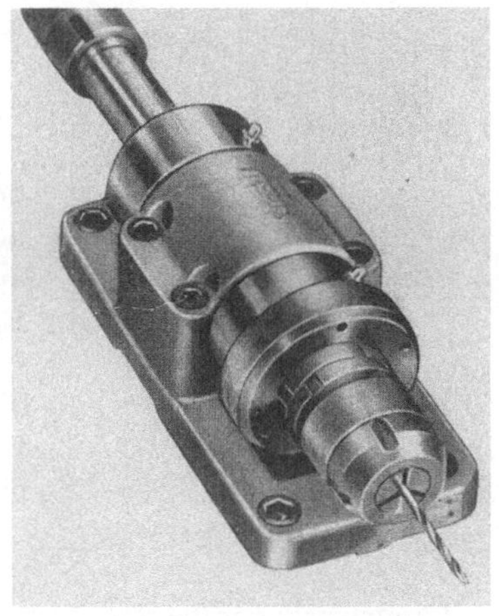

6.41 Schnellbohreinrichtung

Um auch bei kleinen Bohrerdurchmessern, bei denen die Werkstückdrehzahl eine zu geringe Schnittgeschwindigkeit am Spiralbohrer bei

Abb. 382. Schnellbohreinrichtung

gleichzeitig zu großem Vorschub je Umdrehung ergibt, mit angemessenen Werten bohren zu können, wird der Bohrer in einer Schnellbohreinrichtung aufgenommen. Diese besteht aus einer drehbar gelagerten Pinole, welche vom Antriebskasten eine der Werkstückdrehung entgegengerichtete Drehbewegung erhält, deren Größe sich nach Bohrerdurchmesser, Werkstückdrehzahl und zulässiger Schnittgeschwindigkeit richtet und im Antriebskasten mit Wechselrädern eingestellt werden kann (vgl. Abb. 174).

Bedeutet

d_b Bohrerdurchmesser,
d_w Werkstückdurchmesser,
n_1 Drehzahl des Werkstückes,
n_2 Drehzahl des Bohrers,

so wird unter der Annahme einer Bohrergeschwindigkeit von $\frac{2}{3}$ der Werkstückschnittgeschwindigkeit und einer Bohrerdrehrichtung entgegengesetzt der Werkstückdrehrichtung

$$d_b\,(n_1 + n_2) = \tfrac{2}{3}\,n_1\,d_w$$

$$n_2 = n_1\,\frac{2\,d_w - 3\,d_b}{3\,d_b}.$$

Die Schnellbohreinrichtung wird auf dem Längswerkzeugträger aufgespannt, wobei besonders genaue Übereinstimmung der beiden Drehmitten beachtet werden muß. Die Spiralbohrer werden bei kleinen Bohrern durch Spannzangen, bei größeren im Morsekegel aufgenommen. Abb. 382 und 383 zeigen eine solche Einrichtung. Dabei ist die Teleskopspindel deutlich zu erkennen, mit welcher die Drehbewegung während der Längsvorschubbewegung auf die Schnellbohrpinole übertragen wird.

Bei Werkstücken mit starker Unterteilung der Längswege, bei denen also die Längswerkzeugträger verhältnismäßig kurze Wege zurücklegen, kann es notwendig sein, daß der Bohrer einen längeren Weg als die

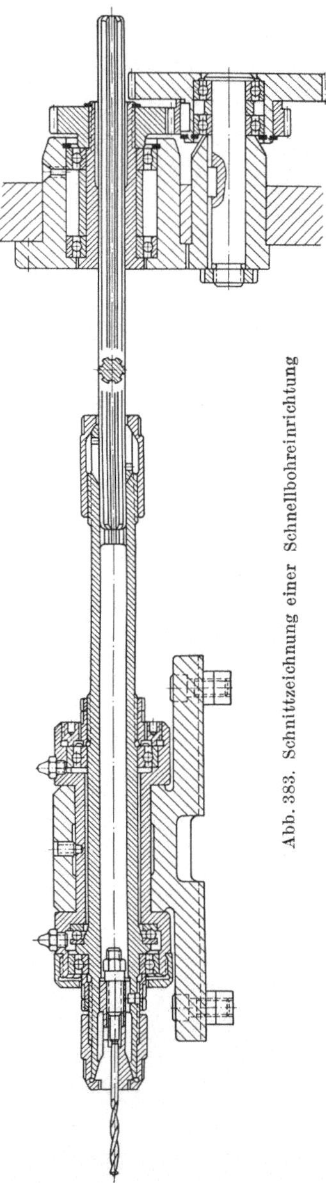

Abb. 383. Schnittzeichnung einer Schnellbohreinrichtung

anderen Werkzeuge ausführt. Um hierdurch keine längeren Arbeitszeiten zu erhalten, erteilt man dem betreffenden Bohrwerkzeug mit seiner Bohrpinole eine zusätzliche Längsbewegung, so daß also eine zu-

Abb. 384. Schnellbohreinrichtung mit besonderem Längsantrieb

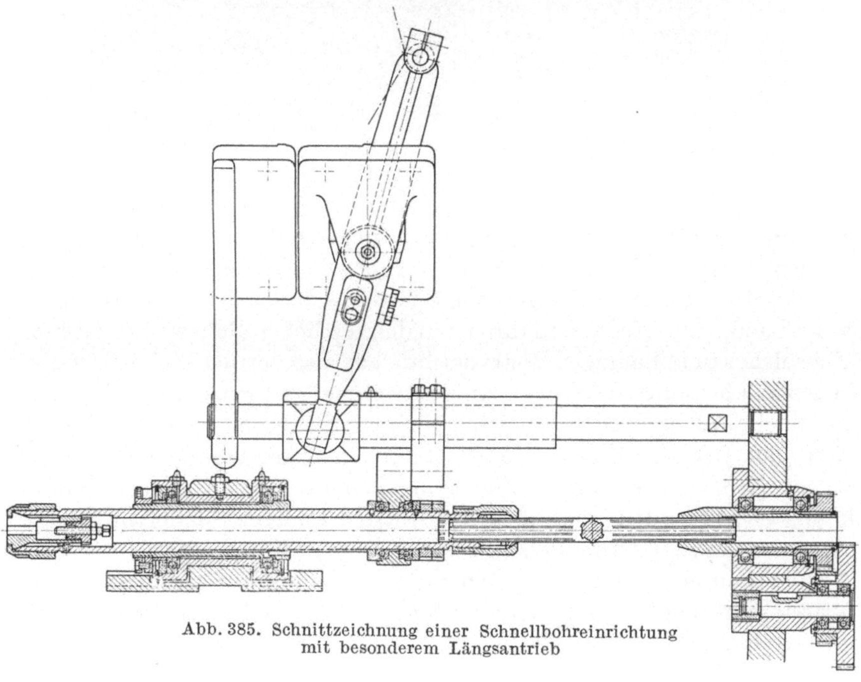

Abb. 385. Schnittzeichnung einer Schnellbohreinrichtung
mit besonderem Längsantrieb

sätzliche Drehbewegung und eine zusätzliche Längsbewegung erteilt
werden.

Die Schnellbohrspindelhülse wird in diesem Fall nicht fest auf dem
Längswerkzeugträger verschraubt, sondern kann in einem Halter in
Längsrichtung gleiten. Der Vorschub kann nun in Abhängigkeit von
dem allgemeinen Längsvorschub über ein Hebelsystem vergrößert
werden, wobei sich Vergrößerungen 1 : 2 und mehr erreichen lassen. Es
kann aber auch, wie es Abb. 384 und 385 zeigt, von einer besonderen

Abb. 386. Kurventrommel im Arbeitsraum für besondere Bewegungsableitungen

Kurventrommel eine Bewegung abgeleitet und über einen Hebel auf die
Bohrhülse geführt werden. Dann kann diese unabhängig von dem allgemeinen Längsweg schon früher zurückgehen, oder sie kann nach
halbem Bohrweg zurücklaufen, um Späne aus der Bohrung zu transpor-
tieren, und dann wieder einfahren, um den restlichen Bohrweg zu fahren.
Ein solcher unabhängiger Bohrvorschub hat also beträchtliche Vorteile,
bedeutet aber eine zusätzliche Kurventrommel und Kurve. Die Kurventrommel dafür ist bei den meisten Mehrspindelautomaten in handlicher
Nähe des Arbeitsraumes bereits vorgesehen, während die betreffende
Kurve jeweils eine Sonderanfertigung bedeutet. Die Kurventrommel
kann auch für den unabhängigen Antrieb anderer Sonderwerkzeuge
eingesetzt werden (Abb. 386).

Es lassen sich an einem Mehrspindelautomaten stets mehrere Schnellbohreinrichtungen gleichzeitig vorsehen, wenn vielfach auch nicht an
allen Spindeln.

Der Antrieb der Schnellbohreinrichtung muß nicht unbedingt vom Antriebskasten aus erfolgen. Man kann die Einrichtung auch mit einem besonderen Motor ausrüsten, da die Spindeldrehzahl der Schnellbohreinrichtung ja nicht in einem festen Verhältnis zur Drehspindel

Abb. 387. Schnellbohreinrichtung mit besonderem Motorantrieb für die Drehbewegung

laufen muß. Bei sehr kleinen Bohrungen hat sich die Benutzung eines besonderen Antriebsmotors für die Schnellbohreinrichtung als vorteilhaft erwiesen (Abb. 387).

6.42 Tiefbohreinrichtung

Schwierig ist die Fertigung einer Bohrung von beispielsweise 4 mm auf 80 mm Tiefe in 2 Arbeitsspindeln. Der Bohrer muß nach kurzer Bohrtiefe von etwa 5 bis 6 mm zur Entfernung der Späne und zum Kühlen der

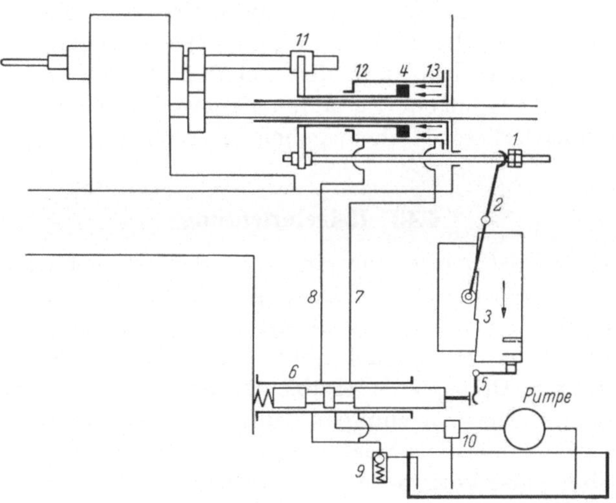

Abb. 388. Tieflochbohreinrichtung

Bohrerspitze wieder zurückgezogen werden. Bei einem Vorschub durch Kurven, selbst bei Anwendung eines federbetätigten Rückzuges, würde die Leerzeit zu hoch und eine lange Stückzeit das Ergebnis sein. Hier wurde nun eine hydraulisch betätigte Bohreinrichtung (Abb. 388) mit vollem Erfolg angewendet. Die Leerzeit zum Herausholen und Hineinführen des Bohrers beträgt bei einem Gesamtweg von etwa 125 mm nur etwa 1,2 sec. Bei kürzeren Wegen ist diese Leerzeit entsprechend niedriger. Das Bohren, Zurückholen und Vorbringen der Bohrer geschieht durch Öldruck. Die Steuerung dieser Arbeitsgänge erfolgt über Steuerkurven von der Hauptkurvenwelle aus. Um einen gleichmäßigen Vorschub der Bohrer zu gewährleisten, ist eine Gegenkurve (3) vorgesehen, welche eine Anzahl Stufen hat, die der Anzahl der Bohrerhübe entspricht. Die zur Betätigung des Kolbens (4) erforderliche unterschiedliche Druckölmenge für Leer- und Arbeitsgang regelt

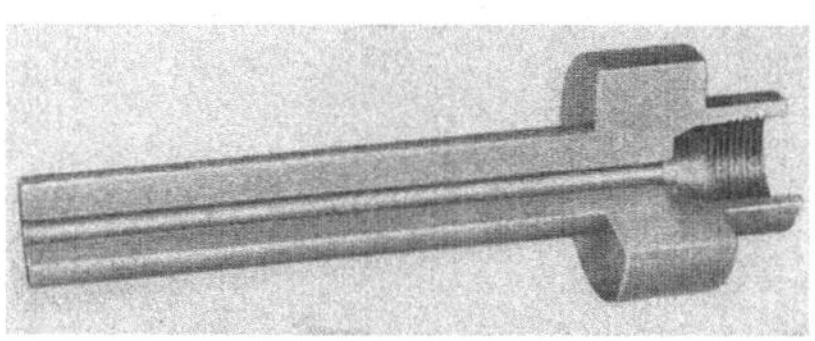

Abb. 389. Werkstück mit dünner, tiefer Bohrung

die verwendete Enor-Spannpumpe selbsttätig. Sie arbeitet mit hoher Förderleistung, bis der Kurvenwiderstand eintritt, worauf die Fördermenge sich automatisch verringert und der Druck auf den eingestellten Höchstdruck ansteigt. Nun fördert die Pumpe nur so viel Öl, als für die Vorschubbewegung erforderlich ist. Der geforderte Arbeitsdruck kann an der Pumpe durch ein Handrad eingestellt werden.

Die Impulse zur Umsteuerung auf Rücklauf werden von besonderen Nocken der Kurve ausgelöst. Über den Winkelhebel (5) und den Steuerschieber (6) wird das Drucköl von Leitung (7) auf (8) umgesteuert. Das Zurückfließen des Drucköles in den Behälter erfolgt über ein federbelastetes Ventil (9), um ein Leerlaufen der jeweils freien Leitung zu verhindern. Ein nach dieser Methode gebohrtes Werkstück zeigt Abb. 389.

6.43 Reibeinrichtung

Beim Reiben ist meist eine geringere Schnittgeschwindigkeit erforderlich als durch die Spindeldrehung gegeben. Man läßt das Reibwerkzeug dann in einer besonders angetriebenen Spindel laufen, die sich gleichsinnig mit der Drehspindel dreht. Die Drehzahldifferenz zwischen Reibspindel und Drehspindel ergibt die Schnittgeschwindigkeit des Reibwerkzeuges. Die Vorschubbewegung des Reibwerkzeuges in der Reibspindel muß meistens unabhängig sein. Es wird an der letzten Spindelstellung, also kurz vor dem Abstechen des Werkstückes von der Materialstange, aufgerieben. Dieser Arbeitsgang muß aber beendet sein, bevor das Werkstück abgestochen ist, ja er muß sogar beendet sein, bevor die Verbindung zwischen Werkstück und Werkstoffstange so gering geworden ist, daß das Drehmoment des Reibwerkzeuges das Werkstück abreißt. Reibwerkzeuge an der letzten Spindelstellung gehen daher vielfach schon nach der halben Arbeitszeit zurück, wofür der unabhängige Antrieb von der besonderen Kurventrommel aus notwendig ist.

Im Aufbau kann diese Einrichtung der Schnellbohreinrichtung weitgehend gleichen. Wenn vielfach die Gewindeschneidspindel dafür eingesetzt wird, dann hat es den Grund, daß hier bereits die zur Drehspindel gleichsinnige Drehbewegung vorhanden ist, während eine Schnellbohrspindel ja gegensinnig umläuft.

6.44 Mehrspindelbohreinrichtung

Werkstücke, in die mehrere Bohrungen mit parallelen Achsen eingebohrt werden müssen, meist Befestigungslöcher an einem Flansch, benötigen zur ihrer Fertigstellung auf dem Mehrspindelautomaten Mehrspindelbohrköpfe. Die Ausführung der Köpfe, besonders die Lage der einzelnen Spindeln, richtet sich nach dem jeweiligen Werkstück. Bezüglich der Arbeitsweise sind aber 2 Möglichkeiten zu unterscheiden.

Feststehende Mehrspindelbohrköpfe werden mit ihrem Gehäuse auf dem Längswerkzeugträger aufgebaut, und lediglich die

Abb. 390. Mehrlochkopf

einzelnen Bohrspindeln können umlaufen. Abb. 390 zeigt eine solche Anordnung, Abb. 391 den Schnitt durch einen Bohrkopf mit feststehendem Gehäuse. Die Anwendung setzt voraus, daß eine Spindel-Stillsetzeinrichtung vorhanden ist, um die Drehspindel an der betreffenden Spindelstellung stillzusetzen, damit die Relativbewegung zwischen Bohrkopf und Werkstück damit Null wird.

Die gleiche Relativbewegung Null kann erreicht werden, wenn der Mehrspindelbohrkopf synchron mit der Drehspindel umläuft. Dann kann eine Spindel-Stillsetzeinrichtung entfallen. Bei der Anordnung des umlaufenden Mehrspindelbohrkopfes (Abb. 392) ist dieser in einem Halter auf dem Längswerkzeugträger lediglich gehalten, das Gehäuse aber nicht festgespannt. Der umlaufende Kopf hat gewisse Abmessungs-

19*

beschränkungen, einmal durch den Abstand der Spannfläche von der Drehachsenmitte, sodann möglicherweise vom Abstand der Drehspindeln

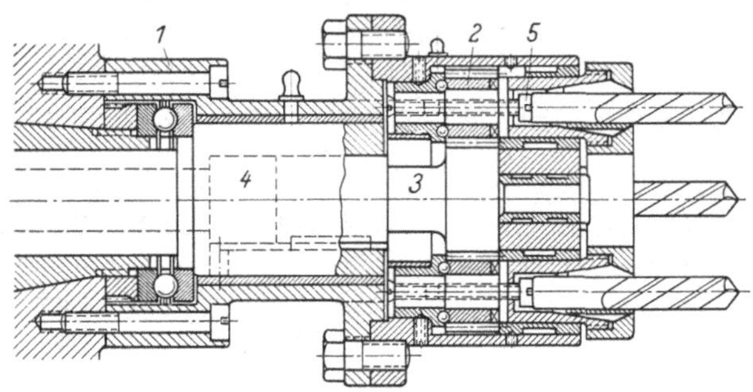

Abb. 391. Mehrlochbohrkopf

1 Feststehender Bohrkopf;   *2* Antriebsritzel für Bohrspindel;   *3* umlaufende zentrale Antriebswelle;   *4* Bewegungseinleitung;   *5* Tiefeneinstellung für Bohrer

voneinander. Man wird allgemein annehmen können, daß Mehrfachbohrungen mit kleinerem Stich bzw. Lochkreis mit umlaufendem Werkzeug gemacht werden können. Dazu gehören auch exzentrische Einzelbohrungen, die ja im Grunde nichts anderes sind als außermittige Bohrungen, deren Zahl bis auf eine Bohrung gesunken ist.

Bei größerem Lochkreis werden feststehende Mehrspindelbohrköpfe eingesetzt.

Abb. 392. Umlaufender Mehrlochbohrkopf

6.45 Querlochbohreinrichtung

In Verbindung mit einer Spindel-Stillsetzeinrichtung kann eine Querlochbohreinrichtung für Bohrarbeiten radial zur Drehachse benutzt werden. Die Einrichtung besteht aus einer Bohrspindel, die meist einen eigenen kleinen Antriebsmotor hat und auf dem

Abb. 393
Querlochbohreinrichtung auf dem Querschlitten

Querschlitten aufgebaut wird, der sie an das Werkstück heranbringt und den Bohrvorschub erteilt (Abb. 393 und 394). Die Bewegungsübertragung kann natürlich auch etwa über eine Gelenkwelle vom Antriebskasten aus erfolgen, man wird aber durchweg den eigenen

Abb. 394. Querlochbohreinrichtung auf dem Querschlitten

Antrieb vorziehen. In einem Untersetzungsgetriebe zwischen Motor und Bohrspindel muß die richtige Drehzahl passend zu dem Bohrerdurchmesser erzielt werden.

6.5   Einrichtungen für die Gewindeherstellung

6.51   Möglichkeiten der Gewindeherstellung

Auf Mehrspindelautomaten lassen sich Gewinde auf die verschiedenste Art und Weise herstellen. Zunächst ist die Herstellung unter Benutzung einer umlaufenden Gewindeschneidspindel zu nennen. Diese trägt das Schneidwerkzeug. Gewindeschneidwerkzeug kann sein ein selbstöffnender Gewindeschneidkopf, ein Schneideisen oder Gewindebohrer. Da die Drehspindeln mit gleichmäßig hoher Drehzahl umlaufen, muß die für das Gewindeschneiden erforderliche Relativdrehzahl zwischen Werkzeug und Werkstück und die Drehrichtung zwischen beiden durch die Drehbewegung der Gewindeschneidspindel erreicht werden. Diese wird dazu von einem Getriebe im Antriebskasten angetrieben (Abb. 395). Wenn ein Gewindebohrer oder ein Schneideisen als Werkzeug verwendet werden, muß die Gewindeschneidspindel nach Beendigung des Schneidganges umgesteuert werden und in einer relativ zum Werkstück entgegengesetzten Drehrichtung den Werkzeugablauf ermöglichen. Dabei ist es keineswegs notwendig, die Drehrichtung der Gewindeschneidspindel umzusteuern, es kann genügen, die im Schneidgang gegenüber dem Werkstück überholend umlaufende Gewindespindel

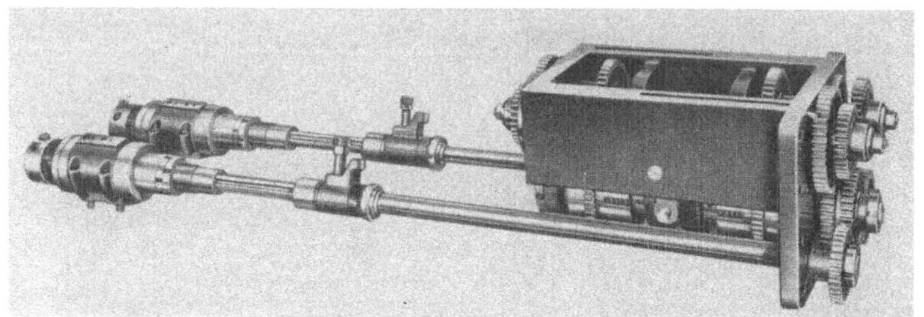

Abb. 395. Gewindeschneideinrichtung mit zwei Gewindespindeln und Antriebskasten

für den Ablauf verzögert laufen zu lassen. Größe und Art der Gewindespindeldrehung richten sich nach der Gewindeart und der Drehrichtung des Werkstückes. Es gelten die Angaben der Tabelle 33.

Tabelle 33

Gewinde-schneidrichtung	Werkstück Drehrichtung	Werkzeugdrehung in Werkstückdrehrichtung beim	
		Schneidgang	Rücklauf
rechts	rechts	verzögert	überholend
links	rechts	überholend	verzögert
rechts	links	überholend	verzögert
links	links	verzögert	überholend

Bei der Verwendung eines selbstöffnenden Gewindeschneidkopfes ist nur die eine Werkzeugdrehrichtung, nämlich für Schneidgang, erforderlich, eine Umsteuerung entfällt dann. Dafür muß aber zum Schneidkopf eine Schließeinrichtung vorhanden sein, damit der bei Ende des Gewindeschneidens für den Rücklauf geöffnete Schneidkopf für den nächsten Arbeitsgang wieder geschlossen ist.

Gewinde können auch durch spanlose Formung, durch Gewinderollen hergestellt werden. Da dies bei wesentlich höheren Geschwindigkeiten möglich ist als das Gewindeschneiden mit Bohrer oder Schneideisen, ist eine besondere überholende oder verzögerte Gewindeschneidspindel nicht erforderlich. Bei axialer Arbeitsweise wird ein selbstöffnender Schneidkopf verwendet, bei radialer vom Querschlitten aus nur der entsprechende Halter ohne eine Zusatzbewegung.

Gewindestrehleinrichtungen können für Außengewinde oder Innengewinde eingesetzt werden. Der Gewindeschneidstahl fertigt das Gewinde in mehreren aufeinanderfolgenden Schneidgängen. Hierbei können auch Gewinde hinter einem Bund geschnitten werden, da die Strehleinrichtung auf dem Querschlitten aufgebaut mit diesem radial an das Werkstück herangefahren wird.

Geringere Bedeutung hat das Gewindefräsen, das nur in Sonderfällen in Frage kommt.

6.52 Gewindeschneideinrichtung für Schneideisen und Gewindebohrer

Die Einrichtung besteht aus einem Getriebekasten im Antriebskasten (Abb. 395) mit doppelter Vielscheibenkupplung, Antriebsrädern, Wechselrädern und der Gewindeschneidspindel. Sie kann von dem

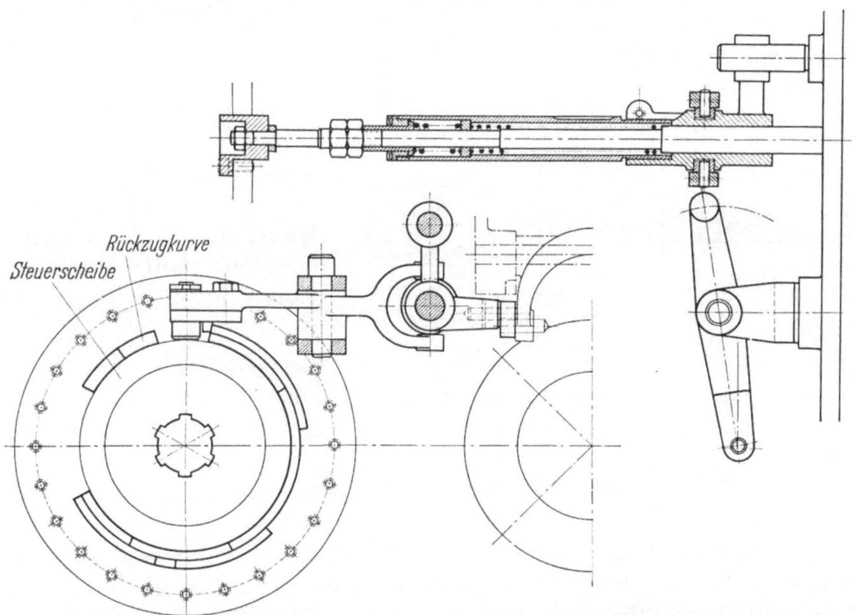

Abb. 396. Umschalteinrichtung für Gewindeschneideinrichtung

gleichen Getriebekasten aus auch mit 2 Gewindeschneidspindeln ausgerüstet werden. Der Drehzahlwechsel der Gewindeschneidspindel (siehe Tab. 33) wird durch die doppelte Vielscheibenkupplung veranlaßt, die durch einen Hebel gesteuert wird. Zu diesem Umsteuern wird beispielsweise von einer Steuerscheibe der Steuerwelle ein Federpaar gespannt (Abb. 396). Sobald das Gewinde geschnitten ist, gibt die einstellbare Schaltkurve auf der Steuerscheibe den Umsteuerhebel frei, der durch die Federspannung im Moment zurückgeworfen wird und die Lamellen-

kupplung schaltet, wodurch die Gewindeschneidspindel die andere Drehbewegung erhält.

Die Gewindeschneidspindel ist in einem Gehäuse auf dem Längswerkzeugträger gelagert und darin längsverschieblich. Durch den Längswerkzeugträger wird sie in Arbeitsstellung gebracht. Dann bringt eine
Andrückkurve das Werkzeug zum Anschneiden. Sobald das Werkzeug
das Werkstück gefaßt hat, schraubt es sich ohne zwangläufige Führung
auf bzw. in das Werkstück.

Ein in der Gewindeschneidspindel eingebautes Federkissen sorgt für
ein elastisches Andrücken des Werkzeuges an das Werkstück. Die Spannung des Federkissens kann eingestellt werden, um die Gewindeschneideinrichtung auf gröbere oder feinere Gewinde einrichten zu können.

Nach erreichter Gewindelänge wird die Gewindeschneidspindel durch
Umschalten der Lamellenkupplung auf Rücklauf geschaltet.

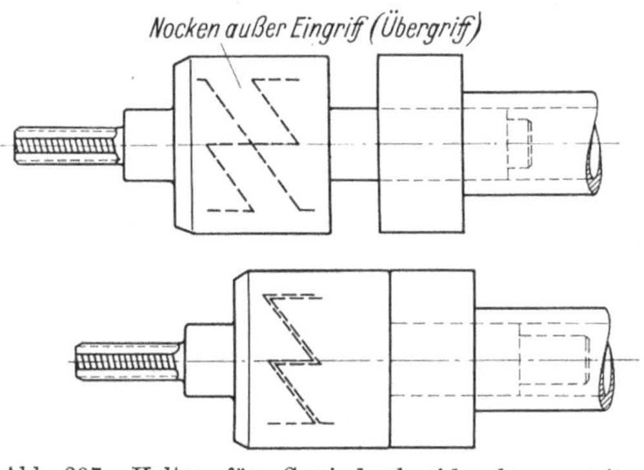

Abb. 397. Halter für Gewindeschneidwerkzeug mit Kupplungsnocken

In den Halter für Schneideisen oder Ge-
windebohrer ist ein Kupplungsnocken eingebaut (Abb. 397), der die
Drehmitnahme des Gewindeschneidwerkzeuges bewirkt. Wenn dieses
durch die Andrückkurve zum Anschneiden gekommen ist, zieht es sich
selbst auf das Werkstück herauf und dabei die Kupplungsnocken
auseinander, die so eingestellt werden, daß nach Erreichen der
Gewindelänge das Gewindeschneidwerkzeug keine Drehbewegung mehr
erteilt bekommt und sich mit dem Werkstück zusammen dreht. Im
gleichen Augenblick soll auch die Lamellenkupplung auf Rücklauf
geschaltet werden.

Die Andrückkurve hat also nur dafür zu sorgen, daß das Gewindeschneidwerkzeug zum Anschneiden kommt. Ist die Gewindelänge allerdings größer als die Nockenlänge im Gewindewerkzeughalter, so muß
eine längere Andrückkurve verwendet werden, die das Werkzeug länger
zwangläufig führt. Rechnet man mit einer Gewindelänge von 30 mm
und soll der Nocken 20 mm Höhe haben, so muß die Gewindespindel
zunächst 10 mm angedrückt werden. Die restlichen 20 mm werden
während des Abgleitens der Überlaufnocken im Werkzeughalter geschnitten.

6.53   Gewindeschneiden mit selbstöffnenden Schneidköpfen

Bei Gewindeschneidarbeiten mit selbstöffnenden Schneidköpfen
werden die Schneidbacken am Ende des geschnittenen Gewindes zu-

Abb. 398. Schließeinrichtung eines Gewindeschneidkopfes

rückgezogen, so daß sich ein Rücklauf in dem geschnittenen Gewinde
erübrigt. Die Gewindespindel kann also immer mit unveränderter Drehzahl laufen, Kupplungen im Antriebskasten sind nicht erforderlich. Am

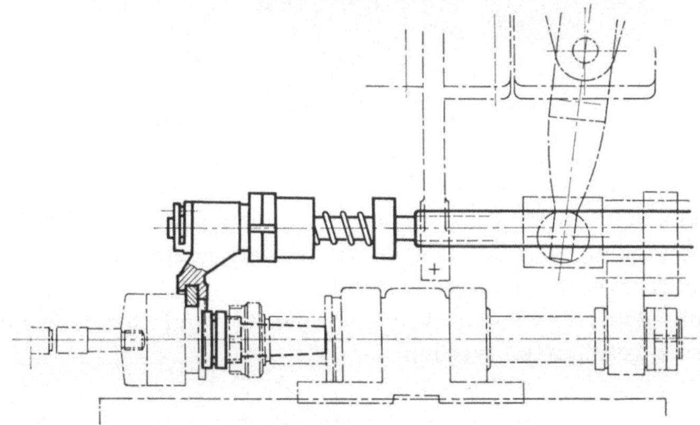

Abb. 399. Schließeinrichtung eines Gewindeschneidkopfes

Ende des Rückweges schließt der Schneidkopf selbsttätig durch eine
Schließeinrichtung, die zusätzlich erforderlich ist.

Die Schließeinrichtung für selbstöffnende Gewindeschneidköpfe
wird über Kurven gesteuert, ebenso wie das Andrücken des Werkzeuges
und seine Rückbewegung gesteuert werden. Für das Schließen des
Kopfes ist eine Schaltgabel vorhanden (Abb. 398 und 399), die auf einer

Schaltwelle läuft. Deren Bewegung wird durch verstellbare Anschläge gesteuert, die der Gewindelänge angepaßt werden.

Selbstöffnende Gewindeschneidköpfe werden in den verschiedensten Ausführungen mit radial oder tangential stehenden Schneidbacken hergestellt. Ein Beispiel eines Kopfes mit Tangential-Gewindeschneidbakken zeigt Abb. 400. Mit einem solchen Kopf kann ein Gewinde des Gütegrades „fein" in einem Schnitt erreicht werden. Der Gewindedurch-

Abb. 400. Selbstöffnender Gewindeschneidkopf mit tangential stehenden Backen

messer läßt sich durch Verschieben der Strehlerbacken außerhalb des Kopfes einstellen, während die Gewindetoleranz durch Verstellen des skalierten Kurvenringes erreicht wird.

Da ein solcher Kopf sich öffnet, können Gewinde bis nahe an einen Bund heran geschnitten werden.

6.54 Gewindestrehleinrichtungen

Bei Werkstücken, deren Gewinde mit einer Gewindeschneideinrichtung der beschriebenen Formen nicht geschnitten werden kann,

da es hinter einem Bund sitzt und axial nicht erreichbar ist,

da es mehrgängig oder von großer Ganghöhe ist,

da es kurz ist und daher nicht sauber würde,

lassen sich mit Gewindestrehleinrichtungen gute Erfolge erzielen. Die Arbeitsweise entspricht dem Gewindeschneiden auf der Drehbank mit

dem Gewindestahl, indem der Strehler entsprechend der Gewindesteigung eine axiale Bewegung gegenüber dem Werkstück ausführt,
nachdem er durch eine radiale Bewegung an das Werkstück herangeführt wurde. Der Gewindestrehler geht mehrfach durch das Gewinde.
Bei jedem Durchgang erfolgt ein radialer Vorschub, bis die Gewindetiefe erreicht ist.

Die Einrichtung gliedert sich in den Strehlapparat, der auf einem
Querschlitten angeordnet ist und die Antriebseinrichtung, die im An-

Abb. 401. Gewindestrehleinrichtung für Außengewinde

triebskasten untergebracht ist und über Teleskopspindel die Bewegung
dem Strehlapparat zuleitet. Die hin und her gehende Bewegung des
Strehlschlittens wird durch eine im Strehlapparat befindliche Strehlkurve gesteuert, die ihre Drehbewegung über die Antriebsspindel (Teleskopspindel) erhält. Die Kurvenlänge ergibt sich aus der Gewindelänge
zuzüglich je einem Überlauf am Anfang und Ende des Gewindes.

Das Abheben des Strehlers beim Rücklauf wird durch 2 Nocken
an der Strehlkurve bewirkt. Eine solche Einrichtung für Außengewinde
zeigt Abb. 401. Für Innengewinde muß der Apparat zusätzlich eine
Längsbewegung zum Werkstück ausführen können, um den Strehler in
die Bohrung des Werkstückes einfahren und nach der Bearbeitung vor
der Schaltbewegung wieder ausfahren zu können.

Der Querschlitten, auf dem die Gewindestrehleinrichtung aufgebaut
wird, führt diese im Eilgang bis an das Werkstück heran und steuert

dann die radiale Vorschubbewegung. Diese ist dem Werkstoff und der Gewindeform entsprechend zu wählen.

Für die Genauigkeit des Gewindes selbst ist die Walzenkurve in dem Strehlerkopf und ihr Antrieb von entscheidender Bedeutung.

1. Da der Strehler bei jedem neuen Durchgang durch das Gewinde, also jeweils nach einer vollen Walzenkurvenumdrehung, wieder in den

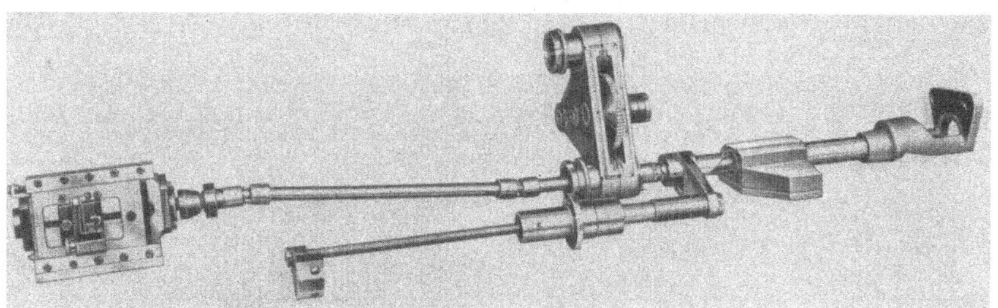

Abb. 402. Exzenterdreheinrichtung

ersten Gewindegang, bei mehrgängigen Gewinden jeweils in den darauffolgenden schneiden muß, ergibt sich für das Verhältnis Werkstückumdrehung n zur Drehzahl der Strehlerkurve n_k bei einer Gangzahl des zu schneidenden Gewindes z_m das Verhältnis

$$\frac{\text{Werkstückdrehzahl}}{\text{Strehlerkurvendrehzahl}} = \frac{n}{n_k} = \text{ganze Zahl} + \frac{1}{z_m}.$$

2. Die Länge des Strehlerweges ergibt sich aus der Zahl der Gewindegänge und deren Ganghöhe zuzüglich einem Betrag für Anschnitt und Auslauf des Strehlers. Bedeutet

z_g Zahl der Gewindegänge an einem Werkstück,

z_u Zuschlag für An- und Auslauf,

h_g Ganghöhe des Gewindes,

L_k Länge des Arbeitsweges der Strehlerkurve,

so wird

$$L_k = h_g \left(z_g + z_u \right).$$

Dieser Arbeitsweg L_k erfordert eine Kurvenfläche, die eine genaue Gerade ist, da sonst Steigungsfehler in das Gewinde gestrehlt würden.

Die Rücklauffläche der Walzenkurve kann eine beliebige Form haben, die beispielsweise sinoidisch zur Vermeidung großer Beschleunigungen ausgeführt werden kann.

3. Die Steigung der Strehlerkurve ergibt sich aus dem Drehweg α_a den die Kurve während des Arbeitsweges L_k zurücklegt. Dieser kann allerdings nicht frei gewählt werden, da die weitere Bedingung berücksichtigt werden muß, daß auf eine Werkstückumdrehung n die Kurve sich um den Drehwinkel α_{st} dreht, der genau einer Ganghöhe h_g entspricht. Es wird nun

a) nach den Formeln unter 2.

$$\frac{\alpha_{st}}{\alpha_a} = \frac{h_g}{L_k} \quad \text{mithin} \quad \alpha_{st} = \frac{\alpha_a}{z_g + z_u},$$

b) nach den Formeln unter 1.

$$\frac{n}{n_k} = \frac{360}{\alpha_{st}} = \text{ganze Zahl} + \frac{1}{z_m},$$

$$\alpha_{st} = \frac{360}{\text{ganze Zahl} + \dfrac{1}{z_m}}.$$

Daraus erechnet sich dann der mögliche Arbeitsdrehweg der Strehlerkurve α_a zu

$$\alpha_a = \frac{360\,(z_g + z_u)}{\text{ganze Zahl} + \dfrac{1}{z_m}}$$

und es muß durch verschiedene ganze Zahlen ein brauchbarer Wert gefunden werden. Damit ist dann auch das Übersetzungsverhältnis zwischen Werkstückdrehzahl und Kurvendrehzahl bekannt, das an Wechselrädern im Antriebskasten eingestellt und über Teleskopspindel der Strehlerkurve zugeleitet werden kann.

4. Die Gestaltung des Arbeitsweges der Strehlerkurve liegt fest. Die übrigen Bedingungen können frei gewählt werden.

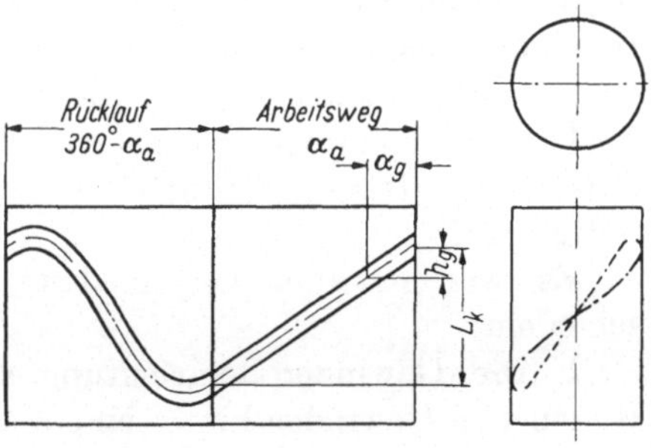

Abb. 403 zeigt als Beispiel eine Abwicklung einer Strehlerkurve

Abb. 403
Kurve für eine Gewindestrehleinrichtung

mit der eingearbeiteten Nute für die Antriebsrolle. Rechts ist der gerade Weg für den Arbeitsgang, links die sinoidische Form für den Rücklauf. Auf die genaue Anfertigung dieser Kurven ist ganz besondere Sorgfalt zu verwenden, da Kurvengenauigkeit und Gewindegenauigkeit korrespondieren.

6.55 Gewinderolleinrichtungen

Das Rollen von Gewinden ist gegenüber der spanenden Gewindefertigung vielfach vorteilhafter. Das zur Bearbeitung kommende Material muß jedoch eine genügende Dehnung haben, und seine Festigkeit darf nicht zu hoch sein.

Die mit Gewinderollen erzielte Oberflächengüte der Gewindeflanken ist durch spanende Bearbeitung nicht zu erreichen. Hinzu kommt, daß

Abb. 404. Gewinderolleinrichtung auf dem Querschlitten

die Oberfläche durch die plastische Verformung verdichtet wird und so eine höhere Festigkeit erzielt werden kann. Für die Benutzung der Gewinderolleinrichtungen auf dem Mehrspindelautomaten spricht zudem noch die Tatsache, daß die Rollgeschwindigkeit ebenso hoch wie die Drehgeschwindigkeit liegt, so daß besondere Getriebe für eine langsamere Relativgeschwindigkeit zwischen Werkzeug und Werkstück unnötig sind.

Es werden zwei verschiedene Gewinderolleinrichtungen unterschieden.

1. Die Gewinderolleinrichtung auf dem Querschlitten wird zum Rollen von Gewinden hinter einem Bund benutzt (Abb. 404). Der Vorschub erfolgt radial zur Werkstückachse, wobei die Gewinderollen tangential über das Werkstück geführt werden. Es muß darauf geachtet werden, daß das Werkstück genügend Steifigkeit hat, um der erheblichen Verformungsarbeit standhalten zu können.

2. Ein selbstöffnender Gewinderollkopf wird auf dem Längswerkzeugträger in einer längsbeweglichen Pinole geführt (Abb. 405). Mit ihm können Gewinde vor einem Bund und am Werkstückkopf gerollt werden. Eine Andrückkurve schiebt die Spindel mit dem Rollkopf axial gegen

das Werkstück, und die Rollen im Kopf, die um den Gewindesteigungswinkel schräg stehen, fassen das Werkstück. Der Gewinderollkopf ist

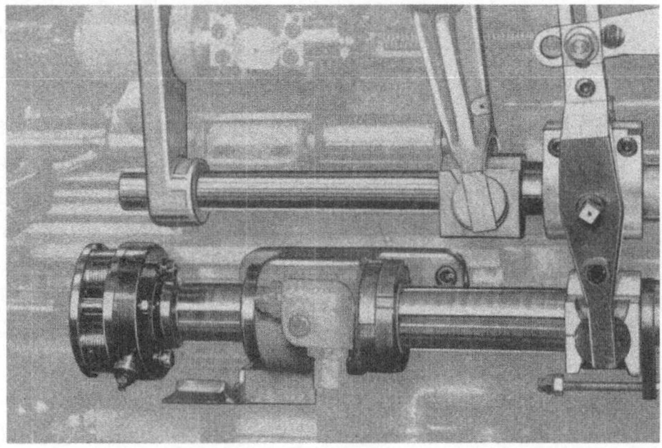

Abb. 405. Selbstöffnender Gewinderollkopf

feststehend, da eine besondere Drehbewegung nicht erforderlich ist, er
öffnet sich durch Anschlag bei Erreichung der Gewindetiefe und wird
nach dem Rücklauf wieder geschlossen.

6.6 Einrichtungen zum Stoßen, Fräsen, Abgreifen

6.61 Mehrkantstoßeinrichtung

Innenmehrkante werden auf Mehrspindelautomaten vom Längswerkzeugträger aus mit besonderen Einrichtungen hergestellt. Eine
Mehrkantstoßeinrichtung ist fest auf dem Längswerkzeugträger auf

Abb. 406. Mehrkantstoßeinrichtung

gebaut und macht mit diesem seine Vorschubbewegung (Abb. 406). Das
Stoßwerkzeug hat das Profil des zu stoßenden Innenvielkantes.

Das Eindrücken eines Sechskantes in eine vorgebohrte Bohrung mit
genau axial stehendem Stempel erfordert einen ziemlich hohen Druck
und könnte in dieser Art nicht auf Automaten angewendet werden.
Durch den auftretenden hohen Axialdruck würde die Werkstoffstange
in ihrer Spannpatrone zurückgedrückt werden.

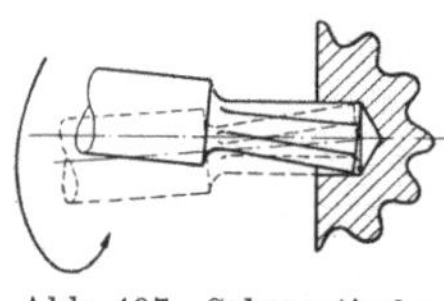

Abb. 407. Schematische
Arbeitsweise der Mehr-
kantstoßeinrichtung

Zur Verringerung dieses axialen Druckes wird das
Werkzeug so angeordnet, daß nicht alle seine
Seiten gleichzeitig, sondern nacheinander arbeiten.
Der Stempel (Abb. 407) wird hierzu nach hinten
freigearbeitet und unter einem Winkel gegen die
Werkstückachse gestellt. Bei fest eingespanntem
Werkzeug macht der Stempel eine Taumel-
bewegung bei gleichzeitigem axialem Vorschub. Nun schneiden die
einzelnen Kanten nacheinander, und der auftretende Axialdruck ist
erheblich verringert.

Das Werkzeug selbst kann sich in der leicht laufenden Pinole in der
Mehrkantstoßeinrichtung frei drehen und wird lediglich durch das
Werkstück mitgenommen.

Bei sehr langen Bohrungen würden diese bei mitgeschlepptem Stoßwerkzeug einen Drall erhalten, der zwar schwach, aber erfahrungsgemäß
deutlich erkennbar ist und mit zunehmender Werkstückdrehzahl größer
wird. In solchen Fällen ist es daher zweckmäßig, das Werkzeug in der
Mehrkantstoßeinrichtung synchron mit der Werkstückspindel anzutreiben, so daß die Möglichkeit der Drallbildung nicht mehr gegeben ist.

6.62 Fräseinrichtungen

Bei jeder Fräsbearbeitung auf einem Mehrspindelautomaten muß
die Relativbewegung zwischen Werkzeug und Werkstück Null sein. Je
nach der Art der Arbeit und
der verwendeten Einrichtung
kann dies durch Stillsetzen der
betreffenden Spindel oder durch
ein synchron mitlaufendes
Fräswerkzeug erreicht werden.
Es sind verschiedene Fräsarbeiten zu unterscheiden.
Einige Möglichkeiten sollen
hier dargestellt werden.

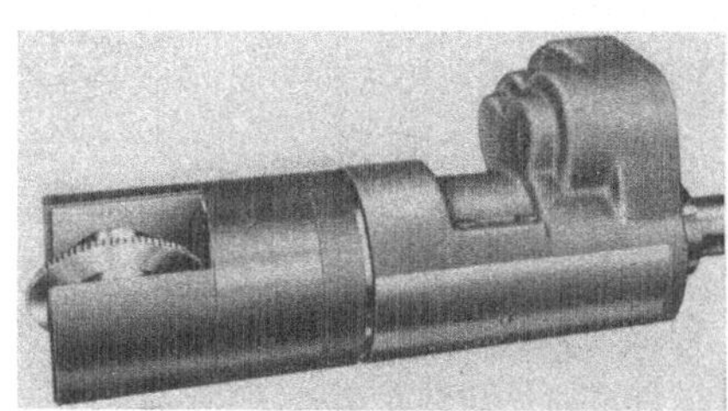

Abb. 408. Schlitzfräseinrichtung

6.62.1 Schlitzfräseinrichtung. Zum Fertigen von Schlitzen oder
Flächen am Ende des Werkstückes wird eine Schlitzfräseinrichtung ver-

wendet. Diese ist auf dem Längsschlittenblock aufgebaut, der ihr auch den Vorschub verleiht. Der Werkzeugträger läuft synchron mit der Drehspindel. Die Fräser erhalten ihren Antrieb über Kegelräder von der Antriebswelle. Die mit dieser Einrichtung gefertigten Schlitze oder Flächen haben einen konkaven Boden, der dem Radius des Werkzeuges entspricht (Abb. 408 und 409).

6.62.2 Tauchfräseinrichtung. Dieses Gerät wird verwendet, wenn am Werkstück seitlich Schlitze in bestimmter Stellung zu fertigen sind. Hierfür ist eine Spindel-Stillsetzeinrichtung in bestimmter Lage erforderlich. Die Länge und

Abb. 409. Schlitzfräseinrichtung

Tiefe der Einfräsung ist durch die Anordnung der Frässpindel und die Stärke des Fräsers gegeben.

Das Gerät ist auf dem Längsschlittenblock montiert. Durch den Eilgang des Längsschlittens wird es in Stellung gebracht. Der Arbeitsgang

Abb. 410. Tauchfräseinrichtung

des Längsschlittenblockes verleiht dem Fräser über Hebel im Gerät den Vorschub (Abb. 410).

6.62.3 Einstichfräseinrichtung. Diese Fräseinrichtung wird vorwiegend für tiefe Einstiche in engen Bohrungen verwendet. Sie ist auf dem Längsschlittenblock montiert und wird durch dessen Eilgang in Stellung gefahren. Verstellbare Anschläge an der Aufhängung begrenzen die Einstichlänge. Ein Andrückhebel auf dem Seitenschlitten verleiht dem Fräser den Vorschub. Der Antrieb wird über eine Gelenkwelle vom Getriebe des Antriebsständers abgenommen (Abb. 411).

6.62.4 Querfräseinrichtung. Anfräsungen oder Schlüsselflächen am Außendurchmesser des Werkstückes werden mit einer auf dem Seiten-

Abb. 411. Einstichfräseinrichtung

schlitten montierten Querfräseinrichtung gefertigt. Hierfür muß der Automat mit einer Spindel-Stillsetzeinrichtung ausgestattet werden.

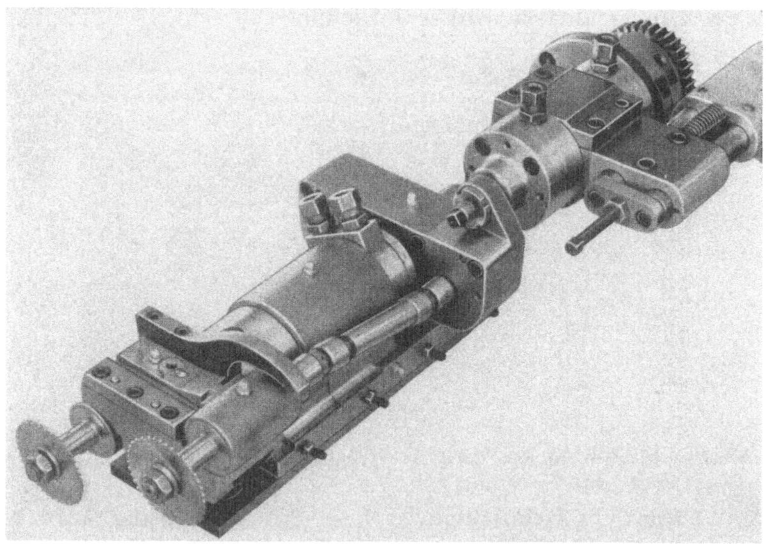

Abb. 412. Querfräseinrichtung

Der Antrieb der Fräser wird über eine Gelenkwelle vom Getriebe im Antriebsständer abgenommen. Eine Seitenschlittenkurve verleiht dem Gerät den Vorschub (Abb. 412).

6.63 Abgreifeinrichtung

Diese Einrichtung wird angewendet, wenn ein Werkstück auf einem Mehrspindelautomaten butzenlos abgestochen werden soll bzw. an der Abstichseite noch Dreh- oder Bohroperationen erforderlich sind. Die Spindel der Abgreifeinrichtung wird synchron mit der Drehspindel angetrieben. Auf der vorderen Seite der Abgreifspindel befindet sich der Spannkopf mit der dem Werkstück entsprechend ausgebildeten Spannzange (Abb. 413).

Die Abgreifeinrichtung gleitet auf einem Schlitten und wird durch eine Kurve auf der Sondertrommel über einen Hebel gesteuert. Auf dem Schlitten sind die Anschläge zum Öffnen und Schließen der Spannzange der Einrichtung angeordnet. Die Steuerung erfolgt so, daß die vorgeschobene Einrichtung das Werkstück vor dem Abstechen spannt. Nach dem Abstechen gleitet sie so weit zurück, daß der Materialanschlag mit den eingesetzten Werkzeugen in die Spindelflucht einschwenken kann. Nun wird die Abgreifeinrichtung durch die Kurve gegen die im Materialanschlag befindlichen Werkzeuge geführt. Nach Beendigung des Arbeitsganges wird das fertige Werkstück in zurückgezogener Stellung der Einrichtung ausgeworfen.

Abb. 413
Abgreifeinrichtung für Rückseitenbearbeitung

Um bei Störungen den Vorschub stillsetzen zu können, ist an dem Steuerhebel ein Sicherheitsschalter angebracht, der eine magnetische Vorschubausrückung gegebenenfalls zum Ansprechen bringt.

6.7 Einrichtungen für Mehrspindelautomaten mit umlaufenden Werkzeugen

Da die Qualität des Werkzeuges gerade bei diesen Automaten ganz besonders die Leistung bestimmt, muß ihnen volle Aufmerksamkeit gewidmet werden. Vielseitige Bearbeitungen lassen sich durch Zusammenstellung weniger Werkzeuge einfacher Art erzielen. Einige

20a*

Werkzeug- bzw. Einrichtungstypen sind nachstehend dargestellt, erklärt und in Abbildungen gezeigt.

6.71 Gewindeschneidspindel

Die Gewindeschneidspindel ist für 2 Drehrichtungen vorgesehen, um einerseits Rechts- und Linksgewinde schneiden und andererseits das Gewindeschneidwerkzeug zurückholen zu können. Es läßt sich eine niedrige Drehzahl für Eisen- bzw. Stahlbearbeitung und eine höhere für Messingbearbeitung einstellen. Das Umschalten von Rechts- auf Linkslauf erfolgt durch Lamellenkupplungen.

Abb. 414. Werkzeug für Innen- und Außengewinde

Gerade beim Gewindeschneiden kommt es auf eine genaue Steuerung an, besonders, wenn das Gewinde bis vor den Bund geschnitten wird. Eine präzise arbeitende Kupplung gewährleistet genaue Gewindelängen und einwandfreies Gewinde. Das Ausrücken des Schneidwerkzeuges und die Betätigung der Kupplungen erfolgen von der vorderen Steuertrommel aus. An Stelle eines Schneideisens oder Gewindebohrers (Abb. 414) kann auch ein Gewindeschneidkopf mit Selbstauslösung (oder mit feststehenden Backen) vorgesehen werden.

In Sonderfällen läßt sich die Gewindeschneidspindel auch als Bohr- und Drehspindel benutzen.

6.72 Konusdreheinrichtung

Zur Herstellung von Innen- und Außenkonen dient eine genau arbeitende Konusdreheinrichtung. Die Konussteigung ist im kleinen Bereich einstellbar.

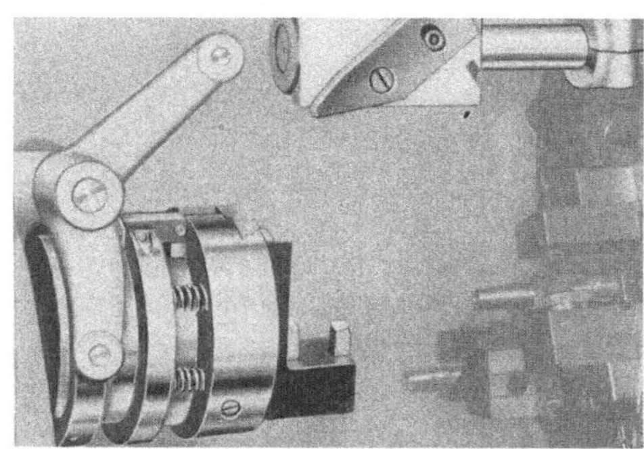

Abb. 415. Konusdreheinrichtung

Sie ergibt sich aus der Längsbewegung des Revolverschlittens und der Querbewegung des Stahlhalterschlittens mittels Hebelübersetzung. Beim Arbeitsgang des Revolverschlittens erhält ein Gabelhebel, dessen Rolle an einer einstellbaren Führungsleiste entlanggeführt wird, eine zwangsläufige Bewegung. Der Gabelhebel — im Lagerbock drehbar gelagert — verschiebt eine Muffe, die über einen Hebel den Querschlitten mit Stahlhalter in gewünschter Richtung bewegt. Die Größe der resultierenden Querbewegung läßt sich durch die einstellbare Führungsleiste festlegen. Der Querschlitten mit dem Stahlhalter erhält durch Federn eine entsprechende Gegenspannung, die gleichzeitig den Querschlitten beim Zurückgehen des Revolverschlittens in die Anfangsstellung zurückbewegt (Abb. 415).

6.73   Einstech- und Plandreheinrichtung

Mit dieser Einrichtung können kleine und auch größere Einstiche ausgeführt werden. Dasselbe gilt für Plandreharbeiten. Zur Einrichtung gehört ein Dorn, der am Revolverkopf befestigt ist. Ein Gegenlager, am Spindelstock angebracht, führt eine Verschiebegabel, welche mit einer Muffe in Verbindung steht. In der verschiebbaren Muffe sitzt ein drehbar gelagertes dreiteiliges Kurvenstück mit einem dreigängigen Gewinde. Fährt der Revolverschlitten auf die sich drehenden Werkzeuge zu, so verschiebt der Andrück-

Abb. 416. Einstech- und Plandreheinrichtung

bolzen die Verschiebewelle und damit die Verschiebegabel mit der Muffe. Durch das Andrücken des Revolverschlittens wird das Kurvenstück mit dem dreigängigen Gewinde, in dem 3 Nocken gleiten, in drehende Bewegung gesetzt, bis der Kurvenstein des Schiebers, auf dem Stahlhalter mit Stahl aufgeschraubt ist, den höchsten Punkt der Kurve erreicht hat und über das Kurvenende in seine Anfangsstellung zurückgleitet. Durch das Zurückspringen des Schiebers vor Beendigung des Arbeitsganges können Innen- und Außeneinstiche einwandfrei ausgeführt werden (Abb. 416).

6.8 Werkzeuge für Mehrspindelautomaten mit umlaufenden Werkzeugen

Der Messerkopf (Abb. 417) ist eingerichtet zur Aufnahme von 3 Vierkantstählen und 1 Bohrer. Die Vierkantstähle sind axial einstellbar. Der Schaftteil ist gehärtet und geschliffen, passend in die Bohrungen der Werkzeugspindeln.

20 a*

Der Prismenstahlhalterkopf (Abb. 418) wird auf die Spindelnase genommen. Der Kopf trägt 4 Prismenstahlhalter, in denen die Vier-

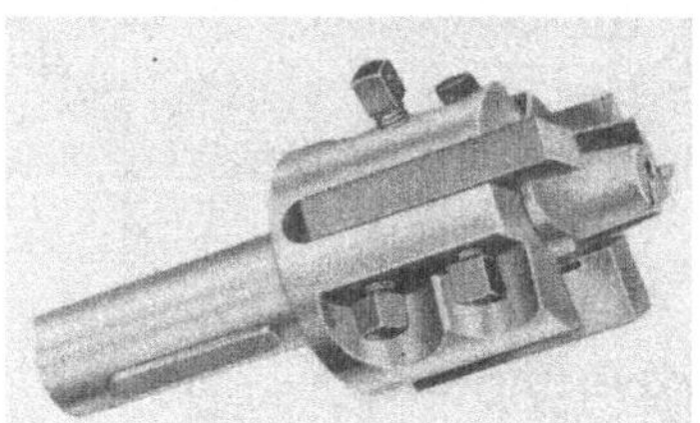

Abb. 417. Messerkopf

Abb. 418. Prismenstahlhalter

kantstähle eingesetzt sind. Die Prismenstahlhalter können radial zum Werkstück durch Feinverstellschraube eingestellt werden. Gleichzeitig können die Stähle axial zum Werkstück verstellt werden.

Abb. 419. Stahlhalter

Abb. 420. Stahlhalter

Der Stahlhalter (Abb. 419) hat einen Mehrschneider und 2 Stähle, wovon der schräggeführte Stahl zum Anfasen bzw. Überdrehen radial

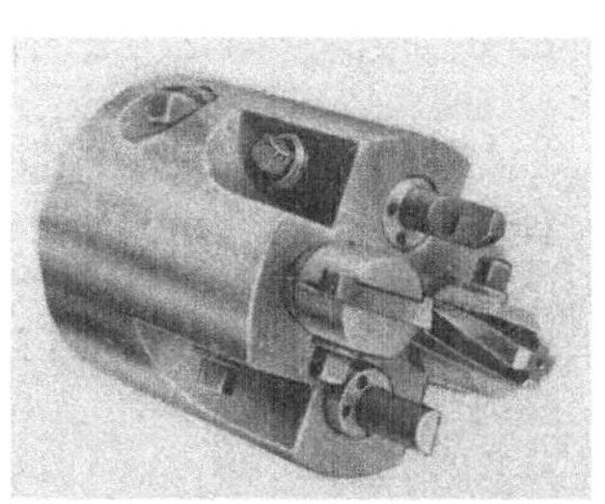

Abb. 421. Bohrer- und Drehstahlhalter

Abb. 422. Mehrspindelbohrkopf

und axial verstellbar ist. Das gehärtete und geschliffene Schaftteil paßt in die Bohrung der Werkzeugspindeln.

Der Stahlhalter (Abb. 420) ist vorgesehen für die Aufnahme von 3 Vierkantstählen, die genau auf Drehdurchmesser einstellbar sind.

Der Halter ist besonders geeignet für die Ausführung von Langdreh-
operationen. Die Aufnahme des Stahlhalters erfolgt auf die Spindelnase.

Der Werkzeughalter (Abb. 421) eignet sich zur Bearbeitung von An-
sätzen und Bohrungen, besonders für schwere Schnitte. Eingerichtet

Abb. 423. Gewindeschneidwerkzeuge

für radial und axial verstellbare Werkzeuge wird er auf die Spindelnase
der Drehspindel aufgenommen.

Ein Mehrspindel-Bohrkopf (Abb. 422) wird benötigt, um Schrauben-
löcher in Arbeitsstücke, wie Flansche usw., ohne Umspannung gleichzeitig mit den übrigen Bearbeitungsstufen zu bohren. Der Bohrkopf
wird durch eine der Werkzeugspindeln über Zahnräder angetrieben.

**Der Kombinierte Gewindebohrer-
halter** (Abb. 423) ist vorgesehen zum
gleichzeitigen Schneiden von Gewinden mit verschiedenen Steigungen und gleicher Drehrichtung.
Mit seinem gehärteten und ge-
schliffenen Schaftteil paßt er in die
Gewindeschneidspindel bzw. auf
die Spindelnase.

**Der Kombinierte Schneideisen-
und Gewindebohrerhalter für Links-
und Rechtsgewinde** (Abb. 424) be-

Abb. 424. Halter für Innen- und Außen-
gewindewerkzeug bei verschiedener Steigung

steht aus dem Kapselteil, welches zur Aufnahme von Schneideisen
nach DIN eingerichtet ist, und dem Gewindebohrerhalter. Mit diesem
Werkzeug kann mit dem Schneideisen Rechts- und dem Gewindebohrer
Linksgewinde und umgekehrt mit verschiedenen Steigungen geschnitten
werden.

6.9 Zusammenfassung

Von Interesse kann noch der Hinweis auf die Möglichkeit sein, mehrere Bohrspindeln in einem Kopf dicht beieinander anzuordnen, wobei
jede einzelne Spindel eine andere Vorschublänge innerhalb des Werkzeuges haben kann und die Bohrspindeln nicht unbedingt zueinander

parallelliegen müssen. Dadurch ergeben sich weitere Bearbeitungsmöglichkeiten. Einen derartigen Bohrkopf zeigt Abb. 425.

Das Werkzeug selbst kann
bei stillstehenden Werk-
stücken auch in beliebiger
Form zum Werkstück, so
in Abb. 426 etwas seitlich

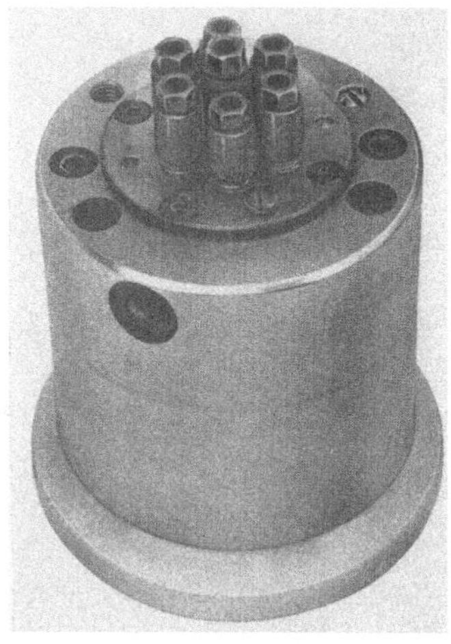

Abb. 425. Werkzeug mit sieben nicht
parallelen Bohrspindeln

Abb. 426. Schräg angeordnetes Bohrwerkzeug

geneigt, angeordnet werden. Auch hierdurch ergeben sich weitere
Möglichkeiten, die gerade bei Mehrspindelautomaten mit feststehenden
Werkstücken und umlaufenden Werkzeugen besonders groß sind.

Die Darstellung der Werkzeuge kann bei der Vielzahl der Möglichkeiten nur einen ganz kleinen Ausschnitt zeigen, sie vermittelt aber
einen Eindruck von den verfolgten Wegen und läßt damit Rückschlüsse
auf weitere Gestaltungsmöglichkeiten zu.

7. Literaturverzeichnis

Die Zahl der Einzelbeiträge über Mehrspindelautomaten ist so beträchtlich,
daß eine vollzählige Benennung praktisch unmöglich ist. Die meisten Arbeiten
finden aber einen Niederschlag in zusammenfassenden Veröffentlichungen, von
denen die wichtigsten genannt werden sollen. Diese enthalten meist weitergehende
Quellenangaben, genau wie die Fußnoten in diesem Buch.

KIENZLE, Die Arbeitsweise der selbsttätigen Drehbänke. Berlin: Springer 1913.
KELLE, Die Automaten. Berlin: Springer 1927.
KELLE, Werkzeuge und Einrichtungen der selbsttätigen Drehbänke. Berlin:
    Springer 1929.
FINKELNBURG, Die wirtschaftliche Verwendung von Mehrspindelautomaten.
    Werkstattbücher Nr. 71, 2. Aufl. Berlin: Springer 1949.
SCHAUMJAN, Automaten. 2. Aufl. Berlin: VEB Verlag Technik 1956.